全国高等职业教育医疗器械类专业
国家卫生健康委员会"十三五"规划教材

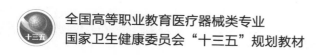

供医疗器械类专业用

医用电子仪器分析与维护

第 **2** 版

主　编　莫国民

副主编　徐彬锋　曹　彦

编　者　（按姓氏笔画排序）

吴义满　江苏医药职业学院

吴文竹　重庆医药高等专科学校

陈文山　福建卫生职业技术学院

郝丽俊　上海健康医学院

莫国民　上海健康医学院

徐彬锋　广东食品药品职业学院

唐　睿　山东药品食品职业学院

曹　彦　安徽医学高等专科学校

景维斌　江苏省徐州医药高等职业学校

人民卫生出版社

图书在版编目（CIP）数据

医用电子仪器分析与维护/莫国民主编.—2版.—北京：人民卫生出版社,2018

ISBN 978-7-117-25807-4

Ⅰ.①医… Ⅱ.①莫… Ⅲ.①医疗器械-电子仪器-仪器分析-高等职业教育-教材②医疗器械-电子仪器-维修-高等职业教育-教材 Ⅳ.①TH772

中国版本图书馆 CIP 数据核字（2018）第 040218 号

| 人卫智网 | www.ipmph.com | 医学教育、学术、考试、健康，购书智慧智能综合服务平台 |
| 人卫官网 | www.pmph.com | 人卫官方资讯发布平台 |

医用电子仪器分析与维护
第 2 版

主　　编：莫国民

出版发行：人民卫生出版社（中继线 010-59780011）

地　　址：北京市朝阳区潘家园南里 19 号

邮　　编：100021

E-mail：pmph @ pmph.com

购书热线：010-59787592　010-59787584　010-65264830

印　　刷：北京铭成印刷有限公司

经　　销：新华书店

开　　本：850×1168　1/16　印张：32

字　　数：753 千字

版　　次：2011 年 8 月第 1 版　　2018 年 9 月第 2 版
　　　　　2023 年 12 月第 2 版第 9 次印刷（总第 16 次印刷）

标准书号：ISBN 978-7-117-25807-4

定　　价：72.00 元

打击盗版举报电话：010-59787491　E-mail：WQ @ pmph.com
（凡属印装质量问题请与本社市场营销中心联系退换）

全国高等职业教育医疗器械类专业
国家卫生健康委员会"十三五"规划教材
出版说明

《国务院关于加快发展现代职业教育的决定》《高等职业教育创新发展行动计划(2015—2018年)》《教育部关于深化职业教育教学改革全面提高人才培养质量的若干意见》等一系列重要指导性文件相继出台,明确了职业教育的战略地位、发展方向。同时,在过去的几年,中国医疗器械行业以明显高于同期国民经济发展的增幅快速成长。特别是随着《关于深化审评审批制度改革鼓励药品医疗器械创新的意见》的印发、《医疗器械监督管理条例》的修订,以及一系列相关政策法规的出台,中国医疗器械行业已经踏上了迅速崛起的"高速路"。

为全面贯彻国家教育方针,跟上行业发展的步伐,将现代职教发展理念融入教材建设全过程,人民卫生出版社组建了全国食品药品职业教育教材建设指导委员会。在指导委员会的直接指导下,经过广泛调研论证,人卫社启动了全国高等职业教育医疗器械类专业第二轮规划教材的修订出版工作。

本套规划教材首版于2011年,是国内首套高职高专医疗器械相关专业的规划教材,其中部分教材入选了"十二五"职业教育国家规划教材。本轮规划教材是国家卫生健康委员会"十三五"规划教材,是"十三五"时期人卫社重点教材建设项目,适用于包括医疗设备应用技术、医疗器械维护与管理、精密医疗器械技术等医疗器类相关专业。本轮教材继续秉承"五个对接"的职教理念,结合国内医疗器械类专业领域教育教学发展趋势,紧跟行业发展的方向与需求,重点突出如下特点:

1. 适应发展需求,体现高职特色　本套教材定位于高等职业教育医疗器械类专业,教材的顶层设计既考虑行业创新驱动发展对技术技能型人才的需要,又充分考虑职业人才的全面发展和技术技能型人才的成长规律;既集合了我国职业教育快速发展的实践经验,又充分体现了现代高等职业教育的发展理念,突出高等职业教育特色。

2. 完善课程标准,兼顾接续培养　本套教材根据各专业对应从业岗位的任职标准优化课程标准,避免重要知识点的遗漏和不必要的交叉重复,以保证教学内容的设计与职业标准精准对接,学校的人才培养与企业的岗位需求精准对接。同时,本套教材顺应接续培养的需要,适当考虑建立各课程的衔接体系,以保证高等职业教育对口招收中职学生的需要和高职学生对口升学至应用型本科专业学习的衔接。

3. 推进产学结合,实现一体化教学　本套教材的内容编排以技能培养为目标,以技术应用为主线,使学生在逐步了解岗位工作实践、掌握工作技能的过程中获取相应的知识。为此,在编写队伍组建上,特别邀请了一大批具有丰富实践经验的行业专家参加编写工作,与从全国高职院校中遴选出的优秀师资共同合作,确保教材内容贴近一线工作岗位实际,促使一体化教学成为现实。

4. 注重素养教育,打造工匠精神　在全国"劳动光荣、技能宝贵"的氛围逐渐形成,"工匠精神"在各行各业广为倡导的形势下,医疗器械行业的从业人员更要有崇高的道德和职业素养。教材更加强调要充分体现对学生职业素养的培养,在适当的环节,特别是案例中要体现出医疗器械从业人员的行为准则和道德规范,以及精益求精的工作态度。

5. 培养创新意识,提高创业能力　为有效地开展大学生创新创业教育,促进学生全面发展和全面成才,本套教材特别注意将创新创业教育融入专业课程中,帮助学生培养创新思维,提高创新能力、实践能力和解决复杂问题的能力,引导学生独立思考、客观判断,以积极的、锲而不舍的精神寻求解决问题的方案。

6. 对接岗位实际,确保课证融通　按照课程标准与职业标准融通、课程评价方式与职业技能鉴定方式融通、学历教育管理与职业资格管理融通的现代职业教育发展趋势,本套教材中的专业课程,充分考虑学生考取相关职业资格证书的需要,其内容和实训项目的选取尽量涵盖相关的考试内容,使其成为一本既是学历教育的教科书,又是职业岗位证书的培训教材,实现"双证书"培养。

7. 营造真实场景,活化教学模式　本套教材在继承保持人卫版职业教育教材栏目式编写模式的基础上,进行了进一步系统优化。例如,增加了"导学情景",借助真实工作情景开启知识内容的学习;"复习导图"以思维导图的模式,为学生梳理本章的知识脉络,帮助学生构建知识框架。进而提高教材的可读性,体现教材的职业教育属性,做到学以致用。

8. 全面"纸数"融合,促进多媒体共享　为了适应新的教学模式的需要,本套教材同步建设以纸质教材内容为核心的多样化的数字教学资源,从广度、深度上拓展纸质教材内容。通过在纸质教材中增加二维码的方式"无缝隙"地链接视频、动画、图片、PPT、音频、文档等富媒体资源,丰富纸质教材的表现形式,补充拓展性的知识内容,为多元化的人才培养提供更多的信息知识支撑。

本套教材的编写过程中,全体编者以高度负责、严谨认真的态度为教材的编写工作付出了诸多心血,各参编院校为编写工作的顺利开展给予了大力支持,从而使本套教材得以高质量如期出版,在此对有关单位和各位专家表示诚挚的感谢!教材出版后,各位教师、学生在使用过程中,如发现问题请反馈给我们(renweiyaoxue@163.com),以便及时更正和修订完善。

人民卫生出版社

2018 年 3 月

全国高等职业教育医疗器械类专业
国家卫生健康委员会"十三五"规划教材
教材目录

序号	教材名称	主编	单位
1	医疗器械概论(第2版)	郑彦云	广东食品药品职业学院
2	临床信息管理系统(第2版)	王云光	上海健康医学院
3	医电产品生产工艺与管理(第2版)	李晓欧	上海健康医学院
4	医疗器械管理与法规(第2版)	蒋海洪	上海健康医学院
5	医疗器械营销实务(第2版)	金 兴	上海健康医学院
6	医疗器械专业英语(第2版)	陈秋兰	广东食品药品职业学院
7	医用X线机应用与维护(第2版)*	徐小萍	上海健康医学院
8	医用电子仪器分析与维护(第2版)	莫国民	上海健康医学院
9	医用物理(第2版)	梅 滨	上海健康医学院
10	医用治疗设备(第2版)	张 欣	上海健康医学院
11	医用超声诊断仪器应用与维护(第2版)*	金浩宇	广东食品药品职业学院
		李哲旭	上海健康医学院
12	医用超声诊断仪器应用与维护实训教程(第2版)*	王 锐	沈阳药科大学
13	医用电子线路设计与制作(第2版)	刘 红	上海健康医学院
14	医用检验仪器应用与维护(第2版)*	蒋长顺	安徽医学高等专科学校
15	医院医疗设备管理实务(第2版)	袁丹江	湖北中医药高等专科学校/荆州市中心医院
16	医用光学仪器应用与维护(第2版)*	冯 奇	浙江医药高等专科学校

说明:* 为"十二五"职业教育国家规划教材,全套教材均配有数字资源。

全国食品药品职业教育教材建设指导委员会
成员名单

主 任 委 员：姚文兵　中国药科大学

副主任委员：刘　斌　天津职业大学　　　　　　　马　波　安徽中医药高等专科学校

冯连贵　重庆医药高等专科学校　　　袁　龙　江苏省徐州医药高等职业学校

张彦文　天津医学高等专科学校　　　缪立德　长江职业学院

陶书中　江苏食品药品职业技术学院　张伟群　安庆医药高等专科学校

许莉勇　浙江医药高等专科学校　　　罗晓清　苏州卫生职业技术学院

昝雪峰　楚雄医药高等专科学校　　　葛淑兰　山东医学高等专科学校

陈国忠　江苏医药职业学院　　　　　孙勇民　天津现代职业技术学院

委　　　员（以姓氏笔画为序）：

于文国　河北化工医药职业技术学院　李群力　金华职业技术学院

王　宁　江苏医药职业学院　　　　　杨元娟　重庆医药高等专科学校

王玮瑛　黑龙江护理高等专科学校　　杨先振　楚雄医药高等专科学校

王明军　厦门医学高等专科学校　　　邹浩军　无锡卫生高等职业技术学校

王峥业　江苏省徐州医药高等职业学校　张　庆　济南护理职业学院

王瑞兰　广东食品药品职业学院　　　张　建　天津生物工程职业技术学院

牛红云　黑龙江农垦职业学院　　　　张　铎　河北化工医药职业技术学院

毛小明　安庆医药高等专科学校　　　张志琴　楚雄医药高等专科学校

边　江　中国医学装备协会康复医学装备　张佳佳　浙江医药高等专科学校

　　　　技术专业委员会　　　　　　张健泓　广东食品药品职业学院

师邱毅　浙江医药高等专科学校　　　张海涛　辽宁农业职业技术学院

吕　平　天津职业大学　　　　　　　陈芳梅　广西卫生职业技术学院

朱照静　重庆医药高等专科学校　　　陈海洋　湖南环境生物职业技术学院

刘　燕　肇庆医学高等专科学校　　　罗兴洪　先声药业集团

刘玉兵　黑龙江农业经济职业学院　　罗跃娥　天津医学高等专科学校

刘德军　江苏省连云港中医药高等职业　邾枝花　安徽医学高等专科学校

　　　　技术学校　　　　　　　　　金浩宇　广东食品药品职业学院

孙　莹　长春医学高等专科学校　　　周双林　浙江医药高等专科学校

严　振　广东省药品监督管理局　　　郝晶晶　北京卫生职业学院

李　霞　天津职业大学　　　　　　　胡雪琴　重庆医药高等专科学校

段如春	楚雄医药高等专科学校	黄美娥	湖南食品药品职业学院
袁加程	江苏食品药品职业技术学院	晨　阳	江苏医药职业学院
莫国民	上海健康医学院	葛　虹	广东食品药品职业学院
顾立众	江苏食品药品职业技术学院	蒋长顺	安徽医学高等专科学校
倪　峰	福建卫生职业技术学院	景维斌	江苏省徐州医药高等职业学校
徐一新	上海健康医学院	潘志恒	天津现代职业技术学院
黄丽萍	安徽中医药高等专科学校		

前 言

随着人民生活水平的逐步提高,人们对自己的健康状况也愈来愈重视,因而,在健康方面的支出占家庭总支出的比例也逐年上升。据统计,患者在医院就医时"药和械"的支出比例在发达国家已达 1:1,但在我国还远未达到这个指标。可见,医疗器械行业在我国仍属于朝阳行业,发展潜力巨大。医学仪器是医疗器械中的主要组成部分,产值占据了绝大部分,它是理、工、医等多学科交叉,光、机、电等技术融合的产物。其分类有:生理信息检测仪器、监护类设备、医学影像设备、生化检验仪器及治疗仪器等,每种仪器或设备都具有不同的结构和技术特点,技术涉及面广,学习难度大。因此,在有限的学时下,着力解决某一或两类仪器的教学比较符合高等职业教育学生的培养特点。本着历史的沿革,医用电子仪器分析与维护课程主要涉及的教学内容是生理信息检测和监护类仪器或设备。

《医用电子仪器分析与维护》是高等职业教育精密医疗器械技术或医疗设备应用技术专业的核心课程,它的主要任务是在完成对学生专业基本能力及专项能力培养的基础上,解决专业综合应用能力的培养。本教材主要内容包括:临床上典型医用电子仪器(主要是心电图机、脑电图机、肌电图机和监护仪器等)的生理、生化信息的产生、信息的处理技术、仪器组成原理、临床应用等知识;以及该类仪器的维修维护、医学仪器安全检测等技术。通过本课程的教学,学生应掌握典型医用电子仪器设计的通用基础知识、典型电路分析方法以及仪器的使用、性能检测、维修维护等技能,形成应用理论知识解决实际问题的综合能力。从而为学生学习本专业的其他专业知识和岗位职业技能的培养奠定必要的条件,同时也能为学生增强继续学习和适应职业变化的能力打下坚实的基础。

医用电子仪器的发展与生命科学、临床医学研究的进展以及工程技术的进步息息相关。随着生命科学、临床医学从宏观向微观发展;以及当今医疗模式从以医院为中心的模式正向以预防为主、以社区医疗为中心和家庭个人保健的模式转变,传统医学仪器的微型化、智能化、个性化和网络化是新的潮流。因此本书在内容上注意引导读者强化对各种生理信号检测与监护特点的认识,着力介绍了对心电、脑电和肌电等生理信号的有效获取和相关传感技术在设计中的要求,在针对传统典型仪器描述的同时强化介绍了医用电子仪器检测技术的共性描述和新型医疗仪器数字化技术应用的实例,还加强了医用电子仪器电气安全等检测技术的介绍。

医用电子仪器分析与维护是一门实践性很强的课程,本书也配套编写了相应的实训教材。主要内容有仪器的使用、性能检测、拆装调试、维修维护及安全检测等,根据目前相关开设本课程的院校实验条件的情况,以心电图机作为典型仪器进行了详细的解剖,以期培养学生举一反三的能力。

本书可作为高等职业教育医疗器械相关专业高年级学生教学以及从事医用电子仪器设计与维护的工程技术人员的高级实用教材,同时可供广大医务工作者参考。课程教学时间为 32~56 学时,实验实训时间约为 8~40 学时。教学内容可以根据不同对象和需求作适当选择。

　　本次修订编写，充分听取了第一线任课教师使用本书第一版的意见与建议，在新内容、新技术方面增加了笔墨，也对一些相对陈旧的内容进行了调整。

　　本教材由莫国民担任主编，并负责内容的组织与定稿；徐彬锋、曹彦担任副主编。参加各章节编写的具体工作如下：莫国民（第三、五章部分内容及统稿），徐彬锋（第六、七章部分内容及统稿），曹彦（第一章、第二章统稿），景维斌（第四章），郝丽俊（第二章第一、二节，项目一、三、四及所有项目的统稿），吴文竹（第三章第一、二、四节，第五章第二、三节），唐睿（第七章第二、三、四节及项目五），陈文山（第六章第一、二节及项目二），吴义满（第二章第三节、第六章第四、五、六、七节）。

　　编写本书时，参考和借鉴了上海光电医用电子仪器有限公司、上海诺诚电气有限公司提供的技术资料以及国内外许多相关资料；并且得到了行业、企业曹源康、席剑等专家的帮助。在此，谨向他们致以诚挚的谢意！由于编写时间较紧，书中有不妥之处，敬请各位读者及时提出宝贵意见。

编者

2018 年 3 月

目　录

实训部分

第一章

医学仪器概论

学习目标 V

学习目的

通过学习医学仪器概述，充分理解医学仪器的相关基础知识，为医用电子仪器分析与维护这门课程的学习做一个铺垫，为学生学习专业知识和职业技能奠定必要的基础，同时也为学生继续学习和适应职业变化的能力打下坚实的基础。

知识要求

1. 掌握医学仪器的定义和主要技术指标、传感器的定义和基本原理；

2. 熟悉医学仪器的基本结构、医学仪器的特殊性、典型医学参数、几种常用的传感器、医学仪器的分类及医学仪器的开发与维修；

3. 了解传感器的组成、分类和医学仪器的发展趋势。

能力要求

熟练掌握医学仪器的分类、故障诊断及维修维护的基本方法，学会医学仪器开发的一般步骤。

第一节　医学仪器的定义

先进的现代化医学仪器种类繁多，原理复杂，横跨多个学科，医学仪器是生物医学与电子技术、信号与图像处理技术、通信技术、传感器技术等相结合的产物，更新速度快。掌握了仪器工作的基本原理，结合电子技术、计算机技术、医学参量测量及信息与图像处理等知识，就能设计具有先进水平的医学仪器。

医学仪器主要通过检测人体各种生理参数，并对其进行处理，供医生对患者的疾病进行诊断、治疗的仪器。由于其作用对象是复杂的人体，所以医学仪器与其他仪器相比有其特殊性，其作用结果直接关系到患者和操作者的生命安全，因此必须保证其正常使用，医学仪器的使用、维护和维修，必须由受过专门训练的技术人员来完成。

参考国际标准化组织（International Organization for Standardization，ISO）对医疗器械（medical device）的定义，医学仪器（medical instrument）通常是指那些单纯或者组合应用于人体的仪器，包括所需的软件。其使用目的是：

（1）疾病的预防、诊断、治疗、监护或者缓解。

（2）损伤或残疾的诊断、治疗、监护、缓解或者补偿。

（3）解剖或生理过程的研究、替代或者调节。

（4）妊娠控制。

医学仪器对于人体体表及体内的作用不是用药理学、免疫学或者代谢的手段获得的，但可能有这些手段参与并起一定的辅助作用。

以上是对医学仪器较为严格的定义。简单地说，医学仪器是以医学临床和医学研究为目的的仪器。

点滴积累　∨

1. 医学仪器就是以医学临床和医学研究为目的的仪器。

2. 医学仪器的特殊性：作用对象是复杂的人体。

3. 仪器设计中最基本的要求：安全、可靠、高精度、高标准、高质量。

第二节　医学仪器的结构

尽管现代医学仪器种类繁多，所涉及的领域极广，包含了诸多学科的知识，但是医学仪器在原理、结构和性能指标方面具有一定的共性。本节主要介绍医学仪器一般的原理结构。

医学仪器主要用于对人的疾病进行诊断和治疗，作用对象为复杂的人体，由于人体各种生理参数具有幅度低、频率低、存在较强的噪声背景等特点，所以，生理信号从人体检测出来到最终以一种可视化的方式表示出来，需要经过信号检测、预处理、信号处理、显示记录等多个环节。因此医学仪器主要由信息检测系统、信息处理（分析）系统、信息记录与显示系统及辅助系统等部分构成，如图1-1所示。

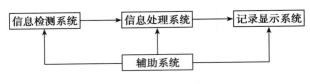

图 1-1　医学仪器的系统框图

（一）生物信息检测系统

生物信息检测系统主要包括被测对象、传感器或电极，它是医学仪器的信号源。

在生物体中，需要用仪器测量被测量的大小、特性和状态等，这个被测量称为被测对象，这些被测参数的性质既可以是物理量，也可以是化学量，还可以是生物量，如生物电、生物磁、压力、流量、位移（或速度、加速度和力）、阻抗、温度（热辐射）、器官结构等。这些被测量可直接测得，或间接测得，但它们都需通过传感器或电极来检测。

传感器和电极的性能好坏直接影响到医学仪器的整机性能，应该引起重视。

（二）生物信息处理系统

生物信息处理系统的作用是接收信息检测系统检测出来的信号，并对其进行处理和分析，包括信号的放大、识别(滤波)、变换、运算等。信息处理系统被视为医学仪器的核心部分,因为仪器性能的优劣、精度的高低、功能的多少主要取决于它。

传统模拟式医学仪器中信息处理系统主要由模拟器件组成,因此仪器功能比较单一,精度、性能一般,只能满足一般诊断和治疗的要求。

随着计算机技术的发展,传统模拟式医学仪器已逐步被数字化医学仪器所取代,数字化医学仪器的显著特点是在仪器的内部嵌入了微处理器、存储器、I/O接口等计算机部件,使得整个仪器系统具有良好的人机对话界面、功能丰富、诊断或治疗的自动化、信息可网络共享等,这是传统医学仪器不可比拟的。图1-2为数字化医学仪器的一般结构。

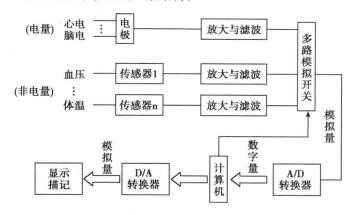

图1-2　数字化医学仪器的一般结构

计算机通过软件控制多路模拟开关,分时切换要采集处理的对象,经模/数(A/D)转换,将模拟量转换为数字量提供给计算机存储、处理。计算机的软件实时处理后,又经数/模(D/A)转换,供输出显示或描记。由于引入了计算机控制,医学仪器的功能大大增强,诊断和治疗的精度也进一步增加。

可以说,医学仪器自动化、智能化的发展完全取决于信息处理系统技术进步的程度。

▶▶ **课堂活动**

医学仪器测量什么?

(三)生物信息记录与显示系统

生物信息记录与显示系统的作用是将处理后的生物信息变为可供人们直接观察的形式。对医学仪器记录显示系统的要求是显示效果明显、清晰,便于观察和分析,正确反映输入信号的变化情况,故障少,寿命长,与其他部分有较好的匹配连接。

记录与显示设备按其工作原理不同,可以分为:

1. 直接描记式记录器　它主要用来记录各种生理参数随时间变化的模拟量,可分为描笔偏转式和自动平衡式两种类型。

描笔偏转式记录器结构简单、成本低,在心电图机、脑电图机及心音图机中得到广泛使用。永久磁铁形成固定磁场,磁场内放置有上下轴支撑的线圈。当有信号电流流过线圈时,线圈受到电磁力矩作用而偏转,并带动与它同轴连接的描笔发生偏转,在记录纸上描出波形图。螺旋形弹簧亦称盘香弹簧,其作用是形成与使线圈偏转的电磁力矩相反的力矩,维持描笔平稳地描记下各种波形。

自动平衡式记录器结构复杂,频响范围窄。其优点是记录幅度大、精度高,可与计算机连接。一般用于体温、血压、脉搏等监护仪器。它可分为电桥式、电位差式和 X-Y 记录仪三种类型。其描笔的移动距离亦正比于记录信号的大小。

直接描记式记录器在记录时,都是记录纸在描笔下做匀速直线运动,因此都配有记录纸传动装置。另外,描记笔分为墨水笔和热笔两种。热笔是利用笔芯发热,在热笔与记录纸接触处熔掉记录纸面膜,露出记录纸的黑底色,形成波形曲线图。

2. 热转印打印机　数字化医学仪器输出波形的描记一般选配热转印打印机,直接受微处理器控制。它具有噪音小、成本低、重量轻、体积小、成像文本保存性好及彩色输出质量高等优点,但由于热惰性,其打印速度较慢。此外,易耗品如热敏纸和一次性色带较贵。

热转印打印机按其印字方式分为串式印字和行式印字;按其色带又可分为热熔型热转印和升华型热转印;另外,也可以不使用色带,改用热敏纸作为打印介质。

热转印打印机的印字机制关键在于其打印头,打印头是用半导体集成电路技术制成的薄膜头。薄膜头中的关键部件是发热电阻,它由既能耐高功率密度又能耐高温的薄膜材料(如碳化硅)制成。如果将若干个发热电阻排成一列(如 24 个),则构成串式印字;如果将若干个发热电阻横向构成一行(如 2448 个),则构成行式印字。在热印字头与记录纸之间有热转印色带,它由具有热敏性能的油墨涂在涤纶基膜上加热,热量迅速传至基膜背面,使基膜上的油墨熔化而转移到记录纸上,于是在记录纸上留下色点。若色带为彩色三基色色带,由程序控制色带转动换色,色带上的颜色在记录纸上经过一次或多次重合叠加形成各种彩色图像。

3. 磁记录器　磁记录器发展很快,在生理参数测量和患者监护中应用较多,它的工作原理基本与磁带录音原理相同。按对被记录信号的处理方法不同可分为模拟式和数字式两种。

把输入的被记信号按原样进行磁化记录的称为模拟式磁带记录器,它类似于一部录音机。

把输入的被记信号先进行取样,再经模/数转换成数字信号,记录在磁带(盘)上,重放时作相反处理变换为模拟信号,这种磁记录器被称为数字式磁记录器。现在已有小型化的盒式数字磁带记录器与微机配套使用。

4. 数字式显示器　它是一种将信号以数字形式显示供观察的器件,一般由计数器、译码器、驱动器和数码管(显示器)等组成。其中显示器分为 LED 数码管和 LCD 液晶显示器两种。

(四)辅助系统

辅助系统的配置、复杂程度及结构均随医学仪器的用途和性能而变化。对仪器的功能、精度和自动化程度要求越高,辅助系统应越齐备。辅助系统一般包括控制和反馈、数据存储和传输、标准信号源和外加能量源等部分。

在医学仪器里,控制和反馈的应用分为开环和闭环两种调节控制系统。手动控制、时间程序控制均属开环控制;通过反馈回路对控制对象进行调节的自动控制系统为闭环控制系统。

医学仪器提供的含有大量信息的数据,一般用存储装置加以保留,既方便诊断和研究,又可重复使用。为了远距离也能调用,还需要有数据传输设备,这可以设专用线路,也可利用其他传输线路兼顾。

医学仪器都备有标准信号源,以便适时校正仪器的自身特性,确保检测结果准确无误。外加能量源是指仪器向人体施加的能量(如 X 射线、超声波等),用其对生物体做信息检测,而不是靠活组织自身的能量。在治疗类仪器中都备有外加能量源。

点滴积累　∨

1. 人体生理参数特点:低频、频带宽,幅值低,非平稳随机性的生理参数,强调测量的自然性、安全性,测量数据的准确性和可靠性。
2. 医学仪器主要由信息检测系统(被测对象、传感器或电极)、信息处理系统(放大、滤波、变换、运算等)、信息记录与显示系统及辅助系统组成。
3. 人体非电信号:包括呼吸,体温,心输出量,血氧饱和度,血压,心音等等,一般利用相应的传感器。
4. 仪器设计中最基本的要求:安全、可靠、高精度、高标准、高质量。

第三节　医学仪器的特性与分类

一、医学仪器的主要技术特性

1. 准确度(accuracy)　准确度是衡量仪器测量系统误差的一个尺度。仪器的准确度越高,说明它的测量值与理论值(或实际值、固有值)间的偏离越小。准确度可理解为测量值与理论值之间的接近程度。所以,准确度定义为:

$$准确度 = \frac{理论值 - 测量值}{理论值} \times 100\%$$

准确度可用读数的百分数或满度的百分数表示,它通常在被测参数的额定范围内变化。

影响准确度的系统总误差一般是指元件的误差、指示或记录系统的机械误差、系统频响欠佳引起的误差、因非线性转换引起的误差、来自被测对象和测试方法的误差等。减小这些误差即减小系统总误差,可以提高准确度。理想情况下,测量值等于理论值,则准确度最高为零,这对任何仪器都难以做到。所以,不存在准确度为零的仪器。准确度有时也称为精度。

2. 精密度(precision)　精密度是指仪器对测量结果区分程度的一种度量。用它可以表示出在相同条件下,用同一种方法多次测量所得数值的接近程度。它不同于准确度,精密度高的仪器其准确度未必一定高。若两台仪器在相同条件下使用,就容易比较出准确度与精密度的不同。

有些场合,将精密度和准确度合称为精确度(精密准确度),作为一个特性来考虑时,其含义不变,仍包括上述两个方面。

3. 输入阻抗(input impedance)　医学仪器的输入阻抗与被测对象的阻抗特性、所用电极或传感器的类型及生物体接触界面有关。通常称外加输入变量(如电压、力、压强等)与相应变量(如电流、速度、流量等)之比为仪器的输入阻抗。

若仪器使用传感器进行非电参数测量,对于一个压力传感器而言,其输入阻抗 Z 为被测量的输入变量 X_1 和另一固有变量 X_2 的比值,即:

$$Z = \frac{X_1}{X_2}$$

其功率 P 为

$$P = X_1 \times X_2 = \frac{X_1^2}{Z} = Z \times X_2^2$$

由于生物体能提供的能量有限,即为了减少功率 P,应尽可能地提高输入阻抗 Z,从而使被测参数不发生畸变。

应用体表电极的仪器,要考虑到体电阻、电极-皮肤接触电阻、皮肤分泌液电阻、皮肤分泌液和角质层下低阻组织的电容、引线电阻和放大器保护电阻以及电极极化电位等的影响。

一般信号输入回路的阻抗主要取决于电极-皮肤接触电阻。接触电阻因人而异,与汗腺的分泌情况及皮肤的清洁程度等有关,一般为 $2\sim150\text{k}\Omega$;引线和保护电阻一般为 $10\sim30\text{k}\Omega$;在低频情况下,忽略电容的影响,则体表电极等效电阻可达 $10\sim150\text{k}\Omega$。因此,生物电放大器的输入电阻应比它大 100 倍以上才能满足要求,一般为 1、5.1 或 $10\text{M}\Omega$。若用微电极测量细胞内电位时,因微电极阻抗高达数 $10\sim200\text{M}\Omega$,因此要求微电极放大器的输入阻抗应在 $10^9\Omega$ 以上才能满足要求。

4. 灵敏度(sensitivity)　仪器的灵敏度是指输出变化量与引起它变化的输入变化量之比。当输入为单位输入量时,输出量的大小即为灵敏度的量值。所以,灵敏度与被测参数的绝对水平无关,当输出变化一定时,灵敏度愈高的仪器对微弱输入信号反应的能力愈强。考虑到医学仪器的记录特点,灵敏度分别表示为:生物电位用 μV(或 mV、V)/cm;压力用 mmHg/刻度(注意:mmHg 并非法定计量单位,法定单位为 Pa,$1\text{mmHg} = 133.322\text{Pa}$);心率计数用每分钟心搏数/刻度;心率间隔用 μs(或 ms、s)/cm。

仪器的输出跟随输入变化的程度,即输出响应的波形与输入信号相同,而幅度随输入量同样倍数变化时称为线性。在线性系统(仪器)中,灵敏度对所有输入的绝对电平都是相同的,并可以应用叠加原理。实际的医学仪器不可能是一个理想的线性系统,有时为了满足一定的需要常引入非线性环节,在具体仪器中经常会遇到这种情况。

5. 频率响应(frequency response)　频率响应是指仪器保持线性输出时允许其输入频率变化的范围,它是衡量系统增益随频率变化的一个尺度。放大生物电信号时,总希望仪器能对信号中的一切频率成分快速均匀放大,而实际上做不到。仪器的频率响应受放大器和记录器频率响应的限制,一般要求在通频带内应有平坦的响应。

6. 信噪比(signal to noise ratio)　除被测信号之外的任何干扰都可称为噪声。这些噪声有来自仪器外部的,也有电路本身所固有的。外部噪声主要来自电磁场的干扰;内部噪声主要来自电子器件的热噪声、散粒噪声和 $1/f$ 噪声。

仪器中的噪声和信号是相对存在的。在具体讨论放大电路放大微弱信号的能力时,常用信噪比来描述在弱信号工作时的情况。信噪比定义为信号功率 P_S 与噪声功率 P_N 之比,即

$$\frac{S}{N} = \frac{P_S}{P_N}$$

检测生物信号的仪器,要求有较高的信噪比。为了便于对信噪比作定量比较,常以输入端短路时的内部噪声电压作为衡量信噪比的指标,即

$$U_{Ni} = \frac{U_{No}}{A_U}$$

式中,U_{Ni} 为输入端短路时的内部噪声电压;U_{No} 为输出端噪声电压;A_U 为电压增益。常用对数形式来表示:

$$U_{Ni} = 20\lg\frac{U_{No}}{A_U}$$

由于放大器不仅放大信号源带来的噪声,也放大自身的固有噪声,这样输出端的信噪比就要小于输入端的信噪比。

7. 零点漂移(zero drift)　仪器的输入量在恒定不变(或无输入信号)时,输出量偏离原来起始值而上下漂动、缓慢变化的现象称为零点漂移。这是由于环境温度及湿度的变化、滞后现象、振动、冲击和对外力的敏感性、制造上的误差等原因造成的,其中温度影响尤为突出。

8. 共模抑制比(common mode rejection ratio,CMRR)　$CMRR$ 是衡量诸如心电、脑电、肌电等生物电放大器对共模干扰抑制能力的一个重要指标,因此,定义衡量放大差模信号和抑制共模信号的能力为共模抑制比,用下式表示:

$$CMRR = \frac{A_d}{A_c}$$

其中,A_d 为差模增益;A_c 为共模增益。

共模抑制比主要由电路的对称程度决定,也是克服温度漂移的重要因素。在医学仪器中,经常将共模抑制比分为两部分考虑,即输入回路的共模抑制比和差分放大电路的共模抑制比。各种提高共模抑制比的方法,将在以后学习具体仪器时作详细介绍。医学仪器的主要技术特性有以上 8 项。还有一些特性,对某些仪器是重要的,如时间常数、阻尼等,这些将结合具体仪器论述。

▶▶ **课堂活动**

> 1. 医学仪器中何为有用信号? 何为干扰信号?
> 2. 医学仪器中有用信号和干扰信号都是以何种方式输入的?

另外,若将医学仪器视为一个连续的线性系统,而传输的信号又是时间的函数时,则可用微分方程来描述其输入和输出间的关系,即用传递函数来表示。这样又可将医学仪器依其传递函数的形式是零阶、一阶、二阶,从而定性为零阶仪器、一阶仪器、二阶仪器。我们在遇到这种情况时,知道是在讨论医学仪器的动态特性就可以了。

二、医学仪器的特殊性

用医学仪器作生物检测一般分为标本化验检查和活体检测（也就是离体检测和在体检测）两大类，生物系统不同于物理系统，在检测过程中，它不能停止运转，也不能拆去某些部分。因此，人体检测的特殊性和生物信息的特殊性构成了医学仪器的特殊性。

1. **噪声特性** 从人体拾取的生物信号不仅幅度微小，而且频率也低。也就是说，医学仪器所检测的信号是强噪声背景下弱信号的测量。因此，对各种噪声及漂移特性的限制和要求就十分严格。常见的交流感应噪声和电磁感应噪声危害较大，必须尽量采取各种抑制措施，使噪声影响减至最小。一般来说，限制噪声比放大信号更有意义。

2. **个体差异与系统性** 人体个体差异相当大，用医学仪器作检测时，应从适应人体的差异性出发，对检测数据随时间变化的情况，要有相应的记录手段。

人体又是一个复杂的系统，测定人体某部分的机能状态时，必须考虑与之相关因素的影响。要选择适当的检测方法，消除相互影响，保持人体的系统性相对稳定。

3. **生理机能的自然性** 在检测时，应防止仪器（探头）因接触而造成被测对象生理机能的变化。因为只有保证人体机能处于自然状态下，所测得的信息才是可靠的、准确的。如当把传感器置于血管内测量血流信息时，若传感器体积较大，会使血管中流阻变大，这样测得的血流信号就不准确、不可靠。同样，若作长时间的测量，就必须充分考虑生物体的节律、内环境的稳定性、适应性以及新陈代谢过程的影响；若在麻醉状态下测量，还需要注意麻醉的深浅度对生理机能的影响。

为了防止人体机能的人为改变，可对人体作无损测量。一般是进行体表的间接测量或从体外输入载波信号，从体外对信号进行调制来取得信息。所以，无损测量可以较好地保持人体生理机能的自然性。

4. **接触界面的多样性** 为了能测得人体的生物信息，必须使传感器（或电极）与被测对象间有一个合适的、接触良好的接触界面。但是，往往因传感器的实际尺寸较大，被测对象的部位太小而不能形成合适的界面；或者因人体出汗等而引起皮肤与导引电极之间的接触不良。接触不良、接触面积不好等构成接触界面的多样性，对检测非常不利，于是需要人们想出各种办法来保证仪器与人体有一个合适稳定的接触界面。

5. **操作与安全性** 在医学仪器的临床应用中，操作者为医生或医辅人员，因此要求医学仪器的操作必须简单、方便、适用和可靠。

另外，医学仪器的检测对象是人体，应确保电气安全、辐射安全、热安全和机械安全，使得操作者和受检者均处于绝对安全的条件下。有时因误操作而危害检测对象也是不允许的，所以安全性与操作有内在关系。

三、典型医学参数

临床上使用的各种医学仪器主要用于检测各种人体的生理参数，在使用和维修医学仪器时，有必要了解一些典型的医学和生理学参数，如表 1-1 所示。

表 1-1 典型的医学和生理学参数

典型参数	幅度范围	频率范围	使用传感器（电极）类型
心电（ECG）	0.01~5mV	0.05~100Hz	表面电极
脑电（EEG）	2~200μV	0.1~100Hz	帽状、表面或针状电极
肌电（EMG）	0.02~5mV	5~2000Hz	表面电极
胃电（EGG）	0.01~1mV	DC~1Hz	表面电极
心音（PCG）	—	0.05~2000Hz	心音传感器
血流（主动脉）	1~300ml/min	DC~20Hz	电磁超声血流计
输出量	4~25L/min	DC~20Hz	染料稀释法
心阻抗	15~500Ω	DC~60Hz	表面电极、针电极
体温	32~40℃	DC~0.1Hz	温度传感器

表 1-1 中给出了一些常用的典型医学和生理学参数，这些参数基本上都具有物理性质，除此之外，还有很多具有化学性质和生物性质的参数，这里就不再一一列举了。

知识链接

生理参数的意义

每一种生理参数都反映着人体相关器官的生理功能和健康情况，所以了解其参数情况，对于疾病的诊断是非常重要的。临床上对于这些生理参数的检测都可以采用专用的医学仪器来完成，根据检测出的生理参数供医生诊断使用，这也是医学仪器的临床意义。

四、医学仪器的分类

医学仪器发展非常迅速，各种新的医学仪器不断出现。因此，医学仪器的分类比较复杂，目前还难以统一，可从不同角度对医学仪器进行分类。

（一）基本分类方法

根据检测的生理参数来对医学仪器分类，其优点是能够对任一参数的各种测试方法进行比较；根据转换原理的不同进行分类，有利于对各种传感器（电极）进行比较，推广应用；根据生理系统中的应用以及根据临床的专业进行分类各有方便之处，而根据仪器在医学、医疗中的用途进行分类，简单明了，对医务人员和仪器管理人员均较为方便。

（二）医学仪器按用途分类

医学仪器按用途可分为三大类：诊断仪器、治疗仪器和监护仪器。

1. 诊断仪器 是利用各种新技术测量人体生理信号并对其进行处理，最终为医生对疾病的诊断和治疗提供证据的仪器。

（1）生物电诊断仪器：如心电图机、脑电图机、肌电图机等。

（2）生理功能诊断仪器：如血压计、血流图仪、呼吸机及检测脉搏、听力、肺功能参数的仪器等。

（3）人体组织成分的电子分析检验仪器：如血球计数器、生化分析仪、血液气体分析仪等。

（4）人体组织结构形态的影像诊断仪器：如超声仪器、X线计算机断层摄影、核磁共振计算机断层成像（NMR-CT）、正电子发射计算机断层成像（PECT）及电子内窥镜等。

2. 治疗仪器　是利用各种生理因子作用到人体，在体内产生各种生理效应，从而对疾病进行治疗的仪器。

（1）电疗机：包括静电治疗机和低、中、高频治疗机。

（2）光疗机：包括红外线治疗机、紫外线治疗机、激光治疗机等。

（3）磁疗机：包括旋磁治疗机、中频交变治疗机等。

（4）超声波治疗机：包括超声雾化吸入器、超声波治疗机等。

（5）放疗设备：包括医用电子直线加速器、γ刀系统等。

3. 监护仪器　是专门用于长时间连续监护患者的各项生理参数，并对检测信息进行存储、显示和分析处理，对超出给定范围的参数及时发出报警的仪器。

（1）生理信息监护仪：多参数床边监护仪、动态心电监护仪、心电无线遥测监护仪等。

（2）特殊监护仪：除颤监护仪、麻醉深度监护仪等。

▶ **课堂活动**

　　举例说明你所了解的医学仪器设备，并说明其用途。

本书主要介绍生物电和生理功能的诊断与监护仪器，它们通常被称为医用电子仪器。其他仪器分别在本专业其他系列教材中介绍。

点滴积累 ∨

1. 医学仪器的主要技术特性为静态特性，要求：准确度、精密度、灵敏度越高越好；信噪比、共模抑制比越大越好；输入阻抗比体表电阻大100倍以上；零点漂移消除；频率响应平坦。

2. 医学仪器的特殊性：对人体进行无损测量，限制噪声，保持人体的系统性相对稳定，保证人体与仪器的接触界面稳定，保证人体的绝对安全。

3. 医学仪器的用途：诊断、治疗、监护。

第四节　医学传感器基础

在医用电子仪器获取生物信息的过程中，传感器具有至关重要的作用，它是用来提取和捕捉各种待测生理信息的装置。运用医学传感器，可以测量人体或生物组织的大小、压力、形状、温度、位移等非电量和生理参数，是组成各种医学测量系统的关键性环节，其性能的优劣在很大程度上影响和决定整个系统的功能好坏。

一、传感器概述

传感器是能感受规定的被测量并按一定规律将其转换为有用信号的器件或装置,通常由敏感器件、转换器件和电子线路组成。传感器的作用是将反映人体机能状态信息的物理量(体温、血压、呼吸等)或化学量(血氧、pH 等)转变为电(或电磁)信号。

医学传感器是获取人体生理和病理信息的工具,它提取和捕捉各种生理参数并将它们转换为电学量,对于化验、诊断、监护、控制、治疗和保健等都有重要作用。

> **知识链接**
>
> 传感器的作用
>
> 从传感器的作用来看,实质上就是代替人的五种感觉(视、听、触、嗅、味)器官的装置。

（一）传感器的分类

医学传感器的分类方法有很多种,其中最基本的分类方法是按被测量分,分为:物理传感器、化学传感器、生物传感器三大类。

1. 物理传感器　用于测量血压、体温、血流量、生物组织等对辐射的吸收、反射或散射以及生物磁场等。这些被测量都属于物理量,设计传感器时多利用这些非电量的物理效应。

2. 化学传感器　用于测量人体体液中离子的成分或浓度(如 Ca^{2+}、K^+、Na^+、$Cl^-\cdots$)、pH、氧分压(PO_2)及葡萄糖浓度等。这些被测量都属于化学量,不过这些被测物质的分子量一般都不太大,利用电化学原理或物理效应可以制成化学传感器。

生物电位(如心电、脑电、肌电等)本来属于物理量,但由于测量生物电位时不可避免地要使用电极,通常测两点之间电位差时必须使用一对电极,电极和皮肤或软组织之间的界面是一个半电池,为满足测量的要求,两个半电池电位之和应为已知且十分稳定。电极是电化学研究的对象,如把测量生物电位的电极也看作是一种传感器,则应将其列入化学传感器。

3. 生物传感器　用于酶、抗原、抗体、递质、受体、激素、脱氧核糖核酸(DNA)、核糖核酸(RNA)等物质的传感。这类物质也都属于化学物质,不过它们的分子量一般较大,分子结构比较复杂,一般的化学传感器很难对它们进行识别。生物传感器的敏感部分具有生物识别功能,有很强的特异性和高度的敏感性,能有选择地与被测物质起作用。可以说,生物传感器是具有生物识别能力的化学传感器。

（二）医用传感器的特性

作为医用传感器,应该适应信号源是生物体这一特定对象,能在强噪声背景中提取出微弱的生理信息,因此,医用传感器应具有以下特性:

1. 传感器使用的材料,要适应人体的化学作用,既不应被腐蚀,也不应对人体产生毒性。

2. 传感器的形状和结构,要适应人体待测部位的解剖结构,不因使用传感器而损伤组织或影响正常的生理活动。

3. 传感器应具有足够的牢固性、绝缘性,操作简单、维护方便、易于消毒。

4. 传感器对被测对象的影响要小,不会给生理活动、心理活动带来负担,不干扰正常活动;如传感器进入血液或长期埋于体内,不应引起血凝或赘生物。

当然,传感器本身应具有良好的技术性能,如变换灵敏度和信噪比要高、具有良好的线性和较高的响应速度、重复性及一致性要好、温度漂移及零点漂移要小、频率特性应满足需要等。

二、温度传感器

温度是一个重要的物理量,体温是机体不断进行新陈代谢和自动调节的结果,在医学领域中,患者的体温为医生提供了生理状态的重要信息,是重要的生理参数。所以测量人体各部分的体温,是临床诊断各种疾病的重要依据。

下面介绍几种常用的温度传感器:

（一）热电阻

热电阻传感器是利用金属或非金属的电阻随温度变化而变化的特性,来实现温度测量的传感器。热电阻分为金属热电阻和半导体热电阻两大类,一般称金属热电阻为热电阻,称半导体热电阻为热敏电阻。

热电阻具有正温度系数,即温度升高,电阻值增加。作为热电阻材料的金属要求电阻值稳定以及随温度变化的线性度好,最常用的热电阻材料是金属铂。

热电阻的使用温度范围:低温为$-200 \sim 100℃$,中温为$0 \sim 350℃$,高温为$0 \sim 500℃$。用热电阻测量温度时,要外部施加电源,使流经热电阻的电流为规定值,测量该电流在热电阻两端产生的电压降,从而达到测量温度的目的。因此,温度的测量精度高,尤其是测量常温下的温度比热电偶温度计更适宜。

采用热电阻构成的测温仪器有电桥、直流电位差计、电子式自动平衡计量仪器、动圈比率式计量仪器、动圈式计量仪器、数字温度计等。

（二）热敏电阻

热敏电阻是其电阻体随温度变化而显著变化的半导体电阻,是利用半导体锗或硅掺杂后温度对电阻率影响大的特点制成的,体积小,灵敏度高,长期稳定性好,具有较大的负温度系数(温度每上升$40℃$阻值约下降一半),特别适用于生物医学上温度的测量。

热敏电阻使用时不用放在保护管内,因此,测量温度时比热电阻更为简单方便。在生物医学测量中常把热敏电阻的探头做成珠状和薄片状,因为这两种结构都可以把体积做得很小,以达到热惯性小、响应迅速的要求。

热敏电阻可分为三类:负温度系数(NTC)型,正温度系数(PTC)型和临界温度系数(CTR)型(图1-3)。

NTC热敏电阻的测温范围:低温为$-100 \sim 0℃$,中温为$-50 \sim 300℃$,高温为$200 \sim 800℃$,主要材料有Mn、Ni、Co、Fe、Cu、Al_2O_3等,具有很高的负温度系数,用于温度测量、温度补偿和电流限制等;PTC热敏电阻的测温范围为$-50 \sim 150℃$,主要材料有$BaTiO_3$等,主要用于彩电消磁以及各种电器设备的过热保护;CTR热敏电阻的测温范围为$0 \sim 150℃$,主要材料有氧化钒系列等,用于记忆、延迟和辐射热测量计等。

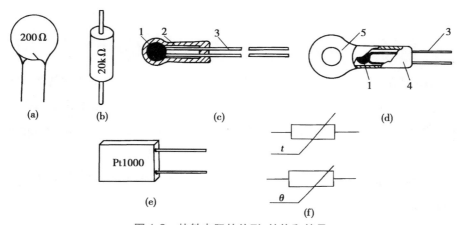

图 1-3　热敏电阻的外形、结构和符号
（a）圆片型　（b）柱型　（c）珠型　（d）铠装型　（e）厚膜型　（f）图形符号
1—热敏电阻　2—玻璃外壳　3—引出线　4—紫铜外壳　5—传热安装孔

知识链接

热敏式湿度传感器工作原理

热敏式呼吸测量是用热敏电阻放在鼻孔处，当气流通过热敏电阻时，热敏电阻受到流动气流的热交换，电阻值发生改变，从而测得呼吸的频率。

（三）热电偶

热电偶是利用物理学中的塞贝克效应制成的温敏传感器。当两种不同材料的导体 A 和 B 组成闭合回路时，若两端结点温度不同（分别为 T_0 和 T），则回路中产生电流，相应的电动势称为热电动势，这种装置称为热电偶。**热电动势是由接触电动势和温差电动势两部分组成**，其大小和两端点的温差有关，还与材料性质有关。

热电偶是目前接触式测温中应用最广的传感器。具有结构简单、制造方便、测温范围宽、热惯性小、准确度高、输出信号便于远距离传输等优点。常见的热电偶有铂铑-铂热电偶、镍铬-镍铝（镍铬-镍硅）热电偶和铜-康铜热电偶。

应用于生物医学测量中的热电偶温度传感器的种类很多，临床中常用的有以下两种：

1. 杆状热电偶　通常用于测量口腔和直肠温度，也可以做得很细，放入注射针头中，经皮插入到待测的部位。

2. 薄膜型的片状热电偶　它与一般热电偶的不同之处就是用薄膜代替原来的金属丝，将这种金属薄膜固定在基片上，可做成很小的尺寸。因而其测量的响应时间非常迅速，时间常数 $\tau < 0.01s$。

知识链接

热电偶的应用

针状热电偶：可以用来测量软组织内和血管内的温度。

以石英材料为基底的热电偶，可以用来测量细胞内的暂态温度。

三、光电传感器

光电传感器是把光信号转换为电信号的传感器,它可以直接测量人体的辐射信息,也可以把人体的其他信息转换成光信号,具有体积小、重量轻、灵敏度高、功耗低、便于集成等优点,被应用于光电脉搏传感器、核医学检测器、光导纤维血压传感器等医用电子仪器中,它的物理基础就是光电效应。

(一)外光电效应

1. 外光电效应(光电发射效应) 在光线的作用下,金属表面和内部的电子吸收光能后逸出金属表面的现象。基于外光电效应的转换器件有光电管、光电倍增管。

2. 光电管 如图 1-4 所示,在阳极连接电源正极,阴极连接电源负极,无光照时没有电流,当光电管受光照时,阴极将发射电子,电子在阳极正电动势吸引下形成电子流,输出电压 U_0 值的大小反映了光强度的变化。光电管成本较低,要求直流电压也低,但灵敏度也较低,多用于光信号较强的光学分析仪器。在连续式比色计和光栅分光光度计中,均采用光电管进行光电转换。此外,有些医用电子设备的控制电路中,常采用光电管进行光电转换。

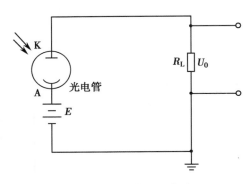

图 1-4 光电管工作电路

3. 光电倍增管 是把微弱的光输入转换成电子流并使电子流获得放大的电真空器件。它是最灵敏的光检测器,放大倍数高,性能稳定,广泛用于弱光线的测量,尤其是对各种射线的测量。

光电倍增管在高真空管中装入一个光电阴极和多个倍增电极,使用时在各个倍增电极均加上电压,而且电压依次升高,形成电子流的不断倍增,从而使极微弱的入射光转换成放大的电子流。

实例分析

实例:根据图 1-5 所示,描述分光光度计的工作原理。

分析:光经单色光器色散后变为单色光后,透过比色皿内的待测溶液,照射到光电管上,光电管将随溶液不同而不同的光信号转换为电信号,经放大后显示出来。

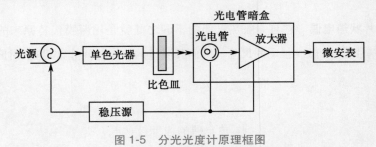

图 1-5 分光光度计原理框图

说明:如测量的光电较弱,可以将光电管换成光电倍增管。

（二）内光电效应

半导体材料受光照时,由于对光子的吸收,会在半导体材料内部激发出电子-空穴对,使物体的电导率发生变化或产生光电动势的现象,称为内光电效应。基于内光电效应的光电器件有光敏电阻、光电二极管和光电三极管等。

1. 光敏电阻(光导管)　光照射到高电阻率的半导体材料时,由于内部载流子的变化引起该电阻率下降而易于导电。光敏电阻是用具有光导效应的材料制成的光敏器件,没有极性,纯粹是一个电阻器件,当它受到一定波长范围的光照时,阻值急剧减小,电路中电流迅速增大(图 1-6)。电流随光强的增大而变大,实现了光电转换。

制造光敏电阻的光电导材料有硫化镉(CdS)、硫化铅(PbS)、硒化铅(PbSe)等,其中硫化镉用得最多,在医学仪器中常用光敏电阻(光电导探测器)作为光电脉搏计、血氧仪、色素稀释等测量中的传感器。

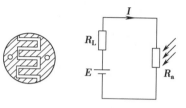

图 1-6　光敏电阻的结构

2. 光电二极管(PN 结光电二极管)和光电三极管　光电二极管的结构与一般二极管相似,不同之处在于 PN 面积较大,且顶部有受光窗口和透镜,可使光线集中在敏感面上,以便接受光照。在无光照射时,处于反偏的光敏二极管工作在截止状态,这时只有少数载流子在反偏压作用下形成微小的反向电流即暗电流;当有光照射时,PN 结附近受光子轰击产生电子—空穴对、使 P 区和 N 区的少数载流子浓度大大增加,在外加反向偏压和内电场的作用下,电子和空穴渡越阻挡层分别进入 N 区和 P 区,使通过 PN 结的反内电流大为增加,形成光电流。

光敏三极管与光敏二极管的结构相似,以基极-集电极结作为受光结。和一般三极管相比,光敏三极管的发射极做得很小,以扩大光照面积。正常情况下,集电极相对发射极为正电压,基极开路,则基极-集电极处于反向偏置。没有光照时,由于热激发而产生少数载流子,在外电路有暗电流流过。当光照射到 PN 结附近时,使 PN 结附近产生电子-空穴对,它们在内电场作用下,定向运动形成较大的反向电流即光电流。由于光照射产生的光电流相当于一般三极管的基极电流,因此,集电极电流被放大了(β+1)倍,从而使光敏三极管的灵敏度比光敏二极管高得多。

利用近红外单色光在一般组织中的穿透性比血液中大几十倍的现象,可以设计指尖脉搏波传感器,用于微血管床的脉搏波的测量,如图 1-7 所示。光学研究表明,波长大于 60nm 的近红外光很容

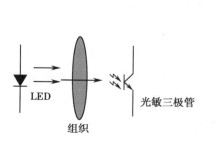
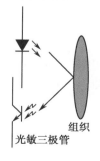

图 1-7　光电脉搏传感器

易透过人体组织,但却容易被血液吸收,由于动脉的搏动,使血液充满毛细管床,随着脉动变化,血管的充盈度也发生变化,于是改变了透光率或反射、散射率,接收光强的变化转变为电信号就可以反映脉搏波的变化。

> **知识链接**
>
> ### 血氧饱和度的定义
>
> 血氧饱和度是指血液中单位体积内氧合血红蛋白的数量与血红蛋白的总数之比。 人体中血氧浓度的高低, 亦指血液中氧合血红蛋白的多少, 可用血氧饱和度来描述。

四、压电传感器

压电式传感器是一种典型的有源传感器(或发电型传感器)。它是以某些电介质的压电效应为基础,在外力作用下,电介质的表面产生电荷,从而实现非电量测量的目的。它能将力的物理量(如力、压力、加速度等)转换成电荷或电压变化。压电式传感器具有频带宽、灵敏度高、信噪比大、工作可靠、体积小、重量轻等优点,就生物医学领域而言,压电式传感器的具体应用有很多种,例如:血压传感器、心音换能器、压电听诊器、流量计、胎儿心音和宫缩监测换能器及超声波诊断等。

(一)压电效应

当某些晶体或陶瓷沿一定方向受力被机械变形时,在它的两端表面能产生电场;相反,在外加电场作用下,则能产生与电场强度成正比的机械变形,这种现象称为压电效应,前者称为正压电效应,后者称逆压电效应。具有压电效应的材料称为压电材料,用于传感器的压电材料通常分为两类:天然的压电晶体(如石英)以及经过人工极化的压电陶瓷(如钛酸钡陶瓷和锆钛酸铅陶瓷)。压电陶瓷的优点是它可以做成任意形状、压电系数大、机械性能十分稳定的传感器件,因此,它在医学传感器中应用甚为广泛。

由于压电式传感器具有一系列优点,故已广泛用于生理信号检测的医学领域之中。例如:利用压电材料的正压电效应制成的传感器,可以用来测量生理位移、压力、振动、心音等;而利用压电材料的正、反向压电效应,又可制成各种超声换能器,用来进行方位、距离、血流流动指标的检测和监护。

(二)压电传感器应用——超声换能器

医用压电超声换能器(探头)的工作原理基于正负压电效应实现声/电转换和电/声转换。超声波的发射是利用换能器的逆压电效应实现电/声转换,而超声波的接收则是利用正压电效应完成声/电转换。

医用超声仪器的工作过程是:当超声仪器中脉冲发生器的交变电信号施加于换能器中压电晶体两端时,由于逆压电效应引起交变式的形变而产生机械振动,带动周围介质的质点位移、形成介质的机械振动,这种振动在介质声场中传播的现象称为超声辐射。当探头与人体接触时,探头就向人体内辐射超声波。超声波在人体组织内传播时,由于不同器官和组织的声阻抗不同,对声能的吸收和衰减也不同,则反射面形态就不同,在不同界面产生了不同的透射和反射。反射波再作用于透射和反射。反射波再作用于探头表面,使之因正压电效应又将超声波能量转换为电信号,反射回来的超声波带有不同器官和组织的信息,电信息经超声仪器处理之后则可输出显示。这样,医护人员利用从待测人体获得的携带有器官信息的超声回波信号,则可对待测者的脏器进行超声诊断。

图 1-8 是采用双晶振子的超声波传感器的工作原理示意图。若在发送器的双晶振子(谐振频率为 40kHz)上施加 40kHz 的高频电压,压电陶瓷片 a、b 就根据所加的高频电压极性伸长与缩短,于是就能发送 40kHz 频率的超声波。超声波以疏密波形式传播,传送给超声波接收器。超声波接收器是利用压电效应的原理,即在压电元件的特定方向上施加压力,元件就发生应变,则产生一面为正极,另一面为负极的电压。接收器是双晶振子,若接收到发送器发送的超声波,振子就以发送超声波的频率进行振动,于是,就产生与超声波频率相同的高频电压,当然这种电压是非常小的,必须采用放大器进行放大。

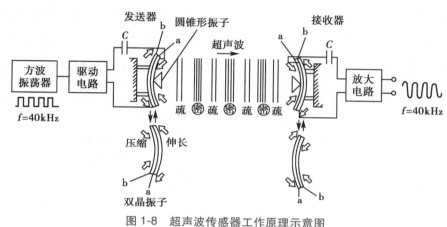

图 1-8　超声波传感器工作原理示意图

五、生物传感器

(一)生物传感器的组成与工作原理

生物传感器一般由感受器(识别部分)和变换器(变换部分)两部分组成。图 1-9 所示为生物传感器的结构原理图。敏感物质附着于膜上或包含于膜之中(称为固定化),这部分称为感受器。当要测定的溶液中的物质有选择性地吸着于敏感物质时,形成复合体,其结果就产生物理或化学变化,将会产生变化的光、电、热等信号输出,然后采用热电、压电、光电及电化学等变换器将其变换为电信号输出。

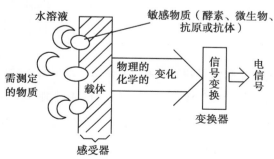

图 1-9　生物传感器的结构原理图

生物传感器的感受器生物传感器的关键部分,其作用是识别被测物质。它能识别被测物的功能物质,如酶(E)、抗体(A)、酶免疫分析(EIA)、原核生物细胞(PK)、真核生物细胞、细胞类脂(O)等,将其用固定化技术固定在一种膜上,从而形成可识别被测物质的功能性膜。如酶是一种高效生物催化剂,它的催化效率比一般催化剂高 $10^6 \sim 10^{10}$ 倍,且一般都可在常温下进行,利用酶只对特定物质进行选择性催化的这种专一性,可测定被测物质。其催化反应可表示为:

$$酶+底物 \longleftrightarrow 酶 \cdot 底物中间复合物 \rightarrow 产物+酶$$

形成中间复合物是其专一性与高效率的原因所在。由于酶分子具有一定的空间结构,只有当被测物的结构与酶的一定部位上的结构相互吻合时,才能与酶结合并受酶的催化,所以酶的空间结构是其进行分子识别功能的基础。图 1-10 表示酶的分子识别功能及反应过程。按照所选或测量的物质不同,使用的功能膜也不同,可以有酶膜、全细胞膜、免疫膜、细胞器膜、组织膜、杂合膜等。但它们多是人工膜,尽管在少数情况下,分子识别器件采用了填充柱形式,但微观催化仍认为是膜形式,至少是液膜形式。所以,在此应广义理解膜的含义。各种膜及其组成材料如表1-2。

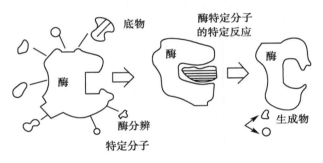

图 1-10 酶的分子识别功能及反应过程

表 1-2 生物传感器分子识别膜及材料

分子识别元件	生物活性材料
酶膜	各种酶类
全细胞膜	细菌、真菌、动植物细胞
组织膜	动植物切片组织
细胞器膜	线粒体、叶绿体
免疫功能膜	抗体、抗原、酶标抗原等

生物传感器的变换部分将生物信息转变成电信号输出。按照受体学说,细胞的识别作用是由于嵌合于细胞膜表面的受体与外界的配位体发生了共价结合,通过细胞膜能透性的改变,诱发了一系列电化学过程。膜反应所产生的变化再分别通过电极、半导体器件、热敏电阻、光电二极管或声波检测器等,变换成电信号,形成生物传感器。

知识链接

生物传感器的种类

最早的生物传感器是酶电极，之后相继出现了由固相酶膜和氧电极组成的葡萄糖电极和尿素电极，随之又研究开发了免疫电极、激素电极、细菌电极及组织切片电极等各种生物传感器。

（二）酶传感器

酶是生物体内具有催化作用的活性蛋白质，具有特异的催化功能，因此，被称为生物催化剂。由于酶的催化功能，它在生命活动中起着极其重要的作用。酶参与了新陈代谢过程中所有的生化反应，并以极高的速度和明显的方向性维持生命的代谢活动，包括生长、发育、繁殖与运动，可以说，没有酶便没有生命。

▶▶ **课堂活动**

你知道目前已鉴定出的酶有多少种吗？酶的催化效率比一般催化剂高多少倍？

1. 酶传感器的结构 酶传感器主要由固定化酶膜与电化学电极系统复合而成。它既有酶的分子识别功能和选择催化功能，又具有电化学电极响应速度快、操作简便的优点。酶传感器按其结构可分为密接型和分离型两种。

2. 酶传感器的应用

（1）葡萄糖传感器：在葡糖氧化酶（GOD）膜的作用下，葡糖发生氧化反应，消耗氧而生成葡糖酸内脂和过氧化氢。被消耗的氧或生成的过氧化氢可以用上述电极检测。其反应过程可用下式表达：

$$葡萄糖 + O_2 + H_2O \xrightarrow{\text{GOD}} 葡糖酸内脂 + H_2O_2$$

用 Clark 电极检测消耗的氧，用 pH 电极检测生成的葡糖酸内脂或用金属电极检测 H_2O_2 均可间接测定葡萄糖。实际应用中仅用电流法测溶解氧的消耗或生成的 H_2O_2。

（2）尿素传感器：尿素传感器是酶传感器中研究得比较成熟的一种。在临床检查中，定量分析患者血清和体液中的尿素对于肾功能的诊断是很重要的。对于慢性肾衰竭的患者进行人工透析，在确定透析时间后，尿素的定量分析也是必不可少的。

近年来出现一种尿素 FET，其原理是用离子场效应晶体管（ISFET）检测尿素酶反应时溶液 pH 发生的变化。后者介绍一种用交流电导转换器的尿素生物传感器，其工作原理如下：

$$H_2NCONH_2 + 3H_2O + \xrightarrow{\text{脲酶}} 2NH_4^+ + HCO_3^- + OH^-$$

经过尿素酶（脲酶）催化反应后生成了较多的离子，导致溶液电导增加，然后用铂电极作电导转换器，把制成的脲酶固定在电极表面。在每组电极间施加一个等幅振荡正弦电压（1kHz、10mV）信号，引导产生交变电流，经整流滤波成直流信号与溶液的电导成正比，于是便可知尿素的含量。

点滴积累 ∨

1. 传感器由敏感器件、转换器件和电子线路组成。
2. 金属热电阻和半导体热敏电阻都是将温度的变化转化为电阻的变化的温度传感器，热电阻的阻值随温度的升高而增大，热敏电阻的阻值随温度的升高而急剧减小，并呈现非线性。
3. 光电效应分为内光电效应和外光电效应。
4. 压电效应分为正压电和逆压电效应。
5. 生物传感器关键部分是感受器（识别部分）。

第五节　医学仪器的开发与维修

随着人们对医学仪器的要求愈来愈高,科学工作者要不断地开发和研制新型的医学仪器以满足这种需求。

目前,医学仪器已广泛应用到各医疗机构,并在临床诊断、治疗和医学科学研究中发挥着愈来愈重要的作用。因此,医学仪器的故障诊断和维修任务已经摆在了临床工程技术人员的面前,面对庞杂的医学仪器,掌握故障诊断与维修的基本方法,在维修各种医学仪器时迅速形成符合逻辑的科学程序便显得十分重要。

"维修"一般是指维护和修理。维护是指仪器的性能检测、调整、定期校准与部分元器件的更换工作,以及在运输、存储和使用的保养工作(如清洁除尘、加油、换电池等);修理是指仪器出现故障后,检查故障与消除故障,使仪器设备达到既定技术指标、恢复正常工作。

一、医学仪器的开发流程

现代医学仪器设计,是理、工、医多学科知识的高度综合运用,设计涉及知识面较广,技术难度较大,实践性很强,但其基本设计思路可归纳为如下七步:

1. **生理模型的构建**　这是现代医学仪器设计中十分关键的一步。在对生理、病理、生化或解剖等相关知识分析的基础上,根据物理、化学、数学和生物医学的基本理论,或对实验所获数据的统计分析,构建设计目标的数学模型(物理模型或描述模型),并提出仪器设计应实现的技术指标。

2. **系统设计**　根据构建的生理模型和设计指标,提出系统总体设计方案和工程实现的方法、途径;接着按功能(并考虑空间结构)进行合理的模块化分解;最后,按照产品成本要求和性价比优选的原则,进行软、硬件设计的选择与规划,并绘制出系统总框图。

3. **实验样机研制**　实验样机设计包含了仪器的软、硬件设计、工艺设计和安全可靠性设计;在完成设计的基础上,制作实验样机;在实验室条件下进行仪器样机性能测量和模拟试验,各项指标应达到设计要求。

4. **动物实验研究**　对于安全性、有效性应当加以控制的医疗器械;植入人体的医疗器械;用于支持、维持生命的医疗器械;对人体具有潜在危险,对其安全性、有效性必须严格控制的医疗器械,建议在临床实验前,先进行动物实验。要选择适当的动物,对实验样机性能进行较全面的考察验证,包括生理、生化指标的检测、疗效观察,仪器的电气和生物安全性、可靠性评价(包括材料的生物相容性分析)等。并将实验结果反馈到前三步。

5. **临床试验**　在向食品药品监督管理部门提出临床试验申请之前,应首先拟定产品标准及说明,经有关标准化主管部门审定、备案;其次产品须经食品药品监督管理部门指定的第三方检测中心,按产品标准对样机进行测试,达到标准要求后,方可进入临床实验。对于临床试验过程,国内外都有严格的规定。对实验所获数据,应选用适当的统计方法分析,其结果应反馈到前三步。

6. **仪器的认证与注册**　向食品药品监督管理部门提交仪器认证与注册的有关申请,获准后,按照生产规模要求,即可进行仪器的外观设计、工装设计、模具设计和工艺设计等。可参阅其他有关资料。

7. **生产**　待其特性指标均达到设计要求时,并得到有关部门的认证与注册后,方可投入生产,最后才能应用于临床。

实例分析

　　实例:人体的生理信号测量是借助于电子技术手段对以人体物理特征量为主的功能测量,新兴的生理仪器一般又都具有一定的通信或网络交互功能。 试设计一个简单的人体生理信号测量系统。

　　分析:人体的生理信号总量需要借助于相应的物理传感器,将生理量转换成易于处理的电信号(往往十分微弱并伴有很大的背景噪声)进行放大、处理、分析、记录、显示存储或传输(借助通信或网络)。 如图1-11所示。

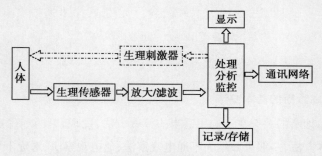

图 1-11　生理信号测量仪的系统设计框图

　　说明:在系统框图中, 生理传感器、放大/滤波和处理、分析与监控模块是最基本的, 是核心部件,虚线部分主要用于神经生理信号测量;这个设计只是前面7步中的第2步。

二、医学仪器的故障诊断与维修的通用法则

　　医学仪器故障诊断的最终目的是修复及校正医学仪器系统。所谓"医学仪器系统"不仅仅是仪器本身,还涉及仪器的操作者和仪器所处的环境。操作者、环境以及仪器本身这三个因素中任何一个出现问题,均可导致医学仪器系统出现故障。作为普遍的规律,这三个因素出现问题的几率是相等的,如图1-12所示。

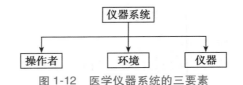

图 1-12　医学仪器系统的三要素

操作者由于对仪器的不熟悉或疏忽,在使用医学仪器时将会带来仪器的故障。

医学仪器和操作者周围的环境是医学仪器系统使用的重要条件,环境及其他条件的影响也是引起医学仪器故障的主要原因之一。

仪器是执行测量及控制等功能的装置。由仪器产生的故障通常有两大类:一类是非电类故障,这是最可能引起医学仪器故障的原因,这类故障包括接插件连接松弛、灰尘、腐蚀、机械疲劳等;另一类是电子类故障,主要是指元件和电路的故障。

医学仪器的维修及故障寻找通常有两种方法:一种是根据线路理论进行分析,一种是根据以前的维修记录进行分析。前者称为线路理论分析法,后者称为故障类型分析法。在医学仪器的维修中,通常两种方法并用。

> **知识链接**
>
> 故障分析方法
>
> 通过观察和触摸等方式发现仪器设备明显和简单故障的方法,在实际工作中是必要和常用的。可是这些方式对仪器设备的实质性故障却无能为力,必须采用其它方法来检查判断。仪器的检查和判断方法很多,但并非在一次检查中各种方法都能用上,有时仅采用一种方法就可以查出故障,有时则需用几种方法才能解决问题。这些方法之间相互联系,因此一定要通过在长期实际工作中不断摸索总结经验,勤于实践,才能提高对这些方法的综合运用能力,迅速排除故障。

（一）医学仪器故障诊断的基本方法

医学电子仪器故障诊断的关键在于选用适当的检查方法,发现、判断和确定产生故障的部位和原因。故障诊断的基本方法,一般可归纳为不通电观察法、通电观察法、对症下手法、测量电压法、波形观测法、信号注入法、信号寻迹法、电容旁路法、分割测试法、器件替代法、改变现状法、整机比较法、测量电阻法及测试器件法等 14 种。只要根据仪器的故障现象和工作原理,针对各种问题特点,交叉而灵活地加以运用这几种方法,就能有效而迅速地进行故障诊断。

1. **不通电观察法**　在不通电的情况下,观察仪器面板上开关、旋钮、度盘、插口、接线柱、探测器、指示电表等有无松脱、滑位、卡阻、断线等问题;打开仪器的外壳盖板,观察仪器内部的元件、器件、插件、电源变压器、电路连线等,有无烧焦、漏液、发霉、击穿、脱落、开断等现象。

2. **通电观察法**　通电观察法特别适用于检查跳火、冒烟、异味、烧保险丝等故障现象。这些故障通常发生在仪器的整流电路部分,通电观察时,首先应注意观察整流管的工作状态。

3. **对症下手法**　在仪器的说明书中,大多有比较完整的维修与调整资料,如各级电路的工作电压数据表、波形图以及常见故障现象、原因、检修方法对照表等,对于仪器检修者都是很有价值的参考资料。因此,故障诊断时,可根据故障现象,参照现成资料对症下手,以加快仪器的修复。

4. 测量电压法　检查仪器内部各种电源电压是否正常,是分析故障原因的基础。因此,故障诊断,应先测量待修仪器中各种直流电源的电压值是否正常,即使在已经确定故障所在的电路部位时,也经常需要进一步测量有关电路中的晶体管各个电极的工作点电压是否正常,这对于发现与分析故障的原因和损坏的器件,都是极有帮助的。

5. 波形观测法　故障诊断时,使用电子示波器来观测待修仪器的振荡、放大、倒相、整形、分频、倍频、调制等电路部分的输出和输入信号波形,可以迅速地发现产生故障的部位,有助于故障原因的分析,进一步确定检测的方法与步骤。

6. 信号注入法　使用外部的相应信号源,从待诊断仪器的终端指示器的输入端开始注入,然后依序向前级电路推移,注入测试信号到各级电路的输入端,同时观察仪器终端指示器的反应是否正常,作为确定故障存在的部分和分析故障发生原因的依据。

7. 信号寻迹法　利用适当频率和振幅的外部信号源,作为测试信号电压,加到待修仪器的输入端或多级放大器的前置输入端,然后利用外部的电子示波器,从信号输入端开始,逐一观测后边各级放大器的输入和输出信号的波形和振幅,以寻找反常的迹象。

8. 电容旁路法　在检修有寄生振荡或寄生调幅等故障现象的电子仪器时,通常采用电容旁路法来检查和确定发生问题的电路部分。具体的方法是,使用一个适当容量和电压的电容器,临时跨接在有疑问电路的输入端,使之形成对"地"旁路,以观测其对故障现象的影响。如果故障现象消失了,表明问题存在于前面各级电路中,反之,故障不消失,表明问题存在于本级电路。

9. 分割测试法　有些医学电子仪器的组成电路部分比较复杂,涉及的器件很多,并且互相牵制,多方影响。因此,在进行故障诊断时,必须采用分割电路的方法,即脱焊电路连线的一端,或者取出有关的单元板插件,观测其对故障现象的影响,或者单独测试被分割的电路的功能,这样就能发现问题所在之处,便于进一步检查故障的产生原因。

10. 器件替代法　在医学电子仪器故障诊断时,最好不要拆动电路中的元件和器件,特别是精密仪器,更不应该随便拆动。通常先使用相同型号、相同规格、相同结构的元件、器件、印刷电路板、单元插接部件等临时替代有疑问的部分,以便观测其对故障现象的影响。如果故障现象消失了,代表被替代的部分存在问题,然后再行脱焊更新,或者进一步检查故障的原因。

11. 改变现状法　改变现状法是指在医学电子仪器故障诊断时,有意变动有关电路中的半可调元件,也包括有意触动有关器件的管脚、管座、焊片、开关角点等的现状,甚至大幅度地改变有关元件的数值或有关电路的工作点,以观测其对故障现象的影响,往往就会使接触不良、虚焊、变值、性能下降等问题暴露出来,以便加以修整、更换,即可排除故障修复仪器。

12. 整机比较法　医学电子仪器故障诊断时,需要有电路正常时的工作点电压数值和工作波形图作为参考,以便采用测量电压法和波形观测法来比较其差别而发现问题。因此,在缺少有关技术资料,并且已使用多种检测方法仍难以分析故障的发生原因,或者难以确定存在问题的部位时,通常采用整机比较法,即利用同一类型的完好仪器,对可能存在故障的电路部分,进行工作点的测定和波形观测,以比较两台好坏仪器的差别,往往就会发现问题,并有助于故障原因的分析。特别是对于诊断复杂的电子仪器,此法颇为奏效。

13. 测量电阻法　医学电子仪器故障诊断时,经常发现由于电路器件的插脚或滑动接点接触不良,或者个别接点虚焊,或者电阻变值,以及电容器漏电等,从而导致故障的发生。这些问题都需要在待修仪器不通电的情况下,采用测量电阻法进行检查,以寻找故障所在之处。

14. 测试器件法　在进行故障诊断时,对有疑问的电路进行定量的测试,有助于确定和分析故障产生的原因。必须指出,各种器件的测试仪器,其测试条件和待修仪器的工作条件不完全相同,经常遇到对有疑问的器件通过测试是好的,接在电路中使用却出现问题。因此,除了明显的参数变值和性能下降外,必要时尚应借助器件替代法才能确定有疑问器件的质量好坏。

在上述 14 种检查电子仪器故障原因的基本方法中,不通电观察法和通电观察法有利于尽快地发现损坏的器件与部件。对症下手法对新手很有启发作用,有助于入门;测量电压法是故障诊断的基础,只有在电源电压和工作点电压正常的条件下,才能有效地进行测试与分析。波形观测法、信号注入法、信号寻迹法、电容旁路法、分割测试法等,有助于迅速确定有毛病的电路部分;变动现状法、器件替代法、测量电阻法、器件测试法等,有助于确定变值、衰老、虚焊、损坏、接触不良的器件与部件;整机比较法对解决疑难的故障问题很有帮助。

▶ **课堂活动**

举例说明你所熟悉的维修例子。　通过具体的维修实例来理解这些故障诊断的基本方法。

（二）医学仪器故障维修的通用法则

1. 检修医学电子仪器的一般程序　检修医学电子仪器是一项理论性与实践性要求较高的技术工作。医学电子仪器的检修者,既不应单凭经验,也不应纸上谈兵,更不应瞎摸乱碰,以图侥幸成功,否则,不但捣鼓半天一无所得,反而会使故障越修越复杂。因此,要搞好医学电子仪器的检修工作,必须具备一定的电路基础和电子线路的理论知识,懂得常用测试仪表的正确使用与操作方法,了解检查医学电子仪器故障产生原因的基本方法,并在此基础上遵循科学的工作程序。通常可将医学电子仪器的检修程序归纳为 9 条,即了解故障情况、观察故障现象、初步表面检查、研究工作原理、拟定测试方案、分析测试结果、查出毛病整修、修后性能检定和填写检修记录等。

（1）了解故障情况:在检修医学电子仪器之前,确切了解仪器发生故障的经过情况以及已发现的故障现象,对于初步分析仪器故障的产生原因很有启发作用。

（2）观察故障现象:检修医学电子仪器必须从故障现象入手。对待修仪器进行定性测试,进一步观察与记录故障的确切现象与轻重程度,对于判断故障的性质和发生部位很有帮助。但是必须指出,对于烧保险丝、跳火、冒烟、焦味等故障现象,必须采用逐步加压（指交流电源的电压）的方法进行观察,以免扩大仪器的故障。

（3）初步表面检查:在检修医学电子仪器时,为了加快查出故障产生原因的速度,通常是先初步检查待修仪器面板上的开关、旋钮、度盘、插头、插座、接柱、表头、探测器等是否有松脱、滑位、断线、卡阻和接触不良等问题;或者打开盖板,检查内部电路的电阻、电容、电感、晶体管、石英晶体、电源变压器、熔丝管等是否有烧焦、漏液、击穿、霉烂、松脱、破裂、断路和接触不良等问题。一经发现问题,予以更新修整。

(4)研究工作原理:如果初步表面检查没有发现问题,或者对已发现的毛病进行整修后仍存在原先的故障现象,甚至又有其他器件损坏,就必须进一步认真研究待修仪器说明书提供的有关技术资料,即电路结构方框图、整机电路原理图和电路工作原理等,以便分析产生故障的可能原因,确定需要检测的电路部位。即使对比较熟悉的仪器设备,电子仪器的维修者也应该查对电路原理图,联系故障现象进行推理,否则就将无从下手,事倍功半。

(5)拟定测试方案:根据医学电子仪器的故障现象以及对仪器工作原理的研究,拟定出检查故障原因的方法、步骤和所需测试仪表的方案,以便做到心中有数,这是进行仪器检修工作的重要程序。

(6)分析测试结果:下一步是根据测试所得到的结果——数据、波形、反应,进一步分析产生故障的原因和部位。通过再测试再分析,肯定完好的部分,确定故障的部分,直至查出损坏、变值、虚焊的器件为止。因为仪器的修理者对于故障原因的正确认识,只有在不断地分析测试结果的过程中,才能由片面到全面,由个别到系统,由现象到实质。这是检修医学电子仪器的整个程序中,最关键而且最费时的环节。

(7)查出故障整修:医学电子仪器的故障,无非是个别器件损坏、变值、脱落、虚焊等引起,或是个别接点开断、短路、虚焊、接触不良等造成。通过检测查出问题后,就可进行必要的选配、更新、清洗、重焊、调整、复制等整修工作,使仪器恢复正常功能。

(8)修后性能检定:对修后的医学电子仪器要进行定性测试,粗略地检定其功能是否正常。如果修整更新后的元器件会影响仪器的主要技术性能,在修复后还应进行定量测试,以便进行必要的调整与校正,保持仪器的测量准确。

(9)填写检修记录:修复一台仪器后,为了能在理论和实践上有所提高,必须认真填写检修记录。

检修记录包括有:检修医学电子仪器的名称、型号、厂家、机号、送修日期、委托单故障现象、检测结果、原因分析、使用器材、修复日期、修后性能、检修费用、检修人、验收人等。

2. 应急修理技术   目前很多医学仪器在故障定位后,通常采用换电路板的方法,但常误工期而影响医学仪器的使用,造成不必要的损失。因此维修人员在熟悉仪器性能、结构及常见故障后,应学会应急修理技巧,即在找不到一个完全一致的元件来替代的情况下,利用知识来选择等效替代元件,使它在所有重要特性上相当或超过原来的(损坏的)元器件。紧急修理场合,下列等效替代方法可以被采用:

(1)并联替代法:将两个或两个以上的元件并联后替代某个元器件,电阻、电容、二极管、晶体管、电源变压器、保险丝等均可采用这种方法。两个及两个以上关联后,其电参数将发生变化,电阻关联后阻值比最小的电阻数值小,但功率会增大。

(2)串联替代法:将两个或两个以上的元器件串联后,可替代某个元器件,电阻串联后,可增加阻值;电容串接后,容量减小,但耐压增加;二极管串联后,可增加耐压值。

(3)应急拆除法:某些用来减小交流纹波的元件、电路调整用元器件等辅助性功能元件,一旦击穿后,不但不起辅助功能作用,而且会影响电路甚至整机工作,可采用应急拆除方法恢复电路及整机工作。应急拆除辅助元件,可能会使部分辅助功能尚失,这在使用时应引起注意。

> **知识链接**
>
> 故障的诊断
>
> 　　医学仪器的故障诊断与维修过程中,故障的诊断是非常重要的,只有查找出了故障所在,才能利用相应的维修方法排除故障,最后还应对所检修的仪器进行指标检测,才能判断故障是否真正排除。这是一个实践性很强的环节,必须在实践过程中不断地总结、积累,才能有所提高,才能真正成为名副其实的技术人员。

　　(4)临时短路法:某些在电路中起某种辅助作用的元器件,损坏后可能会导致电源中断及信号中止,如果用导线将损坏的元器件两端短路,仪器可恢复工作。临时短路法不适用于电容器及集成电路。

　　(5)变通使用法:两个或两个以上的部分功能损坏的元器件,可充分利用其尚未损坏的功能,重新组合,作一个功能齐全的元器件使用,一些集成电路及厚膜电路适用这种方法。

　　(6)主次电路元件相互交换法:某些主要电路中的元器件损坏或性能变差后,会影响仪器的正常工作。可由对性能关系不大的次要电路中的元件来替代或与之交换使用,以确保主要功能恢复正常。

　　(7)挖潜法:将某些暂不用或暂未发挥作用的通道和波段中的元件充分利用起来,确保常用或急用的功能。该法只是一种应急措施,应尽量避免使用。

　　(8)组件代用法:某些较简单的厚膜电路或集成电路功能全部或部分损坏后,可采用分立元器件装成组件替换,或用外接分立元器件通过引脚与内部电路连接,使损坏部分的功能得到恢复。

　　(9)电击修复法:某些线径较小的电感线圈、变压器断路后,可用较高的电压将断路的两端重新熔接。一些陶瓷滤波器漏电后,亦可用高压产生电火花使漏电处烧断。电击修复法的成功率取决于采用合适的电压和电流。

　　(10)降压使用法:为了使某些性能变差的元件继续使用,可采用调整电源的取样电阻,使直流稳压电源输出电压适当降低。降低工作电压有时可克服电路的自激。

　　(11)加接散热片法:若发现某些未加散热片的发热元器件(大中功率管和集成电路)过热,可加接散热片,提高工作质量和提高元器件的工作寿命。

　　(12)修改电路法:若因设计不当而影响仪器的性能不够完善时,可采用增补某些元器件,例如加接高频旁路电容增强抗干扰能力。若某种元器件购买困难时,可适当修改原电路,使仪器正常工作。

　　(13)自制元件法:如果购买不到合适的元器件,在熟悉元器件性能的前提下,可自制某些元器件。

总之,采取某些应急修理措施后,一般可使仪器功能恢复正常。但应注意这些应急修理措施有一定的局限性,必须谨慎使用。一旦觉得没有把握,应及时与厂商或专业维修方联系解决。

点滴积累 ∨

1. 医学仪器设计开发的基本步骤:①生理模型的构建;②系统设计;③实验样机研制;④动物实验研究;⑤临床试验;⑥仪器的认证与注册;⑦生产。
2. 医学仪器系统三要素:操作者、环境、仪器。
3. 医学仪器的故障分为非电类和电子类两大类。

第六节　医学仪器发展趋势

现代医学仪器是多学科交叉的产物,它的发展与当今自然科学技术的发展紧密相连,同时也受到人文科学、人类社会发展和需求的牵引与制约。随着当今人类社会健康观念更新、疾病谱改变、老龄化社会到来及医学模式的转变,面对社会、家庭和个人对医学仪器更广泛、更多样化的需求,以医院为中心的模式必然会回归到以预防为主、以社区医疗(含家庭和个人保健)为中心的模式上来,从而真正做到世界卫生组织(WHO)提出的"21世纪人人享有保健"的倡议。医学仪器的研究和设计者应积极适应这一转变的巨大需求和挑战,并努力推进这一转变。医学仪器的微型化、智能化、个性化和网络化是必须迈出的第一步,推动发展全新概念的医学仪器,使它们能真正"无缝"地融入家庭和社区服务中,从而造福于人类。

美国食品药品监督管理局(FDA)所属器械和放射卫生中心(CDRH)在对专家学者广泛调研的基础上,提出了医疗器械技术的六大发展趋势预测报告,归纳为六大发展方向,无疑这也是现代医学仪器的发展方向。

1. 计算机相关技术　归属于该类的技术包括计算机辅助诊断、智能器械、机器人和器械网络。相应的新型产品包括集成化患者医学信息系统、病员智能卡、临床实验室机器人、计算机辅助临床实验系统、生物传感器、机器人外科。专家们预测,在智能化器械中将包括小型化生化和光学生物传感器,并以集成"融合"的方式出现。

2. 分子医学　在该类技术中,包括遗传诊断、遗传治疗和组织工程化器械等相应的产品以及生物传感器。专家们预期,随着人类基因计划的实施,基因诊断和组织工程化器械将在未来5~10年中有显著的进展,基因诊断将有助于胆囊纤维化之类的单基因病症的发现与确诊。作此用途的相应产品有DNA微阵列芯片传感器器械。

3. 家庭和自我保健　归属于该类的技术有:家庭/自我监护与诊断、家庭/自我治疗和远程医疗。相应的产品包括家用诊断仪器和患者在家使用的远程医疗产品。专家们预测在未来10年中该技术领域将会有较大发展,将有一批新产品问世,包括一些血尿生化指标和药物浓度的家用诊断测试器械,如糖尿病患者的血糖水平检测仪。一些简单的家庭护理用的远程医疗产品将被开发出来,尤其适用于社区的医疗系统。将实现家用智能化器械来控制治疗和"训导"患者。专家们特别强调"低操作技术",即高技术产品使用的简单化。

4. 微创与无创方法　归入该技术领域的有:微创及无创器械、医学成像、微型化器械、激光诊疗、机器人外科器械和非植入式辅助传感。相对应的器械产品有:微创心血管和神经外科、激光外科、机器人外科、纳米技术、内镜、功能和多模式成像、MRI、PET 和造影剂。预测在未来十年中发展势头较强,并会有新的临床实用产品被开发出来,主要集中在微小型化器械上。除助听器的发展会非常快之外,非植入性辅助器械也会有一定程度的革新。内镜技术将继续拓宽其应用范围,在纤维光学激光外科和光学诊断以及小型智能化机器人器械中得到应用。

5. 器械/药物的复合产品　该技术领域有器械/药物/生物复合化制品,相应的产品为植入式药物传递系统(以药物传递为主)和药物灌注器械(药物传递附属于器械功能)。专家们特别强调了该领域技术特性,因其发展将造福于大量的患者,未来十年中会有三个趋势:第一,用于胰岛素和其他药物的植入式泵,采用生物传感器监视身体中药物浓度并对药物递送速度进行动态调节,还会开发出新的聚合物缓释器械,实现药物的安全性和长效性;第二,将研制出新型药物灌注器械,如用于抗血栓形成的心脏植入物、抗菌包覆的矫形用植入物;第三,会出现适用于老年人家庭使用的简单可靠的药物递送系统,如鼻腔和口腔吸入器械。

6. 采用硬件和组织工程的器官移植/辅助器械　归纳在该技术领域的包括人工器官、组织工程化器官和电刺激装置。相应的人工产品是:人工骨(3D 打印)、心脏瓣膜、心泵、软骨、胰、血管、肾、皮肤、肝、眼和再生的神经细胞,以及心脏、神经和神经肌肉刺激器。专家们预测,今后电刺激技术将进一步在心脏、神经和神经肌肉方面得到应用,并形成一些新的临床产品,人工器官和组织工程化器官将在较晚些时候有显著的进展。

根据上述预测,CDRH 报告中将今后医疗器械的特点归纳为:

(1)医疗器械将更加智能化,器械和系统的内部功能可能更为复杂,但外部操作方式将简单化。

(2)产品的智能化和简易化,将有利于保健工作从医院向家庭发展。

(3)产品开发的需求将促使生物学领域与物理学和工程设计领域互相交叉融合,产品集成化、复合化趋势将更加明显。

(4)技术发展将大大提高临床诊治在时间上和空间上的精确性。

点滴积累 ∨

　　1. 以预防为主、以社区医疗(含家庭和个人保健)为中心的模式。

　　2. 医学仪器将更加微型化、智能化、个性化和网络化。

学习小结

一、学习内容

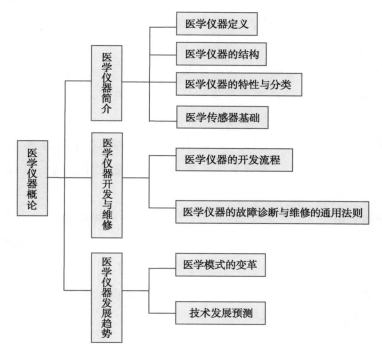

二、学习方法体会

1. 为了学好《医用电子仪器分析与维护》这门课程,首先要熟悉医学仪器的定义,医学仪器与其他电子仪器相比其特殊性是什么,以及典型的医学参数等。

2. 从医学仪器的定义和临床上医学仪器的应用入手,来理解医学仪器的结构及主要技术指标。

3. 根据医学仪器的分类,充分了解《医用电子仪器分析与维护》这门课程所涉及的医学仪器。

4. 从医学仪器的角度出发概括介绍几种常用传感器的结构原理、性能特点和医学应用。

5. 在了解医学仪器发展趋势的基础上,遵循医学仪器的开发流程,可进行小型医学电子仪器的简单系统设计。

6. 在学习具体的医学仪器时,应该了解该种医学仪器的临床应用,从理论上充分理解其基本结构、工作原理,再经过技能培训,学会其功能的使用、指标的检测、仪器的拆装以及故障维修。

目标检测

1. 填空题

(1)医学仪器的用途:_____、_____和_____。

(2)医学仪器是_____。

（3）准确度是＿＿＿＿＿＿＿值与＿＿＿＿＿＿＿值之间的接近程度。

（4）当输出变化一定时,灵敏度愈高的仪器对微弱输入信号反应的能力愈＿＿＿＿＿＿＿。

（5）通常传感器由＿＿＿＿＿＿＿、＿＿＿＿＿＿＿、＿＿＿＿＿＿＿三部分组成,是能把外界＿＿＿＿＿＿＿转换成＿＿＿＿＿＿＿的器件和装置,直接响应于被测量的是＿＿＿＿＿＿＿,产生可用信号输出的是＿＿＿＿＿＿＿。

（6）在光线作用下电子逸出物体表面向外发射称＿＿＿＿＿＿＿效应,＿＿＿＿＿＿＿传感器属于这一类;入射光强改变物质导电率的现象称＿＿＿＿＿＿＿效应,＿＿＿＿＿＿＿传感器属于这一类。

（7）不同的金属两端分别连在一起构成闭合回路,如果两端温度不同,电路中会产生电动势,这种现象称＿＿＿＿＿＿＿＿效应;若两金属类型相同两端温度不同,加热一端时电路中电动势 $E =$＿＿＿＿＿＿＿。

（8）光电传感器利用＿＿＿＿＿＿＿将＿＿＿＿＿＿＿信号转换成了＿＿＿＿＿＿＿信号;热电传感器利用＿＿＿＿＿＿＿将＿＿＿＿＿＿＿信号转换成了＿＿＿＿＿＿＿信号,从而实现自动控制的目的。

（9）生物传感器一般由＿＿＿＿＿＿＿和＿＿＿＿＿＿＿两部分组成。

（10）现代医学仪器的发展趋势是＿＿＿＿＿＿＿、＿＿＿＿＿＿＿、＿＿＿＿＿＿＿和＿＿＿＿＿＿＿。

2. 判断题

（1）医疗仪器主要指那些单纯或组合应用于人体,用于生命科学研究和临床诊断治疗的仪器,包括所需的软件。（　　）

（2）以社区医疗为中心的医学模式正在崛起,我们从事医学仪器设计应充分认识到这一发展趋势。（　　）

（3）能力频率响应反映的是仪器对不同频率的信号的不同灵敏度,要求心电图机对 $0.1 \sim 25Hz$ 的频率范围内的信号,频率响应曲线必须是尖锐的。（　　）

（4）人体各种生理参数具有幅度高,频率高,存在较强的噪声背景的特点。（　　）

（5）仪器的准确度越高,说明它的测量值与理论值之间的偏离越小。（　　）

（6）临床上使用温度传感器来检测幅度范围在 $30 \sim 40℃$ 内的人体体温。（　　）

（7）医学仪器的特殊性是由于人体检测和生物信息的特殊性构成的。（　　）

（8）医学仪器故障维修的最终目的是修复医学仪器系统。（　　）

3. 简答题

（1）用框图说明数字化医学仪器的基本结构。

（2）医学仪器的主要技术特性是什么?有哪些特殊性?怎样分类?

（3）指出热电阻和热敏电阻的相同点和不同点。

（4）医学仪器的开发流程是什么?

（5）故障诊断的基本方法有哪些?

（6）检修医学电子仪器的一般程序是什么？应急情况下可采用什么方法排除故障？

4. 实例分析

（1）在题图 1-1 所示的电路图中，指出 T_1 这个元件的名称，说明整个电路的工作原理，以及画出输出电压 U_0 的波形图。

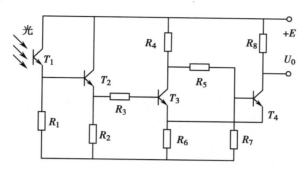

题图 1-1　光电元件工作原理图

（2）文献调研：生理模型的构建是医学设计中最关键的一步。

（3）文献调研：医学仪器发展的最新进展。

（4）文献调研：超声探头在超声仪器中的重要性。

ER-01章习题

第二章

生物电前置放大器

学习目标

学习目的

通过学习生物电前置放大器的电路结构、性能及原理分析，为后续章节的心电图机、脑电图机等医用电子仪器的前置电路分析奠定基础，同时便于医用电子线路及心电图机实践技能等后续实训课程的顺利开展，也为将来从事医用电子仪器维修调试类工作打下良好的基础。

知识要求

1. 掌握生物电前置放大器的性能基本要求及提高前置级共模抑制能力的措施。
2. 熟悉生物电前置放大器差分电路的分析方法，典型应用电路及电磁耦合隔离技术。
3. 了解生物电前置放大器的设计流程。

能力要求

熟练掌握生物电前置放大器的性能调试与指标测量方法；学会结合电路图分析前置放大器工作原理，并完成电路设计与改造。

第一节 生物信号的基本特征

携带生物信息的信号称为生物信号。生物信号一般可分为两类，一类是由于人体内各种神经细胞自发地或在各种刺激下产生和传递的电信号，如心电、脑电、肌电和细胞电活动（动作电位、静息电位）；另一类是由于人体各种非电活动产生的非电信号，如体温、血压、呼吸、心音、二氧化碳分压、氧分压、pH 等。

电极和传感器是各种生物医学测量中必不可少的关键部分。在生物信号的采集处理系统中，通过传感器可将非电生物信号转换为电信号；通过合适的电极则可直接提取生物电信号。

由于大多数生物电信号的电位幅值很小，通常需要经过放大才能被观察及记录。因此，在生物信号的采集过程中必须对引导的生物信号进行放大。放大器是医用电子设备中必不可少的最常用、最基本的单元电路。

生物信号是一类比较复杂的信号，了解生物信号的基本特性有助于生物电测量仪器的设计。

▶ 课堂活动

1. 生物电信号有哪些？它们的信号特征是什么？

2. 一个完整的生物信息检测系统应包括哪几部分？

一般来说,生物电信号具有如下基本特征:

1. 信号微弱 与数百毫伏的电极极化电压和数伏的干扰信号比,生物电信号振幅就比较低。典型生物电信号振幅多数为 1mV 以下(表 1-1)。

2. 信号的频率低 从电信号频率的角度来看,生物电信号属低频信号。多数生物电信号的频率为 DC～100Hz。

3. 强噪声背景(信噪比小) 如 50Hz 噪声干扰,其他生物电信号的干扰和测量设备本身的电子元器件噪声的干扰。

(1)50Hz 噪声干扰:电磁场干扰或仪器电源电压的干扰,主要以共模形式存在,幅值可达几伏甚至几十伏,所以生物电放大器必须具有很高的共模抑制比(*CMRR*)。

(2)其他生物电信号的干扰:如测量诱发脑电时自发脑电的干扰,测量胎儿心电时的母体心电的干扰等。

(3)电子元器件噪声干扰:主要包括热噪声、散粒噪声和 $1/f$ 噪声。

4. 电极电位影响大 电极之间的电位差可达±300mV,不稳定,会形成基线漂移。因此,生物电放大器的前级增益不能过大,且要有去极化电压的 RC 低通滤波器。

知识链接

电 极 电 位

金属浸于电解质溶液中,显示出电的效应,即金属的表面与溶液间产生电位差,这种电位差称为金属在此溶液中的电位或电极电位。电极电位与电极材料有关,也与温度、电极安放、电极面积、电流密度等有关系。

---

5. 生物电信号源阻抗高 信号源内阻可达几十千欧乃至几百千欧,所以,生物电放大器的输入阻抗必须在几兆欧以上。

生物电信号的检测是从各种生物电、背景干扰和极化电压中检出需要测量的信号。因此,用于生物电信号放大的任何一个放大器,必须考虑其频率响应、噪声水平及输入阻抗三个基本技术参数。这三个参数是保证所放大的信号清晰、真实的前提。在实际测量时,应在不影响所检测部位的生理功能的同时,根据被测信号的性质选择合适的放大器。例如,使用微电极记录生物电信号时,应选择低噪声、高输入阻抗(大于 1000MΩ)的放大器;其次根据需要放大信号的大小、性质,选择恰当的灵敏度、时间常数、高频滤波,才能不失真地把生物电信号放大,并记录下来。另外,在设计生物电放大器时必须对可能的电击伤害提供有效的防护,放大器本身应能经受得起除颤器、电刀等产生的大电流的冲击。

点滴积累 ∨ ··

1. 生物电信号一般具有五个特征:信号微弱、信号频率低、强噪声背景、电极电位影响大、生物电信号源阻抗高。

2. 使用微电极记录生物电信号时,应选择低噪声、高输入阻抗的放大器,并应考虑放大器的频率响应。

第二节　生物电前置放大器工作原理

从生物体各器官引导出的生物电信号特性差异很大,一般在几十微伏至几十毫伏,且记录环境中常常掺杂有同级或更大量级的干扰信号。要得到满意的结果,在对生物电信号测量时,通常要求在若干个测量点中对任意两点间的电位差作多种组合测量,且对两点间的电位差进行放大,再输入示波器或记录仪才能显示、记录。

信号放大技术是人体电子测量系统中最基本最重要的环节。生物电放大器一般由多级构成,主要包括前置放大电路、中间电路和后级放大电路。其中,前置放大是放大器的核心,所以本章的重点是前置级的设计。

生物电放大器前置级通常采用差分电路结构。

一、基本要求

根据生物电信号的特点以及通过电极的提取方式,对生物电放大器前置级提出下述要求(各项要求的实际数值范围由所测量的参数确定)。

(一) 高输入阻抗

生物电信号源本身是高内阻的微弱信号源,通过电极提取又呈现出不稳定的高内阻源性质。在提取信号时,为了减少信号源内阻的影响,必须提高放大器输入阻抗。例如,用于细胞电位测量的微电极放大器的输入阻抗高达 10^9 量级。一般情况下,若信号源的内阻为 $100\mathrm{k}\Omega$,则放大器的输入阻抗至少应大于 $1\mathrm{M}\Omega$。

图 2-1(a)所示为包括电极系统的信号源和差分放大器输入回路的等效电路。图中各符号定义和数值范围如下:

U_s——生物信号电压;

R_{T1}、R_{T2}——人体电阻,数十欧姆至数百欧姆;

R_{s1}、R_{s2}——电极与皮肤接触电阻,数千欧姆至 $150\mathrm{k}\Omega$,与皮肤的干湿、清洁程度以及皮肤角质层的厚薄有关;

E_1、E_2——电极极化电位,数毫伏至数百毫伏;

C_{s1}、C_{s2}——电极与皮肤之间的分布电容,数皮法至数十皮法;

C_1、C_2——信号线对地电容,长 1m 的电缆线约数十皮法;

R_{L1}、R_{L2}——信号线和放大器输入保护电阻,通常小于 $30\mathrm{k}\Omega$;

R_i——放大器输入电阻。

图 2-1(a)进一步简化为图 2-1(b),其中

$$Z_{s1} = R_{T1} + \frac{R_{s1}}{1+j\omega R_{s1}C_{s1}} + R_{L1} \approx R_{T1} + R_{s1} + R_{L1} \tag{式(2-1)}$$

$$Z_{s2} = R_{T2} + \frac{R_{s2}}{1+j\omega R_{s2}C_{s2}} + R_{L2} \approx R_{T2} + R_{s2} + R_{L2} \tag{式(2-2)}$$

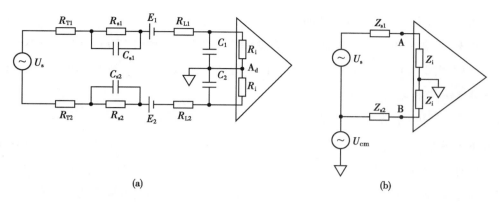

图 2-1　生物电放大器的输入回路

例如,设放大器差模增益为 A_d,输出电压为 U_o,由图 2-1(b)得到

$$U_o = U_s \frac{2Z_i}{Z_{s1} + Z_{s2} + 2Z_i} A_d \qquad 式(2-3)$$

假设 $Z_{s1} = Z_{s2} = Z_s$,且 $Z_s << Z_i$,并令 $A'_d = U_o / U_s$,A'_d 表示对生物信号 U_s 的电压增益,则

$$A'_d = A_d \frac{Z_i}{Z_s + Z_i} \qquad 式(2-4)$$

如果 Z_s 的值为 $2 \sim 150\text{k}\Omega$,在 $Z_i = 1\text{M}\Omega$ 时,由式(2-4)得到 A'_d 的不稳定性变动为 $\Delta A'_d / A'_d = 12.8\%$;而在 $Z_i = 5\text{M}\Omega$ 时,A'_d 的不稳定变动下降为 2.8%。

由式(2-4),得出结论:提高放大器的输入阻抗,可提高信号拾取的比例。粗略估计,与放大器输入端相连接的信号源内阻高达约 $100\text{k}\Omega$。如果设计的放大器输入阻抗为 $10\text{M}\Omega$,则信号源内阻与放大器输入阻抗相比为 1/100,上述各种因素造成的失真和误差均可减小到忽略不计。

理论上源阻抗是信号频率的函数,电极阻抗也是频率的函数,变化规律都是随频率的增加而下降。因此,如果放大器的输入阻抗不够高(与源阻抗相比),则造成信号的低频分量的幅度减小,产生低频失真。

用于心电、自发脑电、肌电等体表电位测量的放大器参数指标见表 2-1。

表 2-1　用于心电、自发脑电、肌电等体表电位测量的放大器参数指标

参数名称　放大器名称	ECG-Amp	EEG-Amp	VEP-Amp	EMG-Amp
输入阻抗/MΩ	>1	>5	>200	>100
输入端短路噪声(p-p)/μV	≤10	≤3	≤0.7	≤8
共模抑制比/dB	≥60	≥80	≥100	≥80
频带/Hz	0.05~250	0.5~70	0.5~3000	2~10 000

高输入阻抗同时也是放大器高共模抑制比的必要条件。

(二)高共模抑制比

为了抑制人体所携带的工频干扰以及所测量的参数外的其他生理作用的干扰,通常选用差分放大形式。信号工频干扰以及所测量的参数以外的作用的干扰,一般为共模干扰,前置级采用共模抑制比($CMRR$)高的差分放大形式,能减少共模干扰向差模干扰的转化。因此,$CMRR$ 值是放大器的主

要指标,该值体现了仪器的抗共模干扰的能力。

生物电放大器的 $CMRR$ 值一般要求为 $60 \sim 80$dB,高性能放大器的 $CMRR$ 可达 100dB(即,对于 10mV 的共模干扰和 0.1μV 的差模信号具有相同的输出)。例如,在进行诱发脑电和体表希氏束电图的测量时,这一指标是必要的。

放大器的实际共模抑制能力与以下因素有关:

1. 电路对称性　电路的对称性决定了被放大后的信号残存共模干扰的幅度,电路对称性越差,其 CMRR 就越小,抑制共模信号(干扰)的能力也就越差。

因此,需要特别注意:放大器的实际共模抑制能力受到放大器前边电极系统的影响。通过两个电极提取生物电位时,等效源阻抗 Z_{s1} 和 Z_{s2} 一般不完全相等,其数值大小与人体汗腺分泌情况、皮肤清洁程度有关。各个电极处的皮肤接触电阻是不平衡的,而且因人而异,加之两个电极本身的物理状态不可能完全对称,这样使得与差分放大器两个输入相连的源阻抗 Z_{s1} 和 Z_{s2} 实际变得十分复杂,其不平衡是绝对的。这种不平衡造成的危害,是共模干扰向差模干扰的转化,从而造成共模干扰输出。对于已经发生的这种转化,放大器本身的共模抑制能力再高也将无济于事。

但是,提高放大器的输入阻抗,则会减小这一转化,如图 2-1(b)。设 U_{cm} 为共模干扰电压,则放大器输入端 A、B 两点的电压分别为:

$$U_{A} = U_{CM}\frac{Z_{i}}{Z_{i}+Z_{s1}} \qquad\qquad U_{B} = U_{CM}\frac{Z_{i}}{Z_{i}+Z_{s2}} \qquad\qquad 式(2\text{-}5)$$

则共模电压转化为差模电压 $U_{A}-U_{B}$:

$$U_{A}-U_{B} = U_{CM}Z_{i}\left(\frac{1}{Z_{i}+Z_{s1}}-\frac{1}{Z_{i}+Z_{s2}}\right) \qquad\qquad 式(2\text{-}6)$$

通常 $Z_{i} \gg Z_{s1}(Z_{s2})$,所以:

$$U_{A}-U_{B} \approx U_{CM}\frac{Z_{s2}-Z_{s1}}{Z_{i}} \qquad\qquad 式(2\text{-}7)$$

2. 电路本身的线性工作范围　实际的电路其线性范围不是无限大的,当共模信号超出了电路线性范围时,即使正常信号也不能被正常放大,更谈不上共模抑制能力。实际电路的线性工作范围都小于其工作电压,这也就是为什么对共模抑制要求较高的设备前端电路也采用较高工作电压的原因。

实例分析

实例:电路中放大器两输入端阻抗 Z_{s1} 和 Z_{s2} 相差 5kΩ(典型值),对于 10mV 的共模干扰电压,若希望限制在 10μV 以下,则放大器的输入阻抗应满足什么条件?

分析:①在输入端阻抗不对称的情况下,共模干扰电压会向差模电压转化,转化关系为公式(2-6):

$U_{A}-U_{B} = U_{CM}Z_{i}\left(\dfrac{1}{Z_{i}+Z_{s1}}-\dfrac{1}{Z_{i}+Z_{s2}}\right)$。

②通常前置放大器输入阻抗 $Z_i \gg Z_{s1}$（Z_{s2}），利用公式（2-7）可计算得共模与转化后差模电压的关系，进而选取合适的输入阻抗 Z_i：$Z_i \approx U_{cm} \dfrac{Z_{s2}-Z_{s1}}{U_A-U_B}$。

将题目中数据代入，计算得到放大器输入阻抗应在 $5\text{M}\Omega$ 以上。

说明：对体表心电测量，这一信噪比的要求是满足的，而对自发脑电的测量是不够的，必须进一步提高输入阻抗，或降低 U_{cm} 数值。

（三）低噪声、低漂移

相对于幅度仅在微伏、毫伏量级的低频生物电信号而言，放大器本身的噪声幅度必须远低于信号幅度，尤其是放大器的前置级噪声，它会与信号一起经后级放大器放大，因此，前置放大器的元件必须采用低噪声的。

高阻抗源本身会带来相当高的热噪声，导致输入信号的质量很差。所以，为了获得一定信噪比的输出信号，对放大器的低噪声性能有严格的要求。理想的生物电放大器，能够抑制外界干扰，使其减弱到和放大器的固有噪声为同一数量级。这样，放大器内部噪声实际上使放大器能够放大的信号具有一个下限，也就是说放大器的噪声电平成为放大器设计的限制性条件。

放大器的低噪声性能主要取决于前置级。正确设计放大器的增益分配，在前置级的噪声系数较小时，可以获得良好的低噪声性能。前置级的低噪声设计，是整个放大器设计的主要任务。除了按照低噪声设计的原则正确进行设计以外，常采用严格的装配工艺，对前置级电路加以特殊的保护。

▶▶ **课堂活动**

1. 噪声对放大器电路有什么影响？

2. 如何抑制 50Hz 工频干扰？

除了肌电和神经动作电位外，绝大多数的生物电信号都具有十分低的频率成分，如心电、自发脑电、胃电、细胞内外电位等都具有 1Hz 以下的分量。但通常采用的直流放大器的零点漂移现象限制了其输入范围，使得微弱的缓变信号无法被放大，尤其在进行较长时间的记录、观察、监护时，基线漂移对测量带来严重的影响，常使测量不能正常进行。所以，对放大器的零点漂移的限制措施，应认真加以研究。采用差分输入电路形式，利用了电路的对称结构并对元器件参数进行严格挑选，能有效地抑制放大器由于温度变化造成的零点漂移。

为了放大微伏量级的直流信号，可用调制式直流放大器把直流信号转变成交流信号，利用交流放大电路各级零点漂移不会逐级放大的基本思路进行设计，便能够有效地改善直流放大器的低漂移性能。

> **知识链接**
>
> ### 放大器的零点漂移
>
> 1. 所谓零点漂移就是指，放大器在输入信号为零的时候，输出不为零的现象。
> 2. 直流放大器，亦称直接耦合放大器，可放大直流信号或随时间变化极为缓慢的交变信号。 直流放大器即使将输入端短路，输出电压也不为零，即静态输出电压。 但实际上输出电压将随着时间的推移、外界因素（如温度、电源电压、晶体管内部的杂散参数等）变化，偏离初始值而缓慢地随机波动，这种现象称为零点漂移。 其中，温度的影响最大，所以零漂有时也称为温漂。

（四）设置保护电路

在进行人体生物电测量时，应考虑到同时作用于人体的其他医学测量设备或可能存在的某种干扰对放大器的破坏作用。作为生物医学测量的生物电放大器，应在前置级设置保护电路，包括人体安全保护电路和放大器输入保护电路，以保证放大器的正常工作。任何出现在放大器输入端的电流或电压，都可能影响生物电位，使人体遭受电击。保护电路应使通过电流保持在安全水平。

另外，应设有快速校准电路，以便及时地指示出被测信号的幅度。

二、差分放大电路的分析方法

生物放大器的前置级，一般采用差分放大电路结构。本部分讨论能否用现成的集成运算放大器（即一个基本的差分放大器）构成生物电放大器的前置级，以达到生物电放大器所要求的指标。

下面从一个简单的基本差分放大电路的共模抑制能力、输入阻抗的分析入手，研究差分放大电路 $CMRR$ 的影响因素，以及如何提高放大电路的输入阻抗。

差分放大电路的外信号输入分为差模和共模两种基本输入状态。差模信号为大小相等、极性相反的信号；共模信号为大小相等、极性相同的信号。

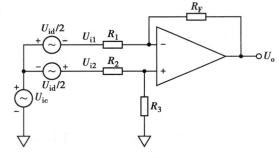

图 2-2　用线性集成器件构成的差分放大电路

如图 2-2 所示，当输入信号使 U_{i1}、U_{i2} 的大小不对称时，可将两输入端信号 U_{i1} 和 U_{i2} 分解为共模电压 U_{ic} 和差模电压 U_{id}，其中

$$U_{ic} = \frac{1}{2}(U_{i1} + U_{i2}) , U_{id} = U_{i2} - U_{i1} \qquad \text{式（2-8）}$$

则两个输入端信号可表示如下：

$$U_{i1} = U_{ic} - \frac{1}{2}U_{id} , U_{i2} = U_{ic} + \frac{1}{2}U_{id} \qquad \text{式（2-9）}$$

▶▶ **课堂活动**

差模信号和共模信号的区别是什么，在接入放大器输入端时有何不同？

应用理想运算放大器的条件,得到输出电压和输入电压之间的关系。由

$$U_+ = U_-, I_+ = I_- = 0$$

R_1 和 R_F 中电流相等,所以,

$$\frac{u_{i1} - \frac{R_3}{R_2+R_3}u_{i2}}{R_1} = \frac{\frac{R_3}{R_2+R_3}u_{i2} - u_0}{R_F} \qquad 式(2\text{-}10)$$

得到;

$$\begin{aligned}
U_0 &= \left(1+\frac{R_F}{R_1}\right)\frac{R_3}{R_2+R_3}U_{i2} - \frac{R_F}{R_1}U_{i1} \\
&= \left[\left(1+\frac{R_F}{R_1}\right)\frac{R_3}{R_2+R_3} - \frac{R_F}{R_1}\right]U_{ic} + \left[\left(1+\frac{R_F}{R_1}\right)\frac{R_3}{R_2+R_3} + \frac{R_F}{R_1}\right]\frac{U_{id}}{2} \\
&= U_{oc} + U_{od}
\end{aligned} \qquad 式(2\text{-}11)$$

式中,U_{oc} 是共模输出;U_{od} 是差模输出。它们的数值均由外回路电阻决定,如果选择外回路的各电阻参数,使得:

$$\left(1+\frac{R_F}{R_1}\right)\frac{R_3}{R_2+R_3} - \frac{R_F}{R_1} = 0 \qquad 式(2\text{-}12)$$

则无共模输出,即共模输入 U_{ic} 完全被抑制,不产生共模误差。

此外,为了补偿放大器输入平均偏置电流及其漂移的影响,外部回路电阻还应满足平衡对称要求,即:

$$R_1 // R_F = R_2 // R_3 \qquad 式(2\text{-}13)$$

由式(2-14)和式(2-15)两项要求,得到外回路电阻的匹配条件为:

$$R_1 = R_2, R_F = R_3 \qquad 式(2\text{-}14)$$

在满足式(2-14)的电阻匹配条件下,无共模输出。由式(2-11)得到理想闭环的差模增益为:

$$A_d = \frac{U_0}{U_{id}} = \frac{U_0}{U_{i2} - U_{i1}} = \frac{R_F}{R_1} \qquad 式(2\text{-}15)$$

由于共模增益 $A_{c1} = 0$,故放大器的 $CMRR = \infty$。

以上是理想情况。实际上,绝对地满足式(2-14)的条件是不可能的。各个外回路电阻必然存在阻值误差,外回路不可能达到完全的对称平衡。在精确匹配电阻之后,可以使 U_{oc} 很小,然而绝对不是零,所以放大器的 $CMRR$ 实际上不可能达到 ∞。

另一方面,共模输入电压加到放大器的−端和+端,由于放大器所用的集成器件本身的 CMRR 是有限的,也会影响整个放大器的共模抑制能力。我们定义由外回路电阻匹配精度所限定的放大器的共模抑制比为 $CMRR_R$,所用的集成器件本身的共模抑制比为 $CMRR_D$,那么整个放大器的共模抑制比 $CMRR$ 将取决于 $CMRR_R$ 和 $CMRR_D$。

分析外回路电阻匹配精度形成的共模输出 U_{oc},由式(2-11)可知,放大器的共模增益为:

$$A_{c1} = \frac{U_{0c}}{U_{ic}} = \left(1 + \frac{R_F}{R_1}\right)\frac{R_3}{R_2 + R_3} - \frac{R_F}{R_1}$$

式（2-16）

设各电阻的匹配误差分别为：

$$R_1 = R_1(1 \pm \delta_1), R_2 = R_2(1 \pm \delta_2), R_3 = R_3(1 \pm \delta_3), R_F = R_F(1 \pm \delta_F)$$

将上列各式代入式（2-16），整理后得：

$$A_{c1} = \frac{\pm\delta_1 \mp \delta_F \mp \delta_2 \pm \delta_3 \pm \delta_1\delta_2 \mp \delta_2\delta_F}{(1 \pm \delta_1)(1 \pm \delta_2) + \dfrac{R_1}{R_F}(1 \pm \delta_1)(1 \pm \delta_2)}$$

因为各项误差 δ_1、δ_2、δ_3、δ_F 通常均远小于 1，所以上式可近似为：

$$A_{c1} \approx \frac{\delta_1 + \delta_2 + \delta_3 + \delta_F}{1 + R_1/R_F}$$

设各误差是相等的，即：

$$\delta_1 = \delta_2 = \delta_3 = \delta_F = \delta$$

得

$$A_{c1} \approx \frac{4\delta}{1 + 1/A_d}$$

式（2-17）

这样，由外电路电阻失配限定的放大器的共模抑制比为：

$$CMRR_R = \frac{A_d}{A_{c1}} = \frac{1 + A_d}{4\delta}$$

式（2-18）

式（2-18）表明，由电阻失配所造成的 $CMRR_R$ 与电阻匹配误差有关，且与放大器的闭环差模增益 A_d 有关。电阻匹配误差越小，闭环差模增益越大，放大器的共模抑制能力越强。

为了研究器件本身的共模抑制比 $CMRR_D$ 对整个放大器的 $CMRR$ 的影响，须首先推导出由于 $CMRR_D$ 的存在所产生的共模输出电压。

由共模抑制比的定义可知，$CMRR_D$ 即放大器开环差分增益 A'_d 与共模增益 A'_c 之比，即：

$$CMRR_D = \frac{A'_d}{A'_c}$$

式（2-19）

由于运算放大器器件本身的 $CMRR_D \neq \infty$，共模输入电压将转化成差模电压而形成共模干扰电压，折合到输入端，相当于一个差模输入电压 U'_{ic}，它与差分信号一起被放大 A_d 倍。

$$U'_{ic} = \frac{U'_{oc}}{A'_d} = \frac{U_{ic}A'_c}{A'_d} = \frac{U_{ic}}{CMRR_D}$$

式（2-20）

这样，由外回路电阻失配和器件本身的 $CMRR_D$ 有限，在放大电路输出端产生的共模误差电压总共为：

$$U_{oc} = A_{C1}U_{ic} + \frac{U_{ic}}{CMRR_D}A_d$$

式（2-21）

式中，A_{C1} 为式（2-16）所示，A_d 为式（2-15）所示。由此放大电路的总的共模增益可表述为：

$$A_c = \frac{U_{oc}}{U_{ic}} = A_{c1} + \frac{1}{CMRR_D}A_d$$

式（2-22）

由式（2-17）、式（2-22），得整个放大电路的总共模抑制比 $CMRR$ 是：

$$CMRR = \frac{A_d}{A_c} = \frac{CMRR_D \cdot CMRR_R}{CMRR_D + CMRR_R}$$ 式（2-23）

式（2-23）表明，在同时考虑电阻失配和器件本身的 $CMRR_D$ 的影响时，放大器的总的 $CMRR$ 将进一步下降。

理论上，为了提高放大器的 $CMRR$，可以使外电路电阻失配造成的共模误差电压与集成器件本身产生的共模误差电压互相抵消，以使 A_c 趋近于零。但实际上，外回路电阻的阻值随温度、时间而漂移，加之 $CMRR_D$ 的非线性影响，这种补偿方法的效果是很有限的。经过精心的调整，可以获得 $CMRR$ 比 $CMRR_R$ 高一个数量级的改进。

实例分析

实例：某差分放大电路所用 IC 器件的共模抑制比 $CMRR_D = 80dB$，放大电路闭环差分增益为 $A_d = 20$，电阻误差 $\delta = \pm 0.1\%$。 求实际放大器的总共模抑制比。

分析：

（1）因电阻失配造成放大器的共模抑制比为

$$CMRR_R = \frac{1+A_d}{4\delta} = 5250 = 74.4 \text{（dB）}$$

（2）放大器的总共模抑制比

$$CMRR = \frac{CMRR_D \cdot CMRR_R}{CMRR_D + CMRR_R} \approx 3.44 \times 10^3 \approx 70.7 \text{（dB）}$$

比 IC 器件的共模抑制比小 9.3dB。 而当 $A_d = 1$ 时，放大电路的共模抑制比进而下降为 53.6dB。

综上所述，差分放大电路的共模抑制能力受到放大电路的闭环增益、外电路电阻匹配精度以及放大器件本身的 $CMRR_D$ 等诸多因素的影响。在设计过程中，为实现一定的 $CMRR$ 值，应根据被放大的信号，对所采用的电路结构及参数予以综合考虑。

作为生物电前置级放大器，必须具有高输入阻抗。下面讨论图 2-2 所示的基本差分放大电路的输入阻抗是否满足生物电放大器前置级的要求。在符合匹配条件下［式（2-14）］，由 $U_+ = U_-$ 的理想状态可知，输入阻抗 r_i 为：

$$r_i \approx 2R_1$$ 式（2-24）

这样，为了提高输入电阻，必须加大 R_1。但是加大 R_1，失调电流及其漂移的影响必将加剧。如 $A_d = 20$，为了满足生物电信号高阻抗特性，最低应取 $R_1 = 1M\Omega$（如体表心电放大器），那么 R_F 应为 $20M\Omega$，呈高阻，为放大器的设计带来困难。所以只对 R_1 的加大是有限的。一般设计中，输入电阻只能限定在 $100k\Omega$ 以内。因此，这种基本差分放大电路的输入阻抗不能满足生物电放大器前置级的要求，应在电路结构上加以改造。

三、典型差分放大应用电路

（一）同相并联三运放差分电路结构

上述基本差分放大电路输入电阻不够高的根本原因在于差分输入电压是从放大器同相端和反相端两侧同时加入的。如果把差分输入信号都从同相端送入，则能大大提高电路的输入阻抗。采用如图 2-3 所示的同相输入结构，输入阻抗可高达 10MΩ 以上。这种结构形式，是生物电放大器前置级经常采用的设计方案。

电路中的 I 部分为输入级（第一级），由 A_1、A_2 两个同相输入运算放大器电路并联构成；A_3 为差分放大，作为放大器第二级。放大器的第一级主要用来提高整个放大电路的输入阻抗。第二级采用差分电路用以提高 $CMRR$。

设差分输入 $U_{id} = U_{i2} - U_{i1}$，第一级输出分别为 U_{o1}、U_{o2}，根据 A_1、A_2、A_3 的理想特性，R'_F、R_W 中的电流相等，可得：

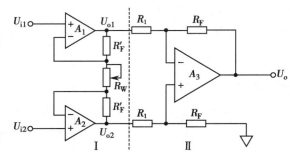

图 2-3　同相并联结构前置放大电路

$$\frac{U_{o2} - U_{i2}}{R'_F} = \frac{U_{i2} - U_{i1}}{R_W} = \frac{U_{i1} - U_{o1}}{R'_F}$$

从而导出：

$$U_{o2} = \left(1 + \frac{R'_F}{R_W}\right) U_{i2} - \frac{R'_F}{R_W} U_{i1} - U_{o1} = \frac{R'_F}{R_W} U_{i2} - \left(1 + \frac{R'_F}{R_W}\right) U_{i1}$$

上面两式相加，得到第一级放大的输出电压：

$$U'_o = U_{o2} - U_{o1} = \left(1 + \frac{2R'_F}{R_W}\right)(U_{i2} - U_{i1}) \qquad \text{式（2-25）}$$

第一级电压增益：

$$A_{d1} = 1 + \frac{2R'_F}{R_W} \qquad \text{式（2-26）}$$

在第一级电压输出的表达式（2-25）中，并没有共模电压成分。与基本差分放大电路的输出电压表达式（2-11）相比，同相并联的第一级电路并不要求外回路电阻有任何形式的匹配来保证共模抑制能力，因此也就避免了电阻精确匹配的麻烦。实质上，第一级的输出回路里不产生共模电流，加在电位器上 R_w 的差分电压决定了整个电路的工作电流均如此。所以，电路的共模抑制能力与外回路电阻是否匹配完全无关。

另外，第一级电路具有完全对称形式，这种对称结构有利于克服失调、漂移的影响。合理选择 A_1、A_2 的性能参数，使之彼此精确匹配，就可以充分发挥对称电路误差电压互相抵消的优点，也是获得低漂移的基本方法。否则，若 A_1、A_2 本身各自对共模电压的抑制能力有差异，则将造成第一级电路的 $CMRR_1$ 的降低。

设 A_1、A_2 器件的共模抑制比 $CMRR_1$、$CMRR_2$ 均为有限值,则共模输入电压 U_{ie} 使 A_1 在它的输入端存在共模误差电压 $U_{ie}/CMRR_1$,使 A_2 在它的输入端存在共模误差电压 $U_{ie}/CMRR_2$。因而在第一级输出端存在共模误差的输出电压:

$$U_{oc} = \left(\frac{U_{ie}}{CMRR_2} - \frac{U_{ie}}{CMRR_1} \right) A_{d1}$$

而

$$A_{c1} = \frac{U_{oc}}{U_{ie}} = \left(\frac{1}{CMRR_2} - \frac{1}{CMRR_1} \right) A_{d1}$$

定义第一级电路的共模抑制比为 $CMRR_{12}$,则:

$$CMRR_{12} = \frac{A_{d1}}{A_{c1}} = \left(\frac{1}{\dfrac{1}{CMRR_2} - \dfrac{1}{CMRR_1}} \right) = \frac{CMRR_1 \cdot CMRR_2}{CMRR_1 - CMRR_2} \qquad \text{式（2-27）}$$

由此可见,第一级放大电路的共模抑制能力取决于运放器件 A_1 和 A_2 本身的共模抑制比的差异。为了使第一级放大电路获得高共模抑制比,A_1、A_2 器件本身的 $CMRR_1$ 和 $CMRR_2$ 数值是否高并不重要,重要的是它们的对称性。

实例分析

实例:有 X、Y 两组同相并联前置放大电路。 X 电路中:组成第一级放大电路的两个运放器件共模抑制比分别为 80dB、90dB;Y 电路中,组成第一级放大电路的两个运放器件共模抑制比分别为 80dB、80.5dB。 试比较:两组放大电路中第一级电路的共模抑制比。

分析:

(1)第一级放大电路的共模抑制比取决于组成第一级电路的两个运放器件,其关系可参考式（2-27）。

(2)X 组:两个运算放大器的共模抑制比分别为 80dB（即 10^4 倍）和 90dB（即 $10^{4.5}$ 倍），Y 组:两个运算放大器的共模抑制比分别为 80dB（即 10^4 倍）和 80.5dB（即 $10^{4.025}$ 倍）。

(3)将两组数值分别代入计算可得:则 $CMRR_X = \dfrac{10^4 \cdot 10^{4.5}}{10^{4.5} - 10^4} = 14624.8$，取对数，约为 83dB；$CMRR_Y = \dfrac{10^4 \cdot 10^{4.025}}{10^{4.025} - 10^4} = 178765.8$，取对数约为 105dB。

所以，实现第一级放大电路的高共模抑制比并不困难（通常可达到 100dB 以上），关键是前置级运放元件的对称程度。

由上述分析可得,实际中 A_1、A_2 的输出端通常存在与输入端相同的共模电压。为了割断共模电压在电路中的传递,最简单、最有效的方法是在 A_1、A_2 并联电路的后面接入一级差分放大,构成如图 2-3 所示的两级放大电路。

显然,图 2-3 中两级放大电路的差分增益为

$$A_d = A_{d1} A_{d2} = \left(1 + \frac{2R_F'}{R_W} \right) \frac{R_F}{R_1} \qquad \text{式（2-28）}$$

与图 2-2 所示的差分放大电路相比,这种并联结构的电路通过电位器即可方便地实现增益的调

节,给使用上带来很大方便。

应用叠加原理,放大器总的共模输出为:

$$U_{oc} = \frac{U_{ic}}{CMRR_{12}}A_d + \frac{U_{ic}}{CMRR_3}A_{d2}$$ 式(2-29)

由此得到共模增益为:

$$A_c = \frac{U_{oc}}{U_{ic}} = A_d\left(\frac{1}{CMRR_{12}} + \frac{1}{CMRR_3} \cdot \frac{1}{A_{d1}}\right)$$

两级放大电路的总共模抑制比为:

$$CMRR = \frac{A_d}{A_c} = \frac{A_{d1} \cdot CMRR_{12} \cdot CMRR_3}{A_{d1}CMRR_3 + CMRR_{12}}$$ 式(2-30)

式中,$CMRR_3$ 仍然由式(2-18)和式(2-23)确定;$CMRR_{12}$ 由式(2-27)确定。

由式(2-30)可见,图 2-3 所示的同相并联差分放大电路构成生物电前置级时,其共模抑制能力取决于:A_1、A_2 运放器件的 $CMRR_1$ 和 $CMRR_2$ 的对称程度,A_3 运放器件的共模抑制比,差分放大级的闭环增益以及 R_F、R_1 电阻的匹配精度,同相并联的第一级差分增益等诸多因素。

在严格挑选 A_1 和 A_2 器件的 $CMRR_1$ 和 $CMRR_2$ 参数时,第一级具有较好的对称性,因而:

$$CMRR_{12} >> A_{d1} \cdot CMRR_3$$ 式(2-31)

这样,式(2-30)可近似为:

$$CMRR \approx A_{d1} \cdot CMRR_3$$ 式(2-32)

即两级放大电路的 $CMRR$ 主要取决于第一级的差分增益和第二级的共模抑制能力。

通过对前置级 $CMRR$ 的实验研究可以发现,在 A_{d1} 足够大时,总的 $CMRR$ 随 A_{d1} 的增加将十分缓慢,$CMRR$ 并无明显的改善。

实例分析

实例:图 2-4 所示为同相并联结构的 ECG 前置级实用电路,所用器件的共模抑制比均为 100dB。 输入回路中两电极阻抗分别为 20kΩ、23kΩ。 放大器输入阻抗实际有 80MΩ。 放大器中所用电阻的精度 $\delta=0.1\%$,其他参数如图所示。 求包括电极系统在内的放大电路的总共模抑制比。

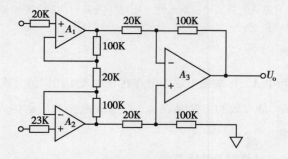

图 2-4　同相并联结构的 ECG 前置级电路

分析：

（1）电极阻抗不平衡，造成共模电压向差模电压的转化，因此共模误差电压是由输入回路、第一级、第二级放大电路共同产生的。这是一个 ECG 测量中的实际情况。

（2）如果严格选择所用器件，A_1、A_2 的共模抑制比精密对称，则第一级的共模抑制比 $CMRR_{12}$ 可视为 ∞，它不在输出端产生共模误差。这样，只需计算电极阻抗不平衡引起的共模输出 U'_{oc} 和 A_3 组成的第二级共模抑制比有限产生的共模输出 U''_{oc}。

（3）由电路图不难看出：

$$U'_{oc} = \frac{\Delta Z_s}{Z_i} U_{ic} A_d , \quad U''_{oc} = \frac{U_{ic}}{CMRR_3} A_{d2}$$

其中，$A_d = A_{d1} A_{d2} = 55$，$CMRR_R = \dfrac{1+A_{d2}}{4\delta} = \dfrac{1+5}{4 \times 10^{-3}} = 1500$，$CMRR_D = 100$（dB）$= 10^5$，$CMRR_3 =$

$$\frac{CMRR_D \cdot CMRR_R}{CMRR_D + CMRR_R} = 1478$$

（4）所以，$U_{oc} = U'_{oc} + U''_{oc} = \left(\dfrac{\Delta Z_s}{Z_i} A_d + \dfrac{A_{d2}}{CMRR_3} \right) U_{ic}$

整个电路的共模增益为：$A_c = \dfrac{U_{oc}}{U_{ic}} = \dfrac{\Delta Z_s}{Z_i} A_d + \dfrac{A_{d2}}{CMRR_3}$

总共模抑制比为：$CMRR = \dfrac{A_d}{A_c} = \dfrac{1}{\dfrac{\Delta Z_s}{Z_i} + \dfrac{1}{A_{d1} \cdot CMRR_3}} \approx 10^4 = 80$（dB）

由于电极阻抗不平衡造成总共模抑制比下降了 4dB。

通过以上对同相并联差分电路共模抑制能力的诸限制因素的分析，得到以这种结构电路作为生物电放大器前置级的设计步骤为：

1. **器件选择** 通过测量，确定共模抑制比严格对称的 A_1、A_2（通常相差不应超过 0.5dB）和高共模抑制比参数的 A_3（通常大于 100dB）。这样经过挑选之后，器件本身将不成为放大电路的共模抑制比的限制因素。

2. 在影响共模抑制能力的诸因素中，第二级差分放大电路中电阻的匹配精度是主要的。

知识链接

申阻精度与共模抑制比的关系

典型设计中，电阻精度 δ 从 0.2% 提高到 0.1% 时，对于两级差模增益的各种不同分配，总共模抑制比可有 6dB 的改善。

对于精密电桥，一般均选择高精度、高稳定性的电阻，先确定 R_1、R_2，再由 A_{d2} 的设计值确定 R'_F。最后，通过调整 R'_F，进一步提高精度的匹配。

3. 前置级增益以及组成前置级的两级放大电路的增益分配,均影响总的 $CMRR$ 值。在前置级增益确定之后,A_{d1}、A_{d2} 互相制约。但是 A_{d1} 取值大一些,是有利于总的共模抑制能力的提高的。而 A_{d2} 相应减小,虽然会造成 $CMRR_R$ 的下降,但对总的共模抑制比的影响相对比较小。当总的电压增益为 20 或 30 时,A_{d1} 和 A_{d2} 分配不同,则总的 $CMRR$ 大约有 2dB 的差异。

现在市场上已有集成仪器放大器 AD620、AD621 等,这种器件的 $CMRR$ 大于 70dB,增益则可通过一个外接电阻调节设置,省去了电路设计中烦琐的器件选择工作。

知识拓展

多级放大器的设计

放大器各级增益的设计,实际受到低噪声性能的限制。多级放大器在第一级增益较高时,后边各级的噪声系数(F)的影响相对减小,放大器总的噪声系数主要取决于第一级。提高第一级增益,使信号质量改善,可提高了信噪比。

实验证明,尽可能提高第一级电压增益,有利于实现整机的低噪声性能。

（二）由专用仪器放大器构成的生物电前置放大器

1. 仪表放大器集成芯片　一般来说,集成化仪表放大器具有很高的共模抑制比和输入阻抗,因而在传统的电路设计中均采用集成化仪器放大器作为前置放大器。目前市场上大规模专用仪表放大器种类繁多,选择合适的器件对于电路的设计、性能的保障、成本的控制尤为关键。

▶ **课堂活动**

目前市场上常见的差分电路集成芯片有哪些？请举例说明。

下面以 AD620 为例介绍仪表放大器的基本知识。

AD620 是一款低成本、高精度的单芯片仪表放大器,广泛应用于生物电信号前置放大电路中。该芯片采用 8 引脚 SOIC 和 DIP 封装,尺寸小于分立电路设计,如图 2-5。

AD620 采用经典的三运放改进设计,其主要性能优于传统的三运算放大器。表 2-2 所示为 AD620 的主要性能指标。

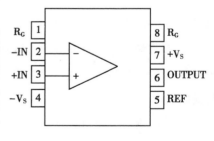

图 2-5　AD620 引脚图

表 2-2　AD620 的主要性能指标

性能参数	参数值
电源电压（额定值）	18V
内部功耗（额定值）	650mW
输入电压（共模）（额定值）	V_S
差分输入电压（额定值）	25V
增益范围	1～10000

续表

性能参数	参数值
输入失调电压	50μV(最大值)
输入失调漂移	0.6μV(最大值)
输入偏置电流	1.0nA(最大值)
共模抑制比	100dB(最小值,G=10)
输入电压噪声	9nV/$\sqrt{Hz}$(1kHz)
带宽	120kHz(G=100)

AD620 为三运放集成的仪表放大器结构,如图 2-6 所示。输入晶体管 Q_1 和 Q_2 提供一路高精度差分对双极性输入,反馈环路 Q_1-A_1-R_1 和 Q_2-A_2-R_2 使输入器件 Q_1 和 Q_2 的集电极电流保持恒定,因此输入电压相当于加到外部增益控制电阻 R_G 上,单位增益减法器 A_3 则用来消除任何共模信号,以获得折合到 REF 引脚电位的单端输出。

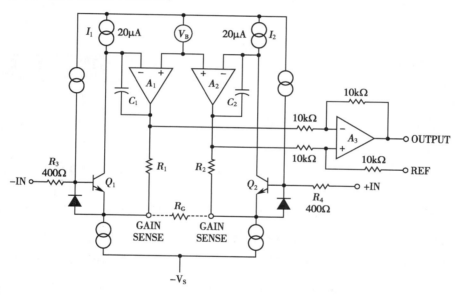

图 2-6　AD620 工作原理图

内部增益电阻 R_1 和 R_2 调整至绝对值 24.7kΩ,调节外部电阻 R_G 即可实现对增益的精确控制:

$$G = \frac{49.4k\Omega}{R_G} + 1 \qquad \text{式}(2-33)$$

在选择合适的集成仪器放大器作为前置放大电路时,其技术指标起着决定性的作用。集成运放的参数较多,其主要参数分为直流指标和交流指标。主要直流指标有输入失调电压、输入偏置电流、输入失调电流、差模开环直流电压增益、共模抑制比、电源电压抑制比;主要交流指标有开环带宽、单位增益带宽、等效输入噪声电压、差模输入阻抗、共模输入阻抗、输出阻抗等。

(1)输入失调电压(input voltage range):一般仪表放大器在两个输入端电压差为零(两输入端短接并接地)时,其输出都不为零。如果在任意一个输入端加上一个大小和方向合适的直流电压,便可人为地使输出为零。这个外加的直流电压,便称为失调电压。在环境等因素影响下,该参数并非一个固定值。参见表 2-2 所示,AD620B 的输入失调电压最大值可达 $50\mu V$。

（2）输入偏置电流（input bias current）:从仪表放大器的两个输入端到地有一个小的偏置电流（直流）,该参数常被设计者忽略。对于高输入阻抗、低幅度生理信号,运算放大器的偏置电流参数值的选择十分重要。AD620B 偏置电流为 0.5nA,最大为 1.0nA,参见表 2-2 所示。

（3）输入失调电流（input offset current）:输入失调电流定义为当运放的输出直流电压为零时,其两输入端偏置电流的差值。输入失调电流同样反映了运放内部的电路对称性,对称性越好,输入失调电流越小。输入失调电流是运放一个十分重要的指标,特别是精密运放或是用于直流放大时。输入失调电流越小,直流放大时中间零点偏移越小,越容易处理。所以对于精密运放是一个极为重要的指标。AD620B 输入失调电流为 0.3nA,最大为 0.5nA。

（4）共模抑制比（CMRR）:仪表放大器在对 CMRR 值定义时通常都是在低频条件下,取平均值,若考虑温度变化等因素会有特殊情况发生。随着频率的增高,CMRR 值会有所下降。AD620 定义的条件是:频率 DC～60Hz,信号源阻抗为 $1k\Omega$,CMRR 值在不同增益时值也不同,如表 2-3 所示。

表 2-3　AD620B 的共模抑制比

增益（G）	典型 CMRR/dB
G=1	90
G=10	110
G=100	130
G=1000	130

（5）输入噪声（noise）:输入噪声分电压噪声和电流噪声两种。等效输入噪声电压定义为,屏蔽良好、无信号输入的运放,在其输出端产生的任何交流无规则的干扰电压。输入噪声与工作频率有关,通常对于 0.01～1Hz（或 0.1～10Hz）的噪声按峰-峰值定义,而一般频带噪声按均方根定义,也有用功率谱密度图或针对具体频率的点噪声,单位为 $nV/\sqrt{Hz}$、$pA/\sqrt{Hz}$。AD620 工作在频率为 1kHz 时,输入电压噪声为 $9nV/\sqrt{Hz}$;在 0.1～10Hz 工作频段时,输入电流噪声的峰-峰值为 10pA。

（6）输入阻抗（input impedance）:输入阻抗有差分输入阻抗和共模输入阻抗之分,通常多指前者。

1）差分输入阻抗（differential input impedance）:差分输入阻抗定义为,运放工作在线性区时,两输入端的电压变化量与对应的输入端电流变化量的比值。差分输入阻抗包括输入电阻和输入电容,在低频时仅指输入电阻。

2）共模输入阻抗（common input impedance）:共模输入阻抗定义为,运放工作在输入信号时（即运放两输入端输入同一个信号）,共模输入电压的变化量与对应的输入电流变化量之比。在低频情况下,它表现为共模电阻。

AD620 的输入阻抗通常指在室温 25℃时,仪表放大器两输入端之间的阻抗,一般指的是动态情况,同时应说明在两个输入端之间并联的电容值,如 $10G\Omega//2pF$。

2. AD620 构成的常用生理参数前置放大电路 AD620 具有低电流噪声特性,因此可用于信号源电阻常常高达 1MΩ 乃至更大的生物电放大器。另外,为了避免在强干扰信号下,放大器输出产生失真,前置放大器的电压放大倍数一般不宜设置过高(通常为 10 倍)。

(1)AD620 构成的心电检测仪电路:人体心电信号属于低频微弱信号,且背景噪声较强,采集信号时电极与皮肤间的阻抗大且变化范围也较大,这就对前级(第一级)放大电路提出了较高的要求,即要求前级放大电路应满足以下要求:高输入阻抗、高共模抑制比、低噪声、低漂移、非线性度小、合适的频带和动态范围。如图 2-7 所示为由 AD620 构成的心电检测仪电路。

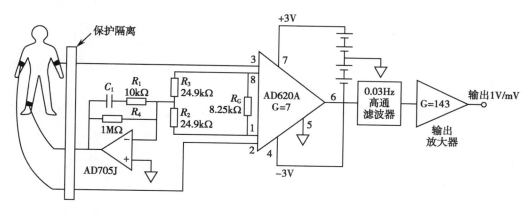

图 2-7　AD620 构成的心电检测仪电路

(2)AD620 构成的脑电放大器:脑电图是一种随机性的生理信号,其规律性远不如心电图那样明确,通常将脑电图的振幅和频率成分作为脑电诊断的主要依据。

如图 2-8 所示为基于 AD620 构成的脑电放大器。该电路前置放大器同样采用低噪声、低漂移的精密仪表放大器 AD620 作为主放大器,前级采用两个单运放 OP07 运放放大器组成并联型差分放大

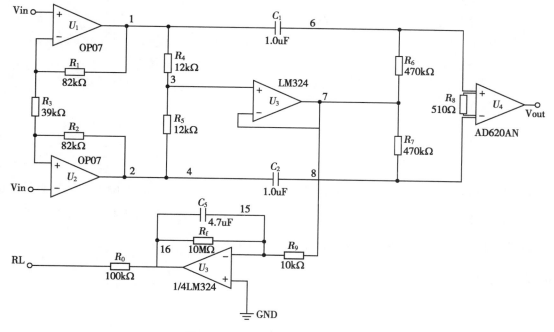

图 2-8　AD620 构成的脑电放大器

器。在运算放大器为理想的情况下,并联型差分放大器的输入阻抗为无穷大,*CMRR* 也为无穷大。阻容耦合电路放在由并联型差分放大器构成的前级放大器和由仪器放大器构成的后级放大器之间,这样,可为后级仪器放大器提高增益,进而为提高电路的 *CMRR* 提供了条件。同时,由于前置放大器的输出阻抗很低,还采用了共模驱动技术,避免了阻容耦合电路中的阻容元件参数不对称导致的共模干扰转换成差模干扰的情况发生。

知识拓展

程控放大器简介

1. 程控放大器含义　程控放大器是指不同的控制信号,将产生不同的反馈系数,从而改变放大器的闭环增益的机器。 **程控放大器与普通放大器的差别在于反馈电阻网络可变且受控于控制接口的输出信号。**

程控放大器是一种放大倍数由程序控制的放大器,在多通道多参数空间一个测量放大器,多通道放大器的信号的大小并不相同,都是放大至 A/D 交换器输入要求的标准是电压,因此对各个通路要求测量放大器的增益也不同。 放大器的交流是由数字信号控制的反馈电阻完成的,这种电路结构简单、成本低,使其幅度程控放大器主要用于对幅度较小信号进行增益控制,达到 ADC 转化器所工作的要求。 放大器的增益的变化是由数字信号控制其反馈电阻完成的。

程控放大器有以下几种形式:由多路开关跟反相运算放大器组成;由多路开关跟同相运算放大器组成;由多路开关跟差动放大器组成;由多路开关跟集成测量放大器组成。

2. 程控放大器意义　在一些特殊的应用中,我们往往希望输入信号的幅值接近 A/D 的输入电压量程的上限。 工程上常采取改变放大器增益的方法对幅值大小不一的信号进行放大。 在计算机数控系统中,为实现不同幅度信号的放大,往往不希望、甚至也不可能利用手动方法来实现增益变换。 利用程控放大器可以很好地解决上述问题。

程控放大器是根据使用要求由程序控制改变增益的放大器,具有控制方便,线性度高,稳定可靠等优点。 使用程控放大器改变模拟输入信号的增益,并配合 A/D 的使用,可允许输入的模拟信号在较大范围内动态变化,达到了提高 A/D 的输入电压量程的目的,也相当于提高了 A/D 的分辨率。

3. 其可实现阻抗变换,因而在分立元件功率放大电路中得到广泛应用。

四、前置级共模抑制能力的提高

对于微弱信号的放大器来说,除了精心设计电路和选择电路参数以提高 *CMRR* 外,还必须认真地进行工艺设计,否则是难以实现电路设计要求的。此外,还可以通过电路技术,使放大器获得更高的共模抑制能力,这样也相对降低了对器件参数的苛刻要求。

▶▶ 课堂活动

1. 影响前置级放大电路的因素主要有哪些?

2. 有哪些措施可以提高生物电前置级放大电路的性能?

（一）屏蔽驱动

从与人体相接触的电极到测量系统,通常有大于 1m 的距离。例如 ECG、EEG 体表电极到前置放大器之间有数根约 1m 的导联引线。导联引线使用屏蔽电缆,这样,信号通过电缆传输时,在信号线(芯线)和电缆屏蔽层之间将存在可观的分布电容。屏蔽层接地时,分布电容变为放大器输入端对地的寄生电容 C_1、C_2,如图 2-9 所示。实际上,两根导联线的分布电容不可能是完全相等的,加之电极阻抗 R_s 的不平衡,则 $R_{s1}C_1 \neq R_{s2}C_2$,从而造成共模电压的不等量衰减,使放大器的 $CMRR$ 下降。

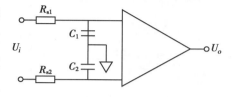

图 2-9　导联线分布电容的影响

我们已经知道,对于共模电压在输入端所造成的差模转化,即使放大器的 $CMRR$ 为无穷大,也必将产生共模误差输出。实质上,这是由于这种阻抗的不对称,导致了包括输入回路在内的整个放大系统的共模抑制能力降低。

消除屏蔽层电容的不良影响其实是很容易设想的,使屏蔽层电容不起衰减作用的措施就能够消除屏蔽层电容的影响。例如,导联线的屏蔽层不接地,而接到与共模输入信号相等的电位点上,则共模电压就能不衰减地传送到差分放大器输入端,从而不会产生共模量不等量衰减形成的共模误差,从这个观点出发,取出放大电路的共模电压用以驱动屏蔽层,使分布电容 C_1、C_2 的端电压保持不变,即 C_1、C_2 对共模电压不产生分流,产生在共模电压作用下电缆屏蔽层分布电容不复存在的等效效果。

图 2-10 为共模电压驱动电线引线屏蔽层的一种电路设计。A_1、A_2 构成缓冲级,其输出分别为 $\left(U_{ic} + \dfrac{1}{2}U_{id}\right)$、$\left(U_{ic} - \dfrac{1}{2}U_{id}\right)$。用一个简单的电阻网络 R-R 接在 A_1、A_2 的输出端,在此网络的中点取出 A_1、A_2 输出电压的平均值,这一平均电压即等于 U_{ic},经过缓冲放大器 A_3 驱动屏蔽层,从而消除共模电压由 C_1、C_2 引起的不均衡衰减。

屏蔽驱动电路的目的是使引线屏蔽层分布电容的两端电压保持相等。为达到这一目的,实际上有各种电路设计方案。

（二）浮地跟踪

对于共模电压的抑制能力,除了提高放大器的 $CMRR$ 之外,如果能够设法减小共模输入在输出端造成的误差,那么就实际提高了放大器的共模抑制能力。为此,可以把输入级的接地端浮置并跟踪共模电压。这样,共模电压不能随着信号一起被放大,从而放大器输出端产生的共模误差电压便被大大削弱,这就相当于提高了放大器的共模抑制能力。

图 2-11 所示为浮地跟踪的一种电路设计。与图 2-10 所示电路相比,其缓冲放大器 A_3 不但驱动输入导联线的屏蔽层,而且输出端与 A_1、A_2 的正、负电源的公共端相连接,使正、负电源浮置起来。如果 A_3 具有理想特性,则正、负电源电压的涨落幅度与共模输入电压的大小完全相同。虽然共模输入电压照样加在 A_1、A_2 的同相端,但却因放大器本身电源对共模输入信号的跟踪作用,使其影响大大削弱。即使 A_1、A_2 的参数不完全对称,但由于有效共模电压减小了,转化为差分而形成的误差电压也就很小了,相当于提高了前置级的共模抑制能力。

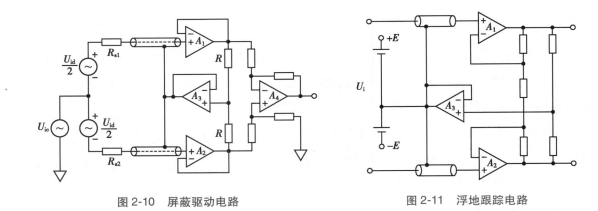

图 2-10　屏蔽驱动电路　　　　　　　　图 2-11　浮地跟踪电路

A_1、A_2 构成的第一级的共模电压引起的差模误差输出由于 A_3 的存在而进一步减小。设 A_1、A_2 级的共模抑制比为 $CMRR'_{12}$，A_3 的共模抑制比为 $CMRR_3$，则 A_1、A_2 的共模误差电压 $U_{ic}/CMRR'_{12}$ 进而降低为 $\dfrac{U_{ic}}{CMRR'_{12}} \cdot \dfrac{1}{CMRR_3}$，因此第一级的共模抑制比实际上变成：

$$CMRR_{12} = \frac{CMRR_1 \cdot CMRR_2}{CMRR_1 - CMRR_2} \cdot CMRR_3 \qquad\qquad 式（2-34）$$

与式（2-27）相比，增加 A_3 之后，电源电压浮置跟踪共模输入电压，前置级共模抑制比提高了 $CMRR_3$ 倍。这样，即便 A_1、A_2 的共模抑制比不完全匹配，或者采用其他形式的电路结构，整个前置级的 $CMRR$ 用式（2-37）描述也是十分理想的。

（三）右腿驱动技术

减少位移电流的干扰也可采用右腿驱动电路，如图 2-12 所示。从图中可以看到右腿这时不直接接地，而是接到辅助放大器 A_3 的输出端。从两电阻 R_a 结点检出共模电压，它经辅助的反相放大器放大后，再通过电阻 R_o 反馈到右腿。人体的位移电流这时不再流入地，而是流向 R_o 和辅助放大器的输出端。R_o 在这里起安全保护作用，当患者和地之间出现很高的电压时，辅助放大器 A_3 饱和，右腿驱动电路不起作用，A_3 等效于接地，因此电阻 R_o 这时就起限流保护作用，其值一般取 5MΩ。

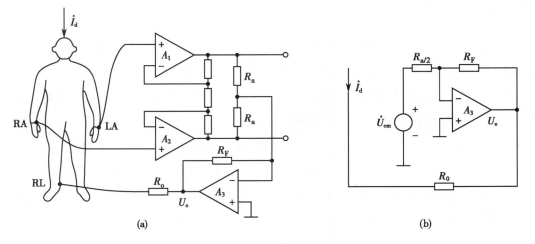

(a)　　　　　　　　　　　　　　　　(b)

图 2-12　右腿驱动电路
（a）原理电路；（b）等效电路

从图 2-12(b)所示等效电路可以求出辅助放大器不饱和时的共模电压。高阻输入级的共模增益为 1，故辅助放大器 A_3 的反相端输入为：

$$\frac{2U_{cm}}{R_a}+\frac{U_0}{R_F}=0$$

由此得

$$U_0=-\frac{2R_F}{R_a}U_{cm}$$

因为 $U_{cm}=R_oI_d+U_o$，将上式代入，得：

$$U_{cm}=\frac{R_oI_d}{1+\dfrac{2R_F}{R_a}} \qquad\qquad 式（2-35）$$

由此可见，若要使 $|U_{cm}|$ 尽可能小，即 I_d 在等效电阻 $R_o/(1+2R_F/R_a)$ 上压降小，可以增大 $2R_F/R_a$ 值。由于 R_o 在 U_{cm} 较大时，必须起保护作用，所以其值较大。这样就要求辅助放大器必须具有在微电流下工作的能力，R_F 可选较大值。

实例分析

实例：如图 2-12 所示电路，$R_F=R_o=5M\Omega$，R_a 典型值为 25kΩ，若位移电流 $|I_d|=0.2\mu A$，则其共模电压为多少？

分析：

（1）求得等效电阻 $R_o/（1+2R_F／R_a）$ 为 12.5kΩ；

（2）$|U_{cm}|=0.2\times10^{-6}A\times12.5k\Omega=2.5mV$。

点滴积累 ∨

1. 生物电前置放大器的基本要求：高输入阻抗、高共模抑制比、低噪声零漂移、设置保护电路。

2. 生物电前置放大器一般采用同相并联三运放差分电路结构。

3. 同相并联三运放差分电路的共模抑制比受两个输入端的电阻匹配、运放器件共模抑制比、电阻精度等因素影响。

4. 可进一步提高电路共模抑制比的措施有：屏蔽驱动、浮地跟踪和右腿驱动。

第三节　隔离级设计

一、浮地

为了人体安全，通常的生物电信号测量技术采用浮地形式，以便实现人体与电气的隔离，如图 2-13。

浮地(或浮置)即信号在传递的过程中,不是利用一个公共的接地点逐级的往下面传送,而是利用诸如电磁耦合或光电耦合等隔离技术。信号从浮地部分传递到接地部分,两部分之间没有电路上的直接联系,通过地线构成的漏电流完全被抑制。因此,不但保障了人体的绝对安全,而且消除了地线中的干扰电流。

浮地为浮置部分电路的等电位点,用符号"$\downdownarrows$"表示,以便和接地的图形符号"$\perp$"相区别。如图 2-13 所示,浮置部分由浮置电源供电,接地部分由工频市电供电,构成两个独立的供电系统。

实现电气隔离(即隔离级设计)有两种方案:一种是通过光电耦合,用光电器件传递信号;另外是通过电磁耦合,经变压器传递信号。前者是目前采用较多的方案,具有广阔的发展前途。

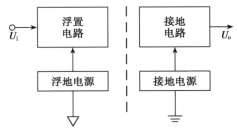

图 2-13　电气隔离示意图

二、光电耦合

(一)光电耦合器件的优点

光电耦合器件具有重量轻、应用电路结构简单、成本低等突出优点,在生物医学电子技术中得到广泛的应用。它具有良好的线性和一定的转换速度,既可以作为模拟信号的转换,也可以作为数字信号的转换。此外,光电耦合器件还可以实现与 TTL 电路的兼容。双列直插封装的光电耦合器件接口电路简单,可由 TTL 集成电路直接驱动,也可以直接驱动 TTL 集成电路,应用非常方便。

知识链接

光 电 隔 离

光电耦合器是一种把红外光发射器件和红外光接受器件以及信号处理电路等封装在同一管座内的器件。 当输入电信号加到输入端发光器件 LED 上,LED 发光,光接受器件接受光信号并转换成电信号,然后将电信号直接输出,或者将电信号放大处理成标准数字电平输出,这样就实现了"电-光-电"的转换及传输。 光是传输的媒介,因而输入端与输出端在电气上是绝缘的,也称为电隔离。

(二)光电耦合器件结构

图 2-14 所示为常用光电耦合器件。由 PN 结构成的光电耦合器件包含有一个作为发送辐射部件的发光二极管和一个作为辐射探测器的光电二极管或光电晶体管(包括达林顿晶体管)。光电晶体管按照晶体管的电流增益来放大发光二极管的电流,具有 0.1 ~ 0.5 的电流转移系数。器件的电流转移系数或电流变换比可以从有关的资料上查阅。为了提高电流转移系数,改用达林顿晶体管形式,构成达林顿光电晶体管,可以获得 1~10 的电流转移系数。光电耦合器件的工作频率,受光电晶体管基极和集电极之间的电容的影响,不加补偿改进的简单应用电路的频率上限为 100kHz,而光电二极管耦合器可以获得 1MHz 的工作频率。

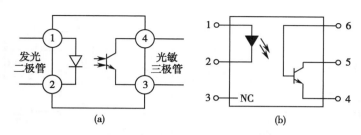

图 2-14　常用三极管接收型光电耦合器内部结构图
（a）4 脚封装　（b）6 脚封装

▶▶ **课堂活动**

    1. 光电耦合器件适用于哪些场合?

    2. 光电耦合器件的主要特点是什么?

（三）信号传输中的光电隔离

用于模拟信号的耦合转换,首先要求光电耦合器具有很好的线性特性,图 2-15 所示为某光电晶体管的转移特性曲线。图中虚线表示不加负载时的输入、输出电流特性。光电耦合器件种类繁多,根据不同的光电耦合器件有不同结构的应用电路。

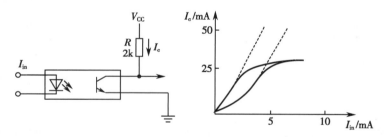

图 2-15　光电晶体管转移特性

图 2-16 所示为 ECG-6511 前置放大光电耦合级电路,所用的光电耦合器件为光电池二极管耦合器,其中 VDB 和 VDC 为光电池。光电池在短路时其短路电流和光照近似为正比例关系。在发光二极管 VDA 有电流通过而发光时,VDB、VDC 中产生反向电流。光电器件实际是电流控制器件,为了使其工作在线性动态范围,须首先提供合适的静态参数。如图 2-16 所示,A_1 为耦合驱动级,在输入信号为零的初始状态下,$I_i = 0$,A 点为虚地点,B 点呈负电位,有 $U_B = (-6.9)\dfrac{47//3.9}{12+47//3.9} = -1.58(V)$。

流过 47kΩ 电阻的电流 I 为一恒定电流,从 A 点流出,电容 C 以电流 I_C 充电,使 C 点电位升高,从而导致三极管 VT_A 导通,产生 I_{DA},发光二极管 VD_A 发光,光电池 VD_B 受光照后,产生反向电流 I_{VDB} 流入 A 点,当 $I_{VDB} = I$ 时,电容 C 的充电电流为 0,C 点电位保持恒定,发光二极管 VD_A 和光电池 VD_B 中的电流达到一个稳定值 I_{VDA0}、I_{VDB0},即光电器件的静态值。与上述过程相同,I_{VDA0} 导致的 I_{VDC0} 亦有 $I_{VDC0} = I$,调整 50kΩ 电位器,使 U_o 至此静态工作参数被确定。

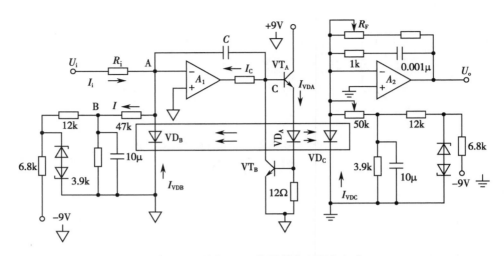

图 2-16 ECG-6511 前置级光电耦合电路

当传输信号到来时,假设 A_1 的输入为 $U_i > 0$,则有 I_i 注入 A 点,从而导致 U_c 下降,使 I_{VDA} 减小,发光二极管 VD_A 发光强度变弱,继而 I_{VDB} 减低。当 $\Delta I_i = |\Delta I_{VDB}|$ 时,$I_C = 0$(电容 C 的反充电电流),达到某一动态的平衡稳定状态。与此过程同时,$|\Delta I_{VDC}| = |\Delta I_{VDB}| = \Delta I_i$,耦合输出级的输出为:

$$\Delta U_o = \Delta I_{VDC} R_F = \Delta I_i R_F$$

而

$$\Delta U_i = \Delta I_i R_i$$

所以,通过光电耦合的电压转换比率为:

$$\frac{\Delta U_o}{\Delta U_i} = \frac{R_F}{R_i}$$

转移过程的线性度取决于光电器件 VD_A、VD_B、VD_C 的特性,尤其是 VD_B 和 VD_C 的对称性。为了提高线性度,VD_B 和 VD_C 的偏置电路参数也应保持对称。

电路中 A_2 的负反馈支路的 $1k\Omega$ 电阻和 $0.001\mu F$ 电容构成高频负反馈网络。经过光电耦合后的生物电信号中,由于光的频谱很宽而增加的大量的高频干扰成分在高频负反馈网络作用下即可被滤除干净。

晶体管 VT_B 和 12Ω 电阻组成光电耦合器的过流保护电路。驱动电流过大,使 12Ω 电阻上的压降超过 0.7V 时,VT_B 导通,将 VT_A 基极电流对地短路,从而使流过发光二极管 VD_A 的电流不超过其额定值。这种电路具有良好的过流保护作用。

上述为一种实用的耦合级电路,但是它所用的光电耦合器件在国内不易获得,而且晶体管 VT_A 本身的非线性特性更增加了整个耦合级的非线性。下面推荐一种更加实用、合理的耦合级电路。

图 2-17 所示为互补形式的耦合级电路,选用国内市场广泛出售的光电晶体管耦合器 T117。它利用两个光电器件特性的对称性提高耦合级电路的线性度。PH_1 和 PH_2 是经过严格挑选的特性对称的两个光电耦合器,运放 A_1 和运放 A_2 工作在线性状态。A_1 通过 PH_1 形成负反馈。PH_1、PH_2 的

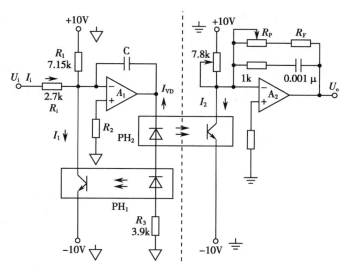

图 2-17　互补型光电耦合电路

电流转移系数分别是 β_1 和 β_2，在静态时，根据运算放大器的理想特性及电路的结构可知，$I_i = I_1$，电容 C 中的电流为 0。当信号 U_i 到达平衡时（$\Delta I_C = 0$），不难导出：

$$\Delta I_1 = \Delta I_i = U_i / R_i , \quad \Delta I_1 = \beta_1 \Delta I_{VD}$$

相应地，耦合输出级 A_2 有

$$\Delta I_2 = \beta_2 \Delta I_{VD} = \Delta I_F$$

输出

$$\Delta U_o = R_F \Delta I_F$$

由于 PH_1 和 PH_2 特性对称，对应某确定的 I_{VD} 值，$\beta_1 = \beta_2$，所以

$$\Delta U_o = \frac{R_F}{R_i} \Delta U_i$$

式中，R_F / R_i 为电路的电压转换比率。

在电路设计中，R_3 和 C 的设置是非常重要的，其作用是改善电路的稳定性和频率特性。光电耦合器件的工作速度远远低于运放器件的工作速度，在 A_1 进入工作的瞬间，A_1 由光电耦合形成的负反馈环路是断开的，负反馈过程来不及建立，造成 A_1 输出端电压的过冲。在反馈环内引入 R_3 之后，反馈系数变小，从而增加了电路的稳定性。电容 C 的引入，为 A_1 提供了一个快速反馈环节。

互补型光电耦合电路的优点，在于它能够通过选择芯片的对称性，提高电路的线性度。

实现信号隔离的另一种可取的方案是在经过 A/D 变换之后，对量化的数字信号进行光电耦合，如图 2-18 所示。对耦合级的要求，主要是提高转换速度，展宽光电耦合级的频带，而相应线性度方面的要求已不是主要的矛盾。这种方案所带来的问题是隔离级之前的浮地电源的负载加重，并且所用的光电耦合器件数随 A/D 的精度提高而增加。如对 12 位的 A/D，需设置 12 个光电耦合器件，电路结构较复杂，用的器件较多。

数字信号的光电耦合级可以采用简单的单级耦合电路，如图 2-19 所示。浮地电源通过 R 为发

光二极管提供静态工作电流,使光电耦合器工作在线性区。光电三极管中的信号电流经 R_L 送入同相放大器 A_2,作为耦合输出。R_L 与光电耦合器件的结电容形成的时间常数 τ_p,将影响耦合级的工作速度,当 R_L 增大时,频率响应变差。R_L 的阻值在几百欧姆左右,用光电晶体管 4N38 或 V117 可以获得约 $70\sim 80\text{kHz}$ 的高频(-3dB)截止频率。如果尚不能满足要求,可以由频率补偿的方法,通过 A_2 实现高频提升。

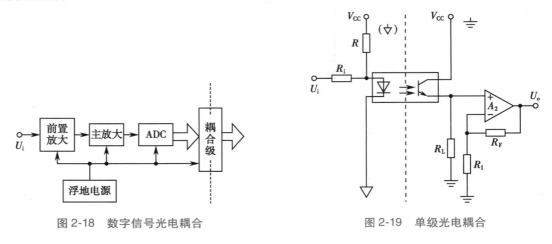

图 2-18　数字信号光电耦合　　　　　　　图 2-19　单级光电耦合

（四）微机接口中的光电隔离

微机有多个输入端,接收来自远处现场设备传来的状态信号,微机对这些信号处理后,输出各种控制信号去执行相应的操作。在现场环境较恶劣时,会存在较大的噪声干扰,若这些干扰随输入信号一起进入微机系统,会使控制准确性降低,产生误动作。因而,可在微机的输入和输出端,用光耦作接口,对信号及噪声进行隔离。

在微机控制系统中,CPU 可以通过 I/O 接口电路直接对执行结构进行控制,也可以通过半导体开关的动作或继电器接点的开、闭进行控制。如图 2-20 所示为继电器开关量输出电路常用的结构形式之一。电路中,使用普通小型继电器,触头容量一般为几百毫安至几百安培,可直接驱动电磁线圈或接触器等执行结构。这种输出电路一般均带有光电隔离,具有良好的隔离和抗干扰作用。

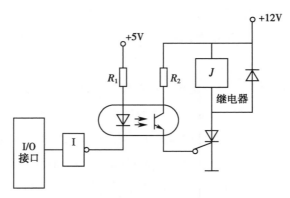

图 2-20　带光电隔离的继电器开关量输入电路

该电路多应用于由 CPU 发出的对前向通道的控制信号接口处,从而实现在不同系统间信号通路相连的同时,在电气通路上相互隔离,并在此基础上实现将模拟电路和数字电路相互隔离,起到抑制交叉串扰的作用。

为了保障测量过程中人体的安全性,有必要对生物电前置放大器实行全隔离,即除了模拟生物电信号通道和数字控制信号采用光电隔离外,还需要将前置级电路所需的电源进行隔离,而电源的隔离通常采用电磁耦合技术。

三、电磁耦合

(一)电磁耦合定义

实现隔离的另外一种方法是采用电磁耦合,即变压器耦合。这是发展较早、技术较成熟的耦合技术。但是与光电耦合方式相比较,其工艺复杂,成本高,体积大,应用不便。

将放大电路前级的输出端通过变压器接到后级的输入端或负载电阻上,称为变压器耦合(或电磁耦合)。

知识链接

电磁耦合的特点

1. 由于变压器是靠磁路耦合,所以它的各级放大电路的静态工作点相互独立。

2. 它的低频特性差,不能放大变化缓慢的信号。

3. 不能集成化。

4. 可以实现阻抗变换,因而在分立元件功率放大电路中得到广泛应用。

(二)电磁耦合原理

电磁耦合原理如图 2-21 所示。因为变压器不可能传递低频、直流信号,所以必须首先通过调制电路,把低频信号调制在高频载波上,经过变压器耦合,再解调,恢复生物信号。

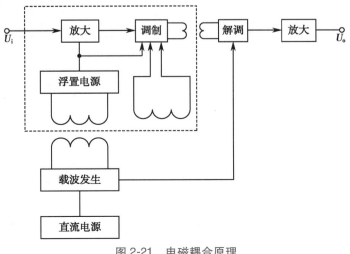

图 2-21　电磁耦合原理

　　浮地放大器的直流电源由载波发生器(几十千赫兹至上百千赫兹)、隔离变压器隔离,通过整流滤波获得,调制器的激励源亦经隔离变压器从载波发生器获得。

　　变压器的隔离效果主要取决于变压器匝间的分布电容。由于振荡频率较高,变压器的体积较小,原、副边线圈的匝数很少,分布电容能够小于 100pF。

　　从已有的隔离器件可以看到,变压器隔离方式的线性度、共模抑制比都比光电耦合方式高,但是变压器耦合的频率响应不及光电耦合高。随着频率响应的改善、提高,变压器耦合器件的成本将增加很多。变压器耦合的噪声性能相对较好。

知识链接

隔离放大器应用时的注意事项

　　1. 消除噪声　为了消除来自电源盒被测对象的噪声,在信号输入隔离放大器之前和从隔离放大器输出之后,需要设置相应的滤波回路。

　　2. 降低辐射　电磁耦合隔离放大器本身构成一个电磁辐射源。如果周围其他的电路对电磁辐射敏感,就应设法予以屏蔽。

　　3. 线性光耦的死区　光电耦合隔离放大器,其发光管需要用电流来驱动。当输入信号较小时,驱动电流也较小,发出的光微弱到可能不足以被光电管检测到,形成一个"死区"。因此,在信号进入隔离放大器前应由偏置电路将原始信号抬高,避免落入"死区"。

　　对各种具体的生物电放大器,将在后续各章中结合具体仪器进行分析。本章只对各种放大器的共性电路进行了分析。

点滴积累 ∨

　　1. 光电耦合的英文名字是: optical coupler,英文缩写为 OC,亦称光电隔离器,简称光耦。

　　2. 光耦隔离就是采用光耦合器进行隔离,光耦合器的结构相当于把发光二极管和光敏(三极)管封装在一起。发光二极管把输入的电信号转换为光信号传给光敏管转换为电信号输出,由于没有直接的电气连接,这样既耦合传输了信号,又有隔离干扰的作用。

学习小结

一、学习内容

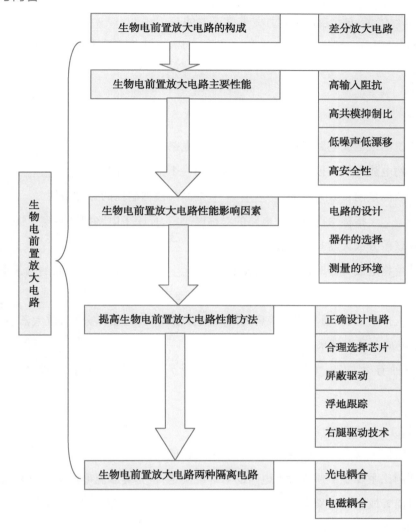

二、学习方法体会

1. 由于模拟集成技术的飞速发展,在生物电前置放大电路的前端,几乎都可直接采用专用仪用运算放大器(如 INA118、AD620 等)。很少有人采用分立元件或普通运放来自组织前置放大电路。因此,了解常用芯片的应用、特性、参数及封装是有必要的。

2. 分析电路图要遵循一定的方法步骤。应遵循从整体到局部、从输入到输出、化整为零、聚零为整的思路和方法。用整机原理指导具体电路分析,用具体电路分析诠释整机工作原理。通常可以按照以下步骤进行:首先结合芯片的名称搞清楚电路图的整体功能和主要技术指标;其次判断电路图的信号处理流程和方向;然后找出整个电路图的总输入端和总输出端;再次,若电路比较复杂,则以主要元器件为核心将电路图分解为若干个单元;接着,分析辅助电路的功能及其与主电路的相互关系;最后,分析供电电路。在以上电路图整体分析的基础上,即可对各个单元电路进行详细的分析,弄清楚其工作原理和各个元器件的作用,计算或核算技术指标。

3. 随着计算机在国内的逐渐普及,电路设计自动化(electronic design automatic,EDA)软件在电路行业的应用也越来越广泛。常用的 EDA 工具有 EWB、PROTEL、ORCAD 等。熟练掌握其中一种工具绘制电路并进行仿真,对于电路的设计是非常必要的。

4. 电路绘制过程中,元器件的封装常识,电路的布局、连线等规则也是有必要熟练掌握的。

目标检测

1. 填空题

(1)通常所说的三运放电路指的是_____电路。

(2)衡量生物电放大器共模干扰信号抑制能力的一个重要指标是_____。

(3)生理参数测量前置放大器的_____是高共模抑制比的必要条件。

(4)_____指标由前置放大电路的对称度决定,反映了电路抑制共模干扰信号的能力。

(5)同相并联差分放大器具备的优点是_____。

(6)在设计生物电放大器时,运算放大器的_____指标限制了电路的输入电阻和反馈电阻数值不可以过大。

(7)为保障人体的安全,通常将连接病人的放大器输入级(应用部分)与放大器后级完全隔离。因此,现代生物电放大器大都采用_____。

(8)作为一种有效的电气隔离(即隔离级设计)方案,采用光电器件传递信号的器件是_____。

2. 判断题

(1)人体总阻抗主要由人的体内阻抗和皮肤阻抗构成。( )

(2)共模抑制比主要是由前置放大电路的对称度决定,也是克服温度漂移的重要因素。( )

(3)生物电前置放大器的噪声一般是指在输入端测得的噪声幅度。( )

(4)干扰和噪声都是电路内固有的,不能用屏蔽、合理接地等方法消除。( )

(5)噪声是随机的,因而其不服从一定的统计规律。( )

(6)生物电前置放大器是指对从生物(包括人与其他动物)采集到的微弱电子信号进行放大处理。( )

(7)合理接地是抑制干扰的主要方法,把接地和屏蔽正确地结合使用能解决大部分干扰问题。( )

(8)工作地线必须是大地电位,而保护地线的设计可以是大地电位,也可以不是大地电位。( )

(9)光电隔离的本质是将模拟信号转化为数字信号。( )

(10)同相并联差分放大器具有高共模抑制比、高输入阻抗、安全性高、抗干扰能力强等优点。( )

3. 简答题

(1)设计一个差分增益 $A_d = 20$、差分输入电阻大于 $20k\Omega$ 的基本差分放大器,并按照 $CMRR_R$ = 80dB 确定各电阻的公差。

（2）题图 2-1 所示为一测量运算放大器的 *CMRR* 的线路，若所用电阻精度为 $\delta=1\%$，器件本身的 *CMRR* 为 80dB，求测量误差；若要求测量误差在 10% 以内，则要求选用多大精密度的电阻？

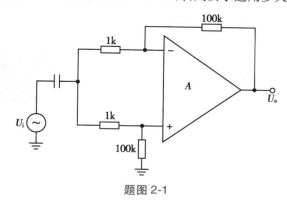

题图 2-1

（3）利用 AD620 设计一心电前置放大器，要求其放大倍数为 10 倍，共模抑制比大于 60dB，试画出其电路图。

（4）如何测量生物电放大器的输入阻抗？

（5）简述提高前置级共模抑制能力的三大电路技术。

（6）简述浮地与接地的区别？

（7）简述电磁耦合和光电耦合各自的优缺点。

4. 实例分析

（1）题图 2-2 所示的心电放大器前置级电路是否合理？ 如不合理，应怎样修改？

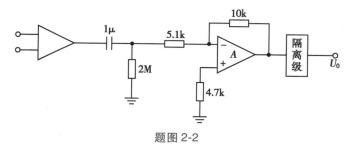

题图 2-2

（2）学生设计的放大器前置级输入回路的保护电路如题图 2-3 所示，有人认为在同时接有除颤装置时，可能会：①烧坏 $10k\Omega$ 电阻；②烧坏稳压管；③烧坏除颤装置。你的分析结论如何？

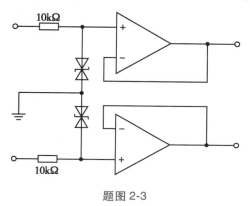

题图 2-3

（3）文献调研：高共模抑制比（$CMRR>100\text{dB}$）和低噪声（输入短路噪声 $U_N<1\mu\text{V}$）的生物电放大器的电路设计。

（4）文献调研：光电耦合在所学过的医用电子仪器中有哪些仪器中有用到？

ER-02章习题

第三章

心电图机

ER-03章PPT

学习目标 ∨ ....

学习目的

本章主要学习心电图基础及心电图机的结构、性能、工作原理等知识，是本书的重点章节。通过本章的学习能掌握医用电子仪器设计原理、结构特点及维修技能，从而做到举一反三，为从事的专业打下扎实的岗位能力基础。

知识要求

1. 掌握心电图机的导联、分类及典型数字式心电图机的指标、电路工作原理。

2. 熟悉心电图的基础知识、模拟心电图机的工作原理及性能检定。

能力要求

熟练掌握心电图机的结构特点、操作步骤和维修技能；学会心电图机性能检定的方法。

第一节　心电图基础

心电图机诊断技术具有成熟、可靠、操作简便、价格适中、对患者无损伤等优点，已成为各级医院中最普及的医用电子仪器之一。医生根据所记录的心电图波形的形态、波幅大小以及各波之间的相对时间关系，与正常心电图相比较，便能诊断出心脏疾病，如心电节律不齐、心肌梗死、期前收缩、高血压、心脏异位搏动等。

一、心电产生及传导

心肌细胞的生物电变化是心电来源。在正常情况下，静止的极化细胞表面带有正电荷，而细胞内则带有负电荷，数量相等但极性相反的电荷在细胞膜的两面。由于它们表面的各点电位相等，所以不会有电流流动，称为"静止状态"。当细胞兴奋除极时，细胞的静止状态之极性发生逆转，细胞内外的电位差降低，使该细胞带有负电位，而邻近的静止或称为极化的细胞，仍带有一定电位的正电荷，因而在邻近的细胞间便出现了电位差，并由此产生了电流。静止细胞这端为正性，已激动的细胞那端为负性，这样，在相邻近的细胞间出现了极性相反的电荷对，临床心电图学中称之为"电偶"。心脏位于体液中（电解质），心脏激动的传导，犹如一系列电偶在向前推进。

1. 心脏激动的传导途径　心脏壁由三层构成：心外膜、心肌及心内膜。心内膜中层是心肌，最厚，在功能上也最重要。心肌有两种结构：一是非特殊性的、具有收缩机能的心肌纤维，占心房及心室肌的大部分;另一种是小部分的特殊神经肌纤维,具有产生和传导激动的机能。后者包括窦房结、房室结、房室束、束支及束支分支纤维。正常心脏激动的顺序为:窦房结→心房→房室结→房室束→左、右两侧束支→束支分支纤维→心室壁激动(图 3-1)。

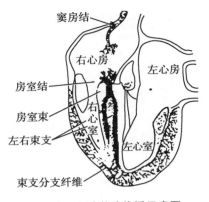

图 3-1　心脏激动传播示意图

(1)窦房结:呈逗点状,位于右房上腔静脉入口处,是心脏激动的起源点,它能够自动地、有节律地发出激动,频率为每分钟 60~100 次。

(2)心房:窦房结发出激动后,辐射状地向外传播,直到波及整个左、右心房为止。

(3)房室结:呈球形,位于房间隔的后底部,与冠状静脉窦的开口处相近。心房肌与心室肌互不连接,中间相隔着不能传导激动的房室环(纤维环)。所以,心房的激动必须通过房室结及房室束才能传到心室。在心房激动的早期,激动仅传到房室结周围的心房组织,需要延迟到左、右心房激动完毕后约 0.01s 时,才传入房室结。这一延迟,加上激动通过房室传导系统到达心室肌所需的时间,有利于心房和心室收缩在时间上的配合。因为在这一段时间内,心房的血液得以充分的时间流入心室,不会遇到心室收缩的对抗。

(4)房室束:为房室间激动传导的唯一途径。房室束在心室间隔顶部,分成左、右两束支。

(5)左、右束支:自房室束分出的左、右束支,分别走行于心室间隔左右两侧的心内膜下。左束支甚短,起源后较早地又再分支(在心室间隔的中部),支丛较密;而右束支延伸较长,在更近心尖处方再分支。由于左束支分支较早,心室间隔的激动便先自左侧开始,向右扩散。

(6)束支分支纤维:左、右束支在心内膜下分出许多小支,再由小支分出网状的传导纤维,称为"束支分支纤维"。这些纤维从心内膜下穿入靠近心内膜的心肌层,与心肌纤维相连接。

(7)心室:激动由束支及束支分支纤维传下后,很快地分布到左、右心室,从而使激动几乎同时由心内膜下心肌向心外膜下心肌传导,因此心室各部分得以同时收缩,通力合作,形成一个强大的挤压力量,喷出血液。

上述各部位的心肌激动,能使心肌各部分发生电位差,并产生电流,这种现象叫做心肌纤维的生物电现象。因特殊神经肌纤维体积较小,其激动所产生的电位影响很弱,因此不能在体表测得,只有心房和心室激动所产生的电位影响,方能用体表电极心电图机记录下来。

必须指出,心房肌和心室肌的激动,并不代表心房、心室的机械性收缩动作。心肌的激动,事实上是在机械收缩前发生的,必须先有激动,才引起心房、心室肌的机械性收缩。

2. 体表心电的产生　在正常人体内,由窦房结发出的一次兴奋,按一定的途径和过程,依次传向心房和心室,引起整个心脏的兴奋。因此,每一个心动周期中,心脏各部分兴奋过程中出现的电变化的方向、途径、次序和时间等,都有一定的规律。这种生物电变化通过心脏周围的导电组织和体液,反映到身体表面上来,使身体各部位在每一心动周期中也都发生有规律的电变化。将测量电极放置在人体表面的一定部位记录出来的心脏电变化曲线,就是目前临床上常规记录的心电图。心电图反映心脏兴奋的产生、传导和恢复过程中的生物电变化,它与心脏的机械收缩活动无直接关系。

3. 体表心电图与单个心肌细胞生物电变化曲线的关系 心肌细胞的生物电变化是心电图的来源,但是体表心电图曲线与单个心肌细胞的生物电变化曲线有明显区别(图3-2),造成这种区别的原因主要有以下几点:

(1)单个心肌细胞生物电变化是用细胞内电极测得(即一个测量电极放在细胞外面,另一个电极插入到细胞内),细胞内电极记录法所测得的生物电变化是同一细胞膜内外的电位差(包括膜动作电位及静息时电位)。

心电图的记录方式原则上属于细胞外记录法,它只能测出已兴奋部位和未兴奋部位膜外两点之间的电位差,或者是已复极部位和尚处于兴奋状态的部位之间的电位差,而不能区分静息状态下或是各部位都兴奋状态下(此时膜外各部之间无电位差)的电位变化,因为此时的记录曲线呈等电位线。

(2)心肌细胞生物电变化曲线是单个心肌细胞在静息时或兴奋时膜内外电位的变化曲线。

心电图反映的是一次"心动"周期中整个心脏的生物电变化,是很多心肌细胞电活动综合效应在体表的瞬间(电位)反映。

(3)体表心电图是由体表接触电极置于人体表面间接记录心脏生物电变化的。这种电变化,与电极接触人体的位置有关系。在不同导联时,记录下的曲线波形也不相同。

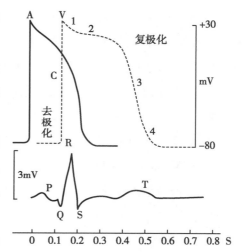

图3-2 心肌细胞电变化曲线与常规
心电图的比较
A:心房肌细胞电变化 V:心室肌
细胞电变化

从图3-2中,可看到心室肌细胞生物电现象与体表心电图 QRS 波及 T 波相对应的关系如下:

(1)心室肌细胞生物电波形的0~1段,相应于 QR 波(去极化产生的波形);

(2)1段相应于 RS 波;

(3)2~3段相应于 ST 波;

(4)3~4段相应于 T 波。

从数学的角度考虑,心室肌细胞生物电波形的微分值相应于心电 II 导联的波形。

二、人体体表心电图及其特征

1. 人体体表心电图 把人体四肢及胸部的电位变化,用电极给予引出,形成体表心电信号,然后将心电信号通过导线,按一定的连接形式(导联)送入心电图机,经放大后记录下来的图形就是体表心电图。

体表心电图已广泛应用于临床,它对诊断人体心脏系统的疾病,有着较大价值。正常的人体体表心电图,可反映心脏激动电位的变化(图3-3)。

正常的心电图是由一系列相同的"波组"所构成,一个正常的波组,包括以下各种波形:

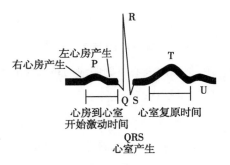

图 3-3　正常人体体表心电图
（以 Ⅱ 导联为典型）

（1）P 波:P 波代表左、右心房的除极,正常的 P 波呈向上形,其波顶一般是圆钝的,波宽不大于 0.11s,振幅小于 0.25mV。

（2）P-R 间期:代表心房除极开始至心室除极开始的时间,即从 P 波开始处到 QRS 波群的开始处,称为 P-R 间期。P-R 间期随年龄的增大而有加长的趋势,成人约为 0.12~0.20s。

（3）QRS 波群:代表着兴奋从房室结发出先后通过房室束、左右束支和纤细的浦肯野纤维进入心肌细胞,刺激心室的收缩,是心室收缩开始的心电图表现。第一个向下的波称为 Q 波,向上的波称为 R 波,第二个向下的波称为 S 波。QRS 的最大振幅不超过 5mV,宽度小于 0.1s。

（4）ST 段:指 QRS 波群终点到 T 波开始一段,QRS 波群的终点称为 ST 交点（或称 T 点）。ST 段通常是光滑而自然地与 T 波前枝融合。在正常范围的心电图中,ST 段可能较等电位线稍高或略低。正常 ST 段压低（即向下偏移）不应超过 0.05mV。

（5）T 波:T 波表示心室复极波,它是一个较钝而宽的波。T 波由基线慢慢上升达到顶点,随即较快速下降,故上下两枝不对称,倒置的 T 波也是如此,但 T 波不应低于 R 波的 1/10。

（6）U 波:是在 T 波之后低小的正向波,表示后继电位变化。

2. 人体体表心电图特征　如果进一步从量的概念上分析,会发现它有如下几个基本特征:

（1）基波频率低:正常人心脏每分钟跳动 75 次左右,也就是说,它的频率不到 2 次/秒（Hz）。正常心电波形（以 Ⅱ 导联为准）的显示波形如图 3-4 所示,它的周期 T 是（R-R）间隔（期）的时间,心率为 60/T（次/分）。

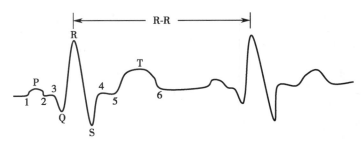

图 3-4　正常心电波形

正常心电波的频谱（离散的频谱）如表 3-1。其中 T 波频率大约是 1.3Hz,QRS 波群频率大约是 15Hz,ST 段与基线距离不大于 0.5mm。因为二次谐波以上衰减很快,而基波及二次谐波占了总能量的 85% 以上,所以,心电频谱主要取决于基波及二次谐波。

（2）谐波丰富:QRS 波群虽然其频率仅为 15Hz,但其前沿上升率极陡,对于早期隐伏的心脏病患者来讲,QRS 波群上常有切迹,这种切迹的频率,据美国有关部门分析,平均 40~70Hz,偶尔可达 200Hz,而 ST 段几乎平直,从频谱分析可知,大约在 0.14~0.8Hz 之间,可见心电的谐波是很丰富的。

表 3-1　正常心电波的频谱

名称	间隔	时间	基波频率（Hz）	2 次谐波（Hz）	10 次谐波（Hz）
P	1~2	0.06~0.1″	8~5	16~10	80~50
QRS	3~4	0.05~0.08″	10~6	20~12	100~60
T	5~6	0.2~0.3″	2.5~1.3	5~2.6	25~13

（3）心电信号极其微弱：心电信号的电压峰值大约在 1~5mV 之间，而最小电压可达 20μV 左右。

> **知识链接**
>
> 体表心电图的特征
>
> 　　在对心电产生机制及正常心电图各波形的形态、幅值和时间的关系已经有所了解的基础上，我们再从电学角度来讨论一下体表心电图波形的问题。
>
> 　　目前经常采用的肢体导联记录心电图，是体表心电图，它是心脏的电活动（主要是心房肌、心室肌的激动）经过躯体（组织）在体表形成的电势差（即除极、复极过程向各方面传导而达到肢体电极时的电势差），这中间当然要包括大小、相位的差别。但由于人体的（体表）尺寸与电的传导速度相比，是微乎其微的，所以这种相位差在一般心电图上根本看不出来，而心电图机在作体表心电记录时，仅是肢导联（电极间）电势大小的代数和。

三、心电图的测量

1. 心电图波形的时间与电压测量　　就心电图而言，不仅波形与波形的方向具有临床意义，而且波形的时间与电压的大小也十分重要。所以，心电图记录纸上都印有竖、横线条，用以表明时间的长短与电压的大小（图 3-5）。

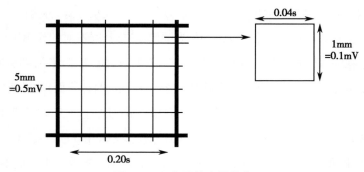

图 3-5　心电图的度量单位

　　图中的横线代表时间。心电图的记录速度一般是 25mm/s，相应于记录纸上是 1mm/0.04s；即两条细线之间为 0.04s，两条粗线之间为 0.2s。图中的竖线代表电压。两条粗线之间为 5mm，两条细线之间为 1mm。

　　如按动心电图机 1mV 定标电压按钮，使基线移位 1cm，则 1mm 等于 0.1mV。若描记下的心电波形幅度过大，则可改变心电图机的灵敏度，使 1mV 定标电压的基线只移动 0.5cm，这样，1mm 便等于 0.2mV。

(1)测量各波的时间:由其凸出点起计算。向上的波形,应从基线的下缘开始上升处量到终点;向下的波形,应从基线上缘开始下降处量到终点。

(2)测量各波的振幅(电压):对向上的波形,应从等电位线的上缘垂直地量到波的顶端;对向下的波形,应从等电位线的下缘垂直地量到波的最低处。

2. 心率的测量 一般有以下两种方法:

(1)根据 30 个大格子(每大格为 0.2s)中 R 波或 P 波的数目,乘以 10,即得心率数。

(2)测量 5 个以上的 P-P 或 R-R 间隔时间,并求得其平均数。

则:心率=60/(P-P 或 R-R 间隔时间)。

3. 各波测量时的注意事项

(1)检查每个心动周期是否有 P 波,P 波与 QRS 波群的关系是否正常,从而确定心脏的节律是否正常。

(2)检查 P 波的形态、振幅及宽度。一般在导联Ⅱ及 V1 中较明显。

(3)测量 P-R 间期。在标准导联中,选择 P 波较宽并有明显 Q 波的导联进行测量。如无 Q 波,则在明显 P 波及 QRS 波群最宽的导联中测量。

(4)检查 QRS 波群的波形和振幅。

(5)检查 S-T 段有无向上或向下偏移。

(6)检查各导联 T 波的形态、方向及高度。

(7)测定 Q-T 间期。在多导心电图中,选择 T 波较高且终点明显的导联测定,取其平均值。

四、心电图的导联

将电极置于人体表面上的不同点,并用导线与心电图机相连,即可在心电图机上描得一系列心电波形。作心电波检测时,电极安放的位置及导线与放大器的连接方式,称为心电图的导联。当然,从人体表面可以引出无数个导联来,但在临床中,为了便于进行比较,对此作出了严格的规定。

1. 常用导联 在临床体表心电图测定中,为了充分掌握心脏的电学活动,必须记录多于一个导联的电压,故在实际工作时,是以前额面(人体仰卧时,平行于地面的身体平面)和横面(人体直立时,平行于地面的身体平面)上使用的几个导联为常用导联。目前,临床上将标准导联(Ⅰ、Ⅱ、Ⅲ)、加压单极肢体导联(aVR、aVL、aVF)和胸导联(V1、V2、V3、V4、V5、V6)三种作为常用导联,也称 12 导联系统。一般的方法是用四个肢体电极和一个或三个胸电极引出心电波,肢体电极置放在小臂或小腿的内侧面,胸电极置放在胸部。这些电极的符号和连接导线的颜色,在国际上有着统一规定,如表 3-2 所示。

表 3-2　电极符号和导线颜色

电极的部位	右臂	左臂	左腿	胸	右腿
符号	RA(或 R)	LA(或 L)	LF(或 F)	CH(或 V)	RL
导线颜色	红	黄	绿或蓝	白	黑

2. 标准导联

（1）标准导联：又称"双极肢体导联"，系 Einthoven 在 1903 年首创心电图时提出，一直沿用至今。该导联选用左、右手和左脚，作为置放三个电极的部位，如图 3-6（a），并假设这三点在前额面形成一个等边三角形，称为"爱氏三角"，如图 3-6（b）；同时，假设心脏产生的电偶向量位于此等边三角形的中心，这样就形成了三个标准导联，它们与心电图机测量电极的连接方法如下：

Ⅰ导联：左手臂接正极，右手臂接负极。

Ⅱ导联：左脚接正极，右手臂接负极。

Ⅲ导联：左脚接正极，左手臂接负极。

根据向量运算法则：$V_I + V_{III} = V_{II}$，即第Ⅰ导联与第Ⅲ导联电压之和等于第Ⅱ导联的电压，这项定律称为"爱氏定律"。实际上此法则可以用来检查各导联的图纸是否贴错或是否有其他故障。

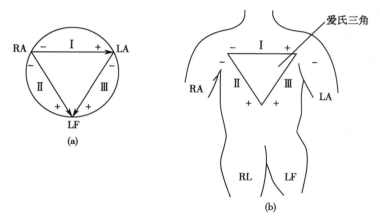

图 3-6　标准导联

（2）中心电站：1934 年 Wilson 提出，把肢体上电极 RA、LA、LF 经过三个相等的电阻 R 接在一起，组成一平均电位，作为"中心电站"（V_W），后人称之为"威尔逊中心端"。威尔逊中心端（点）的作用是在一个心电周期内能获得一个比较稳定的电位，作为体表心电的参考点。

根据图 3-7 所示，并根据基尔霍夫电流定律可得：

$$\sum I = \frac{V_R - V_W}{R} + \frac{V_L - V_W}{R} + \frac{V_F - V_W}{R} = 0 \qquad 式（3-1）$$

移项后可得：

$$V_W = \frac{1}{3}(V_R + V_L + V_F) \approx 0 \qquad 式（3-2）$$

这里 V_W 是中心端对地电位。我们设 V_{RW}、V_{LW}、V_{FW} 分别是 RA、LA、LF 对中心端的电位。从而可得：

$$V_{RW} = V_R - \frac{1}{3}(V_R + V_L + V_F)$$

$$V_{LW} = V_L - \frac{1}{3}(V_R + V_L + V_F)$$

$$V_{\mathrm{FW}} = V_{\mathrm{F}} - \frac{1}{3}(V_{\mathrm{R}} + V_{\mathrm{L}} + V_{\mathrm{F}})$$

以此三式左、右分别相加得：

$$V_{\mathrm{RW}} + V_{\mathrm{LW}} + V_{\mathrm{FW}} = 0 \qquad 式（3-3）$$

3. 加压肢导联

（1）连接方法（图 3-8）：加压肢导联的连接方法，是将中心电站连接某一肢端的电阻 R 断开，分别接入心电图机的导联输入端；即将已断开的连接某一肢端的原中心电站端（现为加压肢导联的一输入端，称为 V_{Wa}）接心电图机负输入端，肢体端接正输入端，并将连接该肢端的电阻

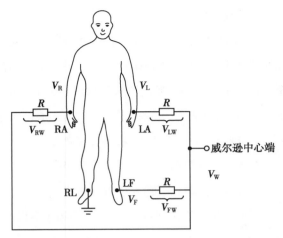

图 3-7　威尔逊中心端

值减为一半（$R/2$）。这样，就得到了三个加压肢导联，分别为 aVR、aVL、aVF 导联，即加压右臂导联、加压左臂导联和加压足（左腿）导联。

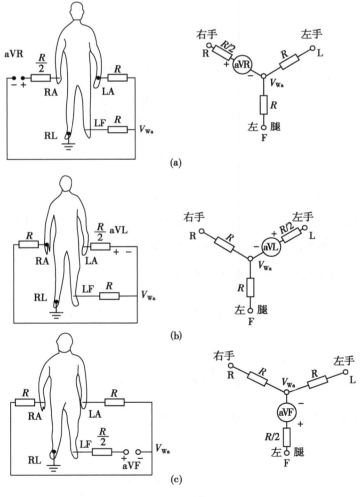

图 3-8　加压肢导联的三种电极连接法

（a）aVR 导联　（b）aVL 导联　（c）aVF 导联

（2）加压肢导联与单极肢导联的关系：根据加压肢导联和单极肢导联（肢体对中心电站）两种连接方式，可以画出它们的等效电路图（图3-9）。

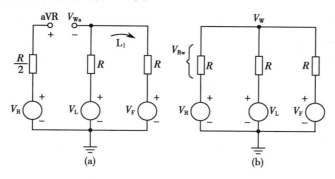

图 3-9 aVR 导联电路
（a）aVR 导联等效电路 （b）V_W 导联等效电路

其中 V_R、V_L、V_F 是 RA、LA、LF 对地电位，V_W 是威尔逊中心点对地电位，V_{Wa} 是加压肢导联中两个肢端电阻 R-R 的连接点（即加压肢导联的负输入端）的对地电位。

如不考虑测量电路中的电流 I（因为心电图机输入阻抗很大，可以不计），则图3-9（a）中 aVR 导联有：

$$\begin{cases} i_1 = \dfrac{V_L - V_F}{2R} \\ V_{Wa} = i_1 R + V_F \end{cases}$$

即：

$$V_{Wa} = \frac{V_L - V_F}{2R} R + V_F = \frac{V_L + V_F}{2}$$

而在 aVR 导联正端的电位就是 V_R，故

$$V_{aVR} = V_R - V_{Wa} = V_R - \frac{V_L + V_F}{2} = \frac{2V_R - V_L - V_F}{2}$$

而从上述可知，图3-9（b）中，

$$V_W = \frac{1}{3}(V_R + V_L + V_F) \tag{式（3-4）}$$

而

$$V_{RW} = V_R - V_W = \frac{2V_R - V_L - V_F}{3}$$

故

$$\frac{V_{aVR}}{V_{RW}} = \frac{3}{2}, \quad V_{aVR} = \frac{3}{2} V_{RW} \tag{式（3-5）}$$

同理：

$$V_{aVL} = \frac{3}{2} V_{LW} \tag{式（3-6）}$$

$$V_{aVF} = \frac{3}{2} V_{FW} \tag{式（3-7）}$$

说明 aVR 导联测得的电压要比单极肢导联 V_{RW} 测得的电压增加50%，所以有"加压"之称。同理，这里可推得 aVR+aVL+aVF＝0。

4. 胸导联 利用单极导联的连接方式，将探查电极置于胸壁，并经电阻 $R/3$ 接至心电图机的正

输入端,无关电极与中心端连接,并接至心电图机负输入端,即在横面形成单极胸导联,如图 3-10
(a)。探查电极安放的部位通常有六个,即 V1~V6(C1~C6),但也有多至九~十六个的,如图 3-10
(b)、(c)。其中,常用的胸前导联的六个位置是:

V1:胸骨右缘第四肋间;

V2:胸骨左缘第四肋间;

V3:在 V2、V4 连线的中点;

V4:左锁骨中线第五肋间;

V5:左腋前线与第五肋间同水平面上;

V6:左腋中线与第五肋间同水平面上。

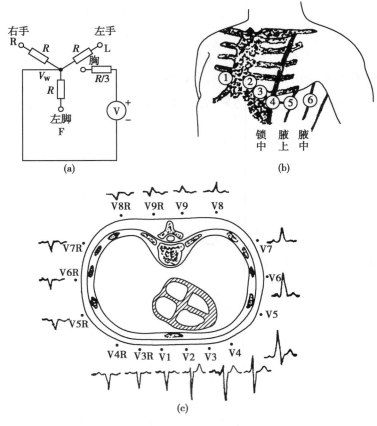

图 3-10 单极胸导联连接法

知识链接

胸导联的拓展

心前区的六个位置确定了心脏不同部位的立体角,因此可以把心脏分为几个部分(如右心房、左心房、右心室、左心室及心隔膜),反映各部分的心电情况。根据病情需要,有时可加做 V3R(在右胸的 V3 导联对称处),以有助于右心室肥大的诊断,加做 V8、V9(在背部与 V2、V4 相对称处),以有助于后壁心肌梗死的诊断(V7 在 V8 相对应处)。对诊断心肌梗死,有时还需要在高一肋或高二肋处进行检查。

五、心电图的临床意义

正常人窦房结为心脏的基本起搏点,它按照一定的频率和速度,使激动有顺序地下传至心室,而使整个的心肌顺序除极。凡导致了窦房结的自动性节律异常、激动起源异常、激动频率增快或减慢、传导路径改变或传导障碍的原因,均将产生不同类型心律失常。正常人约过半数有相对良性的心律失常,一旦发生器质性心脏病,约占90%以上的患者出现心律失常,如急性心肌梗死(AMI)、扩张型心肌病、风心病的心律失常发生率高达100%。临床上常用的心律失常分类如表 3-3 所示。

表 3-3　各种快速性与缓慢性心律失常

快速性心律失常	缓慢性心律失常
1. 过早搏动	1. 窦性缓慢性心律失常
1)房性	1)窦性心动过缓
2)房室交界性	2)窦性停搏
3)室性	3)窦房阻滞
2. 心动过速	2. 病态窦房结综合征
1)窦性	1)房室交界性心律
2)室上性	2)心室自搏心律
阵发性室上性心动过速	3)可引起缓慢性心律失常的传导阻滞
非折返性房性心动过速	3. 房室传导阻滞
非阵发性交界性心动过速	1)Ⅰ°房室传导阻滞
3)室性	2)Ⅱ°房室传导阻滞
室性心动过速(阵发性、持续性)	3)Ⅲ°房室传导阻滞
尖端扭转型	4. 心室内传导阻滞
加速性心室自主心律	1)完全性右束支传导阻滞
3. 扑动与颤动	2)完全性左束支传导阻滞
1)心房扑动	3)不完全性左、右束支传导阻滞
2)心房颤动	4)左前分支阻滞
3)心室扑动	5)左后分支阻滞
4)心室颤动	6)双侧束支阻滞
4. 可引起心律失常的预激综合征	7)右束阻滞合并分支传导阻滞
	8)三分支传导阻滞

对照图 3-11,心律失常检查要点如表 3-4 所示。

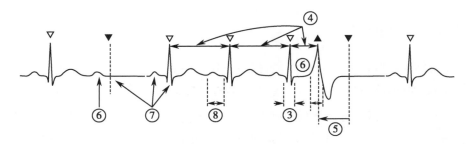

图 3-11 心律失常检查波形对照

表 3-4 心律失常检查要点

序号	检查项目	检查方法现象
1	心动过速症状	不规则的急速心跳
2	心动过缓症状	不规则的慢速心跳
3	QRS 波群的持续时间	是宽还是窄？
4	R-R 间期	规则或不规则？
5	心跳时间	比预期是短还是长？
6	P 波	是否清楚识别？波形如何表现？
7	波形排列	P 波是否跟着 QRS 波群？
8	P-Q 间期	P-Q 间期是否变得更长？比较 P-Q 间期？

心律失常举例：

1. **窦房传导阻滞**　窦房结兴奋没有传导至心房，如图 3-12。

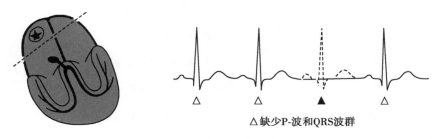

图 3-12　窦房传导阻滞

2. **房-室传导阻滞**　心房收缩但没有传导到心室，如图 3-13。

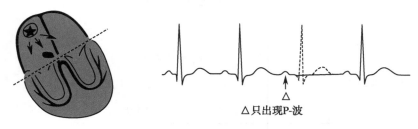

图 3-13　房-室传导阻滞

3. **心房和心室交界性节律**　控制收缩的起搏点换成房-室结，如图 3-14。

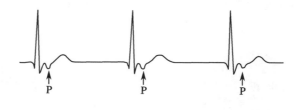

图 3-14　房室交界性心律失常

（1）P 波的异常位置可出现在 QRS 波群前，或者在 QRS 波群间或者在 QRS 波群后，QRS 的宽度在正常范围内；

（2）低位的起搏点产生心动过缓；

（3）P 波和 QRS 波群可能不连接并且独立出现。

4. 病态窦房结综合征　异常抑制窦房结的自律性和异常的窦房结传导，如图 3-15。

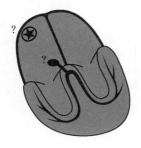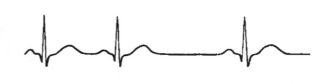

图 3-15　病态窦房结综合征

（1）P-P 间期延长；

（2）1 个心动周期以上缺少 P 波；

（3）心动过速和心动过缓交替出现；

（4）P-Q 间期几乎不变。

5. 心房扑动　心房的异常病灶快速引发或者在心房内重复性兴奋导致心房产生急速有规则的重复性兴奋，如图 3-16。

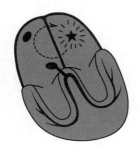

图 3-16　心房扑动

（1）规则但基线上有尖细和锯齿状的波形（F 波）；

（2）传导比率几乎不变。

房室传导比率为 3∶1 或 4∶1。

6. **心房纤维性颤动** 心房的一些部位有 300~600 兴奋/分并且伴随着不规则地传导至心室,如图 3-17。

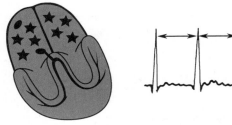

图 3-17　心房纤维性颤动

(1)通常是不规则 R-R 间期;

(2)在基线上有快速,小的不规则波形(F 波)。

7. **心室早期收缩(VPC)** 如图 3-18。

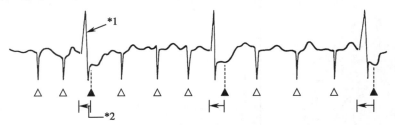

图 3-18　心室早期收缩

(1)比 0.1s 更宽的 QRS(*1);

(2)提早出现 QRS 波群(偶联间期低于正常周期的 80%),前面没有 P 波(*2)。

8. **T 上的 R(早期 VPC)** 如图 3-19。

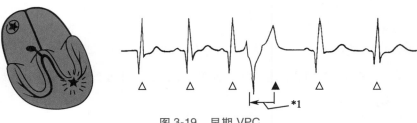

图 3-19　早期 VPC

(1)早期的 QRS(早期出现在正常周期的 50%以上)*1;

(2)畸形的,增宽的 QRS 波群;

(3)提前的 R 波重叠于其前 T 波。

9. **多源性 VPC** 如图 3-20。

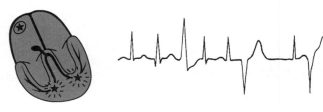

图 3-20　多源性 VPC

（1）增宽的 QRS 波群；

（2）多形态的心室早期收缩（VPC）波形和不相等的偶联间期。

10. 心室二联律 如图 3-21。

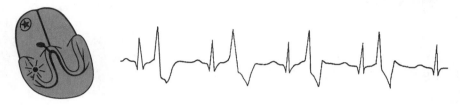

图 3-21 心室二联律

（1）不变的偶联间期；

（2）交替出现有规则性的窦性搏动和早期的心室收缩。

11. 成对的 VPC 和短阵型 VPC 如图 3-22。

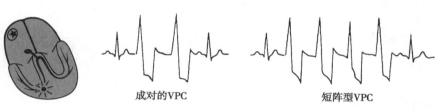

成对的VPC   短阵型VPC

图 3-22 VPC

（1）宽大,畸形的持续性 QRS 波群；

（2）两个或更多的持续性 VPC。

12. 心室心动过速 如图 3-23。

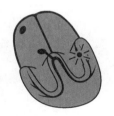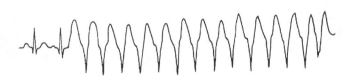

图 3-23 心室心动过速

（1）QRS 波群的持续时间延长并且伴随着重复性和振幅增大；

（2）几个连续性 VPC；

（3）R-R 间期比较稳定,R-R 间期缩短；

（4）心率在 140~220 次/分。

13. 心室纤维性颤动 如图 3-24。

（1）完全不规则而且振幅和形状多变；

（2）快速和不规则比例。

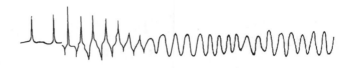

图 3-24　心室纤维性颤动

14. 2：1 房室传导阻滞　如图 3-25。

（1）QRS 波群呈 2：1 脱落；

（2）正常的 P 波节律。

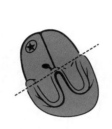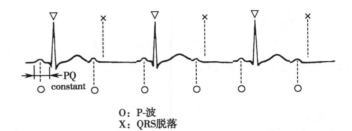

O：P-波
X：QRS脱落

图 3-25　2：1 房室传导阻滞

15. 心脏停搏　如图 3-26。

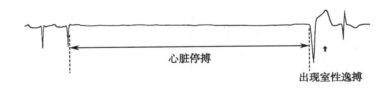

图 3-26　心脏停搏

点滴积累 ∨

1. 心脏产生与传导　窦房结→心房→房室结→房室束→左、右两侧束支→束支分支纤维→心室壁激动。

2. 心电图特征

（1）基波频率低（不到 15Hz）；

（2）谐波丰富；

（3）心电信号极其微弱（1 ~5mV）。

3. 心电图常用导联

（1）标准导联（3 个：Ⅰ导联、Ⅱ导联、Ⅲ导联）；

（2）加压肢导联（3 个：aVR、aVL、aVF）；

（3）胸导联（6 个：V1 ~V6 或 C1 ~C6）。

第二节 心电图机基础

一、心电检测的特殊性

1. 频率范围 从临床诊断要求来说,一般认为,心电图的频率范围应在 $0.05\sim100Hz$ 之间。

近年来有人用实时频谱分析法和滤波器对人体心电信息作频谱分析,认为正常人体心电图的频率上限为 $30\sim40Hz$。当然,这仅是对正常人体心电图作出的分析,而实际上,异常心电图的频率可以高达 $300Hz$ 左右,如前面讲到的 QRS 综合波上的切迹和双峰波等的频率为 $40\sim70Hz$,也有达到 $200Hz$ 的。

2. 噪声和干扰

(1)噪声:心电图机的最小识别信号为 $20\mu V$,这就要求心电图机本身的随机噪声要小于 $20\mu V$。记录器要能记录输入信号为 $20\mu V$ 的心电信号,就必须对心电图机的放大部分、记录器及记录笔等性能与结构有一定的要求。

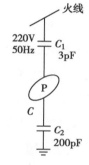

(2)干扰:由于人体处于空间电场内,空间交流电磁场对人体产生"感应"电压,这是心电检测时存在的主要干扰电压。具体地说,在通常情况下,人体处于"市电电网"(交流 220V、50Hz)之中。因分布电容(阻抗)的存在,人体与"市电电网"及"大地"之间存在着一个相应的阻抗,其等效电路如图 3-27。

图 3-27 人体感应市电等效图

P:处于市电交流电网(火线与大地间)电场中的人体。

C_1:电网(火线)与人体间的分布电容,一般为 3pF。

C_2:人体(P)与大地间的分布电容,一般为 200pF。

这样,人体与空间电场和大地之间存在阻抗,电网通过 C_1、P、C_2 构成回路,市电电网电压将在生物体上产生干扰压降。

因为人体是近似一个圆形的(卵形)盛有均匀的导电溶液(电解质)的容器,电场在这个容器各部位产生的干扰电压的大小与方向,都可以看成相同的,即在人体上各处感应到的干扰电压相同(不计躯体电阻),如图 3-28:

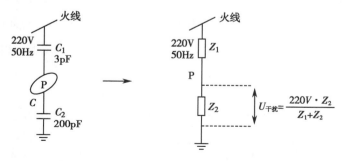

$$U_{干扰}=\frac{220V\cdot Z_2}{Z_1+Z_2}$$

图 3-28 人体上干扰电压值的计算方法

我们可将等电位的人体看成是等电位点(P)。故市网电压(220V、50Hz)在人体(P)上引起的干

扰电压值的大小 $U_{干扰}$ 就可以认为是市电电网在阻抗 Z_2 上的压降。其值为：

$$U_{干扰} = \frac{220V \cdot Z_2}{Z_1 + Z_2}$$ 式（3-8）

当然，由于环境不同，人体"感应"的干扰电压的种类及大小亦不同。除上述的交流电网干扰外，还有无线电波及其他电子仪器泄放的干扰。实际上干扰电压一般要大于人体心电信号。如：根据多次测得数据的平均值，当 200W 超短波治疗机离心电图机约 5m 远时，在人体上感应到的干扰信号可高达 100~500mV。因此，如何排除干扰，不失真地记录心电信号，是设计心电图机必须考虑的一个重要问题。目前，采用数字技术或采用差分放大、串接放大、缓冲放大、共模负反馈（右腿驱动）、恒流源、"浮地"、"屏蔽"和"对导联线屏蔽的反馈（自举）"电路等技术，均可达到排除干扰的基本要求。

（3）电极接触阻抗及极化电压：心电信号取自与人体皮肤相接触的电极，它存在以下两个问题：

1）电极与皮肤的接触阻抗：电极接触阻抗（一般数千欧~数十千欧）将对心电信号的检测及干扰电压的产生有较大影响。在设计心电图机时就必须考虑如何减小由于接触阻抗的存在及差异而带来的影响（如提高输入阻抗）。

2）极化电压问题：电极与皮肤接触时，往往两者之间加导电膏或饱和食盐水，因此如前面章节中所讲到的，会有极化电压（或偏移电压）存在，一般在 ±300mV 左右。此电压与心电信号一起叠加到心电图机的前置放大器时，它将影响放大器的工作点，致使放大器漂移、饱和和失真。

如何减少极化电压的存在和带来的影响（如采用 Ag-AgCl 电极，合理设计前置级放大器的工作点及放大倍数），也是心电图机设计中应考虑的一个问题。

3. 安全问题 心电图机（电极）需要直接连接人体来检测心电信号，故需注意使用安全，防止电击。目前心电图机采用"浮地"等技术，可使电源泄漏到人体的电流（输入端）小于 $10\mu A$。

二、心电图机的分类及基本结构

心电图是临床诊断的科学依据，它的记录波形必须如实地反映被检测者心电活动引起的电压变化情况。

心电图机的工作过程，是将连接人体的某一导联（也称导程）所产生的心电电压作为一种信号，通过电极输入到心电放大器，经放大后形成相当强大的输出信号，推动记录工具-描笔，使之在记录纸上作直线的来回运动用来描记信号，或使用热点阵记录技术记录信号。与此同时，记录纸以等速沿着和笔端动作相垂直的方向移动，这时，描笔端或热点阵元纪录头在纸上画出的图形就是人体的心电图波形。描笔画图的情况如图 3-29 所示。

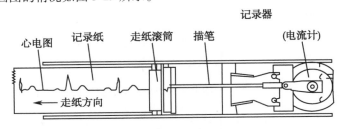

图 3-29 描记心电图情况

现将心电图机的分类及其基本结构介绍如下。

1. 心电图机的分类　国内外生产的心电图机种类很多,根据不同方法进行分类:

(1)按所用技术分类:模拟式心电图机和数字式(微机控制式)心电图机。

(2)按显示、记录方式分类:液晶屏显示式心电图机、热笔直接记录式心电图机和热点阵直接记录式心电图机。

(3)按结构和功能分类:①单道心电图机;②多道心电图机(一般为三道或十二道);③交流型心电图机;④交、直流两用型心电图机;⑤"浮地"式心电图机;⑥遥测心电图机;⑦胎儿心电图机;⑧高频心电图机。

目前数字式和热点阵直接记录式心电图机已成为应用的主流。

2. 数字心电图机结构　心电图机从最早的弦线电流计式发展到现在的微机控制式,经历了电子技术飞跃变革的几个阶段,心电图机的基本结构也发生了局部的改变。常见的数字式心电图机的基本结构如图 3-30 所示。

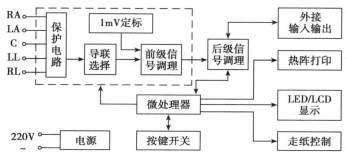

图 3-30　数字式心电图机的基本结构

(1)输入部分:它包括从电极到导联线、导联选择器、输入保护及高频滤波器等。

1)导联线:由它将电极上获得的心电信号送到放大器的输入端。电极部位、电极符号及相连的导联线的颜色,均有统一规定,见表 3-2。

四个肢体和胸部各一根导联线,有时根据需要采用三根或六根胸部导联线。因为电极获取的心电信号仅有几个毫伏,所以导联线均用屏蔽线。导联线的芯线和屏蔽线之间有分布电容存在(约100pF/m),为了减少电磁感应引起的干扰,屏蔽线可以直接接地,但这样会降低输入阻抗;若采用屏蔽驱动器,可兼顾接地和使输入阻抗不降低的要求。导联线应柔软耐折,各接插头的连接牢靠。

2)导联选择器:又称导联选择开关,它的作用是在不改变人体电极连接线的情况下,将同时接触人体各部位电极的导联线和心电放大器之间的连接方法,按需要切换组合成某一种导联方式。导联选择器的结构形式,已从较早的圆形波段开关或琴键开关直接式导联选择电路,发展到现在的带有缓冲放大器及威尔逊网络的导联选择电路和自动导联选择电路。

导联转换可以是自动模式,每切换一次导联都需按顺序进行,不能跳换。也可以是手动模式,根据需要选择相应导联进行心电图采集。

3)输入保护及高频滤波器:使用心电图机时,既要保护患者安全,又要避免因患者进行除颤治疗或施行高频电刀手术而损坏同时使用的心电图机。输入保护电路采用电压限制器,分低、中、高压分别限制。选用 RC 低通滤波电路组成高频滤波器,滤波器的截止频率选为 10kHz 左右。滤去不需要的高频信号(如电器、电焊的火花发出的电磁波),以减少高频干扰而确保心电信号的通过。

(2)放大部分:放大部分的作用是将幅度为 mV 级、频率在 0.05~200Hz 的心电信号,放大到可以观察和记录的水平。数字式心电图机的放大部分包括:前置放大器、后级放大器。此外还有 1mV 标准信号发生器。

1)前置放大器:前置放大器是心电放大的第一级,因输入的心电信号很微弱,对前置放大器的具体要求是:①低噪声:前置放大器的内部噪声应比心电信号微弱,将其折算到输入端必须小于 15μV,否则心电信号可能被噪声所淹没。②高输入阻抗:由于存在各种电极与皮肤间的接触电阻,相当于前置放大器输入端信号源的内阻,而它们又比较高,所以就要求前置放大器应有高输入电阻,以使心电信号不被衰减。③高抗干扰能力:为了抑制心电图机外部的各种电磁干扰,尤其是正好在放大器的工作频率范围内的交流市电 50Hz 干扰,前置放大器必须有高抗干扰能力,即高共模抑制比。④低零点漂移:因温度变化而引起的零点漂移要尽量小,因为漂移经过放大之后,会严重影响记录。⑤宽的线性工作范围:由于存在比较大的电极电压,导致工作点产生漂移。为使其不致偏移出放大器的线性工作区,要求前置放大器有宽的线性工作范围,以使心电信号不发生波形失真。

为了满足上述要求,前置放大器均采用具有高输入阻抗、低噪声和高共模抑制比的同相并联三运放结构。在前置放大器之前,还可以加上缓冲隔离级,通常由具有高输入阻抗的电压跟随器组成,这样可以进一步提高心电图机的输入阻抗和起到隔离的作用。

2)1mV 定标电路:心电图机均备有 1mV 标准信号发生器。它产生的标准幅度为 1mV 的电压信号,作为衡量所描记的心电图波形幅度的标准,即所谓"定标"。

一般在使用心电图机之前需要对定标进行检查。通过微调,在前置放大器输入 1mV 定标信号时,使记录器上描记出幅度为 10mm 高的标准波形(即标准灵敏度)。这样,当有心电波形描记在记录器上时,即可对比测量出心电信号各波的幅度值。1mV 标准信号发生器有标准电池分压、机内稳压电源分压和自动 1mV 定标产生器等方式。

3)时间常数电路:时间常数电路实际上是阻容耦合电路,常接在前置放大器与后一级的电压放大器之间。其作用是隔去前置放大器的直流电压和直流极化电压,耦合心电信号。

为了保证心电信号不失真地耦合到下一级,必须选用合适的时间常数电路($\tau = RC$),它的大小决定 RC 耦合放大器的低频响应。RC 乘积越大,放大器的低频响应越好,但 RC 的取值不能无限制加大,因为 R 值受输入阻抗限制,C 值太大不但体积大,漏电流增加还会引起漂移,RC 太大,使充放电时间延长。

4)后级放大器:后级放大器在 RC 耦合电路之后,称为直流放大器。它不受极化电压的影响,增益可以较大,一般由多级直流电压放大器组成。其主要作用是对心电信号进行电压放大,一般均采用差分式放大电路。

心电图机的一些辅助电路(如增益调节、闭锁电路、50Hz 干扰和肌电干扰抑制电路等)都设置在这里。

(3)隔离电路:隔离电路通常由光电耦合器和电磁耦合组成。其作用有两点:一是将与人体相接的输入及前置级电路与后级(的地)隔离,此隔离通常采用光电耦合来完成;二是输入及前置级采用浮置电源,采用了电磁耦合实现对浮地供电,电源和心电信号均采用耦合传递到后级,确保人身安全。

(4)微处理器:数字心电图机采用了微型计算机控制技术。首先可以通过 MPU 实现人机交互,接受按键命令实现相应导联切换、增益调节等数字化控制。其次对模拟心电信号进行间断采样和数字化转换,并对转换后的数字心电信号进行存储、处理(数字滤波和抗漂移等),分析软件自动测量波形参数并做出诊断,可实现大量存储和远程传输。另外,MPU 可控制热阵记录器,解决了模拟心电图机记录器低频响应记录的难题,使数字心电图机的频响范围扩大到 150Hz。MPU 还可控制 LED/LCD 显示,显示模式从简单的数字、文字显示到多导联心电波形显示,信息量极大丰富。总之,数字技术的应用,使得心电图机操作更简单、描记的心电图波形更清晰、准确。

(5)心电记录器:数字式心电图机通常采用点阵式热敏打印机,由微处理器控制。

(6)走纸传动装置:带动记录纸并使它沿着一个方向做匀速运动的机构称为走纸传动装置,它包括电机与减速装置及齿轮传动机构。它的作用是使记录纸按规定要求随时间做匀速移动,记录笔随心电信号变化的幅度值,便被"拉"开描记出心电图。走纸速度规定为 25mm/s 和 50mm/s。两种速度的转换,若采用直流电机,则通过改变它的工作电流来实现;如采用交流电机,则通过倒换齿轮转向来实现。

为了准确地描记心电图,要求走纸速度稳定、转换速度迅速可靠。一般设有稳速和调速电路,需要时可随时校准速度。

(7)电源部分:心电图机的电源多为交、直流两种供电方式。交流电采用 220V 市电,经整流、滤波及稳压构成稳定直流电源供电,直流电采用干电池、蓄电池等直流电源供电。为适应不同需要,电源部分还有充电及充电保护电路、蓄电池过放电保护电路、优先使用交流供电电路、交流供电自动转换蓄电池供电电路及电池电压指示等。

3. 模拟心电图机结构 传统的模拟心电图机与数字心电图机相比,没有微处理器控制。心电信号采用模拟放大信号,需要三级放大,即前置放大、中间放大和功率放大。只能使用模拟滤波器去除交流电的干扰,所以传统心电图机的截止频率多设置在 40Hz 范围,记录的心电信号失真较大,尤其是心电图中的高频信号失真。基于当时的工程技术水平及心电记录器频响限制,传统心电图机的频响范围只能是 75Hz。模拟心电图机的基本结构如图 3-31 所示。

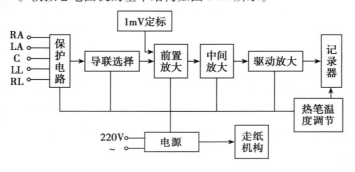

图 3-31 模拟心电图机的基本结构

（1）功率放大器:功率放大器的作用是将中间放大器送来的心电信号电压进行功率放大,以便有足够的电流去推动记录器工作,把心电信号波形描记在记录纸上,获得所需的心电图,因此功率放大器亦称为驱动放大器。功率放大器采用对称互补级输出的单端推挽电路比较多。

（2）记录器部分:包括记录器、热描记器(简称热笔)及热笔温控电路。

记录器是将心电信号的电流变化转换为机械(记录笔)移动的装置。记录器上的转轴随心电信号的变化而产生偏移,固定在转轴上的记录笔也随之偏移,便可在记录纸上描记下心电信号各波的幅度值。当记录纸移动后,就能呈现出心电图。常用的有动圈式记录器和位置反馈式记录器。

三、心电图机的主要性能参数

心电图机除具有一般医学仪器的技术特性外,从自身特点考虑,对一些技术指标提出了具体要求,主要有:

1. **高输入阻抗** 心电图机的输入电阻即为前置放大器的输入电阻,一般要求大于 $2M\Omega$。输入电阻越大,因电极接触电阻不同而引起的波形失真越小,共模抑制比就越高。

2. **灵敏度适当** 衡量仪器对输入信号的响应能力,用灵敏度表示。在心电图机里是指输入 $1mV$ 电压时,描笔偏转的幅度(mm),即以 mm/mV 表示。心电图机的标准灵敏度为 $10mm/mV$,一般将灵敏度分为三挡(5、10、20mm/mV),且分挡可调。

3. **低噪声** 指心电图机内部电子元器件的热噪声。将其折合到输入端,一般应低于 $10\mu V$,国际上规定 $\leqslant 3.5\mu V$。

4. **时间常数** 当有直流信号输入时,心电图机的输出幅度从 100% 下降到 37% 左右所需的时间,称为时间常数。一般时间常数大于 1.5s,通常选 3.2s。时间常数过小,幅值就下降过快,甚至当输入方波信号时,输出会变为尖脉冲,若是心电信号,则造成波形失真。

5. **线性误差小** 线性误差亦称为线性失真,指输入信号幅度变化时,输出信号应与输入信号成正比变化。当工作频率在 $0.05\sim100Hz$ 范围内时,要求输出波形偏移在 $\pm20mm$ 之内,线性误差应小于 10%。

6. **高共模抑制比** 共模抑制比(CMRR)是指心电图机的差模信号(心电信号)放大倍数与共模信号(干扰和噪声)放大倍数之比,表示抗干扰能力的大小。一般要求共模抑制比 $\geqslant75dB$,国际标准 $\geqslant100dB$。

7. **阻尼适中** 心电图机的阻尼是指抑制记录器产生自激振荡的能力,调节适当就可阻止记录器按固有频率振荡运动。一般用定标波形检验阻尼状况,定标波形(方波)不发生畸变即阻尼适中。阻尼过大、过小均会造成心电波形失真,故需将其调至适中状态。

8. **频率响应好** 心电图机输入相同幅值信号时,其输出信号幅度随频率变化的关系称为频率响应。心电图机的频率响应取决于放大器和记录器的频率响应。一般要求频带宽,但是记录器却难以做到。频率范围规定为 $1\sim50Hz$,输出幅度在 $10mm$ 时,其起伏应在 $\pm0.5dB$ 以内。国际上规定的频率范围是 $0.14\sim75Hz$。

9. **走纸速度均匀** 心电图记录纸运动的速度为心电图机的走纸速度。要求走纸速度均匀,因为它直接影响测量心电波形时间间隔的准确性。一般有 25mm/s 和 50mm/s 两挡走纸速度,其误差均应小于±5%,国际上规定≤±2%。

10. 绝缘性能良好 为了保证操作者和患者的安全,心电图机应具有良好的绝缘性。绝缘性常用电源对机壳的电阻来表示,有时也用机壳的漏电流表示。一般要求电源对机壳的绝缘电阻不小于 20MΩ,或漏电流应小于 100μA。国际上规定机壳漏电流应小于 10μA。为此,一些心电图机采用所谓的"浮地技术",即将输入和前置放大部分及电源供电部分与心电图机其他部分相隔离(绝缘),由"浮地"电路来实现。

对心电图机的主要性能参数和它所要达到的技术要求,在新仪器验收时要做性能测试。经过维修后的仪器,更应做全部参数的性能测试,并且要求技术指标不得降低,否则心电图机将失去临床价值。

四、心电图机的电极及导联线

1. 电极 为了准确、方便地记录心电信号,要求传感器从离子导电变成电子导电的电化学反应能良好地进行。因此,对电极性能有较高的要求。银-氯化银(Ag-AgCl)电极是一种比较理想的体表心电检测电极,其电化学性能稳定,极化电压值较小,并可通过在 AgCl 中加入复合惰性材料,来降低电阻率和光敏效应,克服老化分解现象,下面介绍几种测量心电的常用电极。

(1)金属平板电极:金属平板电极(图 3-32)是测量心电图时最常用的一种肢体电极,它通常是一块用镍银合金或铜质镀银制成的凹形金属板。使用时在凹面涂上一层导电膏,以便与肢体紧密接触。但如操作不当时,这种电极容易出现基线漂移或移动伪差信号。

用于四肢的肢电极形状呈长方形(图 3-33),长度 ab 为 4cm,宽度 cd 为 3cm,它的一边有管形插口,用来插入导联插头。

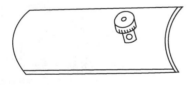

图 3-32　金属平板电极

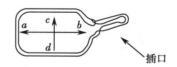

图 3-33　长方形铜质镀银电极

(2)吸附电极:测量心电时,常用吸附电极作为胸部电极。由于它不用扣带或夹子而靠吸力将电极吸附在皮肤上,易于从胸廓上一个部位换到另一部位。这种电极是用镀银金属或镍银合金制成的,呈圆筒形,在背部有一个通气孔,与橡皮吸球相通(图 3-34 所示)。

使用时挤压橡皮球,排出球内空气,将电极放在所需部位,然后放松橡皮球,由于球内减压,使电极吸附在皮肤上。但这种电极,只有圆筒底部的面积与皮肤接触,阻抗甚大,不适用于输

φ300mm用于成人
φ150mm用于小儿

图 3-34　吸附电极

入阻抗低的放大器。另外,因电极与皮肤的接触面积小,对皮肤压力大、刺激大,也不宜作长时间监护之用。

(3)圆盘电极:圆盘电极(图3-35)多数采用银质材料,其背面有一根导线。有的在其凹面处镀上一层氯化银,以减轻基线漂移及移动伪差,但使用一段时间后,必须重新镀上氯化银。

(4)悬浮电极:悬浮电极(图3-36),又称为帽式电极。这种电极的结构是把镀氯化银或烧结的Ag-AgCl电极安装在凹槽内,它与皮肤表面有一空隙。使用时应在凹槽内涂满导电膏,用中空的双面胶布把电极贴在皮肤上。由于导电膏的性质柔软,它黏附着皮肤,也黏附着电极,当肌肉运动时,电极导电膏和皮肤接界处不易发生变化,达到接触稳定的效果。

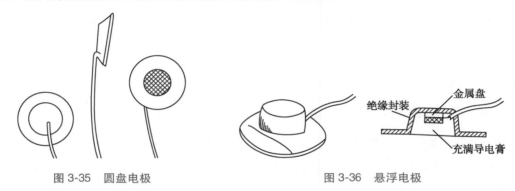

图 3-35　圆盘电极　　　　　　　　　　图 3-36　悬浮电极

还有一种一次性使用的悬浮电极(图3-37),也称纽扣式电极,适用于临床监护。其结构是将氯化银电极固定在泡沫垫上,底部也吸附着一个涂有导电膏的泡沫塑料圆盘,使用前,圆盘周围粘有一层保护纸,封装在金属箔制成的箱袋内,用时取出,剥去保护纸,即可应用(图3-38)。由于泡沫塑料与人体皮肤贴附紧密,一般不会因接触不良而产生干扰,但这种电极仅能使用一次,用毕就得废弃。

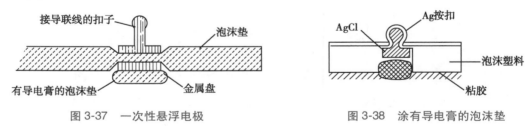

图 3-37　一次性悬浮电极　　　　　　　图 3-38　涂有导电膏的泡沫垫

(5)软电极:以上叙述的是各种硬质的电极,虽然它们的金属片均呈弯形,以适应人体体形和增加接触面积,但总难与皮肤贴附得十分紧密,特别是当人体有所活动时,电极与体表之间的接触可能会改变原来的状态,因而导致意外的移动伪差,而使用软电极,就可减少这种现象的发生。

一种常见的软电极是贴在胶布上的银丝网电极(图3-39)。使用时,只需把银丝网涂上导电膏后贴在所需的人体部位即可。

一般的心电图机是用来检测人体体表的电势差,故常用金属平板电极作为肢导联电极,用吸附电极作为胸导联电极。

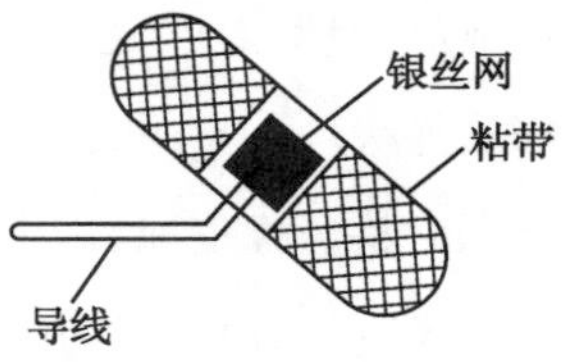

图 3-39　软电极

2. 导联线　导联线又称输入电缆。一般采用绞合线,并在外面加屏蔽线,以减少电磁感应引起的干扰。对导联线的主要要求是柔软,接头处牢靠,产生干扰小。每台心电图机都配有一组导联线(图3-40)。导联线有干线和支线之分。干线的一端装有一个插头,用以插在心电图机的导联线插座上。

干线和支线之间有一个分支盒子,它的主要作用是保护支线在接头处不致扭断。支线至少需要五支,其中四支接肢体电极,一支接胸部电极。每根支线的末端都有一个插头,以便插入电极的插口。各插头用不同颜色作标志,以表示所插的部位。也有另外再打上记号来表示部位的。为了连接时减少错误,国际电子技术委员会于1976年作出字母及色标的规定:R—右臂(红);L—左臂(黄);F—左腿(绿);N—右腿(黑),C—胸前(白)。

但也有些心电图机的色标或字母和上述不完全一致,使用时应以说明书规定的标志为准。

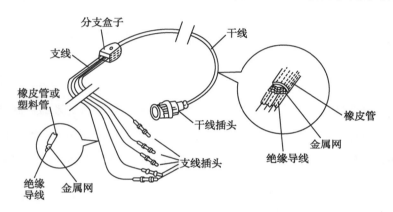

图 3-40　导联线

图3-41是五芯导联线截面图,其内部结构是由芯线及绝缘层、屏蔽层组成。每根芯线(图中①)隔一层橡皮或塑料(图中②)作绝缘层,外面包有一层金属隔离网(图中③)作屏蔽层,再包一层橡皮或塑料(图中④),然后在这五根芯线组成的导线外面包上一层橡皮(图中⑤)。五根芯线的一端接一个多芯插头,便于与心电图机上的输入插头连接;另一端接有一个带弹性的不同颜色的单插头,便于同接在患者身上的电极相连接。屏蔽线可以直接接地,也可以接至屏蔽驱动放大器的输出。

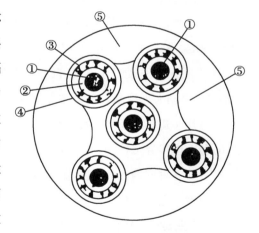

图 3-41　导联线截面图

由于导联线的芯线和屏蔽线之间有容抗存在(一般为100pF/m),为了抗干扰,屏蔽线通常接地,但这样将会降低输入阻抗。而采用屏蔽线自举驱动电路,可以在不降低输入阻抗的前提下,克服干扰。

点滴积累 ∨ ....

1. 心电检测的特殊要求

（1）频率范围（一般为 0.05 ~100Hz）；

（2）噪声（小于 20μV）和干扰（市电干扰和极化电压）；

（3）安全问题（"浮地"技术）。

2. 心电图机主要性能参数 高输入阻抗，灵敏度适当，低噪声，时间常数大于 1.5s，线性误差小，高共模抑制比，阻尼适中，频率响应好，走纸速度均匀，绝缘性能良好。

第三节 典型心电图机分析

一、ECG-6951D 数字式单道心电图机

（一）概述

ECG-6951D 心电图机是一种带有液晶显示屏幕的热线阵打印和微处理器控制技术的普及型单道热线阵自动心电图机。该机小巧轻便，操作简便，记录清晰。ECG-6951D 心电图机的安全规格符合 GB9706.1-1995 标准要求，为 I 类 CF 型机器。可作腔内心电图检查，极限漏电流<10μA。其主要特点如下：

（1）大屏幕液晶显示工作菜单和心电波形。

（2）采用 16 位微处理器，10 位 A/D 转换器。

（3）采用热线阵打印技术，消除了非线性及过冲问题，并可以打印记录心电波形导联名称、时标、走纸速度、增益、滤波器等数据。

（4）具有手动/自动记录方式，自动方式下基线自动控制、增益自动控制、自动导联转换；手动方式下基线可手动人为控制。自动方式下，导联记录时间可设定，并可任意延长某一导联时间。

（5）选用步进马达及高效传动系统，可靠性高，寿命长，启动特性好。

（6）具有电极异常检测、指示和标记功能，缺纸检测和指示。

（7）具有多种安全保护功能，如输入除颤保护、热线阵打印缺纸保护等。

（8）电池充电自动控制。

1. 本机主要技术指标 见表 3-5 所示。

2. 原理框图及分析 ECG-6951D 单道热线阵自动心电图机原理框图如图 3-42 所示。本机主要由心电放大器、控制器、电源三大部分组成。

ECG-6951D 心电图机是交直流两用机，它所用的直流电池是可充电式铅酸电池，所以电源部分除了机器本身要用的交流稳压电源外，还要有一个电池充电电路给电池充电。同时附加有充电指示电路和一个电池能量指示电路，以告诉使用者电池电量使用的程度，以便及时充电，保证不使电池过放电而损坏。此外，ECG-6951D 心电图机的电源部分还有一个 DC/DC 变换电路。凡是交直流两用

表 3-5　ECG-6951D 心电图机的主要技术指标

工作条件	①储运条件:气温-10~+40℃,相对湿度 95% ②工作条件:电源 220V±10%,50Hz;室温 5~40℃,相对湿度小于 95%;每天连续工作≥4h,每天连续停机≤12h ③设备插头符合国家标准
技术规格 导联选择	标准 12 导联;Ⅰ、Ⅱ、Ⅲ、aVR、aVL、aVF、V1、V2、V3、V4、V5、V6
输入阻抗	>50MΩ
输入电流	<50nA
频率响应	1~150Hz(-3dB)
滤波器	交流滤波器 50Hz(≥20dB),肌电滤波器 35~45Hz(-3dB)
灵敏度控制	灵敏度控制:10mm/mV(标准),5、10、20mm/mV 转换误差±5%
定标信号	1mV
抗极化电压	±300mV
除颤保护	具有抗除颤电击保护
时间常数	>3.2sec
共模抑制比	>100dB
基线控制	基线自动移位,增益自动调节,导联自动改变,自动定标,自动充电控制
外接输入	输入阻抗≥100kΩ,灵敏度为 10mm/0.5V±5%
外接输出	输出阻抗≤100Ω,灵敏度为 0.5V/mV±5%,含输出短路保护
记录速度	25mm/sec,50mm/sec(±3%)
记录纸	50/63 卷纸或 Z 型折叠纸任选
记录系统	①热阵方式打印分辨率:Y 轴≥8 点/mm,X 轴≥32 点/mm(纸速 25mm/s 时) ②打印心电波同时能自动以文字方式打印导联、日期、时间、定标、走速、增益、滤波工作状态标记等 ③保护打印头:缺纸时自动停止打印和走纸
显示系统	液晶显示屏显示区域:65mm×33.5mm;分辨率:128×64 点;显示内容:心电波形、导联名称、走纸速度、灵敏度、肌电滤波、交流滤波、手动、自动、缺纸指示、工作异常指示
记录方式	自动和手动记录。自动记录时可任意延长某一导联时间,也可定时延长
采样率	1mS
A/D 位数	10 位 A/D,12 位 CPU
电源要求	交流:220V,50Hz 直流:内置充电电池和充电回路,充满电后可连续描记 2h ①电池电量将近耗尽时,自动关机 ②电池节电功能:5min 不操作,将自动断电
安全要求	符合 IEC CF-Ⅰ标准
功耗	≤35VA
尺寸,重量	330mm(长)×90mm(高)×290mm(宽),4.7kg(含电池)

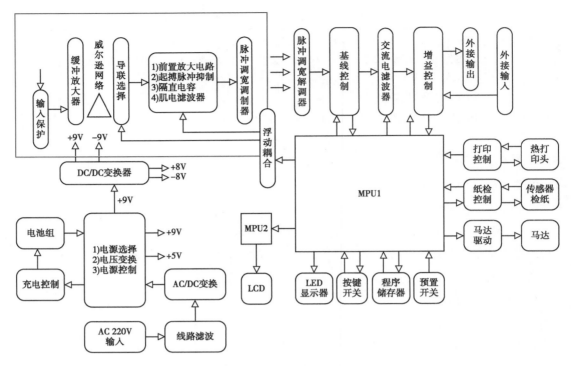

图 3-42　ECG-6951D 单道热线阵自动心电图机原理框图

机都要有一个 DC/DC 变换器,其原因是一台机器总要用几组直流电源,而交直流两用机本身不可能用几组直流电池,往往是用一组电池电源组成一个振荡器,而在振荡器次级可产生几组不同的交变电压,然后通过整流、稳压变成几组电压,即所谓 DC/DC 变换器。

　　心电信号放大器是 ECG-6951D 心电图机的主要组成部分,主要由两大部分组成,一是前置放大器,二是主放大器。由于本机采用热线阵打印和液晶显示,MPU 控制,因此没有普通传统心电图机所具有的信号功率放大器部分。如图 3-43 所示,首先,心电图机的前置放大器是决定心电图机性能的关键部分,其主要要求是具有良好的抗干扰能力,即要求具有高的共模抑制比,高输入阻抗和高信噪比,为此前置放大采用了典型的三运放结构。其次,为了提高心电图机的抗干扰能力,在电极与导联选择之间接入缓冲放大器、屏蔽线、隔离浮动和右腿驱动电路。由"肢体电极"获取人体心电信号经 10 芯患者输入线插入插口将该心电信号送至过压保护和缓冲放大电路。最后,为了提高心电图机的电安全性,ECG-6951D 心电图机采用浮置电源,心电信号由前置级到主放大器的传递采用光电耦合方式。同时,为了提高信号传输中的抗干扰能力,提高整机的信噪比,心电模拟信号在光电耦合传输前,首先进行了脉宽调制,形成脉冲宽度调制信号(PWM)后再经光电传输、信号解调恢复模拟心电信号,送至主放大器进一步放大及灵敏度控制。

　　ECG-6951D 心电图机的控制器采用了数字控制方式,控制核心采用 16 位单片机 80C196MH,实现数据采样、滤波控制、增益控制、打印控制、定标控制、封闭控制、运行控制、模式控制等丰富的功能,并发送命令和数据到液晶显示。

　　(二)电路原理分析

　　1. 前置心电放大器　前置心电放大电路如图 3-43 所示。

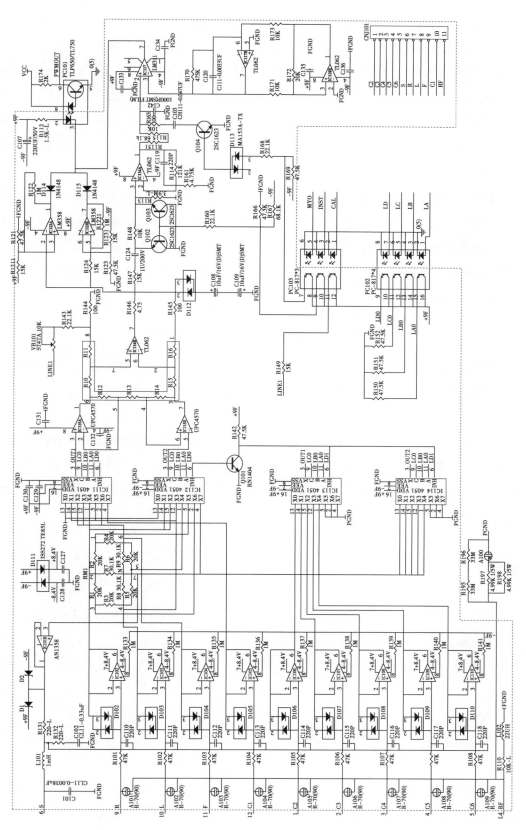

图 3-43 前置心电放大电路

（1）过压保护电路：心电图机正常工作信号幅度 0～80mV，频响为 0.05～150Hz。它除了单独用于临床检查以外，往往也要与其他医疗设备同时使用。例如电压可达 100～1000V 的手术电刀；抢救时使用的除颤器，其输出电压可达 3000V，均超过其正常工作范围。为了不致损坏，采用过压保护电路。

由 A101～A109 放电器件组成的高压保护电路，其保护电压在 ±70V。当高于 ±70V 的电压加到输入端时，放电管击穿，而放电管的一端是接地的，故高于 ±70V 的高压可对地短路而保护了机器。

二极管 D102～D110 构成低压保护电路，限制输入电压在 ±0.6V 左右，D102 跨接于 IC102 同相输入端、反相输入端间，相当于输入限幅的双向稳压管。在正常工作时，心电信号只有几毫伏，二极管不导通，因此对心电信号没有影响。当干扰信号大于 0.6V 时，输入保护二极管开始导通，相当于将缓冲放大器输入输出端短路，输入阻抗不再由缓冲放大集成电路来决定，而是取决于威尔逊网络的输入阻抗。因为威尔逊网络的输入阻抗很低，这样干扰信号经过皮肤与电极的接触电阻和输入平衡电阻的分压衰减很大，起到对强干扰信号的抑制作用，从而保护心电信号的正常通过。

（2）高频滤波电路：电容器 C110～C118 为 220pF 的抗高频干扰电容。在心电信号中心频率（10Hz）时，电容器 C 的容抗 X_C 为：

$$X_C = \frac{1}{2\pi fC} = \frac{1}{2 \times 3.14 \times 10 \times 220 \times 10^{-12}} = 72(\text{M}\Omega)$$

此时，电容和心电图机的缓冲级并联，其容抗大大高于心电图机的输入阻抗，故相当于开路。而在高频（如 1MHz）时，X_C 只有 720Ω，远远低于心电图机输入阻抗，此时相当于将高频干扰信号对地短路。

（3）缓冲放大器：输入缓冲器的结构为电压跟随器，其作用是使人体与威尔逊网络高度隔离。IC102～IC110 是开环增益极高的 μPC4250 集成运放，连接成闭环增益为"1"的缓冲放大器。保护二极管 D102 与 IC102 的输出端"6"脚接成自举电路。缓冲放大器为具有高输入阻抗、低输出阻抗，增益为"1"的放大器。

知识链接

缓冲放大器的作用

设置缓冲放大器一方面是为了提高放大器的输入阻抗，克服电极与皮肤接触电阻引起的信号衰减，进而提高患者做心电图时的共模抑制比和心电图机的描记幅度。另一方面，极低的输出阻抗，确保有效地驱动威尔逊网络工作。所谓提高检测人体心电图时实际的共模抑制比，即不是用计量仪器测出来的共模抑制比（缓冲放大器只要前置放大器配对，共模抑制比往往可以做得很高）。

（4）屏蔽驱动：屏蔽线驱动电路如图 3-44 所示，患者输入线有屏蔽层，输入线与屏蔽层之间有分布电容：

$$I_C = \Delta U \div X_C \qquad\qquad 式（3-9）$$

式中 I_C 为分布电容漏泄电流；X_C 为分布电容的容抗；ΔU 为输入线与屏蔽层间的电位差。

患者处于电磁场中，与放大器相连的各端有较大的同相 50Hz 交流信号，在威尔逊网络的 N′ 点

（Ra之间）取得该同相信号,经IC101B组成的"屏蔽线驱动电路"使屏蔽层获得同值同相信号,结果减小输入线与屏蔽线之间的电位差,使分布电容漏电流限制在很小数值。所以有了屏蔽线驱动电路,它不但使屏蔽线可以通过IC101B的"2"脚接地,而且有效地提高了交流输入阻抗,改善了抗干扰性能。

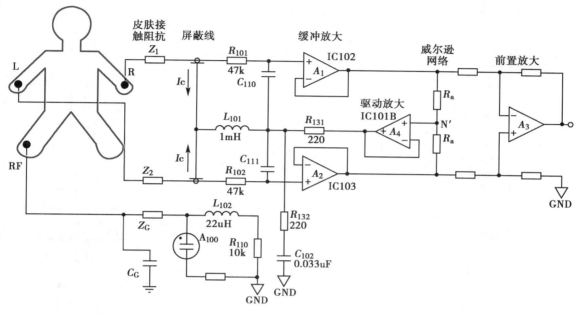

图 3-44　屏蔽线驱动电路

（5）威尔逊网络及导联切换：

1）威尔逊网络的连接:威尔逊网络是由9个电阻组成的平衡电阻网络,6个20kΩ电阻组成三角形,3个30kΩ电阻组成星形,如图3-45所示。

网络的3个顶点通过缓冲放大器分别与左臂（LA）、右臂（RA）、左腿（LL）电极相接,三角形各边的中点（W_a）是加压肢体导联的相应参考点,星形的中点（W_i）是威尔逊网络中心端。

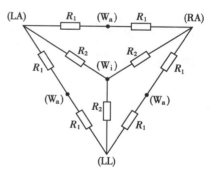

图 3-45　威尔逊网络

用威尔逊网络配合导联选择,既可减小均压电阻对心电信号的衰减,又不影响放大器的输入阻抗。通过电位分析可知,威尔逊网络中心端（W_i）的电位与人体电偶中心点的电位相等,可视为零电位。

威尔逊网络的构成及作用前已叙述,心电信号从输入缓冲放大器到导联选择电路,中间要经过威尔逊网络,其连接原理如图3-46所示。

2）导联选择电路

集成电路 U103～U106（4051B 八选一模拟开关）、光电耦合开关 PC102 及 Q101（三极管RN1404）组成导联选择。4051B 的示意图如图3-47所示,真值表如表3-6所示。4051是单通道数字控制模拟开关,有三个二进制控制输入端 C、B、A 和 INH 输入。当 INH 为"1"时,该模拟开关处于

"禁止"状态,没有一路通道接通。当 INH 为"0"时,三位二进制信号选通 8 通道中的某一通道,并连接该输入端至输出。导联选择器的作用就是在某一时刻只能让某一心电导联被选中。ECG-6951D 心电图机共有 13 个导联(常用 12 导联和 TEST 导联),用 4 块 4051B 集成电路完成选择。在做某个导联时有 2 片 4051 工作,构成一组。其中 IC111、IC112 完成 TEST 导联、标准导联、加压导联和 V1 导联的选择,IC113、IC114 完成 V2~V6 导联的选择。

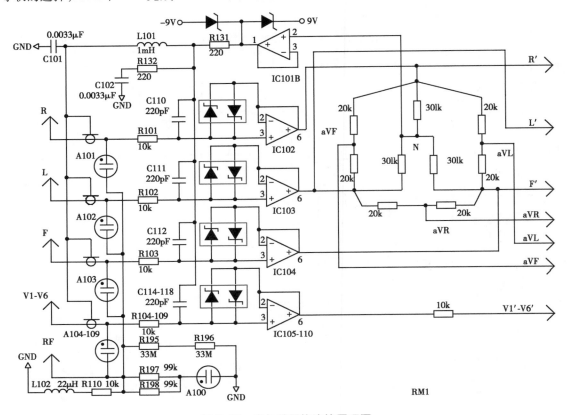

图 3-46　威尔逊网络连接原理图

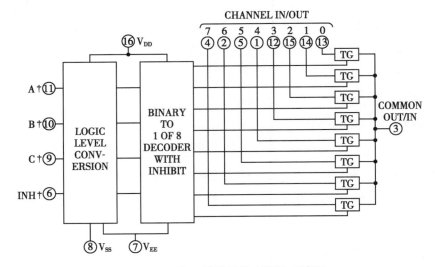

图 3-47　八选一模拟开关 4051B 示意图

表 3-6　八选一模拟开关 4051B 真值表

输入状态				被选通道
INH	C	B	A	
0	0	0	0	0
0	0	0	1	1
0	0	1	0	2
0	0	1	1	3
0	1	0	0	4
0	1	0	1	5
0	1	1	0	6
0	1	1	1	7
1	x	x	x	无

　　ECG-6951D 心电图机采用浮置电源保证患者安全,防止操作者带电危及患者,所以操作键均经光电耦合开关与相关模拟开关连接。主控 CPU 接受导联选择按键的命令,相应发出 LA、LB、LC、LD 控制信号,经过 PC102 光电耦合开关转换为 LA0、LB0、LC0 和 LD0 信号,如图 3-48 所示。LA0、LB0、LC0 分别送至 4 片 4051 的 A、B、C 端控制通道的选择,LD0 送至 IC111、IC112 的 INH 控制端选通该组 4051 芯片,配合 A、B、C 信号的组合实现 TEST 导联、标准导联、加压导联和 V1 导联的选择。同时 LD0 经过 Q101 转换为相反状态的 LD1,参照图 3-49 所示,LD1 作为 IC113、IC114 的 INH 控制信号,再配合该两片 4051 的 A、B、C 信号实现 V2～V6 导联的选择。由 LA、LB、LC、LD 信号的不同组合控制,满足表 3-7、表 3-8 的真值表,便可进行 13 个导联的选择。

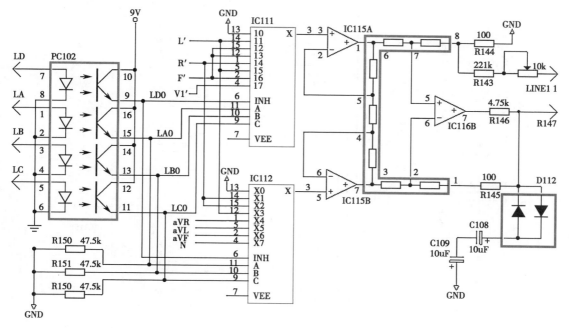

图 3-48　导联输出与前置放大器连接图

表 3-7 导联选择真值表 1

工作导联	耦合开关输入信号				IC111、IC112 输入				IC111（X）接通端子	IC112（X）接通端子
	LD	LA	LB	LC	INH	A	B	C		
封闭	0	0	0	0	0	0	0	0	X0（地）	X0（地）
Ⅰ	0	0	0	1	0	0	0	1	X1（L）	X1（R）
Ⅱ	0	0	1	0	0	0	1	0	X2（F）	X2（R）
Ⅲ	0	0	1	1	0	0	1	1	X3（F）	X3（L）
aVR	0	1	0	0	0	1	0	0	X4（R）	X4（aVR）
aVL	0	1	0	1	0	1	0	1	X5（L）	X5（aVL）
aVF	0	1	1	0	0	1	1	0	X6（F）	X6（aVF）
V1	0	1	1	1	0	1	1	1	X7（V1）	X7（N）

表 3-8 导联选择真值表 2

工作导联	耦合开关输入信号				IC113、IC114 输入				IC113（X）接通端子	IC114（X）接通端子
	LD	LA	LB	LC	INH	A	B	C		
V2	1	0	0	0	0	0	0	0	X0（V2）	X0（N）
V3	1	0	0	1	0	0	0	1	X1（V3）	X1（N）
V4	1	0	1	0	0	0	1	0	X2（V4）	X2（N）
V5	1	0	1	1	0	0	1	1	X3（V5）	X3（N）
V6	1	1	0	0	0	1	0	0	X4（V6）	X4（N）

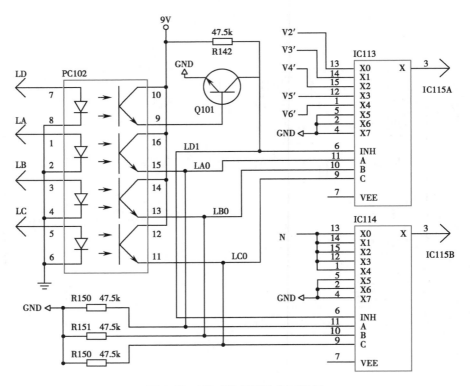

图 3-49 V2~V6 导联选择示意图

（6）三运放前置放大器：心电信号经过缓冲级、威尔逊网络及导联选择，选出了某个导联后，即要进行放大。三运放组成的高输入阻抗差分放大器，是心电图机通常采用的放大器。ECG-6951D 心电图机前置放大器由 IC115A、IC115B、IC116B 及相应电阻接成三运放形式来完成，原理如图 3-50 所示。当 $R_2 = R_3$、$R_4 = R_6$、$R_5 = R_7$ 时，其放大倍数为：

$$A_V = \left(\frac{2R_2}{R_1}+1\right)\left(\frac{R_5}{R_4}\right) \tag{式（3-10）}$$

由图 3-50 所示参数，$A_V = \left(\frac{2\times200}{21}+1\right)\left(\frac{100}{100}\right) = 20$。调节 R144，可减小共模输出信号。

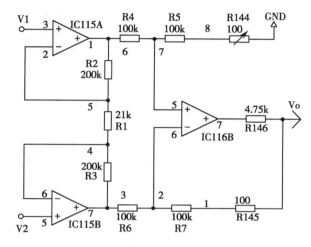

图 3-50　三运放结构前置放大电路

▶▶ **课堂活动**

　　数字心电图机 ECG-6951D 的前置放大器设计有何特点？

（7）起搏脉冲抑制：安装了起搏器的患者也要做心电图，而起搏器的输出脉冲幅度较高，有可能会阻塞后级放大器，故要用起搏脉冲抑制电路。如图 3-51 所示，双向二极管 D112 和电容 C108、C109 组成起搏脉冲抑制电路，使起搏脉冲由二极管、电容抑制掉。

（8）定标电路：心电波形的幅值是一个诊断的指标，因此，放大器的增益必须标准化。为此，常在放大器的输入端加入标准的 1mV 信号，以便对整机增益进行校准。心电图机都带有内定标电路实现此功能。

　　定标电压的验证：灵敏度开关置"1"（即在 10mm/mV 条件下），导联选择"TEST"位置，连续按动"定标"键，通过打印机描记的波形高度（即是否是 10mm 方格）来验证是否存在误差。

　　定标电压的电路实现：当主控 CPU 接受按键 1mV 定标命令后，如图 3-51 所示，光电耦合开关 PC103 的"CAL（定标）"置"1"，使 LINE 1 串联 15kΩ 电阻 R149 与+9V 电源相接，并通过可变电阻 VR101（10kΩ）、电阻 R143 加到放大器 IC116B 同相输入端。此时，IC115A、IC115B 两个运放输出为零，两运放输出端的电阻网络和 IC116B 构成同相比例电路，放大倍数为 2。通过调整 VR101 获得 1mV 定标信号。即 LINE1 获得约 5V 信号，电阻网络 8 脚分压得到 20mV 信号，IC116B 同相输入端

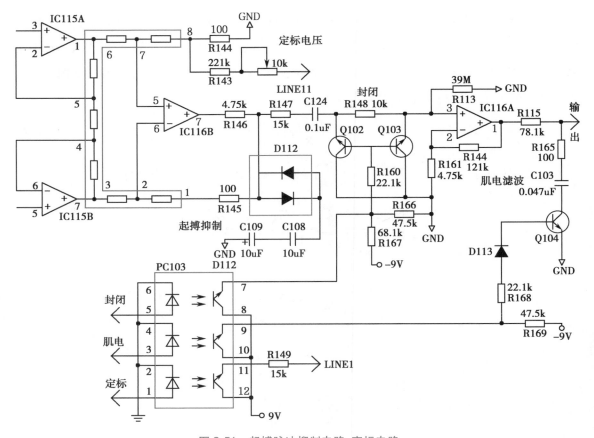

图 3-51　起搏脉冲抑制电路、定标电路

则输入 10mV 信号,从而使得 IC116B 输出 20mV 信号,完成内定标信号输入(相当于外输入 1mV 信号时,三运放电路放大 20 倍同样获得 20mV 输出)。

(9)肌电滤波:心电图机用于测量体表心电图需要的频响为 0.05~100Hz。因为骨骼肌信号在这范围内也比较大,所以在心电图内产生躯体的伪迹。在诊断场合要求患者在几分钟内不动是办不到的,而对长期受监护的患者则更难办到,患者的肌电干扰就不可避免。本心电图机采用 35~45Hz 肌电滤波器。

如图 3-52 所示,由晶体管 Q104、电容 C103、电阻 R115 和 R165 构成肌电干扰抑制电路。当按键选择肌电干扰抑制时,主控 CPU 置"MYO(肌电滤波)"于"1",使"Q104"由截止变成导通,肌电干扰抑制电路连通,滤除肌电信号。其频率为:

$$f=\frac{1}{2\pi RC}=\frac{1}{2\pi (R_{115}+R_{165})\times C_{103}}\approx 43(Hz)$$

(10)封闭电路:心电图机在做心电图检查时要切换导联,导联的切换等于心电图机的输入电极在变换位置,切换后各个电极的极化电压又是不同的。这种不同的极化电压在切换导联时相当于一个跃变电压被前置放大器放大,放大后的跃变电压同样可以通过级间耦合电容送到功率放大器去,使记录笔跃出正常的记录范围,然后按指数规律慢慢回到零位,这段时间大约为 5τ,即:$5\tau=RC=5\times 3.6=18s$。

说明经过约 18s,才能使记录笔回到中位。那么,转换一次导联要等 18s 才能描记,显然是不适

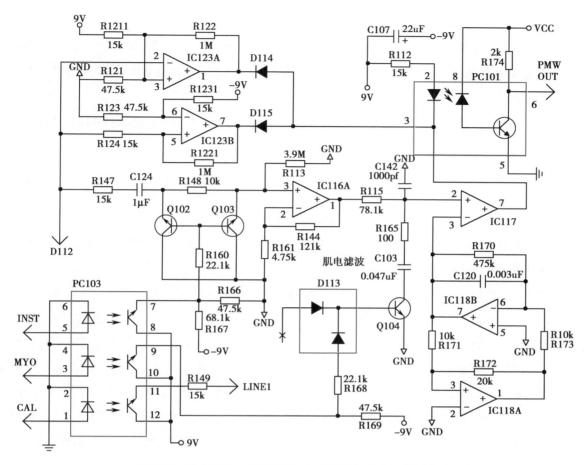

图 3-52　肌电滤波、时间常数电路、封闭及极化电压检测电路

用的,所以要加连续描记电路,使得在切换导联时实现自动封闭。封闭电路如图 3-52 所示,由三极管 Q102、Q103 组成,完成自动封闭和连续描记(导联切换过程中的闭锁)。在连续描记切换导联或手动封闭时,主控 CPU 发出"INST(封闭)"信号,即 INST = 1,致使 Q102、Q103 由截止变成导通,IC116A 被封闭,无信号输出,记录笔回到中位。

▶▶ 课堂活动

数字式心电图机采用了热线阵打印机是否也存在 18s 的回零设计?

(11)电极异常检测电路:皮肤和表皮电极之间会因极化而产生极化电压。这主要是由于心动电流流过后形成的电压滞留现象,极化电压对心电图测量的影响相当大,会产生基线漂移等现象。极化电压最高时可达数十毫伏至上百毫伏。尽管心电图机使用的电极已经采用了特殊材料,但是由于温度的变化以及电场和磁场的影响,电极仍产生极化电压,产生严重的干扰,这就要求心电图机要有一个耐极化电压的放大器和记录装置。本机极化电压检测电路由 IC123(LM358 双运算放大器)构成,如图 3-52 所示,IC123A 和 IC123B 分别构成比较器,参考电压分别对应约±6.8V,当电极极化电压超过±300mV(考虑经前置放大约 20 倍)时,比较器输出负信号,导致二极管 D114、D115 分别导通,PC101(TLP650 光电耦合器)输入级导通,输出级导通,使输出(PMW OUT 信号)为零,即光电耦合输出零信号至主放大及后级电路。

（12）时间常数电路：患者呼吸、电极偏置电位变化、环境温度变化及身体移动都会引起基线漂移，为了消除这种伪波，一般在前置放大器和主放大器之间采用 RC 耦合电路构成时间常数电路（即低频滤波器或高通滤波器）。

若给 RC 串联电路接通直流电压 E 后，电容器的充电电流并不是一个常量，而是时间 t 的函数。表达式为：

$$i_C(t) = \frac{E}{R} e^{-t/\tau} \qquad\qquad 式（3-11）$$

式中，τ 为时间常数；$i_C(t)$ 为 t 时刻电容两端的充电电流。

该式说明电容器的充电电流 i_C 由初始值 E/R 开始，随着时间的延长，按指数规律衰减，当 t 等于时间常数 τ 时，其值衰减到初始值的 $1/e$，即 36.8%。

基于上述原理，心电图机时间常数 τ 的数值，是指在直流输入时，心电图机描记出的信号幅度将随时间的增加而逐渐下降，输出幅度自 100% 下降到 37% 左右所需的时间。为了满足 $0.05\mathrm{Hz}$ 心电低频响应，在心电图机中这个指标一般要求大于 $3.2\mathrm{s}$；若过小，幅值就下降过快，甚至会使输入信号为方波信号时输出信号变成尖峰波，这就不能反映心电波形的真实情况。

时间常数 τ 按以下方法检测。心电图机工作在标准灵敏度状态，导联选择开关置于"Test"位（$1\mathrm{mV}$ 位），将记录笔基线调至记录纸中心线上，走纸时，按下 $1\mathrm{mV}$ 定标电压开关，直到记录笔回到记录纸中心线再松开，停止走纸。计算波幅从 $10\mathrm{mm}$ 下降到 $3.7\mathrm{mm}$ 时所经过的时间，就是该机的时间常数 τ。

在走纸速度为 $25\mathrm{mm/s}$ 时，心电图记录纸每一小格代表时间 $0.04\mathrm{s}$，将波幅自 $10\mathrm{mm}$ 下降到 $3.7\mathrm{mm}$ 所经过的格数 x 乘以 0.04，即得出时间常数：$\tau = 0.04x$。

如图 3-52 所示，C124 起隔直流作用，隔掉极化电压，C124（$1\mu\mathrm{F}$）与 R113（$3.9\mathrm{M\Omega}$）组成了时间常数电路，时间常数决定了心电图机的低频响应。

$$\tau = RC = 1\mu F \times 3.9 M\Omega = 3.9\mathrm{s}\,(T > 3.2\mathrm{s})$$

$$f_下 = \frac{1}{2\pi RC} \approx 0.04\mathrm{Hz} < 0.05\mathrm{Hz}$$

就是说该心电图机可描记最低频率小于 $0.05\mathrm{Hz}$ 的输入信号，其时间常数大于 $3.2\mathrm{s}$。

2. CF 型浮置电路组成原理　心电图机的漏电流会使做心电图检查的患者受到电击。为确保安全，必须采取隔离措施，即将与受检者相连接的输入部分和前置放大部分的地线同整机的地线相隔离，称这种隔离为"浮地"，被隔离的部分电路，称为"浮地部分"。

▶▶ **课堂活动**

心电图机为什么要采用浮地技术？如何分别对电源、心电信号和控制信号进行隔离？

（1）电源隔离：心电图机电源采用交直流两用，并采用直流变换器提供电路所需的多种供电电压。直流变换器体积小、分布电容量小，所以漏电流小，提高了抗干扰能力和安全性。

为了防止微电流电击事故,确保患者安全,前置放大器采用浮置电源供电,患者右腿不直接接地,主放大器由直接接地电源供电,如图 3-53 所示。这是目前 CF 型心电图机采用的方案,它不但安全性高而且抗干扰性能也好。

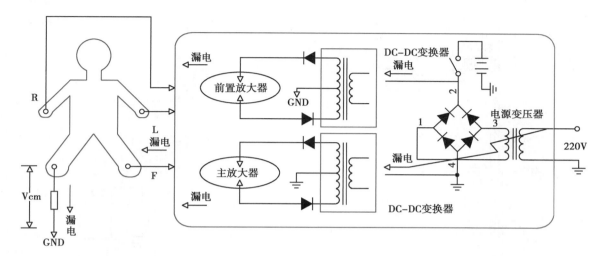

图 3-53　电源隔离

(2)心电模拟信号的隔离:前置放大器浮置,除了可以提高心电图机的抗干扰能力外,还起到安全保护作用。特别在心电图用于监护手术或进行导管术的场合,患者对电击危险非常敏感。在做导管术或体内测量时,极小的 50Hz 泄漏电流也能致人死亡。前置放大器浮置后,它的信号可采用变压器或光电耦合方式传递给与地连接的主放大器。本机心电信号的传递采用光电耦合方式,即通过将心电信号转换成光强度变化,通过空间来传送心电信号。经隔离后的心电信号进入到实地的后级放大电路,如图 3-54 所示。

1)心电信号脉宽调制:为了提高信号传输中的抗干扰能力,提高整机的信噪比,心电模拟信号在光电耦合传输前,首先进行了脉宽调制,形成脉冲宽度调制信号(PWM)后再经光电传输、信号解调恢复模拟心电信号,送至主放大器。

信号脉冲调制是指用脉冲作为载波信号的调制方法,脉冲调制的方法有三种:调频、调相和调宽。本机采用脉冲调宽的方式,由 IC117(LM311)比较器电路和 IC118(TL062)三角波发生电路构成脉冲宽度调制(PWM)电路,如图 3-55 所示。IC118A 与 IC118B 组成正反馈电路,通过电容器 C120 和电阻 R170 使输出形成三角振荡波。输出三角波作为调制载波,加至 IC117 比较器反相端,心电信号输入 IC117 的同相端。

脉宽调制原理如图 3-56 所示,V_{O1} 为三角波,加至比较器的反相端,V_{O2} 为调制信号(以正弦波为例)加至比较器的同相端。调整信号与三角波信号在比较器中进行电压比较,当正弦调制信号电压比三角波电压高时,输出高电平 V_{OH};相反,若正弦电压低于三角波电压时,输出为低电平 V_{OL},这样就形成脉冲宽度调制信号。

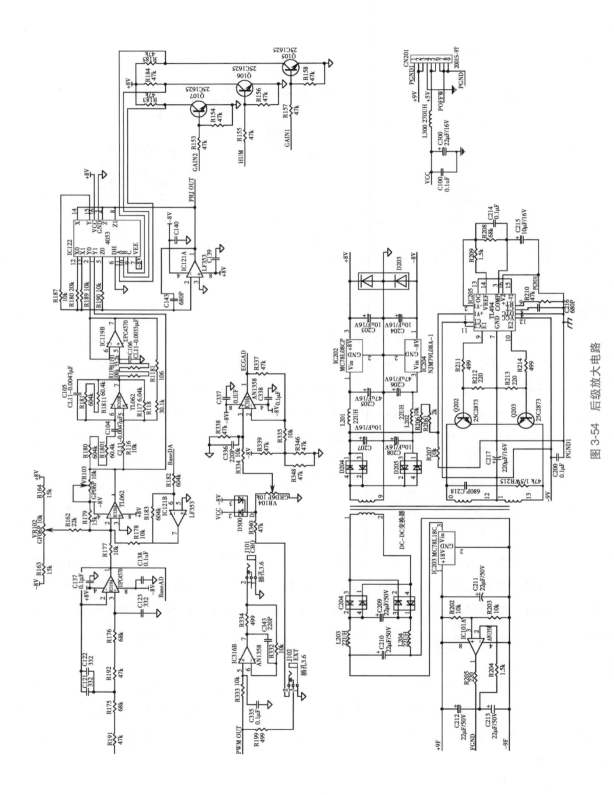

图 3-54 后级放大电路

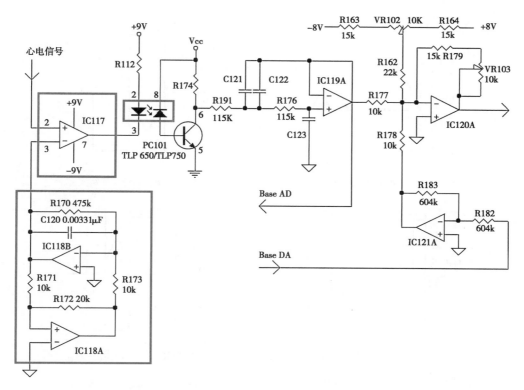

图 3-55 心电模拟信号的脉宽调制及光电隔离电路

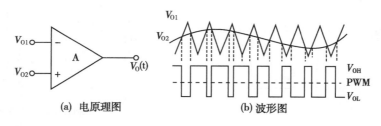

图 3-56 脉冲宽度调制(PWM)

以本机脉宽调制电路为例,如图 3-57 所示,三角波发生电路输出 $10V_{p-p}$、周期为 $70\mu s$ 的三角波加至比较器 IC117 反相输入端,心电信号加至比较器 IC117 同相输入端。当心电信号为"0"电平时,IC117 输出 $17V_{p-p}$ 方波,如图 3-57(b)所示。当心电信号为"正电平"、"负电平"和不同电平信号时,IC117 将输出具有相对不同波宽与方向的调制波,如图 3-57(c~f)所示,也就形成了模拟心电信号的脉宽调制信号。

2)光电耦合:光电耦合开关采用 TLP650 高速光电耦合器。脉宽调制信号为不同宽度的高低电平信号,电平的高低控制 PC101 的输入级二极管截止与导通,使得输出级相应截止与导通,PC101 输出心电脉宽调制信号。

3)解调及基线控制:脉冲调宽信号的解调主要有两种方式,一种是将脉宽信号送入一个低通滤波器,滤波后的输出电压幅度与脉宽成正比;另一种方法是脉宽信号用作门控信号,只有当门控信号为高电平时,时钟脉冲才能通过门电路进入计数器,这样进入计数器的脉冲数与脉宽成正比。两种方法均具有线性特性。本机采用低通滤波器的方法,如图 3-54 所示,由 IC119A(UPC4570)、R191、

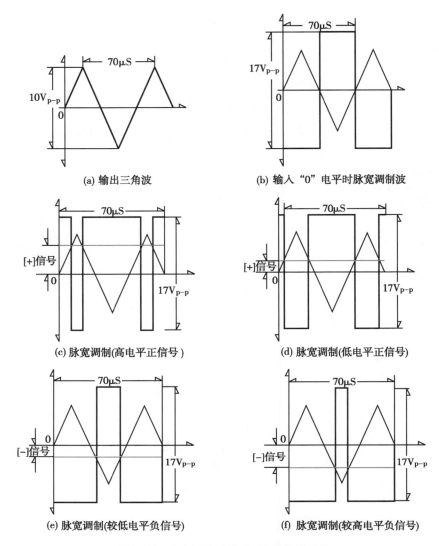

(a) 输出三角波 (b) 输入"0"电平时脉宽调制波

(c) 脉宽调制(高电平正信号) (d) 脉宽调制(低电平正信号)

(e) 脉宽调制(较低电平负信号) (f) 脉宽调制(较高电平负信号)

图 3-57 心电图机脉冲宽度调制(PWM)

R192、C121、C123 等阻容元件组成二阶有源低通滤波器,将心电信号解调出来。

（3）前置级控制信号的隔离:前置放大器浮置,其控制信号采用光电耦合方式进行隔离。前置级控制信号主要包括导联选择控制、肌电滤波控制、闭锁控制、1mV 校正控制等信号,其中导联选择由主控 CPU 判断后发出相应控制信号,经过 PC102 光电耦合开关连至相应导联选择控制端,详见导联选择部分内容;肌电滤波控制、闭锁控制、1mV 校正控制由主控 CPU 发出经 PC103 光电耦合至相应控制端,详见本章节对应内容。

▶▶ 课堂活动

前置级放大器要做到浮置需具备什么条件?

3. 后级控制及滤波

（1）自动移位自动增益:解调后的心电信号经 CPU 采样并反馈实现自动移位自动增益。

心电调制信号经 IC119A 解调输出到 IC120A 的同时作为"BaseAD"信号,如图 3-58 所示,

"BaseAD"信号经过分压并转换为 0~5V 的单极性信号,输入主控 CPU 的 AN2 端。将心电模拟信号转换成数字信号后,由 CPU 作信号的"自动移位"和"自动增益"调整后,再经数模转换变成模拟信号后由 CPU 的 DA 端输出给 BaseDA,并返回给 IC120A 构成的反相加法电路。BaseDA 信号具有 2.5V 偏置,这 2.5V 偏置由 VR102 调节平衡,保证输入心电信号为"0"时 IC120A 输出为"0",从而实现基线控制。

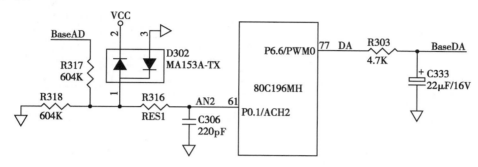

图 3-58　自动基线控制信号转换电路

(2)灵敏度控制:ECG-6951D 的灵敏度控制分三档,分别为"2"(20mm/mV);"1"(10mm/mV);"1/2"(5mm/mV),其中标准灵敏度为 10mm/mV。通过灵敏度选择按键,可以依次选择预定的灵敏度,选择次序为 1→2→1→1/2→1,循环。主控 CPU 接收按键值,输出控制键值 GAIN1、GAIN2 控制 Q105、Q107 的导通与截止,从而控制模拟开关 4053 实现放大器倍数的调节。

1)三路 2 选 1 模拟开关 4053:4053 是二通道数字控制模拟开关,有三个独立的数字控制输入端 C、B、A 和 INH 输入。当 INH 为"1"时,所有通道截止;当 INH 为"0"时,实现通道选择,C、B、A 控制输入对应为高电平时,"0"通道被选,反之,"1"通道被选。模拟开关 4053 真值表如表 3-9 所示,逻辑如图 3-59 所示。

表 3-9　模拟开关 4053 真值表

输入控制端				开关闭合接点		
INH	选择					
	C	B	A			
0	0	0	0	Z0	Y0	X0
0	0	0	1	Z0	Y0	X1
0	0	1	0	Z0	Y1	X0
0	0	1	1	Z0	Y1	X1
0	1	0	0	Z1	Y0	X0
0	1	0	1	Z1	Y0	X1
0	1	1	0	Z1	Y1	X0
0	1	1	1	Z1	Y1	X1
1	X	X	X	无		

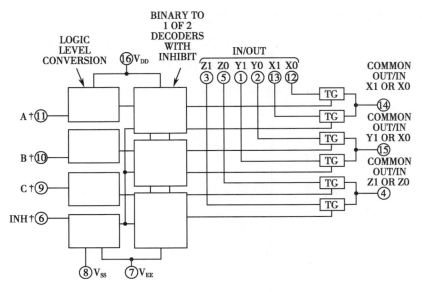

图 3-59 模拟开关 4053 逻辑图

2) 灵敏度调节:灵敏度调节分三挡,"2"(20mm/mV)、"1"(10mm/mV)、"1/2"(5mm/mV)。灵敏度调节原理参照图 3-60 所示。

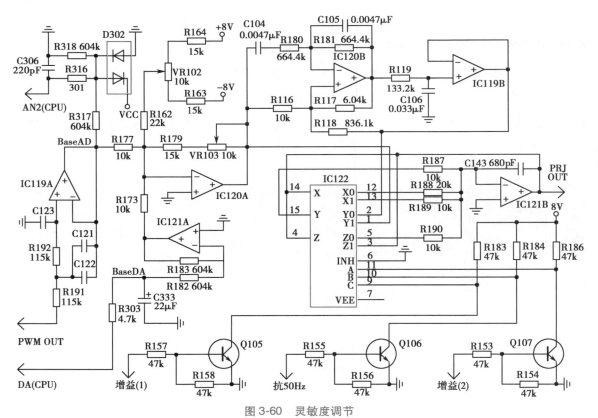

图 3-60 灵敏度调节

选择灵敏度"1"时,主控 CPU 发出控制信号:增益 1(GAIN1)=增益 2(GAIN2)=抗 50Hz(HUM)=0,对应 Q105、Q106、Q107 均截止,4053 控制信号 CBA=111,对应模拟开关输出 Z1、Y1、X1,R189(X→X1)连入 IC121B(AN1358 双运算放大器)负反馈回路,R187(Y→Y1)连入 IC121B 的输入回路,

IC121B 的放大倍数:R189/R187=10kΩ/10kΩ=1。

选择灵敏度"2"时,主控 CPU 发出控制信号:增益 1=抗 50Hz=0,增益 2=1,对应 Q105、Q106 截止,Q107 导通,4053 控制信号 CBA=110,对应模拟开关输出 Z1、Y1、X0,R188(X→X0)连入 IC121B 负反馈回路,R187(Y→Y1)连入 IC121B 的输入回路,IC121B 的放大倍数:R188/R187=20kΩ/10kΩ=2。

选择灵敏度"1/2"时,主控 CPU 发出控制信号:增益 2=抗 50Hz=0,增益 1=1,对应 Q106、Q107 截止,Q105 导通,4053 控制信号 CBA=011,对应模拟开关输出 Z0、Y1、X1,R189(X→X1)、R190(Z→Z0)并联连入 IC121B 负反馈回路,R187(Y→Y1)连入 IC121B 的输入回路,IC121B 的放大倍数:(R190//R189)/(R187)=5kΩ/10kΩ=0.5。

(3)50Hz 滤波:在选定的灵敏度条件下,按下交流滤波按键,主控 CPU 发出控制信号:"抗 50Hz"(HUM)=1,Q106 导通,4053 控制信号 B=0,Y→Y0,信号由 IC120A 输出至 IC120B(TL062)输入端,IC120B 构成有源带阻滤波器,实现交流干扰的去除,信号再由 IC119B 电压跟随器送至 4053 灵敏度调节电路,实现相应增益的信号放大。电原理图如图 3-60 和图 3-61 所示。

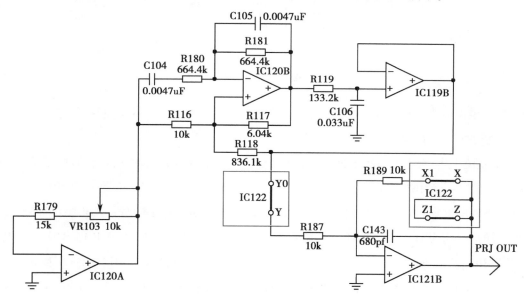

图 3-61　50Hz 滤波

案例分析

案例:灵敏度选择为"1",按下交流滤波按键电路工作情况?

分析:此时"抗 50Hz"=1,增益(1)=增益(2)=0 时,导致 Q105、Q107 截止,Q106 导通,4053 控制信号 CBA=101,心电信号首先进入陷波电路中实现 50Hz 的交流干扰滤波。IC121B 的放大倍数为 1,计算滤波器中心频率:

$$f=\frac{1}{2\pi RC}=\frac{1}{2\pi 0.0047\mu F\times 664.4k\Omega}\approx 50Hz$$

4. 外接输入输出　如图 3-62 所示,经过主放大电路后的心电信号(PRJ OUT 信号)可通过 CRO 接口外接示波器;同时,心电信号经过 IC316B,输出 ECGAD 心电模拟信号至主控 CPU 的 AN1 端,由 CPU 采样供打印及液晶显示。

外接信号通过 EXT 接口输入,并断开心电信号;利用 IC316 放大器输送给热打印头进行外接信号的描记。

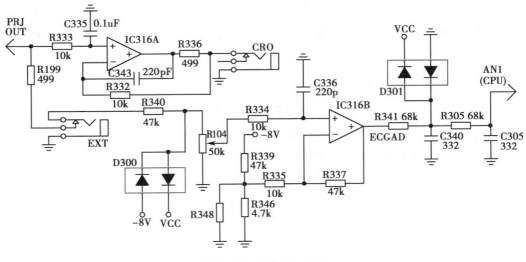

图 3-62　外接输入输出

5. 整机电源电路　整机电源电路包括交、直流电源选择,电池电压检测电路,充电电路和直流变换器。整机电源电路如图 3-63 所示。

(1)交直流工作:交流电源断电能自动投向电池供电,交流电源恢复时又能自动投向交流供电。

1)交流供电:交流供电电原理如图 3-63 所示。电源开关置于[工作]位置→SW301、SW302 闭合→整流(S5VB10 整流桥)稳压电路工作,稳压管 ZD301 将电压限幅在+12V→IC301A(4025 三 3 输入或非门)的[8]脚为"1"→IC301A[9]脚输出为"0"(IC302A 输出为负,IC301B 输出"1",Q301 导通,使得 IC301A[1]脚输入为"0";SW302 闭合,使得 IC301A[2]脚输入为"0")→Q302 截止→二极管 D305 截止,RY301 继电器不得电→RY301 常闭状态→整流后的稳压电源经过 RY301 常闭触头 1-4 供给负载(电压检测电路)。LED301 点亮,显示交流电源工作状态。

2)交流停电投向电池供电:整流电源电压消失→IC301A 的[8]脚为"0"→[9]脚为"1"→Q302 导通→二极管 D305 导通,RY301 继电器得电→RY301 常闭触点打开,1-3 闭合→将电池电压连入电压检测电路,电池供电。LED301 灭。

3)交流恢复:整流电源电压恢复→IC301A 的[8]脚为"1"→[9]脚为"0"→Q302 截止→RY301 继电器释放→负载又由常闭触头 1-4 供电。

(2)电压指示电路:电压指示电路在电池直流供电时特别有意义。电池的电量表示如表 3-10 所示,电路使用三只 LED 分别点亮表示电压状态。如图 3-64,IC305(AN1431)用作稳压管,提供+2.5V 电压,输入 IC305A、IC304A、IC304B 各比较器相应输入端作为参考电压。

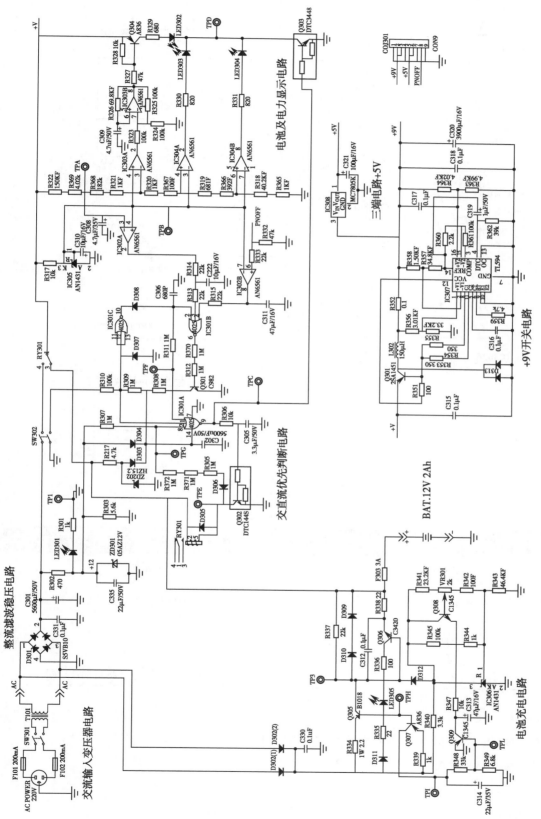

图 3-63　整机电源电路

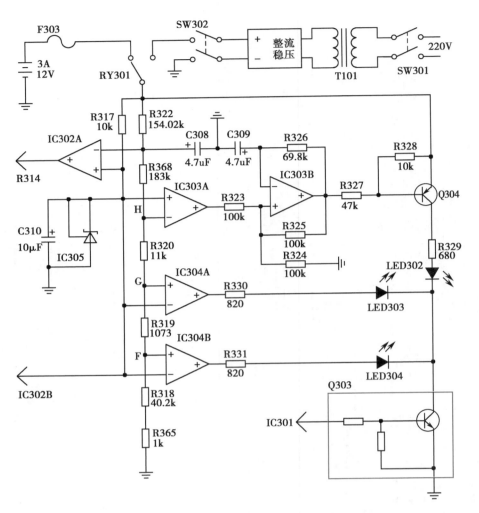

图 3-64 电压检测、指示电路

表 3-10 电池的电量表示

电池指示灯状态	电池使用状况
3 个灯亮	电池容量充足
↓	
2 个灯亮	电池容量减少
↓	
1 个灯亮	电池容量已经很少
↓	
1 个灯闪烁	3~5min 内电池将停止工作,电源将自动被切断

1)三段电压指示:

第一段:IC303A(AN6561 单电源双运算放大器)、IC303B 和 LED302;

第二段:IC304A(AN6561)和 LED303;

第三段:IC304B 和 LED304。

2)电池正常工作时,IC301A 的[9]脚输出为[1],Q303 导通,三只 LED 均导通。

3)电池电压足够高时,当[F]点电位高于 2.5V(相当于电池电压大于 12V)时,各路输出使三段

LED 均点亮。

第三段:[F]>2.5V→IC304B 输出为[1]→LED304 点亮;

第二段:IC304A 的[+]脚高于 2.5V→LED303 点亮;

第一段:IC303A 的[-]脚高于 2.5V→其输出为[0]→IC303B 输出为[0]→Q304 导通,LED302点亮。

4)[F]点电压低于 2.5V(电池电压小于 12V)时,LED304 熄灭;

[G]点电压低于 2.5V(电池电压小于 11.7V)时,LED303 熄灭;

[H]点电压低于 2.5V(电池电压小于 10.7V)时→IC303A 输出为[1]→IC303B 输出为[1]→向电容器 C309 充电→当 C309 的电平高于 IC303B 的同相输入端→IC303B 反转→LED302 点亮→C309放电→LED302 熄灭,总之,此时 LED302 处于闪烁状态。

5)当工作电压低于 2.5V(电池电压小于 10V)时→IC302A 输出[1]→IC301B 的[6]脚为[0]→Q301 截止→IC301A 的[1]脚为[1],[9]脚为[0]→Q302 截止→RY301 释放,电池切断负载。

6)电池切断负载后,电池电压会有一点回升,电容器 C222 防止重新翻转。

(3)电池充电电路:当电池电压低时,需要对电池充电。充电电路结构如图 3-65 所示,具有恒压恒流、温度检测等功能。电路原理如图 3-63,交流电源经 T101 变压器降压,D302、C330 整流滤波后变为直流电压加到充电电路。

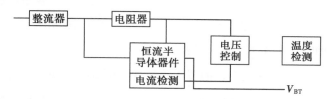

图 3-65　充电电路结构框图

电池在充电过程中,电池电压上升,充电电流下降。当充电电流下降到预置值,该电路监视充电电流以减少充电电压防止过充电。充电起始时以设定的高电压充电 2~3s,然后以受控制的充电电流的电压进行充电。充电过程检测电池温度,当电池温度上升时,充电电压 VBT 下降;相反的,当电池温度下降时,充电电压 VBT 上升。在 25℃时,调节 VR301 电位器分别设定充电电压为 14.5V,充电电流为 50mA。由于充电引起充电电流低于 50mA,充电电压减小到(3.5±0.2)V,充电电流继续下降,将反复停止充电和恢复充电。

(4)稳压电源

1)他激式逆变器:新型稳压电源中,常用功率开关和逆变器供电。逆变器供电除了可以供给电流外,还因为逆变器频率是 20kHz 左右,比交流电源频率(50Hz)高得多。因此使变压器、其他磁性元件及滤波电容器的尺寸急剧减小。屏蔽和滤除电磁干扰也可以更容易些。所以目前广泛应用"自激磁饱和铁心式逆变器"和"他激式逆变器"。

工作过程中,磁滞损耗使自激型磁饱和铁心式逆变器的效率降低。因此,自激磁饱和铁心式逆变器往往不使用在功率较大的电路中,另外一个缺点是有产生尖峰的趋势,且当两只晶体管同时导通时常常损坏管子。电压"尖峰"常常是由变压器的漏电感引起的,并使管子进入安全工作区。当管子的关断非常快时,会出现二只管子同时导通的情况。

ECG-6951D 采用他激式逆变器。在这种逆变器中,由逻辑电路和驱动电路决定占空比或脉宽。这时,逆变器的作用实际上与功率放大器相同,而电路形式和工作状况与一般的乙类放大器相似,特别是输出变压器都不饱和这一点更相像。与乙类放大器不同,逆变器不太重视输出信号的线性度;因此在不使输出变压器饱和上下的功夫也比较少。在这种情况下,可以说逆变器工作于丁类,而不是乙类。图 3-66 是他激式逆变器的一个简单的示意图。

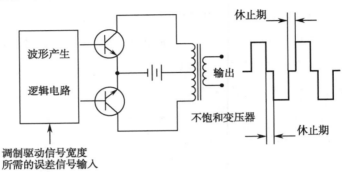

图 3-66　他激式逆变器简单示意图

除了工作效率高,能避免出现使晶体管损坏的尖峰外,他激式逆变器的一个重要特点是可以避免占空比最大时二管同时导通。这是由于电路使用了如图中所示的分段波形工作(这种波形有足够长的休止期,这段时间大于开关管关断时的最大延迟时间)。

2) 开关式稳压器:采用他激式逆变器的开关稳压器如图 3-67 所示。该电路具有下列的特点:
①使电源的体积很小,用于 20kHz 逆变器的变压器,比斩波型稳压器所需的 50Hz 变压器要小许多。

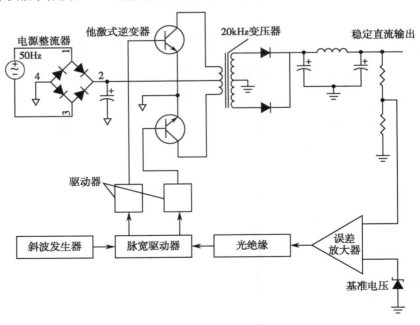

图 3-67　他激式逆变器开关稳压器的简化电路图

②虽然没有 50Hz 输入变压器,但稳压直流输出电压仍能与交流市电隔离。这种隔离作用是由 20kHz 变压器和反馈电路中的光电隔离器提供的。③他激式逆变器具有很高的效率,并且不需要续流二极管。④逆变器开关速率恒定,对避免供电设备中的谐波和电噪声有重要作用。⑤这种电路不仅能由 50Hz 市电供电,而且也可由频率范围很宽(包括直流)的电源供电。

　　3)TL594 开关电源控制电路:TL594 是开关式稳压电源用脉宽调制控制电路。其内设有振荡器、误差放大器、5.0V 基准稳压源、可调节的死区控制及欠压锁定等电路。输出控制可以接成推挽方式,也可以接成单端方式。工作频率范围:1.0Hz~200kHz。工作电压范围:7.0V≤VCC≤40V。内部框图如图 3-68 所示,时序如图 3-69 所示。

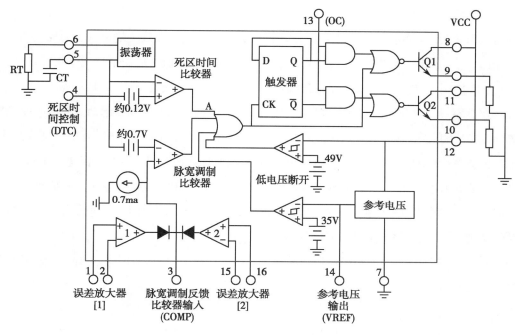

图 3-68　TL594 内部框图

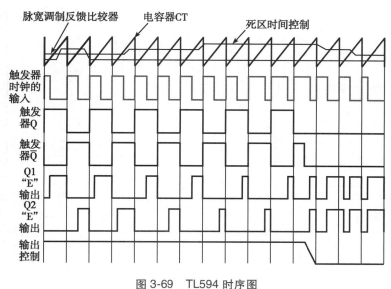

图 3-69　TL594 时序图

振荡器:外接元件 R_T 和 C_T 决定集成块内锯齿波振荡器的频率,函数关系近似计算公式如下:

$$振荡器频率 = 1.1/(R_T C_T) \qquad 式(3-12)$$

基准电压源:芯片内部基准电压源为 5V,由 14 脚引出,对片内所有器件(除误差放大器外)供电。另外,它还用了确定限流值、控制死区范围和软起动回路的电源。

误差放大器:从内部结构看,误差放大器由两个性能相同的运放组成,采用单电源工作方式,电源由 VCC 直接供给,所以其共模输入电压范围可在 $-0.3 \sim (\text{VCC}-2)$ V 之间任意选择。当放大器输出高电平时,脉冲方波变窄;反之,脉冲方波输出变宽。

防误动作电路:为了防止输入电压尚未完全建立或电压瞬时跌落而引起控制器产生误动作,芯片内部设置了防止低输入电压产生误动作的电路。

输出控制端:在实际电路中,往往要扩大输出电流,而该芯片具有改变输出状态的控制端——输出控制端(18 脚)。当 13 脚接地时,两路输出三极管同时导通或截止,形成单端工作状态,增加了输出电流;当 13 脚接 VREF 时,形成双路工作状态,两路输出晶体管交替导通(这是常规用法)。

死区控制端:死区控制端(4 脚)可以灵活地用于确定死区控制宽度和软起动。死区时间控制可在 4 脚加 $0 \sim 3V$ 的电压,该电压可从 VREF 接入。当 CT 电压小于 4 脚电压时,输出三极管截止,限制了输出方波宽度的增加;当 4 脚对地电位为零时,输出脉冲死区时间的占空比固定为 3%。

软起动要在基准电压与死区控制端之间接入电容 C_S,其原理如下:在电源加上的瞬间,VREF 通过 C_S 加到 4 脚,使输出三极管截止。电容器逐渐充电时,4 脚电位不断下降,使输出三极管的导通时间缓慢增加,输出电压逐渐上升而完成软起动。

4)单端稳压源电路:TL594 输出连接构成开关式单端稳压源电路,如图 3-70 所示,将 +12V 电压转换为 +9V 电压输出。

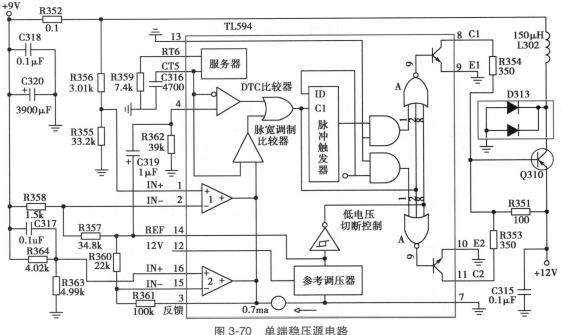

图 3-70 单端稳压源电路

5）推挽式稳压源：TL594 输出连接构成推挽式稳压源电路，如图 3-71 所示，输出 ±8V 电压供后级放大器。

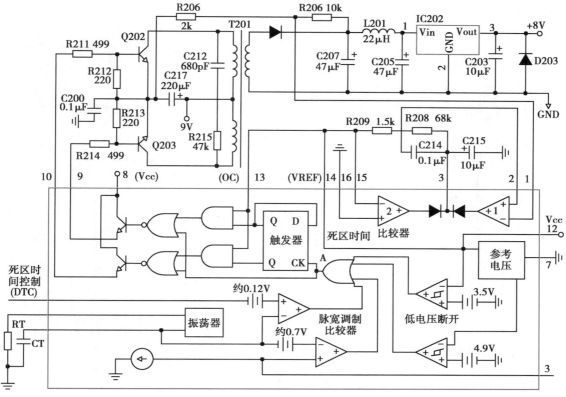

图 3-71　推挽式稳压源电路

6）ECG-6951D 电源：由电池或 220V 交流电源经整流滤波后变换为 +12V 直流电，如图 3-72 所示，经单端稳压源电路调宽稳压成 +9V 电源，同时经 IC308（7805 三端稳压）稳压成 +5V 电源。由 +9V 供电给 DC/DC 变换器变换成 ±9V、±8V 直流电，其中 ±9V 为浮电电源供前置放大器，±8V 为接地电源供后级放大器，如图 3-73 所示。+5V 供给 MPU 使用。

（三）整机软硬件控制分析

1. 单片机软件特点　ECG-6951D 的控制核心使用的是 16 位单片机，结合基于单片机的应用软件，来完成一系列功能。与传统的模拟控制方式相比，单片机设计包含硬件设计和软件设计，硬件是基础，软件则是灵魂，相互配合，实现强大的功能。与一般的计算机软件相比，单片机的软件具有如下特点：

（1）与硬件联系紧密，必须要对硬件有一定的了解。

（2）有自己特殊的指令和编译连接系统。

（3）软件具有个性，不同的芯片软件一般不能通用，必须经过移植。

2. ECG-6951D 主控 CPU 特点　ECG-6951D 控制核心使用的是一种高性能 16 位单片机 80C196MH，特别适用于各类自动控制系统、一般的信号处理系统及高级智能仪器。因为这些系统通常要求实时处理、实时控制。而 16 位单片机 80C196MH 具有的下述特点可以提高系统的实时性：

（1）CPU 中的算术逻辑单元不采用常规的累加器结构，改用寄存器-寄存器结构，CPU 的操作直接面向寄存器，消除了一般 CPU 结构中存在的累加器瓶颈效应，提高了操作速度和数据吞吐能力。

（2）通用寄存器的数量远比一般 CPU 的寄存器数量多。这样就有可能为各中断服务程序中的局部变量指定专门的寄存器,免除了中断服务过程中保护寄存器现场和恢复寄存器现场所支付的软件开销,并大大方便了程序设计。

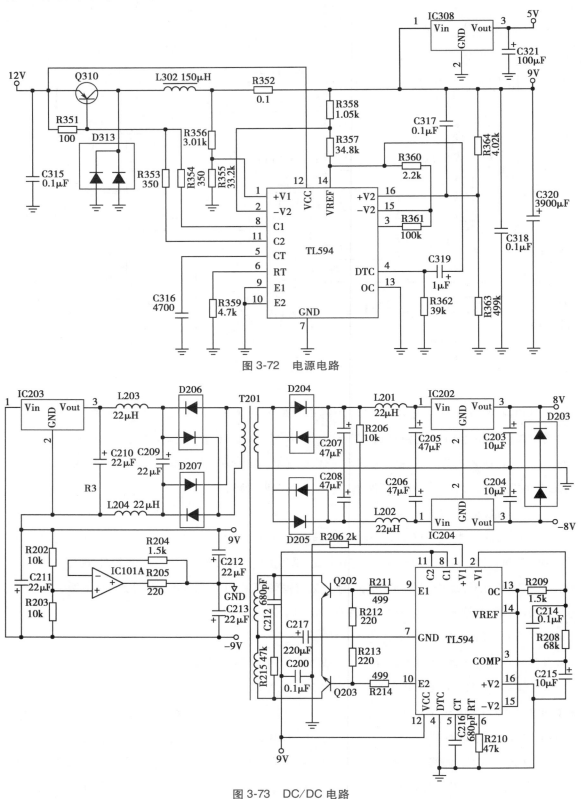

图 3-72　电源电路

图 3-73　DC/DC 电路

（3）有一套效率更高、执行速度更快的指令系统。

（4）具有外设事务服务器 PTS，专门用于处理外设中断事务，与普通中断服务过程相比，PTS 服务大大减少了 CPU 的软件开销。

（5）80C196MH 还具有丰富的外设，如图 3-74 所示。

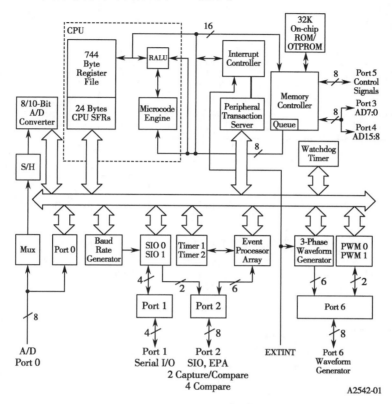

图 3-74　80C196MH 框图

1）外设事务服务器 PTS：PTS 是一种微代码硬件中断处理器，可以大大减少 CPU 响应中断的开销。靠若干组固定的微代码，PTS 可以对一些固定的操作实现高速的中断服务，如数据传送、启动 A/D 转换并读取转换结果等。

2）事件处理器阵列 EPA：包含若干个捕获/比较模块和若干比较模块，用来实现输入事件和输出事件发生的功能。

3）灵活的 A/D 转换器：A/D 转换器具有转换位数（8 位和 10 位）可选择、采样和转换时间可选择的特点。

4）波形发生器：可以输出 2 组互补的 3 相 PWM 信号，特别适合用于电机控制系统。

5）从口（SLAVE PORT）：从口为单片机和其他微处理器之间提供一个接口，可以相互通讯。

6）同步串行口：支持若干标准同步串行传输协议。

3. 系统硬件结构　80C196MH 主控单片机系统完成按键控制、打印控制、心电采集控制、液晶显示、LED 指示灯控制及信号滤波、定标、增益、导联选择控制、基线控制、马达控制等功能。以下是该系统主要结构的介绍，整机主控电原理图如图 3-75。

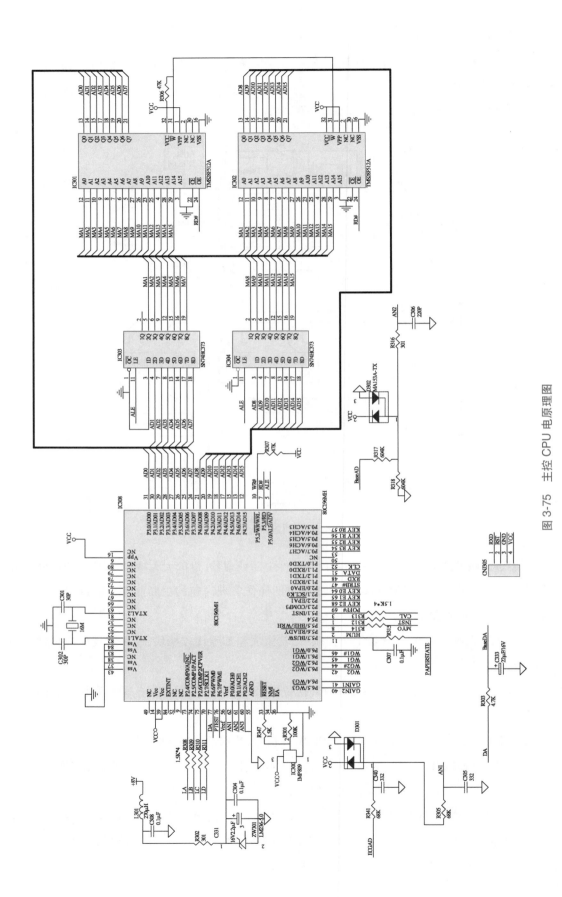

图 3-75 主控 CPU 电原理图

（1）+5V 电源 VCC。

（2）16MHz 晶振。

（3）扩展 2 片 64K 的 EEPROM（TMS28F512A）IC301、IC302，共计 128K 存储空间，使用 P3 口、P4 口作为地址线和数据线 AD0~AD15，实现地址访问和数据存储。

（4）P0.1、P0.2 作为 A/D 口采样不同状态的心电信号，P1.1、P6.6 输出相应信号分别实现热阵打印和基线自动控制。

（5）P0.3~P0.6（KEY R0~KEY R3）、P2.0~P2.2（KEY E0~KEY E2）构成键盘阵列。

（6）主控 CPU 响应按键由 AD0~AD10 组合发出相应 LED 控制信号，如表 3-11 所示。

（7）P0、P1、P2、P5、P6 口中相关端子作为 I/O 口发出相应控制信号至电路，实现增益控制、模拟滤波、导联选择、定标、走纸控制等功能，端口定义如表 3-11，其功能详见前电路分析部分。

（8）P6.7（PTEST）为缺纸检测信号，P5.7 作为打印纸状态信号（PAPERSTATE）输入端，P1.3（STRB）、P1.0（CLK）作为打印控制信号。

（9）P1.2（RXD）、（RST）作为与 CPU 通讯的端口，实现液晶显示数据的传输和显示控制。

主控 CPU 的主要功能如图 3-76 所示，80C196MH 在以下几个方面均可满足心电图机的功能要求：I/O 数量、A/D 指标、波形发生器、PTS 中断、同步传输速度、异步传输协议、运算能力。

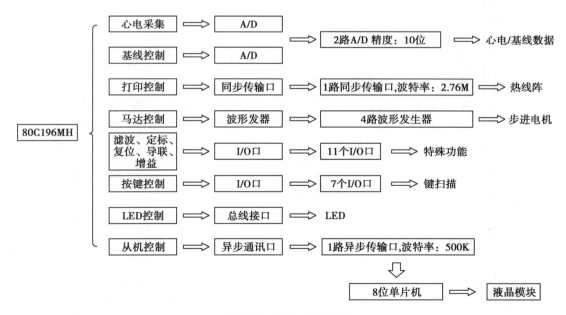

图 3-76 CPU 主要功能

4. 心电图机主程序软件

（1）系统流程图（图 3-77）。

（2）各重要内容介绍

1）采样频率：根据心电图机的频响要求，确定本系统采样频率为 1000Hz，即 1ms 采样一点，处理一点,然后打印一点。这样才能不失真、实时地记录一个心电波形。为此,在1ms 内必须完成如图 3-77 所示的工作。

1ms 比较定时中断优先级最高,前 4 项中断必须要完成,最好有多的剩余时间来处理马达中断及其他任务,这样才能保证中断不冲突,如图 3-78 所示。

2)程序构成分析:程序构成包括了头文件的定义、控制变量及函数声明、主函数,以及重要子函数,如图 3-79 所示。

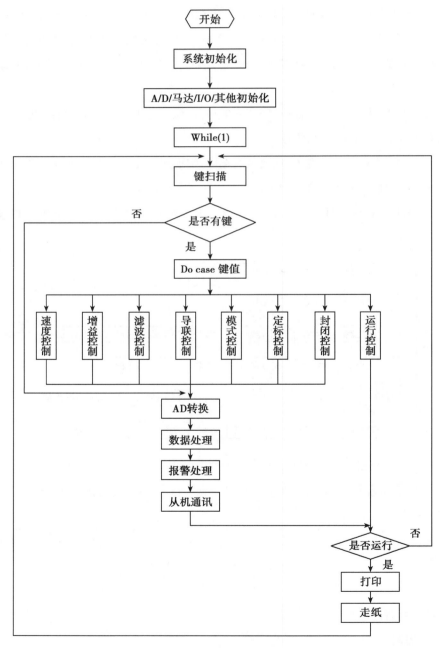

图 3-77 系统流程图

表 3-11 LED 控制信号与 LED 对照

按键	LED 控制信号	LED 指示灯	电路板控制信号
灵敏度选择键 (2,1,1/2)	Sens2、Sens1、Sens1/2	D405、D406、D407	GAIN2、GAIN1 (P6. 5、P6. 4)
交流/肌电滤波 选择键	EMG、HUM	D408、D409	HUM(交流滤波)、 MYO(肌电滤波) (P5. 6、P5. 5)
导联选择/基线移位 调整键	V6、V5、V4、V3、V2、V1、 AVF、AVL、AVR、Ⅲ、Ⅱ、 Ⅰ、TEST	D410、D411、D425、D418 ~ D424、D426、D412、D413	LA、LB、LC、LD (P2. 4 ~ P2. 7)
走纸速度选择键 (25、50)(mm/s)	SPEED2、SPEED1	D414、D415	WG1、WG1#、WG2、 WG2#(P6. 0 ~ P6. 3)
定标键	E-CHECK	D416	CAL(P5. 1)
手动/自动选择键	MAN、AUTO	D427、D417	INST(封闭)(P5. 4)

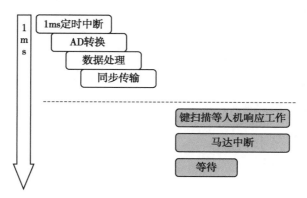

图 3-78 1ms 定时功能

```
头文件定义
#include "80C196.h"
#include "xxxxx.h" …

控制变量&函数声明
Float xxx
Int xxx        …
```

```
主函数
Main( )
{
    initial_set(); 初始化设置
    while(1)
    {
        key_scan(key);
        system_set();
        system_manager();
        switch(key)
        {
            ecg_parameter1_set();
            ecg_parameter2_set();
            …
        }
    }
}
```

```
子函数
Initial_set();
Key_scan(key);
System_set();
System_manager();
Ecg-parameter1_set()
Ecg-parameter2_set()
……
```

```
中断函数
Motor_init();
Motor_interrupt();
Ad_init();
Ad_interrupt();
Sci_init();
Sci_interrupt();
Compare_init();
Compare_interrupt();
……
```

图 3-79 程序构成分析

头文件的定义：主要定义一些芯片特殊的寄存器。不同于普通 C 语言的头文件定义。定义的语法也比较特殊。如下述部分头文件的定义：

8XC196MH

```
/*                                                                    */
/* Special function register definitions for the                      */
/* 8XC196MH                                                            */
/* Generated from @ (#)mc_sfrs.db 1.5                                  */
/* Copyright(C)1994 Tasking Software B.V                               */
/* Note,that windowing 1FE0-1FFF is not possible                       */
/* CPU SFR's                                                           */
unsigned short    register r0;              /* 0x0000:R */
unsigned short    register ptssel;          /* 0x0004:R/W */
unsigned short    register ptssrv;          /* 0x0006:R/W */
unsigned char    register int_mask;         /* 0x0008:R/W */
unsigned char    register int_pend;         /* 0x0009:R/W */
unsigned char    register int_mask1;        /* 0x0013:R/W */
unsigned char    register int_pend1;        /* 0x0012:R/W */
unsigned char    register watchdog;         /* 0x000a:W   */
unsigned char    register wsr;              /* 0x0014:R/W */
unsigned short    register sp;              /* 0x0018:R/W */
unsigned char    usfr;                      /* 0x1ff6:R/W */
```

控制变量及函数声明：程序需要的常用变量标志位及函数的说明。特殊之处：可以在定义变量的同时，分配其地址空间。

控制变量

```
unsigned int data_base_line;
#pragma locate(data_base_line=0x10c)
```

函数声明

```
void motor(void);
void motor_interrupt(void);
#pragma interrupt(motor_interrupt=0x2004)
```

主程序：构建整个系统的架构，各功能模块的初始化及中断程序的参数重装。系统报警程序调用。

```
Main()
  {
```

关中断；

系统变量赋值；

......

调用系统初始化子程序;

......

While(1)

{

  调用一系列跳转程序,完成各种功能;

  ......

}

......

}

重要子函数:一般子函数只需在调用前定义好,声明好即可。中断函数则需要特定的语句来定义,同时必须声明好中断函数的中断地址。本系统有下列主要函数。

● 1ms 定时函数及其中断函数

● A/D 转换函数及其中断函数

● 同步传输函数及其中断函数

● 数据处理函数

● 马达中断函数

● 异步通讯函数及其中断函数

如马达中断函数

void motor_interrupt(void);　　　　　　　　　　　/＊定义马达中断函数＊/

#pragma interrupt(motor_interrupt = 0x2004)　　　　/＊定义马达中断函数的中断变量＊/

void motor_interrupt(void)　　　　　　　　　　　/＊定义马达中断函数体＊/

{

......

}

(3)程序各主要功能介绍

1)打印控制:本机采用热线阵打印记录方式,在记录波形的同时可以记录文字。

波形打印:除基线以外的波形部分,用一点发热方式打印。

基线打印:为了模仿热笔记录方式,基线比较粗,故采用同时发热多点的方式来打印。打印过程中必须要避免打印过热,造成热线阵上发热点烧坏,或记录纸烧坏。

打印纸检测控制:通过检纸传感器检测打印纸状态,如图 3-75 所示,主控 CPU 发出 PTEST 信号,打印纸状态通过 CON301 光电传感器转换并送出"PAPERSTATE"信号至主控 CPU,同时取其反作为"STOPMOTOR"马达控制信号。一旦检测到缺纸,相应引起缺纸报警及马达中断。

2)自动功能的实现

自动定标:在记录每一个导联之前,系统自动在波形前加入一个定标。

自动增益:自动模式下,当信号过大时,通过软件识别自动改变系统增益,以便记录合适的波形。

自动基线:开机时系统通过基线 AD 通道采集的数据,确定基线的位置,在自动方式下,会自动根据心电图波形的特征,自动将波形摆放在一个合适的位置。

3)数字滤波:为了消除干扰及排除 50Hz 工频干扰,在数据处理函数中会将 AD 采集的心电数据进行数字滤波,这也是软件的特长。但是,做大型的数字滤波对 CPU 的要求较高,尤其是浮点运算、乘加运算速度。为了提高效率,最好选用带有硬件乘法器的芯片,同时此部分的编程语言最好用汇编语言,以提高效率。可以用 Matlab 来仿真调试数字滤波。

4)系统设置:本机可以设置自动记录每导联的时间从 1~12s 可选。同时通过软件可以在手动方式下实现基线的移位。在自动方式下实现特定导联的保持记录。

总之,在硬件的基础上,通过软件可以实现单片机系统强大的功能,而且升级更改十分灵活。单片机的硬件和软件相互制约,相互促进,都必须有较多的理解。

5. 液晶控制程序

(1)芯片介绍:主控芯片采用某公司 51 系列单片机,如图 3-80 所示。

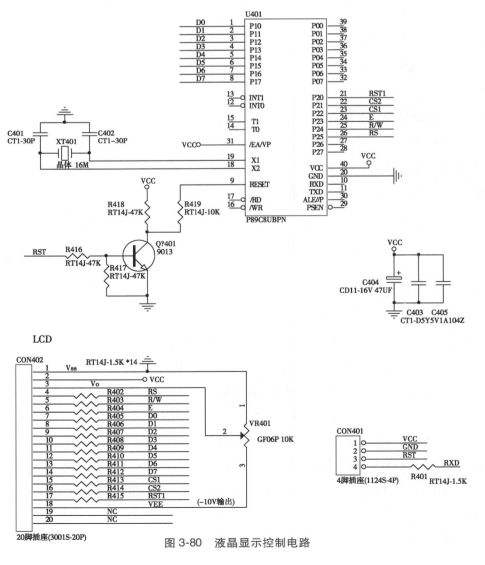

图 3-80 液晶显示控制电路

特性如下：

1）80C51 核心处理单元；

2）片内 Flash 程序存储器；

3）最大频率为 33MHz；

4）全静态操作；

5）RAM 可外部扩展为 64K 字节；

6）4 个中断优先级；

7）6 个中断源；

8）4 个 8 位 I/O 口；

9）全双工增强型 UART：帧数据错误检测、自动地址识别；

10）3 个 16 位定时/计数器 T0、T1（标准 80C51）和增加的 T2（捕获和比较）；

11）电源控制模式：时钟可停止和恢复、空闲模式、掉电模式；

12）双数据指针；

13）可编程时钟输出；

14）异步端口复位；

15）低 EMI（禁止 ALE）；

16）掉电模式可通过外部中断唤醒。

（2）编程语言：Franklin C51 第三版。

（3）软件流程如图 3-81 所示。

二、ECG-9620P 数字式三道自动分析心电图机

（一）概述

ECG-9620 系列心电图机是一种数字式三道自动分析心电图机，并以其 BSI（英国标准协会）的 CE（0086）认证，进入了包括欧洲、澳洲、南美等许多国家和地区。ECG-9620P 心电图机是一台体积小（A4 纸大小）、重量轻、操作方便，具有多种滤波方式，抗干扰性强且波形逼真的交、直流两用三道心电图机。ECG-9620P 具有手动/自动模式、自动增益控制、自动导联转换、先进的自动心电分析、自动基线控制等多种功能；可存储 8 名患者 12 导联同步心电数据；多种安全保护，具有除颤保护、输入接口异常保护、打印纸缺纸保护等功能。

机器的设计采用的 GB9706.1-1995 Ⅰ类 CF 型安全标准，为被检者提供了安全保证。机器通信通道采用了浮置隔离，用光电耦合提高线性，保证了心电图波形不失真。

1. ECG-9620 心电图机特点 3.8 英寸高分辨率 LCD 液晶显示屏，显示同步十二导联心电波形，每导 2.8s。

（1）使用 12 导联同步分析软件 ECAPS12C，有 5 种判断类型和 241 种病例的分析结果和分析数据。

（2）长时间心律失常回顾、跟踪分析记录。

（3）多种灵敏度选择：5、10、20mm（自动）。

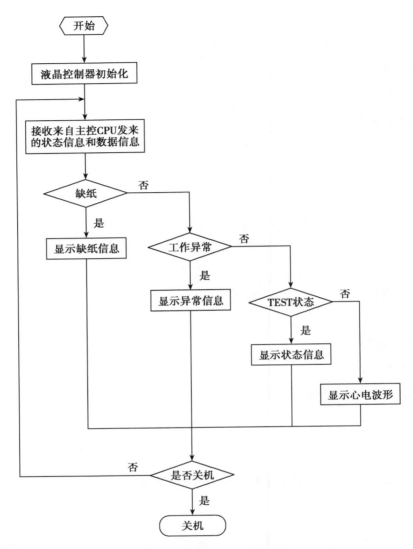

图 3-81　液晶控制程序流程图

（4）多种符合临床要求的记录方式：单道、二道及实时同步不压缩三道心电波形描记，小幅度波形清晰可见。

（5）可记录医院名称、日期和时间、走纸速度、灵敏度、导联名称、滤波器状态、患者信息（ID 号码、年龄、性别）、计时标记、事件标记、心电波形、分析报告等信息。

（6）高抗干扰性能：交流滤波、肌电滤波、低通滤波、漂移滤波。减少波形失真，避免诊断失误。

（7）多种安全保护：具有除颤保护、输入接口异常保护、打印纸缺纸保护等功能。

（8）模拟记录笔的摩擦声音，使医生在远处就可以判断机器的工作状况。

（9）有效的数据管理，通过 RS-232C 接口传送和保存患者心电波形数据信息。

（10）交直流两用，内置进口镍氢环保电池。

（11）安全等级：I 类 CF 型。

2. 主要技术指标

（1）输入电路

输入阻抗	≥2.5MΩ
极化电压	≥±500mV
输入单元保护	在使用下列导联线时隔离并有除颤保护
导联线	BJ-910D
标准灵敏度	10mm/mV±2%
共模抑制比	≥100dB
频率响应	0.05~150Hz（-3dB）或更好

（2）波形处理

采样率	输入单元8000点/秒（波形处理500点/秒,16bit）
交流滤波	50Hz
低通滤波	75、100、150Hz
肌电滤波	25/35Hz
时间常数	≥3.2s
波形状态检测	电极脱落（极化电压）
	噪声（高频）
灵敏度选择	5、10、20mm/mV

（3）记录器

打印方式	高分辨率热印头
打印密度	200dpi（8点/mm）
记录基线宽度	≤1mm
记录宽度	56mm
记录道数	1、2、3
走纸速度	25、50mm/s
记录线数	直到14线
打印数据	程序型号、版本、日期和时间、走纸速度、灵敏度、导联名称、滤波器、患者信息（ID号码、年龄、性别）、电极检出、噪声、计时标记、事件标记、心电波形、分析报告等。
机器噪声	<48dB（走纸速度在25mm/s时）

（4）外部输入/输出

外部输入	10mm/0.5V±5%；输入阻抗≥100kΩ
信号输出	0.5V/1mV±5%；输出阻抗≤100Ω
串联I/O	通信方法 RS-232；
	波特率：2400、4800、9600、19 200、38 400、57 600、115 200

（5）液晶显示屏 LCD

尺寸　　　　　　　　3.8 英寸

显示点数　　　　　　320×240

心电图波形　　　　　6 道∶2.8s

显示内容　　　　　　系统菜单、心电波形、心率、导联名称、走纸速度、增益、滤波器、日期、患者信息、测量信息、工作模式、标记等。

（6）电源要求

交流电压　　　　　　220V±10%

交流电压频率　　　　50Hz 或 60Hz±2%

输入功率　　　　　　45W

消耗功率　　　　　　≤45W

机内电池　　　　　　12V（型号 SB-90D）

　　　　　　　　　　消耗电流∶≤6A（最大值）

　　　　　　　　　　电池工作时间∶≥90min

（7）体积与重量

体积　　　　　　　　280mm（宽）×70mm（高）×216mm（长）（不包括突出部分）

重量　　　　　　　　约 2.7kg（不含电池）

　　　　　　　　　　约 3.1kg（含电池）

（8）运行环境条件

工作温度　　　　　　5~40℃

工作湿度　　　　　　25%~85% RH（包含电池组和记录纸）

　　　　　　　　　　20%~85% RH（包含电池组和不含记录纸）

　　　　　　　　　　25%~90% RH（不包含电池组和包含记录纸）

　　　　　　　　　　25%~90% RH（不包含电池组和记录纸）

大气压力范围　　　　700~1060hPa

（9）安全性

安全标准∶　　　　　符合下列标准

　　　　　　　　　　IEC60601-1 改进 2（1995）

　　　　　　　　　　IEC60601-2-25（1993）/GB9706.1-1995

电磁兼容∶　　　　　IEC60601-1-2（1993），CISPR11（1990）1 组 B 级

电击防护类型∶　　　AC 电源∶Ⅰ级

　　　　　　　　　　电池电源∶内部电源设备

　　　　　　　　　　对电极的防护程度为Ⅰ类 CF 型（必须使用 BJ-901D 导联线）

电击防护等级∶　　　CF 级除颤保护（必须使用 BJ-901D 导联线）

防水侵入等级∶　　　一般设备

在混有易燃麻醉气体、氧气或氮氧化物的场合的安全等级：不适于在含有易燃麻醉气体、氧气或氮氧化物的场合使用。

工作方式：　　　　　　连续

3. ECG-9620P 心电图机整机工作原理　由图 3-82 可知，ECG-9620 系列心电图机由放大电路部分、电源部分、控制板三部分组成。

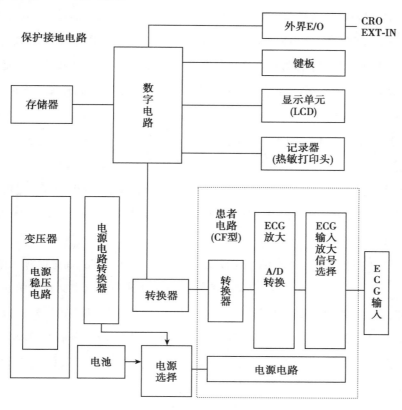

图 3-82　ECG-9620P 原理框图

▶▶ **课堂活动**

ECG-9620P 与 ECG-6951D 心电信号隔离相比较有何特点？

（二）ECG-9620P 心电图机三大部分电路原理分析

1. 放大电路部分　本机型采用了浮置放大电路，目的是为了人体安全，避免患者受到漏电流电击，实现人体与电气的隔离。ECG-9620 系列心电图机区别于 FX-3010 系列心电图机的显著指标是采用了Ⅰ类 CF 型标准，FX-3010 采用的Ⅰ类 BF 型标准。Ⅰ类设备对电击的防护不仅依靠基本绝缘，而且还有附加安全保护措施，把设备与供电装置中固定布线的保护接地导线连接起来，使可触及的金属部件即使在基本绝缘失效时也不会带电的设备；CF 型设备对电击的防护程度特别是允许漏电流值低于 BF 型设备，并具有 F 型应用部分的设备，主要直接用于心脏。采用 CF 型标准从安全角度，可更有效地防止患者受到漏电流电击。而 CF 型允许满足的漏电流 $\leq 10\mu A$，所以放大电路必须将采集信号电极与接地线进行心电信号传输隔离，采用浮置放大电路。

所谓浮置(或浮地),即信号在传递的过程中,不是利用一个公共的接地点逐级地往下面传送,如电阻耦合、直接耦合等,而是利用诸如电磁耦合或光电耦合等隔离技术。信号从浮地部分传递到接地部分,两部分之间没有电路上的联系,通过地线构成的漏电流完全被抑制。ECG-9620采集mV级心电信号经滤波、整流、导联切换后,将微弱的输入电压放大到一定量,通过A/D转换器将模拟信号转换成数字信号,并将数字信号量通过高速光电耦合器发送给控制系统CPU。与此同时,控制协调A/D转换器、通道切换、增益控制电路和导联脱落检测控制电路等也通过光电耦合传送到控制系统CPU中。某公司的ECG-9620系列心电图机不同于以往ECG-6951D心电图机,改变了以往对模拟信号的光电耦合,而通过对数字信号进行光电耦合确保了输出信号的线性要求。浮地电路与实地电路之间的电源电路是通过电磁耦合器进行,不是利用一个公共的接地点,保障了人体的绝对安全,而且消除了接地线中的干扰电流。

2. 电源部分 ECG-9620心电图机采用交直流两用电源,使用过程中遵循交流优先的原则。交流供电时,网电源交流电输入经电源变压器变换产生交流输出,经整流、滤波稳压将220V电压降压到40V后为机内可充电电池体统稳压限流式充电。整流输出与电池输出一起通过电磁耦合送到电源电路转换器,将交流变成脉动直流,通过电源选择输出多路电压(有±5、+24、±12V等直流电压)供给各部分电路需要。

浮地式心电图机与普通心电图机的浮地级供电方式不同,"浮地"式前置电源采用"浮地"电源,参考点(中心点)浮地,且要求与接地点有良好绝缘。浮地部分的供电由交直流切换电路的输出经自激式开关电源通过隔离脉冲变压器产生。本机浮地电源采用DC-DC转换器完成。所谓DC-DC转换器是用一组电池电源组成一个振荡器,而振荡器次级可产生几组不同的交变电压,然后通过整流、稳压变成几组电压。凡是交直流两用机都要有一个DC-DC转换器,其原因是一台机器总是用几组直流电源,而交直流两用机不可能用几组直流电池。

本机直流供电时,采用镍氢环保电池组,充足电可以连续工作近2小时。

3. 控制电路部分 控制电路部分由CPU微处理器系统、存储器和外围设备等部分组成。

从信号采集处理系统送来的导联信号由CPU接受,经打印驱动之后送打印头,本机采用热敏打印头打印。CPU系统还接受来自键盘控制器的中断信号和按键编码,完成按键中断处理。此外,导联脱落信号、缺纸检测、电池电压管理和电源的自动关闭及EXT输入的采样和打印处理都由CPU微处理器系统管理。本机采用32位第二代增强型MC68020微处理器芯片,输入单元的采样率8000点/秒,波形处理500点/16bit,即A/D转换的分辨率为16位。

存储器对患者的信息数据及病历进行存储。ECG-9620心电图机具有ECAPS12C分析程序,能同时分析12导联5类241种心电打印分析报告。自动分析报告是将患者的测量信息与241种心电信号进行比较得出的。在临床上,经常出现"假阳性"报告,即对分析报告的不准确性,以及有临床医生提出质疑。厂家提示,分析报告仅作为参考报告处理,具体应以临床诊断为准。ECG-9620系列心电图机还有个显著的特点,即F1回访功能键。在临床上,出现早搏信号是很难捕捉的,本机器将患者信息存贮在系统中,选用"F1回访"键打印,可看到明显的早搏信号。

ECG-9620P的外围设备由热敏打印记录器、键控板、LCD显示单元及外界I/O等部分组成。打印控制器通过一片 PLD 实现。打印控制器接受来自 CPU 系统的命令和数据,产生步进马达和打印头控制信号,完成波形和信息的打印。键控板通过键盘控制器产生键盘扫描信号,完成按键处理,产生按键编码和键盘中断信号,由 CPU 系统加以处理。LCD 显示单元采用的 3.8 英寸液晶显示屏,通过接受来自 CPU 系统的数据和命令,完成整机工作状态的显示,如菜单、心率、导联名称、走纸速度、增益、滤波器、日期、患者信息(性别、年龄、ID 编号)、异常提示、错误信息、测量信息、状态、标记。显示实时同步 12 导联各 2.8 秒心电波形。外界 I/O 是通过 RS-232 与计算机相连接传送数据信息,方便医院的数字化管理。

点滴积累　∨

1. ECG-6951D 数字单道心电图机硬件组成

(1)前置心电放大器;

(2)CF 型浮置放大器;

(3)后级控制及滤波;

(4)外接输入和输出;

(5)整机电源。

2. ECG-9620P 数字式三道自动分析心电图机主要硬件组成

(1)放大电路

(2)电源部分

(3)放大电路部分

第四节　心电图机的定期检查与维护

一、维护检定前的准备

1. 维护检定环境的选择　心电图机的灵敏度较高,周围不能有强烈的辐射电磁波,否则可能会受到干扰。检定环境要远离强磁场,如放射线机、高频电疗机、电梯等。

室内必须有良好的接地线。不接地线或地线接触不良,不但会使心电图机产生干扰,造成测试项目的超差,甚至在心电图机机壳泄漏电流过大时,还会对操作人员造成电击的危险。规模较大的医院,铺设有正规地线。大多数中小医院及门诊部条件相对简陋,一般接地线采用自来水管,但务必使接触处接触良好而牢固。千万注意,不可将煤气管当成接地线,以免引起爆炸。

电源应在 220(1±2%)V、50(1±2%)Hz 范围内,如电压不能满足检定要求,应采用稳压电源供电,否则会造成检测异常。

2. 熟悉仪器的使用　在实施维护检定之前,对检定装置及被检心电图机都要有充分的了解,应仔细阅读使用说明书,熟悉机器的性能、指标、操作方法、注意事项及检测时的连接方式等。由于维护检定装置和被检心电图机都属于精密的仪器,搬动时应避免撞击和防止剧烈震动。

3. 检定仪与被检心电图机合理摆放　检测位置尽量避开室内墙壁中和天花板中的电源布线,不要放在灯下,不要靠近墙壁或暖气片。尽量使检定仪及心电图机的电源线远离心电图机的导联线,避免 50Hz 工频电源的交流干扰。

二、常规检查

在对心电图机进行维护检定之前,应首先对仪器做简单的常规检查,以判断机器工作是否正常。检测内容包括:

1. 导联线有无破损或断路等现象。

2. 记录纸盒内是否装有记录纸,如果没有记录纸,记录笔可能会因过热而烧坏;记录笔受热情况如何,笔温应调节恰当。

3. 1mV 标准信号是否正常,灵敏度有无变化,标准灵敏度是否达到了 10mm/mV。若有误,可以进行调节。

4. 基线是否稳定,噪声有无增大,机器的抗干扰能力有无降低。此时应注意检查地线的连接。

5. 阻尼是否适当,若过大或过小可以进行适当的调整。

6. 心电图机的线性是否良好。

7. 走纸速度是否正常。

8. 有的心电图机使用机器内的蓄电池(或干电池)时要注意检查电池的容量和寿命,按情况进行充电或更换。

通过这些检查,可以对心电图机的情况有个初步的了解。若出现异常现象应先排除后再进行检定。

三、心电图机指标超差或不合格时的调整及修复

心电图机的各项技术指标都应满足计量检定规程的要求,检测过程中如果某一项指标超差或不合格,在条件允许的情况下,可对其进行调整。不同指标的超差原因及调整方法如下:

1. 1mV 内定标电压超差　心电图机中 1mV 定标电压可以从标准电池(小型纽扣式锌汞电池)经串联高精密电阻(金属膜电阻)分压得到,也可以利用机内高稳定度电源经分压得到,或者是由 1mV 定标产生器产生。1mV 定标电压超差极为常见,一般由于机内工作点不对,或机内标准电压输出偏差造成。

(1)标准电池随使用时间延长,电压可能降低,致使定标不准。首先用万用表测量机内标准电压输出,判断其是否正常。如不正常,如电池电压不足,则需更换电池。

(2)如果机内标准电压正常,则需检查产生 1mV 定标电压的微调电位器,如调整不当,将其调整适当。另外还需检查 1mV 定标电压的分压电阻是否因为老化而偏离设计值过多。如偏离过多,则应用同准确度、同阻值的电阻更换。

(3)最后,用万用表测量前置放大器及第一级电压放大器电路中各工作电压是否正常。如不正常,可对照说明书中给出的调试方法调节心电图机的各个可调部件,使心电图机各工作电压正常。

此时再用心电图机检定仪检查内定标电压,一般均可修正过来。另外,也可不用万用表测量,利用心电图机检定仪一边检查,一边调节各个可调部件,直至将 1mV 定标电压调整到合格为止。

2. 走纸速度超差　与 1mV 定标电压一样,走纸速度也是心电图机的关键指标。从记录纸上看,如果认为 1mV 定标电压校准了心电图机记录纵轴的话,走纸速度则标定了横轴,从而保证记录心电图的准确性。在心电图机检定规程中的随后检定项目中时间间隔的检定,即反映了走纸速度。

走纸速度超差一般均为稳速电路引起。调节稳速电路输出的稳速电压即可调整过来。但由于有些型号的心电图机,稳速电路没有可调器件,如果走纸速度超差,应检查走纸马达及机械传动部分是否正常。

3. 线性不好的修正　调节热笔位置电位器,当热笔在不同位置时,记录 1mV 定标电压幅值,若相差较大即是线性不好。引起线性不好的原因有:热笔及记录器故障;后级放大器工作点不正常。

将记录器的输入端换向,如果线性情况无变化,则一般为热笔或记录器故障;如果线性情况上下颠倒,则一般可判断为后级放大器故障。

如果热笔及记录器故障,可检查热笔机械零点是否偏离记录中心,挡笔架角度是否太小,影响热笔在上下端记录,热笔引出线方向是否正确,以及热笔架位置太低使笔架固定螺丝与记录器盖有摩擦。

如果后级放大器故障,则应首先检查其工作点,如不正常应进行调整。

4. 共模抑制比不够　心电图机检定规程要求,心电图机对共模信号的抑制能力应大于 80dB。引起共模抑制比下降的原因一般为:干扰或前置放大不平衡。

在检测过程,多是由于干扰引起的共模抑制比不合格,排除干扰即可,方法有:调整接地方式(应注意心电图机与共模抑制比测试盒共地后良好接地);导联线放入屏蔽盒内;共模抑制比测试盒初值的调整。

如因前置放大器引起,则可能是前置放大管不配对,需用同型号的放大管将其更换。

四、心电图机的电气性能检定

心电图机的性能试验项目包括:灵敏度、基线稳定度、综合频率特性、共模抑制比、输入阻抗、定标电压、噪声电平和抗干扰能力等。

1. 试验条件

(1)测试设备及元器件要求(除非另有专用测试设备及要求),必须有如下精度:

电阻器:±5%

电容器:±5%

试验电压:±1%

试验频率:±5%

放大镜放大倍数:×3

(2)性能试验的一般条件

1）无特殊规定，灵敏度置于标准灵敏度 10mm/mV；当有信号输入，但无特殊规定时，导联选择开关置于"I"，输入信号必须由患者电缆输入；

2）预热 2min 后，以 25mm/s 的走纸速度测定试验值。

2. 外接输出试验

（1）灵敏度：示波器与输出插口相连，在标准灵敏度时，键入 1mV 定标电压，输出值（U_0）应符合 0.5V/mV±5% 的规定；

（2）输出阻抗：在上述试验方法的基础上，用 900Ω（510Ω 与 390Ω 串接组成）电阻并联于示波器输入端，此时示波器上指示的 1mV 外定标的输出值为 U_L，按公式计算出输出阻抗 Z_{out}，检验其是否符合不大于 100Ω 规定。

输出阻抗 Z_{out} 计算公式：

$$Z_{out} = 900(U_0 - U_L)/U_L \, (\Omega)$$

式（3-13）

（3）输出短路测试：输出装置在标准灵敏度下，将输出短路不少于 1min，在断开短路线后，重复上述试验，应符合输出短路时不损坏心电图机的规定。

3. 外接直流信号输入试验

（1）灵敏度：外接输入插口输入 1.0V 直流信号，记录描记幅度（H_0）应符合 10mm/1V±5% 的规定；

（2）输入阻抗：在上述试验方法的基础上，将 100kΩ 电阻串接在外接信号与输入插口的信号输入端之间，记录描记幅度（H）应不小于 5mm；

输入阻抗 Z_{in} 计算公式：

$$Z_{in} = 100H/(H_0 - H) \, (k\Omega)$$

式（3-14）

检验输入阻抗应符合不小于 100kΩ 的规定。

4. 输入电路中输入阻抗试验

（1）按图 3-83 试验电路，开关 K 置"1"，心电图机置标准灵敏度。由信号源输入 10Hz 正弦信号，使描记波形获得一个峰峰偏转 10mm 的幅度（H_1）。当开关 K 置"2"时，按表 3-6 导联选择位置和导联电极的连接，描记波形偏转的峰峰值必须不小于表 3-12 规定的值，取其中最小值 H_2。

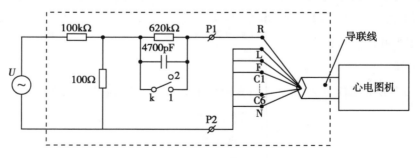

图 3-83　输入阻抗试验电路 1

输入阻抗 Z_{in} 计算公式：$\qquad Z_{in} = H_2/(H_1 - H_2) \, (M\Omega)$　　　　　　式（3-15）

信号源频率改为 40Hz，重复上述测试，检验其是否符合同样的要求。

表 3-12 描记波形偏转峰峰值的要求

导联选择器位置	导联电极		K 开路时描记偏转峰峰值 （mm）
	连接到 P1	连接到 P2	
Ⅰ,Ⅱ,aVR	R	所有其他导联电极	8
aVL,aVF	R	所有其他导联电极	8
V1	R	所有其他导联电极	8
Ⅰ,Ⅲ,aVL	L	所有其他导联电极	8
aVR,aVF	L	所有其他导联电极	8
V2	L	所有其他导联电极	8
Ⅱ,Ⅲ,aVF	F	所有其他导联电极	8
aVR,aVL	F	所有其他导联电极	8
V3	F	所有其他导联电极	8
Vi(i=1~6)	Ci	所有其他导联电极	8

（2）按图 3-84 试验电路，开关 K 置"1"，心电图机灵敏度置"2"。由信号源输入 10Hz 正弦信号，使描记波形获得一个峰峰偏转 20mm 的幅度（H_1）。当开关 K 置"2"时，按表 3-11 导联选择位置和导联电极的连接，描记波形偏转的峰峰值必须 ≥（K 开路时描笔偏转峰峰值）−19.6mm 的值，取其中最小值 H_2。

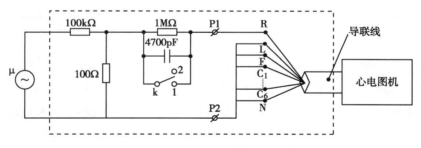

图 3-84 输入阻抗试验电路 2

输入阻抗 Z_{in} 计算公式：$$Z_{in} = H_2 / (H_1 - H_2) (\text{M}\Omega)$$

5. 输入回路电流试验

（1）灵敏度置 10mm/mV，定标幅度 H_0；

（2）按图 3-85 试验电路，各导联与公共接点之间分别接入一只 10kΩ 电阻（即分别断开一只开关），检查通过各导联电极的直流电流引起的描记波形偏转应小于 5mm，取最大值为 H，按公式计算出输入回路电流 I_{in}，检验其是否符合不大于 50nA 的规定。

导联选择开关位置：K_1 或 K_2 断开时，导联选择置"Ⅰ"；

K_3 断开时，导联选择置"Ⅱ"；

K_4 断开时，导联选择置"Ⅴ"。

输入回路电流 I_{in} 计算公式如下：

$$I_{in} = 0.1 H/H_0 (\mu A) \qquad \qquad 式(3\text{-}16)$$

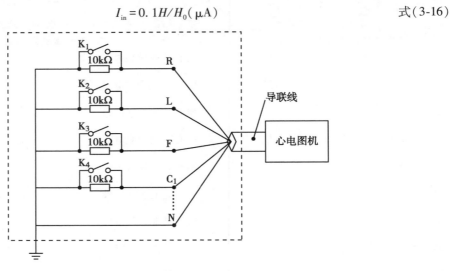

图 3-85　输入回路电流试验电路

6. 定标电压试验　由标准电压发生器输入 1mV 标准电压，记录幅度为 H_0，与机内 1mV 标准电压记录幅度 (H_V) 相比较，检验其误差 $\delta\nu$ 是否符合 1mV±3% 的规定，其误差应不大于 0.3mm。定标电压的相对误差 $\delta\nu$ 按下式计算：

$$\delta\nu = (H_V - H_0)/H_0 \times 100\% \qquad \qquad 式(3\text{-}17)$$

7. 灵敏度试验

（1）标准灵敏度：灵敏度置"1"时，外加标准电压发生器输入 1mV 记录幅度应在 10mm±2% 以内；

（2）灵敏度控制：灵敏度开关置 10mm/mV，调节定标电压幅度为 10mm，然后将灵敏度开关分别置"1/2"和"2"挡，其定标电压的幅度应分别在 4.75~5.25mm 和 19~21mm 范围内；

（3）耐极化电压试验：如图 3-86 所示，灵敏度置 10mm/mV，将 ±300mV 直流电压（输出电阻为 100Ω）接入心电图机两个输入端，记录其定标电压的幅度应在 9.5~10.5mm 范围内。

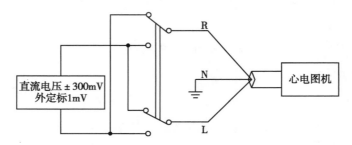

图 3-86　耐极化电压试验电路

（4）最小信号试验：由信号源输入 10Hz 正弦信号，调节输入信号电压使描记波形峰峰偏转 20mm，然后将输入信号衰减 40dB，要求能记录到可以分辨的波形。

8. 噪声电平试验　按图 3-87 试验电路，开关 K_{10}、K_{12} 置"2"、$K_1 \sim K_9$ 全部置断开位置、心电图机灵敏度置 20mm/mV，测试各导联的噪声幅度必须不超过 0.3mm。

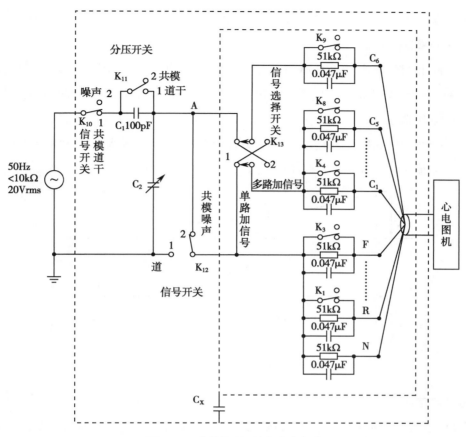

图 3-87 共模抑制、噪声试验电路

9. 抗干扰能力试验

（1）心电图机各导联的共模抑制比：导联选择开关置"Ⅰ"，由信号源差模输入一频率为 50Hz、电压为 $1mV_{p-p}$ 的正弦信号，此时描记波形峰峰偏转幅度为 H_0；将信号改为共模输入，并将信号增加 60dB，要求描记波形的幅度（H）小于 H_0；各导联重复上述测试，均须达到共模抑制比 60dB 的要求。共模抑制比的计算公式如下：

$$CMRR = 20\lg 10^3 (H_0/H) (dB) \qquad\qquad 式（3-18）$$

（2）心电图机对 10V 干扰信号的抑制：按图 3-87 试验电路，用一个 50Hz、20V（有效值）正弦信号加到试验电路上；开关 K_{10} 置"1"，K_{11}、K_{12} 置"2"。心电图机不连接到测试电路上时，调节可变电容 C_2（$C_2 + C_x = 100pF$），使共模点"A"的电压为 10V（有效值）；接上心电图机，置标准灵敏度，测试各导联分别接入模拟电极—皮肤不平衡阻抗时（即开关 $K_1 \sim K_9$ 每次断开一只）描迹的偏转幅度必须不大于 H，即 2.83mm，同时按下式计算共模抑制比：

$$CMRR = 20\lg 2.83 \times 10^4 (H_0/H) (dB) \qquad\qquad 式（3-19）$$

10. 干扰抑制滤波器试验

（1）输入（50±0.5）Hz、1mV 正弦信号，使描迹偏转 10mm，接上干扰抑制开关，要求描记幅度不大于 1mm；信号频率改为 30Hz，要求幅度不小于 7mm，符合 5.10.1 的规定。

（2）输入 10Hz、1mV 正弦信号，使描记偏转 10mm，以此为基准，接上肌电抑制开关时输入（45±

5)Hz,要求幅度不大于7mm,符合35~45Hz(-3dB)的规定。

11. 幅度频率特性试验

(1)幅频特性试验:输入10Hz、1mV正弦信号,调节信号使描迹振幅为10mm,然后保持电压恒定,将频率改为0.05、1、10、20、30、40、50、60、70、80、90、100、110、120、130、140、150Hz,测量结果符合$0.05 \sim 150Hz_{-3.0}^{+0.4}dB$的规定。

(2)低频特性试验:灵敏度调至10mm/mV,外加标准电压发生器输入,按下和复原1mV开关,分别测量描迹振幅值达到3.7mm时,对应的时间T不小于3.2s,如图3-88。

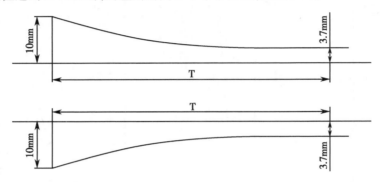

图3-88 时间常数的规定

12. 基线稳定性试验

(1)电源电压稳定时的基线漂移:电源电压稳定在220V±5%,心电图机两输入端对地各并联接入51kΩ电阻和0.047μF电容,导联选择开关置"I",测定走纸1s后的10s时间内基线漂移的最大值必须不大于1mm。

(2)电源电压瞬时波动时的基线漂移:接通记录开关走纸,在2s内使电压自198V至242V反复突变五次,测定基线漂移的最大值必须不大于1mm。改变电源电压的方法如图3-89所示;当开关K打开时,电阻R接入,电压表读数为198V;当开关K闭合时,电阻R短路,电压表读数为242V。

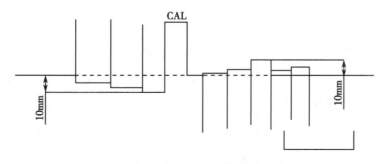

图3-89 电源电压瞬变的试验电路

(3)灵敏度变化时对基线的影响:按"开始"键描记基线,灵敏度从最小到最大变化时,基线位移不超过2mm。

(4)温度漂移:按性能检验的一般方法,当环境温度升高到40℃或降低到5℃后保持1h,然后测量基线偏移的平均值应≤0.5mm/℃。

13. 走纸速度试验

（1）输入一频率为 25Hz±1%、电压为 0.5mV$_{p-p}$的三角波信号，记录速度置 25mm/s，走纸 1s 后，用钢皮尺测量五组连续的序列（每组为 10 个周期），每个序列在记录纸上所占的距离应为（10±0.3）mm。50 个周期在纸上所占的距离必须是（50±1.5）mm。

（2）记录速度置 50mm/s，将信号频率改为 50Hz±1%，重复上述试验。

14. 起搏脉冲抑制试验　输入波宽 2ms 幅度+1V 或−1V，频率 80 次/分的正、负起搏脉冲并加±300mV 极化电压进行试验，在"−300mV"极化时加"正起搏脉冲"，其描迹基线的变动范围应在 10mm 范围内（用变动最大处作为测量处），见图 3-90 所示。再把极化电压置"+300mV"加"负起搏脉冲"，重复上述检查应符合基线的变动不大于 10mm 的规定。

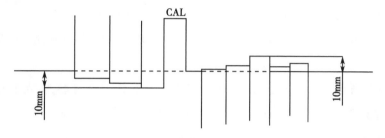

图 3-90　起搏脉冲抑制试验

15. AC-DC 电源转换试验　通过功能检查验证符合正常使用的规定。

16. 打印分辨率试验

（1）Y 轴：输入 3s 周期三角波，调节描记峰峰值为 5mm，在 Y 轴方向上每毫米应有 8 个阶梯；

（2）X 轴：输入 20Hz 正弦波，调节描记峰峰值为 20mm，走纸速度分别为 25mm/s 和 50mm/s，描记的波形无明显阶梯存在。

17. 热线阵打印试验　在记录时分别转换导联、走速、灵敏度、肌电滤波、交流滤波开关键，记录纸上应能分别打印相应的文字。

18. 热线阵打印保护试验　记录纸不装即缺纸时，能自动停止打印和走纸，此时工作异常指示灯闪烁。通过功能检查验证应符合本条规定。

19. 自动功能试验　用"模拟心电"发生器，频率 60 次/分，输入模拟心电，自动记录。自动导联转换、自动基线控制、自动增益控制、自动定标通过功能检查验证应符合各自动控制的规定。

自动充电控制：在交流供电工作时，自动对电池进行充电控制。

20. 电气安全要求试验　见第七章有关内容。

点滴积累

1. 心电图机常规检查　需进行八个方面的检查，以判断机器工作是否正常。

2. 心电图机电气性能检查项目　记录灵敏度、基线稳定度、综合频率特性、共模抑制比、输入阻抗、定标电压、噪声电平和抗干扰能力等。

第五节　心电图机技术发展趋势

一、心电图导联的发展历史

1. 常规十二导联系统　20 世纪初，Einthoven 提出标准Ⅰ/Ⅱ/Ⅲ导联，20 世纪 30 年代 Wilson 提出 V1~V6 单极胸导联，20 世纪 40 年代 Goldberger 改良了中心端，提出 aVR/aVL/aVF 单极加压肢体导联，由此形成 Einthoven-Wilson 导联体系。1954 年经美国心脏学会（AHC）采纳以及国际心电学会推广，随后经长期临床实践，积累了丰富的临床经验，制定了测量方法和分析标准，确立了目前的标准十二导联心电图（Ⅰ/Ⅱ/Ⅲ/aVR/aVL/aVF/V1/V2/V3/V4/V5/V6）。

尽管标准十二导联还存在波幅偏低、波形多变、方位死角等不足，但是其他 100 多种导联体系尚无法与之媲美。

2. Cabrera 导联系统　1944 年，Cabrera 等建议用-aVR 替代 aVR 导联，将六个肢体导联按从心脏左上向右下的解剖顺序依次排列，此后这种排列方式被称为 Cabrera 导联。

Cabrera 导联是按照从心脏左上基底部至右下方向过渡的解剖关系，将六个肢体导联排列为 aVL、Ⅰ、-aVR、Ⅱ、aVF、Ⅲ，每两个导联之间间隔 30°，其中-aVR 导联指向 30°，即 aVR 导联的相反方向，位于Ⅰ导联（0°）和Ⅱ导联（60°）中间，是Ⅰ、Ⅱ导联之间的过渡导联。我国著名的黄宛教授曾积极倡导这种导联排列方式，并将 aVL/Ⅰ/-aVR/Ⅱ/aVF/Ⅲ导联分别对应于 F1~F6 导联，称为"F 导联"（frontal plane），如图 3-91 所示。

Cabrera 导联的优势：

（1）导联排列方式与心脏解剖密切结合：从左上基底部至右下方向，连续显示心脏的电激动波形，便于心肌缺血或心律失常的起源定位。

（2）各导联波形存在十分规律的图形演变规律。

（3）充分展示波形的合理过渡，彰显-aVR 导联的作用：-aVR 导联面向左室前壁心肌，是Ⅰ、Ⅱ导联的过渡导联，三者结合可以较好地反映左室广泛前壁缺血的情况，而 aVF 导联是Ⅱ、Ⅲ导联间的过渡导联。

（4）有助于理解心电波形的正常变异：如 aVL 和Ⅲ导联对应于心脏边缘区域，易受呼吸等因素影响而出现异常 Q 波或 ST-T 改变等正常变异。

截至目前，Cabrera 导联在瑞典已经应用 25 年，2000 年 ESC/ACC 发表的指南及 2009 年 ACC/AHA/ERS 最新发表的"心电图标准化及解析的建议"都推荐使用该导联系统，并建议心电图机应配备这一导联交换系统。虽然，Cabrera 导联不能完全取代已经应用几十年的常规导联，但其有着重要的

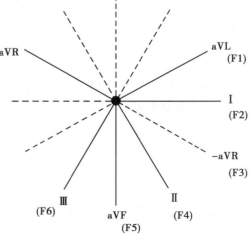

图 3-91　Cabrera 导联顺序（F 导联）

实用价值。相信随着心电图应用指南的推广,Cabrera 导联将进一步得到重视和更多的应用。

3. Frank 正交导联系统 1956 年,Frank 提出了一套校正的正交导联系统。该导联系统共有 7 个电极,合成互相垂直的 X、Y、Z 三个导联。胸部放置 5 个电极,位于胸骨下部平第 5 肋间水平,分别为:前正中线为 E,背部正中线为 M,右腋中线为 I,左腋中线为 A,左前胸部 E 和 A 的中点为 C;另外两个电极分别放在左足为 F 和颈部背面正中偏右 1cm 处为 H。每个电极连有不同的电阻,在一定程度上校正了心脏在胸腔中偏左前和人体导电的不均匀性,由于其物理基础健全、设计合理而广泛用于心电向量图技术中。

4. EASI 导联系统 1988 年 Dower 正式发表文章,将其最初用于运动试验的 EASI 导联系统公之于众。这套导联系统实际是对 Frank 导联系统的简化改良,保留了原有的 A、E 和 I 三个电极,在胸骨上端(即胸骨柄处)增加了 S 电极,如图 3-92 所示。利用 EASI 导联系统可直接记录 E-S、A-S 和 A-I 三个双极导联的心电图,特别是通过运算处理后可以从中衍生出常规 12 导联和其他需要的导联心电图,有利于长程记录和监测。

Frank 导联系统中的 M 点位于背部,在不能坐起的患者中记录不方便;H 点位于颈部,容易产生噪声干扰;F 点位于下肢,无法在动态心电图和运动心电图中采用。EASI 导联系统摒弃这些位点,从而避免了相应缺陷。EASI 导联系统具有的优势是:需要的电极数目少,位置明确易固定,干扰少(包括肌电、胸毛及在女性乳房下垂的影响),不影响心脏听诊、超声检查及除颤等诊治。

5. 临床上常用的其他导联 目前国际上对常规心电图十二导联已有统一规定,包括肢体导联(额面导联)和胸壁导联(横面导联)两部分。肢体导联又分成三个标准导联(I、II、III)和三个加压单极导联(aVR、aVL、aVF);胸壁导联共六个(V1~V6)。此外,临床上常用的导联还有:右胸导联(V3R~V6R)、后壁导联(V7~V9)和比上述导联高一肋间导联(V1L~V6L)及低一肋间导联(V1H~V6H)等。

在可疑右壁心肌梗死的患者中,在对应于右胸导联的部位可能记录到异常变化。临床上诊断后壁心肌梗死还常选用 V7~V9 导联;小儿心电图或诊断右心病变(例如右室心肌梗死)有时需要选用右胸导联(V3R~V6R)导联,如图 3-93 所示。

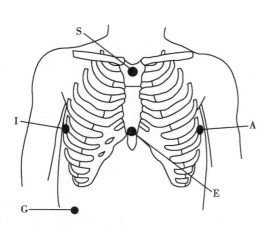

图 3-92 EASI 导联系统电极位置
S:上胸骨;E:下胸骨(处于第五肋间水平);
A:左腋中线(与下胸骨电极 E 处于同一水平
上);I:右腋中线(与下胸骨电极 E 处于同一
水平上);G:参考电极,可以放在任何地方

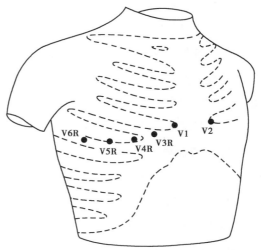

图 3-93 右胸导联(V3R/V4R/V5R/V6R)

二、十五/十八导联心电图的临床应用

常规十二导联心电图对心肌梗死的诊断具有简单快捷、方便和直观的特点，可以对前间壁、左前壁、侧壁和下壁的心肌病变进行较准确的定位，但对右室和正后壁的电活动表达能力差。临床多年的观察和研究显示，常规十二导联心电图通过对 ST 段的改变来诊断急性心肌梗死并不是最适宜的，在右侧胸壁和左后胸壁的部位在常规十二导联心电图上很少反映心肌梗死的 ST 段改变。目前临床在急性心肌梗死的诊断中，除做常规十二导联心电图外，必须加做右室导联 V3R、V4R、V5R，正后壁 V7、V8、V9 导联，共计十八导联心电图，这样才能比较全面客观地反映心电图在体表的部位，急性心肌梗死的心电图诊断常规加做右室导联 V3R、V4R、V5R 和后壁导联 V7、V8、V9，附加右室和后壁导联提高了急性心肌梗死的敏感性。近年来的文献还显示，右胸导联(V3R~V5R)心电图是诊断右室梗死的重要方法，在右室梗死诊断中有重要的价值。

十八导联心电图机是在十二导联基础上增加了六个可移动胸电极，由于胸电极较多(12 个)容易出现电极接触不稳，心电图检查花费的时间较长，加做 V7、V8、V9 的患者需要右侧卧才能完成十八导联检查，也会造成患者紧张和不舒服，因此十五导联心电图机应运而生。

十五导联心电图机是在十二导联基础上增加了三个可移动胸电极，可以同时记录十二导联心电图和三个附加的胸导联。三个可移动胸电极的位置可以根据临床需求放置在 C1 高一肋/C2 高一肋/C3R 或者 C3R/C4R/C5R 或者 C7/C8/C9，加做三个附加导联时也不会给患者造成太多不便，因此很好地满足了临床应用的需要。

三、心电图机未来发展趋势

心电图机的种类繁多，按照导联数目区分：十二导联、十五导联、十八导联等；按照临床用途区分：静态心电图、动态心电图(HOLTER)、胎儿心电图、新生儿心电图、动物心电图等；按照国家行业标准区分：记录型、分析型；按照记录介质区分：热敏纸记录型、普通纸打印型(心电工作站)；按照热敏记录道数区分：单道、三道、六道、十二道。

尽管种类繁多，心电图机基本上都是由以下模块组成：放大采集单元、信号处理单元、显示和打印单元、辅助功能单元、心电图自动测量和分析功能。心电图机的发展首先是为了满足临床需求，随着科学技术的发展，分别简述以上功能模块的未来发展趋势。

1. 放大采集单元 多导联同步放大采集：高性能运算放大器和高精度 AD 转换器件的广泛应用，目前的静态心电图已由单导联发展到 12/15/18 导联同步采集；动态心电图已由单导联发展到 3/12导联同步采集；将来有可能发展到多达 128 导联的心电体表地形图(心电标测系统)。

多导联同步采集有利于同步整体观察和测量多导联同一心动周期的波形，提高了各种参数测量的准确性，便于早搏的定位，心律失常的分型，预激综合征的分型和定位，宽 QRS 波心动过速的鉴别诊断。通过分析同一时刻多个导联的波形，有助于提高诊断的准确率。

2. 信号处理单元 随着低功耗高性能 ARM 和 DSP 处理器的普及应用，心电图已从模拟信号处理方式发展到数字信号处理方式。以前采用模拟电路实现的交流、肌电、漂移滤波器，现在全部可以

采用数字滤波器来实现,性能显著提高的同时,硬件电路大大简化。

心电图采用数字信号处理技术,也使得心电图机的智能化程度越来越高,可以完成心率计算、心律失常识别、自动灵敏度、自动基线定位、心电图自动测量和分析等高级功能,就像傻瓜相机,操作者只需按下【开始】键,就可以打印出一份高质量心电图记录。

3. 显示和打印单元　心电图机目前已逐步采用成熟的 TFT 液晶屏,实现多导联同步预览显示。心电图机的打印单元也由早期的模拟热笔式记录器(第一代"环路"反馈式、第二代"速率"反馈式、第三代"位置"反馈式)发展到新颖的第四代热阵式记录器。

热阵式记录器的优点:无需调整,不存在热笔式记录器的线性不良和过冲/阻尼问题,容易实现多通道波形和字符的同步打印,是今后心电图机热敏记录的发展方向。

心电图机的另外一个发展方向是基于计算机的心电工作站(也称 PCECG)。配备 600DPI 的普通激光打印机,在水平和垂直方向达到每毫米 12 点的分辨率(热敏打印机水平和垂直方向的分辨率分别为 8 点/毫米、40 点/毫米),普通 A4 打印纸打印成本低廉,保存数年不褪色,避免了热敏记录纸容易挥发褪色的问题。

4. 辅助功能单元　为了满足临床需求,心电图机除了基本功能外,还需要配备一些常用的辅助功能,例如心电病例的存储和回放、中英文输入法、USB 主机接口(外接条码枪、U 盘、激光打印机)、与计算机的通讯接口等。随着互联网/物联网和心电图远程诊断的兴起,心电图机直接联网的需求也越来越多,高档心电图机已经配备有线/无线以太网接口,心电图检查完成后可以直接上传到远程服务器,今后会再进一步共享到医生/患者的智能手机端。

5. 自动测量分析功能　心电图自动分析是至今为止计算机在医学中应用最为成功的范例之一,它融合了包括传感器技术、信号处理技术、描记技术以及逻辑判断技术(人工智能)等最新的研究成果。心电自动分析软件利用计算机分析并显示心电图,测量必要的参数,再根据临床标准作出正确的诊断或评价。心电自动分析软件能减少医生的工作量,提高临床指标分析精度。

国外从 20 世纪 50 年代中期就开始研究心电图自动分析软件。随着心电研究的不断发展,1970年后,心电自动分析和诊断系统开始了商品化,医生可借助自动分析软件准确地判断分析十几种心脏病。目前国外主要的心电分析程序有 Philips 的 DXL,GE 的 12SL,Mortara 的 VERITAS,日本光电的 ECAPS-12C 等。国内的有深圳理邦的 SMIP 自动分析软件等。

心电图诊断的标准化是计算机进行自动分析的基础,尤其是对于 24 小时动态心电图和实时心电监测仪,自动分析软件可以显著减少医生的工作量。尽管如此,国内外的心电图自动分析软件仍然存在以下不足之处:

(1)出现干扰时的纠正判断能力不足。

(2)结合患者病史的综合分析能力不足。

(3)复杂心律失常的分析尚不能达到熟练医生的水平。

因此不能完全依赖心电图机自动分析的结果。对于大中型医院,自动分析可以提示临床医生防止漏诊;对于乡镇小型医院,自动分析可以弥补临床医生诊断经验的不足。

点滴积累

1. 心电图的导联系统　常规十二导联，Cabrera 导联系统，Frank 正交导联系统，EASI 导联系统和其他导联系统（V7~V9 导联，V3R~V6R 导联等）。
2. 心电图机未来发展趋势　多导联同步采集、数字信号处理技术、多通道同步打印、远程心电诊断、心电图自动测量分析功能等。

学习小结

一、学习内容

本章是本书的重点，从心电图及心电图机的基础知识入手，详细介绍了心电图的产生、测量的特殊要点及心电图机特有的导联系统；然后以典型的模拟式与数字式（单道、三道）心电图机展开详细的电路分析；最后描述了心电图机的常规维护及特殊电气检定的方法。

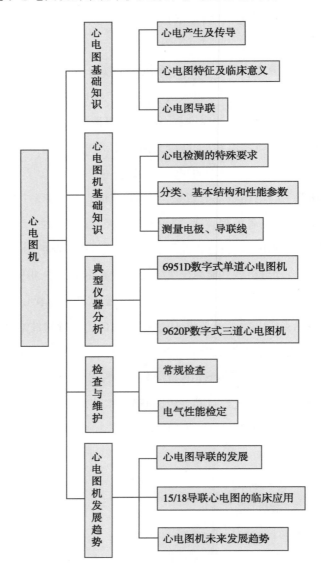

二、学习方法体会

1. 本章的学习必须首先从掌握心电图的十二导联的定义、与放大器连接的方法及测量的特殊性要求(微弱信号、干扰大的测量环境、测量的安全性要求等)出发,然后才能过渡到仪器的分析。

2. 对心电图机电路的分析应注重把握以下几个方面:

(1)整机电路的分析应首先建立在系统的原理框图分析基础上,由此深入。

(2)重点突出浮置前置放大器的电路分析,其内容要求掌握浮置的设计、输入电路、威尔逊网络、导联的切换、时间常数电路、光电耦合电路等。

(3)其次分析导联切换等数字控制信号与模拟电路的连接。

3. 注意熟悉心电图机电气性能检定的指标及其特有的检定的方法。

4. 对本章内容掌握的程度,决定了是否具备后续脑电图机及肌电图机的学习中所需要的举一反三的能力。

目标检测

1. 判断题

(1)心电图测量常规 12 导联,需要 12 个电极。( )

(2)因为心电信号很小,所以心电前置放大电路的放大倍数越大越好。( )

(3)浮置电路中采用光耦传递心电信号,光耦传输前一般先进行脉宽调制。( )

(4)浮置电路的主要作用是防止电击事故,确保患者安全。( )

(5)右腿驱动电路的主要所用是减少市电交流干扰。( )

2. 单项选择题

(1)生物电测量电极的作用是将人体中存在的_____。

    A. 离子电流转换为电子电流　　　　　B. 电子电流直接提取

    C. 电子电流转换为离子电流　　　　　D. 以上都不是

(2)心电图测量时的 aVR 导联属于_____。

    A. 单极胸导联　　　　　　　　　　　B. 双极胸导联

    C. 单极加压肢体导联　　　　　　　　D. 双极加压肢体导联

(3)心电图测量的导联数一般有_____。

    A. 1　　　　　　　B. 3　　　　　　　C. 6　　　　　　　D. 12

(4)心电图五个波 P、Q、R、S、T 中,T 波表示了_____。

    A. 心室除极　　　　　　　　　　　　B. 心房除极

    C. 心室复极　　　　　　　　　　　　D. 心房复极

(5)心电放大器实现隔离级设计,需采用电磁耦合和_____。

    A. 光电耦合　　　　　　　　　　　　B. 电容耦合

    C. 电气耦合　　　　　　　　　　　　D. 以上都不是

（6）心电图五个波 P、Q、R、S、T 中基波频率最高的是_____。

    A. P 波

    B. QRS 波

    C. T 波

    D. U 波

（7）心电图机 TEST 导联的作用是_____。

    A. 测量心电

    B. 测量干扰

    C. 时间校正

    D. 幅值校正

（8）心电图机的输入电路有高压保护，其作用是_____。

    A. 提高 CMRR

    B. 提高输入阻抗

    C. 防止遭受除颤器释放的高压

    D. 防止高频噪声的干扰

（9）心电图机的时间常数电路实际上是_____。

    A. 低通滤波器

    B. 高通滤波器

    C. 带阻滤波器

    D. 带通滤波器

（10）心电浮置前置放大器除了将电源和心电信号隔离外，还需隔离_____。

    A. 导联切换等控制信号

    B. 50Hz 干扰信号

    C. 肌电信号

    D. 起搏脉冲信号

（11）以下不是心电图机设计中常用的提高 CMRR 技术_____。

    A. 屏蔽驱动

    B. 电源浮置

    C. 叠加平均

    D. 右腿驱动

（12）心电图机中封闭电路的作用是_____。

    A. 防止开机时电压冲击

    B. 防止导联切换后可能产生的电压跃变

    C. 防止除颤器工作对机器的损害

    D. 防止起搏脉冲的冲击

（13）心电图机中的肌电滤波器实际上是_____。

    A. 低通滤波器

    B. 高通滤波器

    C. 带阻滤波器

    D. 带通滤波器

（14）CF 型的 ECG-6951D 心电图机整机电源电路没有_____。

    A. 交直流电源选择

    B. DC-DC 变换器

    C. 电池充电电路

    D. 自耦变压器

（15）DC-DC 变换器采用了高频逆变技术，优点是使得_____。

    A. 没有变压器

    B. 变压器尺寸急剧减小

    C. 输出电压很稳定

    D. 输出电压可以任意多组

（16）ECG-6951D 心电图机电源电路中 DC-DC 变压器隔离采用了_____。

    A. 光电耦合

    B. 电磁耦合

    C. 电气耦合

    D. 以上都不是

（17）ECG-6951D 心电图机有基线自动控制功能，是因为控制部分有_____。

    A. A/D 采样电路

    B. 滤波电路

    C. 光电耦合电路　　　　　　　　　　　　D. 灵敏度调节电路

3. 简答题

（1）试证明标准导联和加压导联之间存在下述关系：Ⅱ-（1/2）×Ⅰ=aVF。

（2）试讨论选择威尔逊中心端电阻时应考虑的因素，说明电阻选得太大或太小的优缺点。

（3）一个技术员认为加压导联中的 R/2 没有用处，将它拆除短接后会发生何种结果？

（4）设计一个在每次记录开始时自动校准心电图机的装置，定标信号用 1mV 的标准脉冲。

（5）设计一右腿驱动电路，并标出所有电阻的数值。对流经身体的 50Hz、1μA 的电流，要求共模电压必须减小到 2mV；当放大器在±12V 饱和时，电路流过的电流不应大于 5μA。

（6）测出的 ECG 波形，如果出现低频失真，可能是下面各个结论中的哪一条？

①T 波呈双相；②R 波呈双相；③T 波幅度减小；④R 波幅度减小；⑤QRS 波顶角明显变圆。

（7）试分析 ECG-6951D 型心电图机的工作原理与结构特点。

（8）请分析数字式三道心电图机（ECG-9620P）的工作原理与结构特点。它与模拟心电图机相比较，有什么突出的优点？

（9）试说明心电图机 CMRR 指标检定的步骤及计算方法。

第四章

脑电图机

学习目标

学习目的

通过学习脑电产生的机制、诱发电位的基础知识、脑电图导联的概念、脑电图机的结构与性能指标及脑电图机的单元线路、典型脑电图机和脑电示教仪的原理等有关知识，为后续章节的学习奠定基础，同时为本课程的实训及其他后续课程打下基础。

知识要求

1. 掌握脑电图机的分类、导联，典型脑电图机的组成结构、工作原理、性能指标及检测的基本知识。

2. 熟悉脑电图机的 10-20 系统电极法、典型脑电图机的主要技术指标、诱发电位的基础知识及脑电图机的检查和维护知识。

3. 了解脑电信号产生的一般机制。

4. 了解典型脑电图机和脑电示教仪的原理。

能力要求

熟练掌握对常见脑电图机的结构分析、使用和技术指标的比较；学会对脑电图机的一般故障进行诊断与维修。

人的一切活动都是受中枢神经系统控制和支配的，中枢神经系统是由脑和脊髓所组成的，而人脑是中枢神经中高度分化和扩大的部分。在中枢神经系统中，有上行（感觉）神经通路和下行（运动）神经通路。依靠这两条传导通路，大脑不仅能接收周围事件的信息，而且能修改由环境刺激所引起的脊髓反射的反应。脑和脊髓一样，都被浸浴在特殊的细胞外液（脑脊髓）中与其他浸浴导体一样，这些神经的电活动可被等效为一个偶极子。如果每一小单位体积被等效为一个偶极子，整个脑的总和等效偶极子即是全部偶极子的向量和。对应着这个偶极子，必定存在着一定的脑电场分布。通过测定脑容积导体电场电位的变化，可以了解脑电的活动情况，进而了解脑的机能状态。

人体大脑皮层活动会产生电位变化，通过在大脑表面适当位置放置电极，能够检测出大脑活动产生的电位变化，将大脑活动产生的电信号随时间变化的曲线描记下来，即可得到通常所说的脑电（electroencephalograph，EEG）。目前脑电图对于颅内占位性病变、癫痫和脑部其他疾病的诊断以及神经系统的研究都有着广泛的应用，不仅可用于神经学学科，还应用于内科学、药理学、电生理学及运动医学等领域。

第一节 脑电图基础

人的大脑皮层中存在着频繁的电活动,而人正是通过这些电活动来完成各种生理机能的。人的大脑皮层的这种电活动是自发的,其电位可随时间发生变化,我们用电极将这种电位随时间变化的波形提取出来并加以记录,就可以得到脑电图。通过检测并记录人的脑电图就可以对人的大脑及神经系统疾病(如急性中枢神经系统感染、颅内肿瘤占位性病变、脑血管疾病、脑损伤及癫痫等)进行诊断和治疗,所以对人的脑电图进行研究很有必要。

一、脑电的性质和分类

脑电,就是通过电极记录下来的脑细胞群的自发性、节律性的电活动,将脑细胞生物电活动的电位作为纵轴,时间作为横轴,记录下来的波形称之为脑电图。如图 4-1 所示。头皮上两点之间或头皮与无关电极(即参考电极)之间的电位差可以用 $E+\Delta E$ 来表示,这里 E 为直流电位,ΔE 为电位的变化量。人们所观察到的脑电图就是 ΔE 的波形,这种电现象是生物电现象的一种表现。生物一旦死亡,生物电现象随即很快消失,不同种类的动物其脑电活动亦各不相同。

知识链接

脑电信号产生的机制

人的中枢神经系统主要由两种细胞构成,即神经细胞和神经胶质细胞。 神经细胞具有接收刺激和传导兴奋的作用;胶质细胞对神经细胞有支持、营养和保护作用,但不具有兴奋性,不能发放电冲动。神经细胞由细胞体和突起构成,突起分为树突和轴突。 正是这几种结构构成了脑电信号产生的物质基础。 由生物电的基本知识可知,脑电信号即神经细胞的电活动也属于生物电,生物电分为动作电位和静息电位。 静息电位属于动态的电化学平衡,当细胞兴奋时,原有的动态平衡被打破,这时即可产生动作电位。 一系列的反复恢复和破坏细胞膜的生化物理过程便构成了动作电位在神经元和神经细胞膜上的单向传递,这就是脑电信号产生的机制。

---

1. 脑电图的一般性质 通常所记录到的人的脑电图一般类似于正弦波,它虽然不是真正的正弦波,但可以作为一种以正弦波为主波来进行分析。因此脑电图亦采用周期、振幅和相位等参数进行描述。周期、振幅和相位(亦称位相)是脑电图的基本特征,现分述如下。

(1)周期:在正弦波现象中把一个波和下一个波相对应点之间的距离用时间表示称为周期。而脑电图的周期与上述略有不同,脑电图的周期是指由一个波底到下一个波底的距离,或者由一个波峰到下一个波峰的距离对基线的投

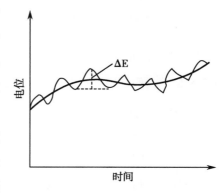

图 4-1 脑电位与时间的关系曲线

影用时间表示出来,如图 4-2 所示。

通常把单位时间内出现的正弦波波数(频率)的倒数称为平均周期,例如 1 秒时间内有 10 个正弦波,其平均周期为 1/10s,即 100ms。

脑电图的周期取决于记录部位的电活动,正常人在清醒、安静、闭眼时其脑电图周期相当稳定,经自动频率分析仪分析的结果,脑电图频率主要分布于 8~12Hz 的范围内。同一个人头皮各区平均周期的差异不大于 10%,在不同时间记录的平均周期亦不超过 10%,虽然平均周期比较稳定,但对大脑生理条件的变化,特别是对代谢改变十分敏感。在临床脑电图的研究中,由于周期的单位(ms)使用不方便,一般用频率来表示周期。

(2)振幅:在脑电图中通常把从波峰划一直线使其垂直于基线,由这条直线与前后两个波谷连线的交点至波峰的距离称为脑电图的平均振幅,如图 4-2 所示。

采用这种测定方法,是考虑到振幅一般不恒定,经常变化。振幅的大小一般取决于脑内发生的电位,也即电位发生部位的脑细胞数目及其排列方向以及记录电极间的距离、诱导方向等因素的大小。

一般振幅变化的方式有三种形式:

1)非常快的突然变化,如癫痫波;

2)在几秒至几分钟短时间内的变化,如睁眼、外界刺激等引起的生理变化;

3)几天至几年的慢变化,如年龄差异即发育过程中的生理变化。

(3)相位:在脑电图中,相位亦称位相,它有正相和负相之分。习惯上以基线为标准,把朝上的波称为负相波(阴性波),朝下的波称为正相波(阳性波),此时波的位相亦称为波的极性。此外,在同时记录两个部位的波时,其相位差亦是一个重要的参数,如图 4-3 所示。

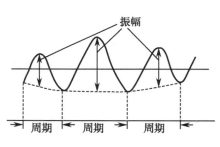

图 4-2　脑电图的振幅和周期

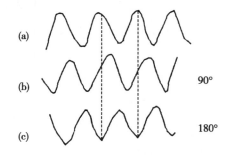

图 4-3　脑电图的相位差

若两个波的相位差为 180°时,称为相位倒转;若两个波的相位差为 0°时,称为同相位。在脑电图中,相位差一般不用度数来表示,而把它换算成时间轴的距离,并使用毫秒单位。

2. 脑电信号的分类　脑电图的波形很不规则,通常根据其频率、振幅的不同,可以把正常的脑电图划分为四种基本波形,如图 4-4 所示。

(1)α波:频率为 8~13Hz,振幅为 20~100μV;在枕叶及顶叶后部记录到的 α 波最为显著。α 波在清醒安静闭目时即出现。波幅表现由小变大,然后又由大变小作规律性变化,因而呈梭状图形。睁眼、思考问题,或接受其他刺激时,α 波消失而出现快波,这一现象称为 α 波的阻断,如果被测者又

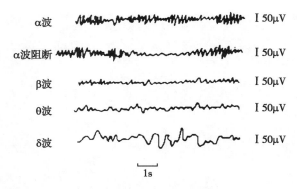

图 4-4　脑电图的四种基本波形

再安静闭目,则 α 波又重新出现。

(2)β 波:频率为 14~30Hz,振幅为 5~20μV;安静闭目时只在额叶出现。如果被测者睁眼视物,或听到突然的音响,或进行思考活动时,则在头皮其他部位也出现 β 波,所以 β 波的出现一般代表大脑皮质兴奋。

(3)θ 波:频率为 4~7Hz,振幅为 20~150μV;在困倦时一般即可记录到,它的出现是中枢神经系统处于抑制状态的一种表现。

(4)δ 波:频率为 0.5~3.5Hz,振幅为 20~200μV;成人在清醒状态下没有 δ 波,只有在睡眠时出现。但在深度麻醉、缺氧或大脑有器质性病变时也可能出现。

脑电图的波形随生理情况的改变而变化。一般来说,当脑电波由高振幅的慢波转为低振幅的快波时,表示兴奋过程的增加;反之,由低振幅的快波转为高振幅的慢波时,就表示抑制过程的发展。

在儿童时期,脑电波频率比成年人慢,一般可见到 θ 波节律。到 10 岁才开始出现 α 波节律。在婴儿期,脑电波频率更慢,一般可见到 δ 波节律,患有皮质肿瘤的患者或癫痫发作的患者,脑电波都会发生改变,现代脑电图学已经建立起了正常人的脑电图诊断标准和异常脑电图诊断标准。因此,脑电图在临床诊断上有极为重要的价值。

3. 脑电地形图　地形图是地理学中的概念,是一种可以表达方位与高度的平面或三维地理图形,既能反映一个地区的地理位置,又能反映其地形地貌。地形图通常以统一的标准颜色表达各个地区的海拔高度,例如以不同深浅的蓝色表达海区的海洋深度,以不同类型及深浅的红色表达山丘的高度。

地理地形图的信息表达方式被引入到脑电图学,形成了脑电及诱发电位地形图。其基本思路就是根据国际 10-20 电极系统在头皮放置的电极上提取的脑电信号,通过数学插值算法,用计算机生成一个由数千像素点构成的平面,像素点的数值被量化为 16 级以上,并赋予不同的颜色或灰度差,即构成能反映脑机能变化的定量分布图像。若各电极点所取的脑电特征值,是在功率谱分析基础上求得的 δ、θ、α、β 各频段的功率,构成的图就是脑电功率地形图,简称脑电地形图或 BEAM(brain electrical activity mapping);若各电极点所取得脑电特征值,是经过累加平均处理后提取的某种脑诱发电位(Ep)在某一时刻的幅度值,则构成诱发电位地形图。如图 4-5、图 4-6、图 4-7 所示。

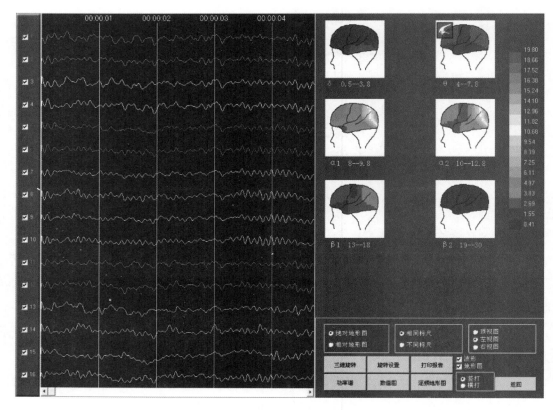

图 4-5 脑电地形图左视图

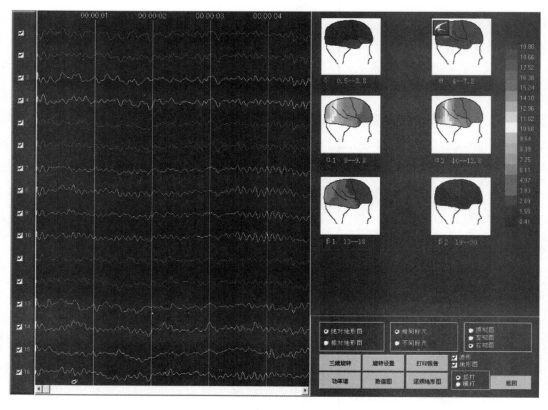

图 4-6 脑电地形图右视图

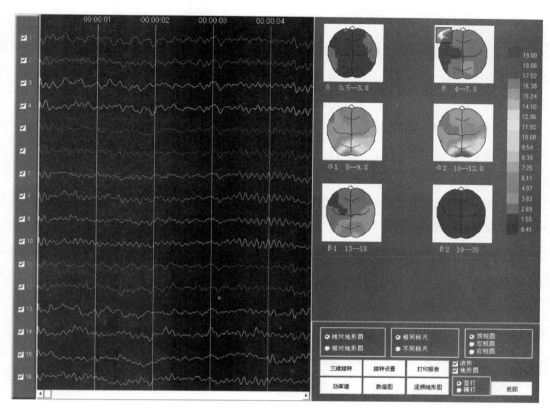

图 4-7 脑电地形图顶视图

二、诱发电位基础知识

（一）诱发电位的分类

前面讲过,脑电图记录的是人大脑自发的电位活动,这种自发的脑电信号在临床诊断上有重要的意义。除此之外,如果给机体以某种刺激,也会导致脑电信号的改变,这种电位称为脑诱发电位。根据脑电与刺激之间的时间关系,可将电位分为特异性诱发电位和非特异性诱发电位。所谓非特异性诱发电位是指给予不同刺激时产生的相同的反应,这是一种普通的和暂时的情况;而特异性诱发电位是指在给予刺激后经过一定的潜伏期,在脑的特定区域出现的电位反应,其特点是诱发电位与刺激信号之间有严格的时间关系。非特异性诱发电位幅度比较高,在脑电图记录中即可发现。特异性诱发电位较小,完全淹没在自发脑电信号中。从其概念可知,非特异诱发电位没有任何特定意义,因此在临床诊断中不具有诊断价值。而特异性诱发电位的形成和出现与特定的刺激有严格的对应关系,因此通过诱发电位可以反映出神经系统的功能与病变。所以在临床上只进行特异性诱发电位的检查,通常我们把特异性诱发电位简称为诱发电位(evoked potential,EP)。诱发电位是指中枢神经系统在感受外在或内在刺激过程中产生的生物电活动,是代表中枢神经系统在特定功能状态下的生物电活动的变化。目前临床上常用的诱发电位有模式翻转视觉诱发电位(pattern reversal visual evoked potential,PR-VEP);脑干听觉诱发电位(brain stem auditory evoked potential,BAEP)和短潜伏期体感诱发电位(short-latency somatosensory evoked potential,SLSEP)。

1. 视觉诱发电位（visual evoked potential，VEP） 视觉诱发电位是指向视网膜给予视觉刺激时，在两侧后头部所记录到的由视觉通路产生的电位变化，其刺激方式是电视机显示的黑白棋盘格翻转刺激，方格大小为 30° 视角，对比度至少大于 50%，全视野大小应小于 8°，眼睛固定注视中心，刺激频率为 1~2Hz。

2. 听觉诱发电位（auditory evoked potential，AEP） 听觉诱发电位是指给予声音刺激，从头皮上记录到的由听觉通路产生的电位活动，因其电位源于脑干听觉通路，故又称为脑干听觉诱发电位。其刺激源为脉宽 200μs 的方波电信号，经过换能器转换成短声，它的极性依据耳机振动膜片的方向而定，当耳机膜片靠向患者鼓膜时，该刺激为密波短声，反之为疏波短声。临床神经学研究中，常用疏波短声为刺激声，刺激频率为 10~15Hz，强度高于听力阈 60dB。BAEP 的神经学检查主要采用单耳刺激，这样可避免产生假阴性结果。所谓单耳刺激是指对健耳给予白噪声刺激，以消除骨传导的影响，通常给予对侧掩耳以小于同侧耳刺激声 30~40dB 的白噪声刺激强度。

> **知识链接**
>
> 听力筛查的方法
>
> 　　听力筛查就是应用一定的快速并且简单的实验，对那些可能存在听力损失的大规模人群进行听力存在与否的鉴别。现在用于新生儿听功能检测的方法主要有听功能行为筛查法、听觉脑干诱发电位法、耳声发射法等。

3. 体感诱发电位（somatosensory evoked potential，SEP） 体感诱发电位是指躯体感觉系统在受外界某一特定刺激（通常是脉冲电流）后的一种生物电活动，它能反映出躯体感觉传导通路神经结构的功能。其刺激方式有恒压器和恒流器两种。恒压刺激器的范围为 0~1V，恒流刺激器的输出范围为 0~100mA。刺激强度通常选用感觉阈上 4 倍或运动阈上 2 倍，方波宽度为 100~500μs。

为诱发电位的测量部位及临床价值对比表，如表 4-1 所示。

表 4-1　诱发电位的测量部位及临床价值

类型	刺激方法	测量部位	临床诊断价值
VEP	闪光或视觉图形刺激	头皮枕叶部	多发性脑硬化外周神经伤害神经病
SEP	电流刺激	感知皮层上	外周神经纤维和皮层之间脊柱通路的疾病
AEP	声音（咔嗒声、爆发声、白噪声）	脑干上	听觉通路缺陷疾病

（二）获得诱发电位的一般刺激方法

临床诊断已经证实，从颅表面或大脑深部结构，均能描记到由于光、声或电刺激中枢神经系统的各部所引起的诱发电位。

刺激可以是连续的或断续的,即刺激可以是连续波或脉冲波,其强度、时间、频率均可改变。

一般的方法有以下几种:

1. 光刺激　为常用的刺激方法之一。适用于脑部有局部性损伤的患者,因为此时病理过程局限于脑干或大脑半球,所以其光刺激所产生的诱发电位具有重要的临床价值。

光刺激器一般采用气体放电管或阴极射线管。光刺激时,光源应位于患者眼的附近(小于20cm)。描记时要避免眨眼和眼球移动所产生的伪差。

2. 声刺激　适用于研究大脑半球皮质和听觉分析器官传导途径的诱发电位。用于评定癫痫、蛛网膜炎等脑疾患者的机能状态。

一般声刺激器是声发生器产生的一种具有一定频率和强度的纯音调刺激。实践中,常将声、光刺激器组合在一起,称为声光刺激器。

3. 电刺激　临床上的电刺激器由七个部分组成,即电源部分、特定发生器(振荡器)、编组装置、延迟部分、总和器、输出器和计时脉冲发生器。

电刺激器通常具有多功能的特点,即可以输出单一脉冲或一列脉冲;输出单相脉冲或双相脉冲;每个脉冲的宽度、幅度、重复频率和极性均可调整。刺激器按输出方式划分,又可以分成电压输出刺激器和电流输出刺激器,前者属于低阻抗输出,后者属于高阻抗输出。

在使用电刺激器时应特别注意安全,并使刺激器与描记部分分别接地,可有效地降低记录波形的伪差。

(三)诱发电位描记的一般方法

诱发电位一般用脑电图机进行描记,也可以用其他设备(例如阴极示波器)进行描记。临床上描记诱发所用的电极有以下几种:

1. 从颅表面描记诱发电位,可采用脑电图机的描记电极。

2. 在做神经外科手术时,可借助胶着电极从暴露的大脑皮层表面描记诱发电位。胶着电极是圆盘形的石墨电极,直径约5cm,固定在胶布板上,它能很好地黏附在暴露的脑部。

3. 描记脑深部的诱发电位,可使用各种专门的脑内电极,例如鼻咽电极以及蝶骨电极等。

描记诱发电位时,安置电极可遵循前述的一般方法,但也要考虑对诱发电位发生的区域进行必要的调整。一般对光刺激的诱发电位,电极最好安置在两侧大脑半球的后部。描记脑深部的诱发电位时,电极安置在顶颞部时的记录效果较好。描记诱发电位时的导联方法也和一般脑电图的描记相同。

在进行诱发电位描记时,一方面要遵循上述原则,同时还要创造一定的研究条件,即要求被检者处于安静、清醒状态(不应过分兴奋或沮丧)。应当注意,脑的机能状态的改变可直接影响诱发电位的产生和表现形式。否则,将会影响对所得到诱发电位的分析和判断。

关于诱发电位的处理,通常包括诱发电位的潜伏期、振幅和诱发电位反应的各个时间的周期处理等。由于电子计算机等技术的应用,对诱发电位可做定量分析,可计算均方根差指数、平均分散指数等统计参数,也可作相关分析,用以判断大脑左右半球的功能是否正常。

点滴积累 ∨ ······

    1. 脑电图的基本特征：周期、振幅和相位。

    2. 脑电信号的分类：α 波、β 波、θ 波、δ 波。

    3. 诱发电位的分类：视觉诱发电位、听觉诱发电位、体感诱发电位。

    4. 脑电地形图：BEAM。

第二节　脑电图导联

与心电图记录类似，记录脑电信号首先必须解决电极在大脑表面的放置以及电极与脑电放大器输入端的连接问题，即脑电图导联问题。由于脑电图信号较为复杂，需要采用多个电极进行检测。为了消除其他生物电信号的干扰，必须将数量较多的电极集中放置在大脑表面一个较小的区域内，因此脑电图导联比心电图导联要复杂得多。由于脑电信号的复杂性以及人类对大脑活动认识的不足，目前还没有一个公认的脑电图导联标准。各个厂家都是按照自己的方案设置一些固定的脑电图导联，同时为了给医生提供较高的灵活性，各厂家的脑电图机一般都提供自选导联模式，由医生根据患者的实际情况设置导联的连接。

▶▶ 课堂活动

    1. 请回忆心电十二导联的定义。

    2. 导联需要解决的两个主要问题是什么？

虽然脑电图导联还没有统一的标准，但是脑电电极的放置却有相对统一的方案，这就是所谓的10-20 系统电极法。

一、10-20 系统电极法

目前，国际上已广泛采用 10-20 系统电极法，10-20 系统电极如图 4-8 所示。其前后方向的测量是以鼻根到枕骨粗隆连成的正中线为准，在此线左右等距的相应部位定出左右前额点（FP_1,FP_2）、额点（F_3,F_4）、中央点（C_3,C_4）、顶点（P_3,P_4）和枕点（O_1,O_2），前额点的位置在鼻根上相当于鼻根至枕骨粗隆的 10%处，额点在前额点之后相当于鼻根至前额点距离的两倍即鼻根正中线距离 20%处，向后中央、顶、枕诸点的间隔均为 20%，10-20 系统电极的命名即源于此。

图 4-8 所示的 10-20 系统电极是在一个平面上的所有电极和外侧裂、中央的位置。

为了区分电极和两大脑半球的关系，通常右侧用偶数，左侧用奇数。从鼻根至枕骨粗隆连一正中矢状线，再从两瞳孔向上、向后与正中矢状线等距的平行线顺延至枕骨粗隆称左右瞳枕线。脑电电极安放部位如图 4-9 所示。

1. 沿瞳枕线入发际约 1cm 处为左右额前极（1、2）。

2. 左右额前极与中央极之中点处为左右额极（3、4）。

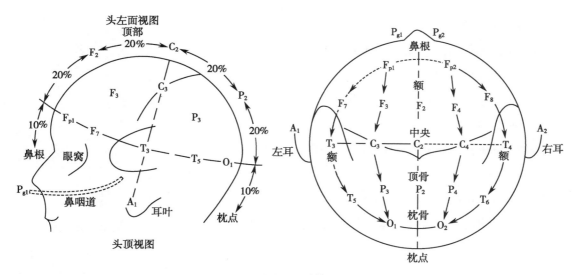

图 4-8　10-20 系统电极法示意图

3. 左右外耳道连线与左右瞳枕线相交处为左右中央极（5、6）。

4. 左右中央极与枕极之中点处为左右顶极（7、8）。

5. 从枕骨粗隆向上约 2cm，左右旁开 3cm 与左右瞳枕线相交处为左右枕极（9、10）。

6. 左右中央极与外耳道之中点处为左右颞中极（11、12）。

7. 左右瞳孔与外耳道中点处为左右颞前极（13、14）。

8. 左右乳突上发际内约 1cm 处为左右颞后极（15、16）。

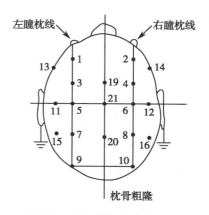

图 4-9　脑电电极安放部位图

二、脑电图机导联

前面提过，脑电图就是要描记头皮上两电极间电位差的波形，因此每一导联必须有两个电极，其中的一个电极连接在脑电图机放大器的一个输入端，另一个电极连接放大器的另一个输入端。如果人体上存在零电位点，放在这个点上的电极和放在头皮上的另一个电极之间的电位差，就是后一个电极处电位变化的绝对值。我们把放于零电位点的电极称为参考电极（reference electrode）或无关电极（indifferent electrode）；把放于非零电位点的电极称为作用电极或活动电极（active electrode）。因此，脑电图的导联方法分为两类：单极导联法（一个极为参考电极，另一个为作用电极）和双极导联法（两个极均为作用电极）。

人体上的零电位点应当怎样选取呢？理论上规定位于电解质液中的机体，以距离该机体很远处的点为零电位点。这种点是难以利用的，我们只能在人体上找一个距离脑尽可能远的点定为零电位点，合乎"远距离"标准的，首先是四肢，但是不能选用，因为会使得脑电图中混进心电图（心电图幅度一般比脑电图幅度大两个数量级），因而只能在头部选择离头应尽可能远的点为零电位点，现在临床中一般选取耳垂。

（一）单极导联法（monopolar recording unipolar lead）

单极导联法是将作用电极（活动电极）置于头皮上，参考电极（无关电极）置于耳垂。通过导联选择器的开关分别与前置放大器的两个输入端 G_1 和 G_2 相连，这样产生于活动电极的阴性电位变化将作为波形向上的阴性波记录下来。如图 4-10 所示。

参考电极部位一般选两侧耳垂，与作用电极之间的连接如图 4-10 所示，有以下三种连接形式：

1. 一侧作用电极与同侧参考电极相连接，如图 4-11（a）。

2. 两侧的参考电极连在一起再与各作用电极相连接，如图 4-11（b）。

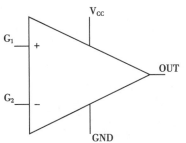

图 4-10 单极导联示意图

3. 左侧的参考电极与右侧作用电极相连接，右侧参考电极与左侧作用电极相连接，如图 4-11（c）。

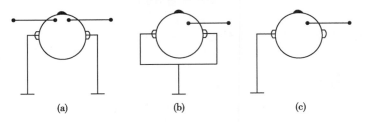

(a)　　　　　(b)　　　　　(c)

图 4-11 作用电极与参考电极之间的连接

单极导联法的优点在于大致能记录到活动电极下的脑电位变化的绝对值。但头皮上的电极与大脑皮层之间存在着脑软膜、脑脊液、硬膜、颅骨和头皮等组成结构，也就是说电极距离皮层表面相当远。因此，由活动电极记录到的是电极下直径 3~4cm 范围内电活动的总和，但产生于小的局部性部位的微弱电位变化则有可能被其周围脑组织的电活动所掩盖，而不被发现。单极导联法的缺点是耳垂或乳突部不是绝对的零电位点。当振幅大的异常波出现于颞部时，耳垂电极由于较靠近颞部而受其电场的影响，有可能记录到与颞部电位数值相近的异常电位，这种情况称为无关电极的活动化。

放置无关电极的部位除有耳垂、乳突部外，还有鼻尖、下颌、颈部等，但由于易出汗鼻尖无关电极会引起基线不稳的伪差。而乳突部、下颌、颈部等无关电极亦会出现心电信号及血管波带来的伪差。

（二）平均导联法（average reference electrode）

平均导联实际上属于单极导联的一种，由于单极导联中的参考电不能保持零电位，易混进其他生物电的干扰。

为了克服这个缺点，即将头皮上多个作用电极各通过 $1.5M\Omega$ 的电阻后连接在一起的点作为参考电极，称之为平均参考电极。将作用电极与平均参考电极之间的连接方式称为平均导联。

（三）双极导联法（bipolar recording）

双极导联法只使用头皮上的两个作用电极而不使用参考电极，所记录的波形是两个电极部位脑电变化的电位差值。因此，当这两个电极在单极导联显示同样的电位变化时，而用双极导联法记录下来的两个电极间的电位差就等于零，即显示一条平坦直线。

一个头皮电极能记录到的脑电活动有两个来源，一是来自局限于电极部位的成分；二是来自脑的较广范围(直径 3~4cm)的成分。如果双极导联法的两个活动电极间距离较近(例如 3cm),来自较广范围的成分就由两个活动电极同样被记录下来,结果这种电活动成分相抵消而不出现于脑电图上,相对地双极导联法要比单极导联法更突出地将其表现出来。但若两个电极靠得太近,例如 2cm 以内,各个电极就要记录到同样的电活动,结果用双极导联法描记下来的却是平坦的曲线或直线。一般两个活动电极的适当距离为 3~6cm。

双极导联法不适合于记录准确的波形或电位变动的绝对值,但适合于记录局部性异常波,并可排除无关电极活动化所引起的误差。

多道脑电图记录中的电极连接模式如图 4-12 所示,三种电极连接方式分别见图中(a)、(b)、(c)。

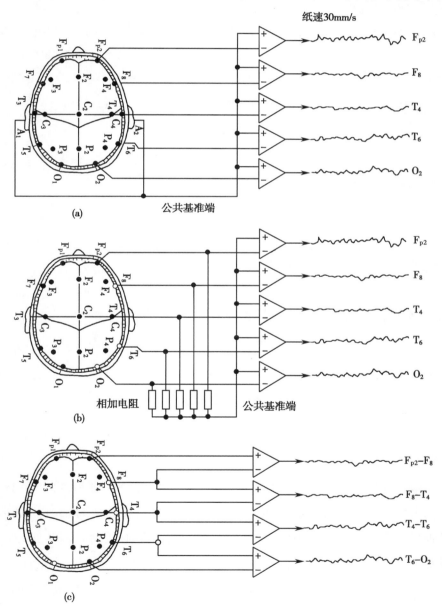

图 4-12　多道脑电图记录中的电极连接模式

知识链接

数字脑电图的导联

脑电图在临床上的应用非常广泛，利用脑电图定位病灶和诊断病情，并非只由一对电极来实现，而是要用多对电极（多个导联），根据不同的情况和要求，连接成不同的方式，记录多个波形，分析这多个波形的基本特征和相互联系才能完成病灶定位和疾病诊断。通常情况下，脑电波形会使用电极所在位置来表示脑电波形所代表的意义，如波形前面标注字母为 F_{P2}，表示导联方式为单极导联，测量电极为右前额 F_{P2}；如波形前面标注字母为 T_4-O_2，则表示双极导联，测量电极为 T_4，参考电极为 O_2，可参照图 4-12。

随着计算机和放大器等电子技术的不断发展，现代脑电图机基本上都是数字化脑电图机，机械性的老式脑电图机逐渐被淘汰。而且数字化脑电图机也在不断更新换代。导联数由最初的 8 导脑电图，逐渐升级为 16 导、32 导、40 导、64 导、128 导、196 导，甚至已经有 256 导脑电图的出现。根据临床需要，在门诊进行头皮脑电图，16 导和 32 导脑电图就足够了，而在癫痫外科手术进行有创脑电图检查时则需要导联数多的脑电图，通常情况下，128 导脑电图就可以满足一般的临床需要。

点滴积累 ✔

1. 脑电图标准电极放置方法：10-20 系统电极法。

2. 参考电极：放于零电位点的电极称为参考电极或无关电极。

3. 作用电极：放于非零电位点的电极称为作用电极或活动电极。

4. 脑电图机导联：单极导联法、平均导联法、双极导联法。

第三节　脑电图机的性能指标及检测

一、脑电图机的分类与结构

（一）脑电图机的分类

脑电图机一般有专用型和万能型两种。专用型脑电图机是专门用来记录脑电图的装置，一般使用的是 RC 耦合放大器。

而万能型脑电图机一般使用直流放大器作为其主放大器。这种万能型，除用于记录脑电图外，还可以把时间常数调大一些，以便记录心电图、呼吸曲线、皮肤电反射、眼球活动、胃肠运动、血压等较慢的变化波形。另外，万能型脑电图机由于高频特性较好，还可以用以记录肌电图、诱发电位等较快的变化波形，在示波器上可进行显示。

常用的脑电图的导程也就是笔数，一般可分为 4、6、8、12、14、16 等，但常用的是 8 导程和 16 导程。

目前临床应用的脑电仪器通常有以下几种：

1. 热笔描记式脑电图机　这是临床应用最为广泛的一种脑电图机。它一般配置 8~16 导电极，用热笔式记录器将脑电图记录在纸上。其缺点:一是无自动分析功能,分析只能靠医生目测尺量来完成;二是耗费大量的纸张,假若利用脑电图机进行监护,按通常的 3cm/s 走纸速度,监护 24h 将需要 2.6km 的记录纸;三是不能向使用者提供脑电数据以作进一步的分析。

2. 无纸脑电图机 该类型的脑电图机由放大器、配有 A/D 转换器的计算机及打印机所组成,它一般也是配置 8~16 个电极。脑电信号经 A/D 转换后被采集到计算机中,然后借助于屏幕的显示来代替纸的描记。对特别感兴趣的脑电信号可存储于计算机中或输出打印,有的无纸脑电图机还具有一定的分析功能。

3. 脑电地形图仪 其配置与无纸脑电图机基本相同,但至少要配置 16 个电极,且打印机能输出彩色图形。其原理是把按国际 10-20 系统电极法安放在头皮上的电极位置投影到一个平面上,然后利用信号处理的方法计算每一个信号的功率谱,并加以插值,绘出头皮上脑电信号功率谱强度的分布。国内已推出 16~19 导联的脑电地形图仪,且当前趋势是将无纸脑电图机和脑电地形图仪合为一体。

4. 脑电监护仪 一个实际的脑电监护除了能实时、连续不断地显示脑电波形外,还应具有存储功能、数据管理功能,并且能像心电监护仪那样具有报警功能。

5. 脑电"Holter" 此词来自心电 Holter,即动态脑电长时间记录仪。它一般配置 3~16 个电极,具有存储 24 小时脑电信号的能力。若采样率按 100Hz、A/D 的精度按 8bit 计,那么单个导联 24 小时的数据量是 8.64MB,16 导联则是 138MB。如此大量数据的存储,放大器的小型化及放大器的供电是脑电"Holter"的关键技术。早期的存储介质是磁带,近年来国内有人用存储芯片构成所谓"固态存储器",为了解决体积、供电与存储量的矛盾而多采用数据压缩技术。但临床医生并不欢迎数据压缩技术。目前脑电"Holter"记录器的发展趋势是利用带有 PCMCIA 接口的闪速存储卡或是 1.8 英寸(1 英寸=2.54cm)的小硬盘。这两类记录介质都可实现 16 导脑电信号的无压缩记录。

6. 脑电分析仪 此处所说的脑电分析仪既包括脑电"Holter"的回放分析系统,也包括一般意义上的脑电分析系统。该分析仪应能记录较长时间(30min 以上)的脑电信号,配备较多的电极(16 导或以上),能对所记录的脑电信号给出较为全面的分析(如时域、频域和空域)。近 20 多年来,工程技术人员几乎把所有信号处理学科的技术都应用于脑电信号,取得了可喜的成果。

7. 视频脑电图仪 视频脑电图就是脑电图和视频的结合。根据脑电图的导联数,也可以分为 32 导视频脑电图、64 导视频脑电图和 128 导视频脑电图等,根据需要,也可以很容易地制作更多导的视频脑电图;根据摄像头数量的多少,也可以分为单摄像头视频脑电图和双摄像头视频脑电图。

(二)脑电图机的结构

脑电图机与心电图机的工作原理基本相同,都是将微弱的生物电信号通过电极拾取、放大器进行放大,然后通过记录器绘出图形的过程。所以,脑电图机的结构也是由以下几部分组成:输入部分、脑电放大器、调节网络、记录控制部分、传动走纸部分以及各种电源。

▶▶ **课堂活动**

1. 脑电图机的一般结构是什么?

2. 如果让你设计一款脑电图机,你觉得应该包含哪些部分?

脑电图机的原理方框图如图 4-13 所示。

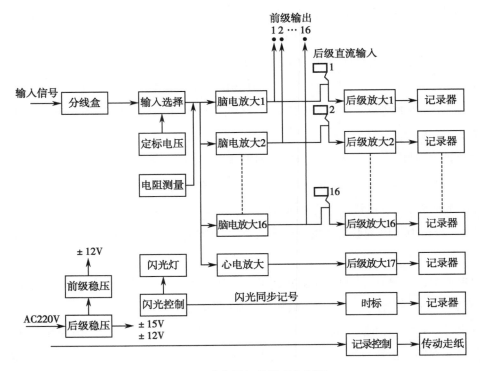

图 4-13　脑电图机的原理方框图

1. **输入部分**　输入部分包括电极盒、导联选择器、电极电阻检测装置和标准电压信号发生装置。

(1)电极盒:电极盒也称作分线盒,它是一个金属屏蔽盒,壳体接地,盒上有许多插孔。安放在人脑部的头皮电极通过连接导线末端的插头插入电极盒相应的插孔中,插孔的号码与导联选择器(电极选择器)的号码相一致。电极盒的信号连接电缆与脑电图机的放大器相连,将头皮电极检测到的脑电信号进行传送。有的电极盒还带有电极电阻测量装置,便于操作者及时了解头皮电极的接触状况。

(2)导联选择器:脑电信号由电极拾取通过电极盒送到主机以后,还需经导联选择器才能分别送入相应的各放大器进行放大。导联选择器是从与电极盒插孔有联系的多个头皮电极中任意选出一对连接到放大器的两个输入端。导联选择器有两种导联开关:固定导联开关和自由导联开关。

固定导联是由厂家设定,一般有 4~7 种,每种导联的电极连接方式已在机器内部设定好,可以直接进行测量。

自由导联由用户自己设定,可任意选择脑电极的连接方式,组成所需要的导联输入到各放大器。

脑电图机上有时还设有耳垂电极选择器。把耳垂电极插在电极盒固定的号码插孔上,通过耳垂电极选择器,可使左右耳垂电极连接在一起,或连在一起并接地。此外,也可选择左耳接地或右耳接地方式。

(3)电极电阻检测装置:电极与皮肤接触电阻的大小直接关系到脑电图的记录质量,所以脑电图机都设有皮肤电阻检测装置。在脑电信号记录之前,首先对每个电极与头皮的接触电阻进行检测,看是否满足要求。电极与皮肤接触电阻一般在 10~50kΩ。如果某一道的电极皮肤接触电阻超过了 50kΩ,就会有相应的显示指示,提示对电极进行处理。这种装置有时设在脑电图机的电极盒上,有时设在主机的放大通道上。可用直流电作为检测电极电阻的电源(干电池或交流电经过整流后提供的直流电),也可用交流电作为电源。

图 4-14 所示为头皮电极电阻测试的原理图。多谐振荡器输出的脉冲电压经电阻 R_1、R_2 分压后,又由 R_3 经模拟开关与人体两电极之间电阻 Z_c 进行分压,加到比较器 A 的同相输入端。如果人体电极接触电阻较大($\geqslant 50kΩ$),则分压后加入比较器同相输入端的脉冲电压瞬时将超过反相输入端的基准电压,此时比较器翻转,输出正向脉冲,经二极管 VD_1 和电阻 R_7、R_8 加到三极管 VT_1 的基极上,三极管导通,发光二极管闪亮,便可知相应电极接触不良。

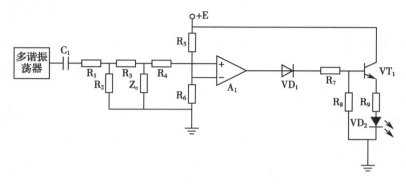

图 4-14　头皮电极电阻测试电路原理图

(4)标准电压信号发生装置:脑电图机在描记脑电图之前需要进行定标,使各道描记笔的灵敏度相同。这样才能对以后所描记下来的各个部位脑电图的幅度进行测定和相互比较。因此每个脑电图机都设置标准电压信号发生装置,与心电图机的 1mV 定标电压相比,它有多个幅值和多种波形(方波和正弦波)。

标准电压信号的产生类似于心电图机的 1mV 定标电压,由输入电压经电阻分压器后,可获得 1mV 以及 500、200、100、50、20μV 的各级电压,通过标准电压开关输送到放大器的输入端。该装置的输入电压可以由稳压电源供给,也可以由干电池供电与电阻分压器产生直流定标电压,但干电池随着时间的延长,电压会降低,所以要注意及时更换。

2. 放大电路部分　放大电路部分包括前置放大器、增益调节器、时间常数调节器、高频滤波器、后级电压放大器和功率放大电路。

脑电波经输入部分输送到放大电路的输入端,由于脑电波属于低频(一般为 0.5~60Hz)、小幅值(5~100μV)的生物电信号,要想用描记笔把它记录下来,这就要求放大电路要有足够高的电压增益。因而脑电图机的放大器应当是具有高电压增益、高共模抑制比、低漂移、低噪声的低频放大器。

(1)前置放大电路:前置放大电路多采用结型场效应管构成的差分式放大器,通常采用 2~3 级放大,提高了电路的输入阻抗和共模抑制比。

(2)增益调节器:增益调节器是调节放大倍数的装置,也就是用来调节脑电图机灵敏度的装置,它包括三个部分:增益粗调、增益细调和总增益调节。

各道的增益粗调设置在前级放大器之后,由分压电阻网络及开关组成,通过改变后级放大器接受前级放大器输出电压的比例,实现增益的调节。

各道的增益细调设置在后级放大器的负反馈回路中,通过电位器改变后级放大器的电压放大倍数,可以实现连续调节。

总增益调节设置在后级放大器的输入端,它对各道放大器的放大倍数能够同时进行控制。总增益控制主要在下列两种情况下使用:整个脑电波波幅过低无法阅读,需要将各道增益同时增大;描记当中突然出现异常高波幅波,描记笔偏转受阻,需要将各道增益同时衰减。

(3)时间常数调节器:脑电图机的前级放大器各级之间以及前级放大器与后级放大器之间,采用的都是阻容耦合,它不能放大直流信号,对低频信号有较大的衰减,所以要考虑这种放大器对阶跃信号的过渡特性,以及对低频正弦信号的频率特性。脑电图机的时间常数,就是用来反映放大器的过渡特性和低频响应性能的参数。时间常数越大,表明放大器的下限频率越低,越有利于记录慢波;时间常数越小,对低频信号衰减作用增强,起到了低频滤波器的作用,有利于记录快波。脑电图机时间常数一般包括 0.1、0.3、1.0s 三挡,通常使用 0.3s。

(4)高频滤波器:时间常数调节器是改变放大器频率响应的低频段特性曲线,关系到低频衰减,属于低频滤波器。而高频滤波器则是改变放大器频率相应的高频段特性曲线,关系到高频衰减。通常分 15、30、60Hz(75Hz)和"关"四挡,记录脑电信号时选 60Hz(75Hz),记录心电信号时选"关"。

(5)后级电压放大器:前级放大电路的输出信号经过时间常数、高频滤波、增益调节等调节网络处理后,还需送入后级放大电路进一步增幅。前级电压放大器和后级电压放大器合称前置放大电路,它的输出电压幅度应能驱动末级功率放大器输出足够大的功率。

(6)功率放大电路:脑电信号经前置放大,高、低通滤波器,最后加到功率放大器,以推动记录器偏转。有时除记录脑电信号外,还需和其他生理参数一同记录,如心电信号、肌电信号等,或者是把脑电信号记录到磁带上,有的还可以输出到计算机进行处理后再送回主机进行记录。功率放大电路部分应设有数据输入及输出插口。

功率放大电路还可通过记录器的速率反馈线圈引入负反馈,改变记录器的阻尼,同时引进电流负反馈,用来减小记录器线圈电阻的变化对于记录灵敏度的影响。例如,当线圈发热时其电阻加大,线圈电流减少,描记笔的摆幅就要减小,由于电流负反馈的存在,随着负反馈信号的减小,功率放大器输出电压将增大,弥补一些线圈电流的损失,以至于描记笔的摆幅下降甚微。

3. 记录部分 脑电图机的记录方式与心电图的记录相比,要丰富得多,有记录笔通过记录纸记录、磁带记录、计算机存储记录,还有较复杂的拍摄记录等。较高级的新型脑电图机可同时设有几种记录方式。目前常用的仍然是笔式记录。

笔式记录装置主要由两部分组成:记录笔和记录电流计。

(1)记录笔:记录笔有墨水笔式、热笔式和喷笔式等形式。最常用的是墨水笔式。它的缺点是不能记录较高频率的波形,但由于脑电信号属于低频信号,墨水笔式记录完全可以满足要求,加上该种记录方式所使用的记录纸成本较低,所以,目前临床中仍然在广泛使用。热笔式记录由热笔和热敏纸组成,该种记录方式所记录的脑电图曲线清晰,不会产生波形失真,是当前心电图记录中最普遍采用的方式,但由于脑电图记录纸宽,记录笔数目多,记录时间长,这样造成脑电图记录的成本太高,限制了它的使用。喷笔式记录方式需用尖笔和复写纸,这种尖笔制造工艺复杂,尚未推广,该方式的优点是喷笔和纸之间不产生摩擦,适于记录高频波形。

(2)记录电流计:记录电流计控制记录笔的动作,它也有多种形式。目前与墨水笔式和热笔式记录笔相配用的大都是动圈式电流计。动圈式电流计主要由三部分组成:永久磁铁、动铁心(起增强磁场的作用)、线圈。永久磁铁构成固定磁场,线圈是套在动铁心上面的,当线圈有电流通过时便产生了磁场,该磁场的强弱和方向由线圈中电流的大小和方向来决定。线圈磁场与固定磁场相互作用产生力矩推动铁心转动,安装在动铁心顶部的记录笔也就随之转动,便可把脑电信号描记在记录纸上。

> **知识链接**
>
> 记录笔的使用
>
> 记录笔的位置要求其上下、前后、左右均应处于正确位置,即笔身要水平,前后要对齐,彼此间要等距,描笔架的位置要恰当,保证描笔有足够的偏转范围。
>
> 记录笔所承受的压力要恰当,即应根据小信号响应的检查方法,适当地调整弹簧片的压力,使记录笔与纸面间保持最佳接触。同时再对阻尼电位器作适当调节,即可得到在最佳阻尼下具有最佳的小信号响应的描笔位置。

4. 电源部分 脑电图机的各部分电路均以稳压电源供电,以减小电网电压波动和温度变化对电子电路工作状态的影响,这是保证整机能够正常工作的基础。脑电图机一般有多组直流稳压电源供给电路各部分。

> **实例分析**
>
> 故障现象:脑电图机在记录中描笔抖动。
>
> 故障分析:描笔抖动时其不规则波形的幅度均在几十微伏以上,造成这种故障现象的原因可能有:①前级放大器的晶体管特性不良,尤其是温度特性不佳,或电路接触不良,或有虚焊点;②稳压电源内部元件损坏或变质,如稳压二极管、三极管等,使其对外不能输出纹波系数很低的稳定电压,也会造成描笔抖动。

5. 脑电图机的辅助仪器部分 在临床上除了检测自发脑电信号以外,还可用刺激的方法引起大脑皮层局部区域电活动的诱发电位(evoked potential,EP)。视觉诱发电位(VEP)、听觉诱发电位(AEP)和体感诱发电位(SEP)分别是由光刺激、声刺激和躯体感觉刺激而引起的。目前的大部分脑电图机配备有声光刺激器、电子刺激器、脑电频率分析器以及记录装置等辅助仪器。下面重点对光、声刺激器和脑电频率分析器作一介绍。

(1)光刺激器:光刺激有两种,一种是周期性闪光信号的刺激,另一种是黑白相间的方格图案模式刺激。目前在 VEP 技术中,光刺激器大多采用方格转换模式,即按一定频率进行黑变白、白变黑的变化进行刺激。这种方式比闪光刺激取得的 VEP 更为稳定,更能准确地反映视觉通道生理状态的变化,因此光刺激除了能产生闪光刺激外,还能产生方格刺激、竖条、横条及局部光刺激信号。通常翻转的速率为 0.23、0.47、0.94、1.88、3.75、7.5、15、30s。横竖条光带数以二进制进到 128。光刺激器的各种图形的光强由电视显像管产生,其基本原理是产生各种图形的全电视信号。图 4-15 为光刺激器的结构原理框图。

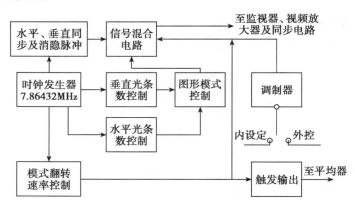

图 4-15　光刺激器的结构原理框图

由石英晶体振荡器组成的时钟信号发生器产生振荡频率为 7.86432MHz 的时钟信号,它可提供水平定时脉冲和垂直帧频信号,并同时产生同步脉冲和消隐脉冲,供监视器同步。监视器上的图形由图形控制器控制产生各种模式的刺激,如闪光、局部方格和光带等。信号混合器将各种信号混合,输出到监视器的视频放大器,以控制监视器并产生各种方格和条形图像。监视器上的图像亦可由调制器的输入波形来决定。

每次模式翻转都将产生一触发脉冲输出,使平均器和光刺激器保持同步,获得稳定的 VEP 波形。

(2)声刺激器:对患者进行声音刺激时从安放在头顶和同侧耳叶的电极上可以检测出诱发电位(AEP)。其峰-峰值只有自发脑电图的 1%,因此必须利用计算机平均技术,才能从自发脑电信号和其他噪声中提取出 AEP。

通常用来进行脑干听性诱发电位的声刺激器的刺激频率对成人为 10~20 次/s,对新生儿为 10次/s,其频率范围为 0~75Hz。临床上常用单耳诊断,即一边耳朵加声刺激,另一边耳朵用白噪掩盖。声刺激的形式除使用单频外,还可使用脉宽为 100~300μs 的广频谱咔嗒声,强度从 10dB 开始,以10dB 为一挡递增至 100dB。图 4-16 为咔嗒声刺激器的结构原理框图。咔嗒声重复频率发生器产生一定频率的脉冲信号;触发咔嗒声发生器输出 100ms 宽的脉冲,由咔嗒声极性选择器转换成正向或负向或正负相间的刺激信号,以识别诱发电位中出现的伪迹。通过功放和衰减器输出信号推动耳机产生 10~100dB 可调的咔嗒声,以进行单耳声刺激检查。

(3)脑电频率分析器:脑电图是由不同频率、不同幅度和不同波形的脑电波组成的,反映了通过感觉器官的各种信息的传递、处理过程,脑电波具有非常大的信息量。目前,对脑电图的分析大多还是采用人工的办法,自动分析还刚刚起步。一般脑电图包含有 0.5~60Hz 的频率成分,其中 1~30Hz

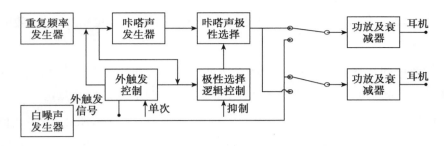

图 4-16 　咔嗒声刺激器结构原理框图

特别重要,所以一般都在这个范围内进行分析。

　　图 4-17 为脑电频率分析器的原理框图。脑电信号来自脑电图机的输出或直接来自电极,经输入选择和电平调整后送入前置放大,然后输出到带通滤波器。每一通道有 5 个通带,可以用下列两种中的任何一种:

　　Ⅰ:2~4Hz,4~8Hz,8~13Hz,13~20Hz,20~30Hz

　　Ⅱ:1~2Hz,2~4Hz,4~8Hz,8~13Hz,13~20Hz

　　这些滤波器一般采用三级或四级参差连接或采用高阶带通有源滤波器、检波器全波检出 EEG 信号,经积分器积分送到取样保持电路。频率分析器可以把脑电信号的积分值进行描记、比较。

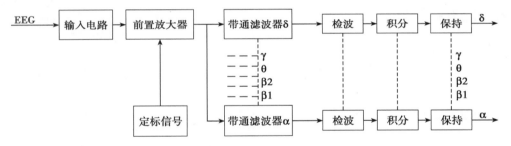

图 4-17 　脑电频率分析器原理框图

二、脑电图机的性能指标及检测

　　同所有的诊断设备一样,脑电图机所记录的脑电图应能真实地反映人体脑神经生物电活动的状态,以便使医务人员做出正确的诊断与治疗。脑电图机性能的优劣取决于几项主要技术参数。因此,了解脑电图机的主要性能参数及其检测方法,对于正确使用及维护脑电图机是非常重要的。下面简单介绍脑电图机技术指标的意义和检测方法。

　　1. 最大灵敏度　脑电图机的灵敏度是指输入一定数值的电压以后,记录笔偏转的幅度。它与放大器电压放大倍数直接相关。由于脑电信号较复杂,幅度变化范围很大,所以一般脑电图机设有多个增益档,如:1/4、1/2、1、2、4、10 等,而且各道同时转换。

　　测量最大灵敏度时将增益控制器都调到最大,选择某一挡的定标电压,观察记录笔的偏转幅度,例如输入 10μV 的方波定标电压,在灵敏度为 10mm/10μV 挡,记录笔偏转幅度应在 10mm。

　　2. 噪声电平　脑电图机的噪声电平是指整机电路自身产生的噪声折合到放大器输入端的等效值。一般脑电图机的噪声指标为 2~3μV。当有噪声存在时,记录笔的笔迹会有微小的抖动。噪声电平会随着正常的脑电信号一同放大,当其达到一定数值,会掩盖脑电信号,引起脑电图记录的误差。

测试时,应将时间常数置于最小挡,一般取 0.3s;滤波置于 60Hz,使频带最宽;走纸速度置于 30mm/s 或 15mm/s;定标电压选 10μV,灵敏度置 10mm/10μV;调整记录笔偏转幅度至 10mm(调节增益细调),记录波形,然后观察其抖动幅度范围。若最大抖幅小于 2~3mm,便是合乎要求的。

3. 时间常数　脑电图机的时间常数与心电图机的时间常数其含义和测试方法都相同。

在脑电图机中,时间常数这一指标反映了脑电图机的低频性能。在放大器输入端加入一阶跃变化的信号(使用某一挡的方波定标电压信号),放大器各级间的阻容耦合部分就有一个充放电的过程,记录笔先是有一个大的摆幅,然后随着时间的延长,其偏转幅度逐渐降低,出现一个类似于电容放电的波形,当记录幅度从 100% 降到 37% 时,所走过的时间即为仪器的时间常数。

检测时,将脑电图机的滤波选为 60Hz,走纸速度任选(如 30mm/s),选定某一挡定标电压(如 50μV),调节增益使记录笔的记录幅度达到 10mm,时间常数任选一挡(如 0.3s),测量时使用手动定标记录波形,选择方波定标信号,按下定标键并持续一段时间,直至记录笔记录幅度低于 37% 以下再松开。测量时间常数记录波形如图 4-18 所示波形。

在记录纸上测量幅度由 10mm 下降至 3.7mm 之间的横向走纸距离 L,根据所选取的走纸速度 v,来求出时间常数 τ:

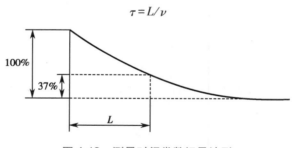

$$\tau = L/v$$

图 4-18　测量时间常数记录波形

4. 共模抑制比　与心电图机相同,共模抑制比同样反映了脑电图机的抗干扰能力。

检测共模抑制比时,首先调节好差模电压增益,即校正灵敏度。方法是选定 50μV 挡的定标电压,调节放大器增益,使记录波形幅度达到 10mm,保持这一灵敏度不变,把定标电压开关旋转到平衡位置,即放大器输入 50mV 的共模信号,记录此时的波形幅度,即可计算出共模增益,差模增益与共模增益之比即为共模抑制比。如果此时记录的共模信号幅度为 1mm,则共模抑制比为:

$$(10mm/50μV)/(1mm/50mV) = 10^4 = 80dB$$

脑电图机的共模抑制比要求为 10000:1(80dB),即各道记录笔偏转幅度小于 1mm 就算合格。

5. 阻尼　阻尼是指记录器的活动部分在转动过程中所遇到的阻力。阻力来自两个方面:一是记录器活动部分切割了恒磁场磁力线而引起的感应电流所形成的阻力,即电阻尼;另一个是活动部分受到的轴承的阻力,即机械阻尼。在脑电图的记录中要求有适当的阻尼,阻尼不足或过大都可影响记录器的频率响应,从而产生波形失真。

阻尼的检测方法如下:将脑电图机时间常数选为 0.3s 或 1.0s,关断滤波器,选用 50μV 的方波定标电压,调节增益灵敏度,使记录幅度达到 10mm。记录波形,矩形波上升或下降的过冲量不超过 5%,即波形幅度不超过 10.5mm,说明阻尼适中;若过冲量超过此值,说明频响范围太宽,矩形波高频分量多,属于欠阻尼状态;若矩形波上升或下降沿出现了圆角,说明频带过窄,高频分量衰减过大,属于过阻尼状态。三种情况下的定标波形如图 4-19 所示。

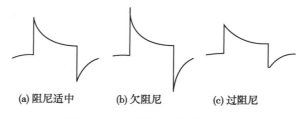

(a) 阻尼适中　　　(b) 欠阻尼　　　(c) 过阻尼

图 4-19　三种情况下的定标波形

6. 滤波　脑电图机的滤波指的是高频滤波,用来改变放大通道的高频特性,滤掉不需要的高频信号,如肌电干扰、环境的高频干扰等,以达到良好的描记效果。

滤波的检测方法如下:将时间常数选为 0.3s 或 1.0s,走纸速度为 30mm/s,定标电压为 50μV,调节增益使记录幅度为 10mm。首先使滤波器处于关断位置,观察正常阻尼时记录的波形。以此为标准,分别将滤波器开关置于 60、30、15Hz,随着频带的变窄,高频分量逐步衰减,矩形波前后沿逐渐由尖角变为圆角。这是正常的变化。不同滤波频率下矩形波的变化如图 4-20 所示。

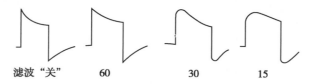

滤波"关"　　60　　　　30　　　　15

图 4-20　不同滤波频率下矩形波的变化

7. 频率响应　频率响应是指输入相同幅值的信号时,输出波形的幅值随输入信号频率变化而变化的曲线。它主要取决于脑电放大器和记录器的频响性能。其中记录器的频响影响更大。

频率响应的检测方法如下:滤波器关断,时间常数取 0.3s,定标电压选 100μV、10Hz 的正弦波信号,调节灵敏度,使记录波形幅度为 10mm,观察记录波形,调节记录笔阻尼,使之处于适中状态。然后改变正弦波的频率,检测不同频率下所记录的波形幅度,即可得出频率响应曲线。要求正弦波记录幅度变化不超过 10%,即误差不大于 1mm。

8. 线性　同心电图机的线性解释相同,脑电图机的线性也有两种含义。

(1)移位非线性:指记录笔在规定的偏转范围内,使之处于不同的记录位置,输入相同幅值的信号,记录笔在不同位置处记录波形幅度的变化。如果脑电图机线性良好,其不同位置处记录波形的幅度误差应小于 10%;否则,线性较差将会导致脑电信号记录的失真。

(2)测量电压线性:指脑电图机的输入信号与输出信号之间所具有的线性关系,即在脑电图机的设置不变的情况下,改变输入信号的幅度,记录波形的幅度应随之改变,而且应满足线性关系。

检测方法较简单,可参照心电图机的线性检测进行,这里不再赘述。

9. 灵敏阈　脑电图机所能记录的最小信号的幅度称之为灵敏阈。

灵敏阈的检测方法如下：首先给脑电图机加 $100\mu V$ 的定标电压信号，设定好时间常数、阻尼、增益等各项参数，使描记波形幅度为 10mm。然后将定标电压的幅值减小为 $20\mu V$，调节增益的档级为原来的 1/4，此时要求记录波形应有可以观察到的 0.5mm 的波动。

10. 放大器的对称性 脑电图机对于幅值相同的正、负信号的放大倍数应该是相等的。通常把脑电图机放大器对等幅正、负信号的放大倍数的比值，称为脑电图机的对称性。该比值越靠近 1，表明对称性越好。

对称性的检测方法如下：将灵敏度选择为 5mm/50μV，利用手动定标打出定标电压波形，当按下定标电压按钮时，记录笔向上绘出波形后不要松开，待记录笔返回到原来基线位置时再放手，于是记录笔又向下绘出波形，待又回到基线位置时停止走纸。测出上、下波形的幅值即可算出对称性。同理可检测记录笔处于不同位置时的对称性。一台对称性好的脑电图机，不仅记录笔在零位时对称性好，记录笔在偏离零位不同位置时，对称性都应该好。

> **知识链接**
>
> ### 脑电图机电源稳定度
>
> 脑电图机电源稳定度的检查：一般使用调压器改变电源电压，使其变化 ±10%（200～240V）；若此时灵敏度选为 10mm/100μV，则要求基线移动小于 1mm，即认为符合要求，否则要对稳压电路进行检查。

三、脑电图机与心电图机特性对比

脑电图机作为人体生物电信号检测和记录仪器，它的主要部分脑电放大器的工作原理与心电放大器基本相同，但由于脑电信号与心电信号在频率和幅度上的差异以及测量部位的不同，脑电图机和心电图机在细节上还是有很大的不同。以下我们简单分析一下两种仪器的不同之处。

脑电信号的幅度范围为 $10\sim100\mu V$，比标准心电信号要小两个数量级，因此它要求的放大增益要高得多（约 100dB 左右）。由于脑电信号很微弱，共模电压对脑电检测将会造成严重的影响，要求脑电放大器具有比心电图机更高的共模抑制比（约为 10000∶1），噪声应在 $3\mu V$ 以下。当电网电压波动 ±10% 时，输出电压纹波系数变化要小于 0.01%，特别是供给前置放大级的电源纹波电压应小于 0.5mV。

为了防止可能出现的基线漂移，电极应采用 Ag-AgCl 极化电极，以提高极化电压的稳定性。脑电电极比心电电极要小得多，信号源阻抗较高，这就要求放大器有更高的输入阻抗（大于 10MΩ）。脑电信号一般由多个头部电极从统一的部位引出，电极引出线直接与中间输入接线盒相连，通过输入盒引出线再将脑电信号送到脑电图机中去。

为了观察脑电场分布的对称情况和瞬时变化，一般要求进行多导联同步记录，必须有多通道的放大器和记录器同时工作，常见的一般有 8 导、16 导、32 导等。有的机器还附加一道心电和一道记号导联。因此脑电图机的记录纸要宽得多，这对走纸电机提出了更高的要求，一般电机输出功率应在 1.5W 以上。此外为了便于分析各导联脑电信号波形之间的相互联系,机器内设置了时钟信号和定标信号。

脑电图机还应设有电极-皮肤接触电阻测量装置,以估测接触电阻,提示采取改进措施来保证良好的接触。一般接触电阻应小于 50kΩ,如果超过此值,则必须清洁皮肤,处理电极和采用更好的电极膏。为保证人身安全和测量的准确,测量电源应采用交流恒流源。

脑电信号幅值变化比较大,故要求增益控制能有多档粗、细调节,定标电压亦设置有多种幅值。由于脑电信号的频率差别变化显著,为了适应各种不同频率波形记录的需要,放大器应有各种不同频率的低阻和高阻滤波器,以便于转换。时间常数、走纸速度均应有多档选择。比较先进的脑电图机,运用微处理器控制操作的状态,随着信号的记录,在各导波形的旁边能自动打印出放大器和记录器各自的工作参数,有的可以直接打印出数值或编码标记。

心电图机和脑电图机常见性能参数的对比,如表 4-2 所示。

表 4-2　心电图机与脑电图机常见性能参数对比

项目	心电图机	脑电图机
信号强度	0.01~5mV	2~200μV
放大器增益	80dB	100dB 以上
CMRR	100dB	100dB 以上
输入阻抗	2MΩ	10MΩ
等效输入噪声	10μV	3μV
电极	表面电极	Ag-AgCl
时间常数	一般为单一时间常数	多种时间常数
定标电压	1mV	(5、10、20、50、100)μV
通道数	1、4、12	8、16、32
时标信号	无	一般有
电极接触电阻测量	脱落检测	接触电阻测量

点滴积累 ∨

1. 脑电图机的分类　热笔描记式脑电图机、无纸脑电图机、脑电地形图仪、脑电监护仪、脑电"Holter"、脑电分析仪、视频脑电图。

2. 脑电图机的结构　输入部分、脑电放大器、调节网络、记录控制部分、传动走纸部分以及各种电源等。

3. 脑电图机的性能指标　最大灵敏度、噪声电平、时间常数、共模抑制比、阻尼、滤波、频率响应、线性、灵敏阈、放大器的对称性。

第四节　典型数字脑电图机 Nation9128W 分析

Nation9128W 系列脑电图机是微处理器控制的便携式数字脑电图机。其功能完善,机器体积小,使用携带方便,抗干扰能力强,适用于 EEG 实验室、ICU、手术室、急救室等各种医疗环境。Nation9128W 系列脑电图机的典型机型为 9128W-16、9128W-24 和 9128W-32。它们由高性能的、具有扩展功能的脑电软、硬件(配有有线常规和无线蓝牙脑电盒),再配上带 Windows XP 操作系统的笔记本电脑组成。除了道数不同外,9128W-16、9128W-24 和 9128W-32 的功能、操作和原理基本相同。

一、Nation9128W 系列脑电图机的特点

1. 配备有线常规脑电盒 有线常规脑电盒采用了 2 级放大器分离,以屏蔽放大器运放间功放干扰;并提高数据采样位数到 16 位,采样率最高可达 512Hz。

2. 配备无线蓝牙脑电盒 可采用无线蓝牙数据传输方式,通过蓝牙数据传输方式有效屏蔽了 50Hz 交流电干扰,提高抗干扰能力。

3. 配备动态脑电盒 HOLTER

(1)采用大容量即插即用 SD 存储卡,常规配置为 1GB,耗电量低,4 节 5 号电池可持续动态记录 48h 以上;

(2)配有扩展可充电锂电池盒,使用电池盒不仅节省电池消耗而且记录时间更是长达 72h 以上;

(3)动态数据上传速度快。

4. 配备视频脑电盒,实时同步采集视频数据

(1)可同时记录视频图像和对应的波形数据;

(2)视频图像高度压缩且不损耗图像质量,记录 24h 仅占用硬盘 1.5GB;

(3)支持夜间红外视频监测,以便于睡眠状况及动态数据分析。

5. 导线设计合理化 采用单根插拔式连接线,与原一体式导线相比,使用更方便且不易绕线。

6. 采集数据多样化 本系列脑电放大盒不仅能记录脑神经电信号,还能采集睡眠生理各参数(包括 2 导眼动、下颚肌电、7 导心电、2 导胸腹呼吸、鼾声、口鼻气流、体位、体温)用以分析睡眠质量及呼吸暂停等病症的监测。

7. 更人性化的报告格式

(1)本系列软件提供集常规、动态和睡眠于一体的通用报告格式,一套报告模板可适用于常规、动态和睡眠多种报告使用;

(2)提供报告模板设置,可预先编写多种病例报告格式和内容,避免用户出病历报告时重复打字;

(3)本软件报告适用于 A4 和 B5 两种大小纸张。

8. 更全面的事件诱发功能

(1)深呼吸诱发事件提供呼吸引导声,引导患者随声音的变化呼吸;

(2)闪光诱发事件设有闪光刺激预设方案设置,每个方案共分 5 个刺激阶段,每个阶段的频率、持续时间、间隔时间均可在方案内预先设置。

9. 实时同步的脑功率趋势分析,与采集波形同步分析显示

(1)含能量曲线(单个导联的脑电功率能量变化曲线);

（2）峰值频率（单个导联的脑电频率变化曲线）、相对能量（单个导联的各类脑电波 α、β、δ、θ 能量的相对比例关系）；

（3）绝对能量（单个导联的各类脑电波 α、β、δ、θ 能量的数值关系）；

（4）能量/峰频（单个导联的脑电能量曲线与峰值频率的关系）。

10. 分析功能全面化

（1）全面的地形图 MAP 分析：可将地形图按其频谱数据分析后以彩色图谱、曲线图、百分比、直方图、数字地形图等不同的分析界面，以不同形式显示每导能量百分比、导联间能量百分比等；

（2）自动及手动睡眠分析：可自动对睡眠生理参数数据进行睡眠分期分析并自动绘制睡眠分期图，且用户可根据各自经验判断来手动修改分期图；

（3）自动及手动呼吸分析：可根据患者的睡眠生理参数数据分析其呼吸暂停状况以判断患者在睡眠时是否有呼吸困难症状，同时提供手动修改分析数据功能；

（4）血氧分析，可自动统计患者睡眠数据中实时的血氧变化状况。

11. 应用范围广　配上手术电极，可以非常方便地在手术室中进行术中皮层脑电描记。

二、Nation9128W 系列脑电图机的主要技术指标

1. 硬件运行环境要求

环境温度：10~30℃

相对湿度：应不大于 80%

电源：微型计算机、视频摄像头、打印机工作电压：AC220V±22V；50Hz±1Hz

放大器内部电源电压：DC 6V（+5%~-10%）

大气压力：860~1060hPa

2. 脑电放大器参数

定标电压：100μV，误差不超过±5%

灵敏度：25、50、100、200、500μV/cm，误差不超过±10%

时间常数：0.1s（误差≤±40%），0.2s、0.3s（误差≤±20%）

噪声电平：≤3μV$_{\text{P-P}}$

共模抑制比：≥100dB

幅频特性：1~60Hz，误差+5%~-30%

耐极化电压：加±300mV 的直流极化电压，灵敏度变化不超过±5%

输入阻抗：不小于 100MΩ

三、Nation9128W 系列脑电图机的组成与原理

（一）系统硬件构成

1. 数字化脑电图作为医院的常规设备，虽然种类繁多，但基本结构及功能是非常相似的。数字化脑电图仪总体上是由硬件及软件两部分组成。硬件组成如图 4-21 所示。

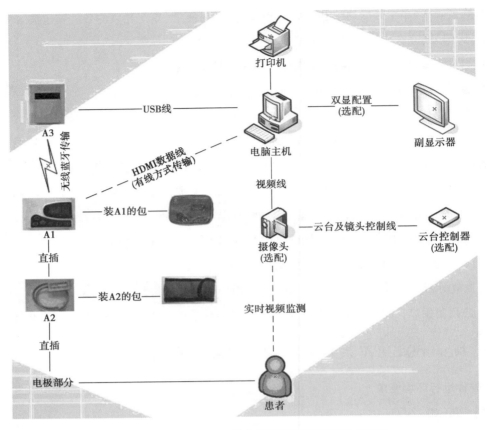

图 4-21　Nation9128W 数字化脑电图仪硬件组成框图

2. 系统硬件包括

（1）计算机部分（台式电脑或便携式笔记本电脑）。计算机的组成包括电脑主机、显示器、键盘、电源线、鼠标；

（2）打印机（彩色喷墨或激光打印机）；

（3）脑电放大盒（图 4-21 中的 A1）；

（4）脑电干扰抑制盒（图 4-21 中的 A2）；

（5）无线蓝牙脑电接收盒（图 4-21 中的 A3）；

（6）视频脑电图仪配视频记录部分；

（7）工作台（便携式脑电图仪配工作包）；

（8）电极部分（单根支架电极连接线、支架银电极、银质耳电极、通用支架电极帽）。

（二）系统电路

系统总体电路框图，如图 4-22 所示。

1. 复位电路　复位电路采用自动上电复位，使 MCU 和系统中其他部件都处于一个确定的初始状态，并从这个初始状态开始工作。

2. 实时时钟　实时时钟电路提供实时时间，为系统提供时间参考。

3. 控制键盘　控制键盘提供与用户接口电路，可以方便操作用户界面，如开关机、开始动态采集等。

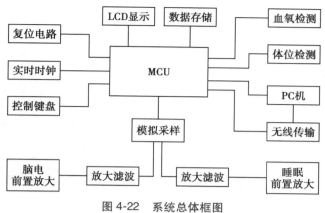

图 4-22 系统总体框图

4. LCD 显示 LCD 显示为用户提供可视界面,显示系统运行状态及部分检测参数等。

5. 数据存储 数据存储部分完成动态数据的保存,可实现大容量快速存储以及上传。

6. 血氧检测 血氧检测完成血氧参数采集,系统提供一个数字接口,与血氧模块共同完成参数采集。

7. 体位检测 体位检测电路完成对脑电放大盒的位置检测,可以辨别患者某一时刻的状态。

8. PC 机接口 与 PC 机接口可以通过两种方式完成数据传输,一种是通过 USB 接口直接与计算机通讯,另一种是采用无线接口实现数据转发,然后再通过 USB 接口与计算机通讯。

9. 模拟电路 模拟电路分为以下两个部分:

(1)信号放大,由两步实现,先将信号进行前级放大,然后再进一步滤波放大,最后传递给电平调整以及通道切换部分;

(2)电平调整以及通道切换,将经过放大后的信号进行电平转换,映射到 A/D 能够分辨的范围内,然后分时切换输入到 A/D 中进行模拟数字的转换。

(三)放大板电路

放大板电路结构如图 4-23 所示。

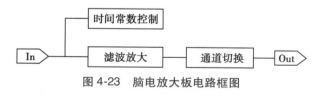

图 4-23 脑电放大板电路框图

1. 滤波放大是脑电放大主板的核心部分,采用二阶低通滤波器原理,通过一片 27L4 实现 4 级放大滤波。

2. 时间常数控制部分采用 4 片 CD4053 实现 10 路时间常数切换,通过控制 C8051F020 的 P2.5 为高低电平,使 CD4053 切换到相应的时间常数档位。P2.5＝1 设置时间常数。

3. 通道切换采用 2 片 CD4051 实现 10 路模拟信号的切换,其中每片 CD4051 通过 4 条控制线实现 8 路信号切换。

(四)主板电路

脑电主板电路结构框图如图 4-24 所示。

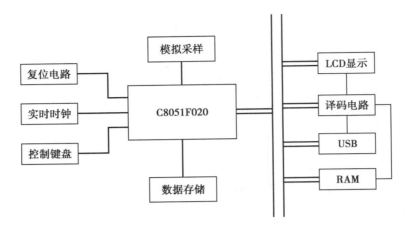

图 4-24　脑电主板电路结构框图

1. **主控板**　采用一片 C8051F020 作为主控芯片,配置一片 512M 的 RAM。C8051F020 内部包含 2 个 UART 串行接口、1 个 10 位 ADC、1 个 12 位 ADC、5 个通用的 16 位定时器、64k 字节的在系统可编程的 FLASH 存储器、64 个数字 I/O 引脚。

2. **USB 接口电路**　采用一片 ISP1581 作为桥路,实现并行数据到 USB 的转换。

3. **译码及地址分配**

EXTIO	4000～40FF	道选择地址选通
USB_CS	4100～41FF	USB 地址选通
LCD_CS		USB 中断
TIMER0(000BH)		系统 10ms 定时
UART0(0023H)		UART0 中断
	4200～42FF	LCD 地址选通
RAM_CS	8000～FFFF	RAM 地址选通

4. **中断**

INT0(0003H)	
UART1(00A3H)	UART1 中断
TIMER3(0073H)	AD 采样中断

5. **RAM 电路**　IC61LV5128 为 512M 的 8 位 RAM,地址线 A0～A14 由 C8051F020 的 A0～A14 提供,A15～A18 由 C8051F020 的 P4.0～P4.3 提供,片选线 CS 由 C8051F020 的 A15 提供,将 512M 空间分为 16 个 32M 空间。

6. **实时时钟**　采用一片 DS1302 提供实时时间。DS1302 的电源由两个部分提供,一个是系统电源 VDD,一个是纽扣电池 BAT1205,正常工作时取两个电源中电压较高的一个给 DS1302 供电,当系统关闭时由纽扣电池 BAT1205 供电,保证 DS1302 继续工作。

7. **数据存储**　数据存储采用 SPI 接口的 SD 卡作为存储介质。

8. **模拟采样**　主要完成电压调整映射以及通道切换。通道切换通过一片 74HC374 和一片 CD4051 实现,共有 7 条控制线实现 51 导的自由切换。电压调整部分采用一片单运算放大器

TLV2231 实现的加法电路,将+3.3～−3.3V 映射到 0V～+2.4V。7 条控制线由数据线 D0～D7 经过 74HC374 锁存提供。

9. UART0 串口 0 UART0 与蓝牙连接,完成数据的无线传输。

10. UART1 串口 1 UART1 与血氧模块连接。

四、Nation9128W 系列脑电图机的定期检查与维护

(一)日常的性能检测

1. 定标电压(误差不超过±5%)

检测方法:将信号源对脑电放大盒输入 10Hz、$200\mu V_{p-p}$ 的正弦波,通过脑电图采集软件测量的输出波形幅度应在 $200\mu V$ 左右,误差不超过±5%。

记录:不合格通道名称及相应的输出电压值;若全部合格则打勾。

2. 噪声电平(≤$3\mu V_{p-p}$)

检测方法:进入软件程序(test 模块),把各通道的输入端、参考端对地短接;灵敏度选择:$10\mu V/cm$,低通选择:30Hz,时间常数:0.3s。记录并存储 10s 以上,并回放。测出每导 10s 连续波形中,噪声的最大峰-峰值 A_n,其中最大的噪声值应小于 $3\mu V_{p-p}$。

记录:不合格通道名称及相应的噪声电压值;若全部合格则打勾。

3. 共模抑制比 CMRR(≥80dB)

检测方法:在 test 状态下,以 10Hz、$200\mu V_{p-p}$ 差模幅度为 V_d,按共模方式(电极两极都接信号正、人体地线接负)接入 10Hz、$2V_{p-p}$ 的正弦波标准信号;灵敏度选择:$100\mu V/cm$,低通选择:无;时间常数:0.3s。记录、存储 10s 以上,并回放。从回放的共模信号中测出各导幅值,其中幅值最大者为 V_c,当 $V_c<V_d$ 时共模抑制比大于 80dB。

记录:不合格通道名称及相应的共模电压值;若全部合格则打勾。

4. 幅频特性(1～30Hz,误差:+5%～−30%)

检测方法:在 test 模块下,在保持低频信号发生器输出信号幅度为 $200\mu V_{p-p}$ 的情况下(灵敏度选择:$100\mu V/cm$,低通选择:无;时间常数:0.3s),从 2Hz 开始依次记录、存储 2、5、20、30Hz 信号,并对所存信号进行回放,测量各通道的幅度应在 140～$210\mu V$。各通道的幅度低于 $140\mu V$ 或超过 $210\mu V$ 的通道则视为不合格。

记录:不合格通道名称及其相应状态的电压值。

5. 输入动态范围($400\mu V_{p-p}$)

检测方法:在 test 状态下用信号源输入 10Hz、$400\mu V_{p-p}$ 正弦波信号,灵敏度选择:$400\mu V/cm$,低通选择:无;时间常数:0.3s,波形显示完整,应该不会切掉,如果波形有一端或两端切掉,则不合格。改变信号的输入幅度为 1mV,波形应两端切掉,但不会出现翻转或畸变现象,否则为不合格。

记录:不合格的通道名称,注明(上切/下切);若全部合格则打勾。

6. 按键

检测方法:检验开关机、蓝牙开关、设置、波形显示、锁键盘、采集、格式化是否正常。

记录:(开关机、蓝牙开关、设置、波形、锁键盘、采集、格式化)按键工作状态,正常打勾。

7. 动态记录

记录:开机显示的存储总容量,能否进行动态采集、上传数据以及能否进行格式化。

（二）常见故障及排除

1. 硬件部分

（1）做脑电图检查时出现一导或若干导波形为直线或有很大干扰信号,出现这种现象的原因可能有两类:

1）使用者自身操作问题导致:①用户在软件中设置导联编排模式时,使用的硬件导联与设置有偏差,正确的设置将在下面软件故障注意事项中详细描述;②用户在患者头上佩戴电极时应将患者头发拨开,使电极与头皮有效接触,记录电极与参考电极距离过近也会导致采集波形近似直线。

2）硬件问题导致:①导联线或电极线由于长时间使用出现老化断裂导致未能采集到正常波形数据,或者单根电极连接线与干扰抑制盒接触不良;②放大器故障导致波形为直线或有干扰,用户可通过将工作正常的导联对应的电极线换插到出问题的导联上,以此确认是电极线引起的问题还是放大器本身导致的故障;如是放大器问题需返厂维修。

（2）蓝牙如经常连接不上,主要是由于蓝牙模块性能不良导致,或接收盒与放大盒放置距离超过 10 米以上。

（3）动态盒在做动态记录时不应自动断电,如会断电是放大盒性能不良导致;在不做动态记录时放大器处于待机(不使用)状态,半小时会自动关机,此为正常现象。

（4）动态盒在做动态记录时出现记录中断或死机现象,主要是 SD 动态数据卡性能不良导致,出现此现象需与厂商联系更换 SD 卡。

（5）脑电盒在做有线连接时,连接电脑后脑电盒液晶屏右下角应出现"USB"标志,表明设备已被电脑识别;如显示的是电池电量标志,表明设备未被识别,需安装驱动。

（6）脑电盒液晶屏左上角的主板程序版本号应为 V919,如不是则是有问题的主板程序,需与厂商联系换脑电盒。

2. 软件部分

（1）连接设备后点软件"增加病例",如显示"硬件状态错误,请确认脑电设备连接正常!",则表明设备未被电脑识别,需安装驱动;如显示"产品序列号错误,请与厂商联系!",则表明需将脑电盒序列号添加到软件中。

（2）用户在改变电脑显示器的分辨率后或者在一台电脑上首次运行本软件时,会出现如图 4-25 所示。

点"确定"后进入软件界面,需先进入"系统设置"→"显示与采样",界面中不需做任何修改,点"确定"后即可;下次再进入脑电图软件就不会出现该提示。

如不做上述操作,在采集或回放波形时,波形描记区将不能正常显示,无法观察波形。

1）进入脑电采集界面后用户需首先确认软件的导联设置是否正确,应确保各导联的数据源配置为正确配置。

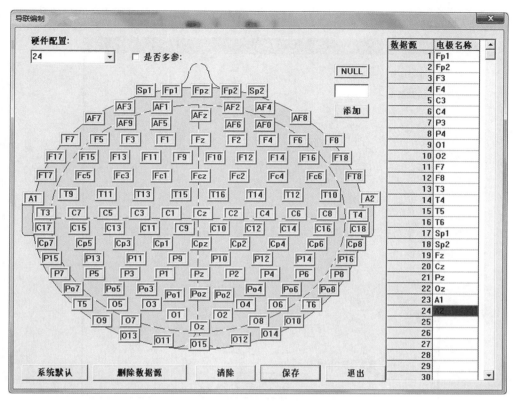

图 4-25　系统信息

如图 4-26、图 4-27、图 4-28 分别为 8 导、16 导、32 导标准配置。其中 F_{P1} 对应的是"1"导，F_{P2} 对应的是"2"导，SP1、SP2、A1、A2 为扩展导联，其中 SP1、SP2 为蝶骨电极导联。

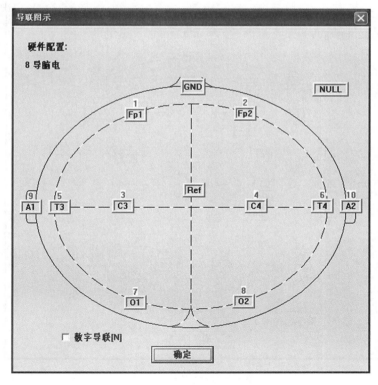

图 4-26　8 导标准配置

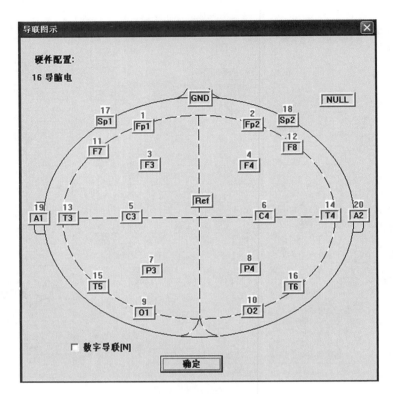

图 4-27 16 导标准配置

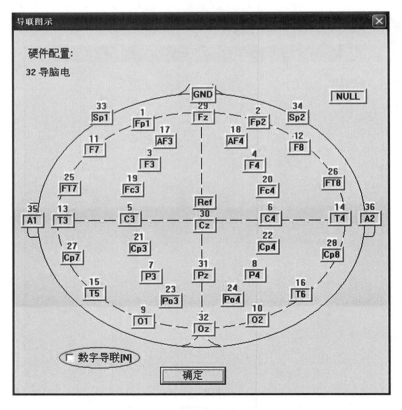

图 4-28 32 导标准配置

这些数字导联与脑电干扰抑制盒上的数字标识是一一对应的,软件设置和电极连接需遵循该对应原则来连接,如图 4-29、图 4-30。32 导的导联编制模式与 16 导类似。

其中"标准导联编制"是以 REF 点为参考电位的国际流行导联模式,此时 A1、A2 作为扩展脑电导联使用;"传统导联编制"是以 A1、A2 为参考电位的传统导联配置模式。

如发现数字导联编排有误,可进入"系统设置"→"导联编制"中选择相应的"硬件配置",点"编辑"后进入"设置"界面来确认导联数据源设置是否正确。

数据源		电极名称	编号		First	Second	编号		First	Second
标准数据源设置	1	Fp1	标准导联编制	1	Fp1	Ref	传统导联编制	1	Fp1	A1
	2	Fp2		2	Fp2	Ref		2	Fp2	A2
	3	C3		3	C3	Ref		3	C3	A1
	4	C4		4	C4	Ref		4	C4	A2
	5	T3		5	T3	Ref		5	T3	A1
	6	T4		6	T4	Ref		6	T4	A2
	7	O1		7	O1	Ref		7	O1	A1
	8	O2		8	O2	Ref		8	O2	A2
	9	A1		9				9		
	10	A2		10				10		

图 4-29　8 导的标准数据源设置和导联编制

数据源		电极名称	编号		First	Second	编号		First	Second
标准数据源配置	1	Fp1	标准导联编制	1	Fp1	Ref	传统导联编制	1	Fp1	A1
	2	Fp2		2	Fp2	Ref		2	Fp2	A2
	3	F3		3	F3	Ref		3	F3	A1
	4	F4		4	F4	Ref		4	F4	A2
	5	C3		5	C3	Ref		5	C3	A1
	6	C4		6	C4	Ref		6	C4	A2
	7	P3		7	P3	Ref		7	P3	A1
	8	P4		8	P4	Ref		8	P4	A2
	9	O1		9	O1	Ref		9	O1	A1
	10	O2		10	O2	Ref		10	O2	A2
	11	F7		11	F7	Ref		11	F7	A1
	12	F8		12	F8	Ref		12	F8	A2
	13	T3		13	T3	Ref		13	T3	A1
	14	T4		14	T4	Ref		14	T4	A2
	15	T5		15	T5	Ref		15	T5	A1
	16	T6		16	T6	Ref		16	T6	A2
	17	Sp1		17				17		
	18	Sp2		18				18		
	19	A1		19				19		
	20	A2		20				20		

图 4-30　16 导的标准数据源设置和导联编制

2)检查波形幅度描记是否过小或过大,并校准。

使用信号发生器连接脑电盒输入 200μV、10Hz 的标准信号,在采集界面中使用"校准电压",选择"200μV"校准,如显示灵敏度使用的是 100μV/cm,屏幕中每导波形将被上下跨度 2cm 的 3 条校准线框定;如图 4-31:红线与黑线间的跨度即表示为 200μV 的标准电压范围,如输入的正弦信号小于 2 线范围,表明波形幅度偏小,可通过界面左侧"校准"按钮找到相应导联,通过调节"增益"系数校准波形,校准线中蓝色线为标准基线位置,如感觉波形基线偏离也可通过调节"校准"界面中的"基线"系数来校准波形基线。

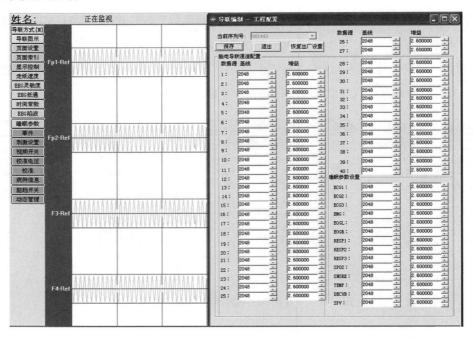

图 4-31 电压校准调节界面

点滴积累 ∨ ···

脑电图机的定期检查与维护:

(一)日常性能检测:

1. 定标电压,误差不超过±5%

2. 噪声电平≤3μV$_{p-p}$

3. 共模抑制比 CMRR≥80dB

4. 幅频特性:1~30Hz

5. 输入动态范围:400μV$_{p-p}$

6. 按键

7. 动态记录

(二)常见故障及排除:包括硬件部分故障和软件部分故障,根据具体情况分析、判断问题所在,进而排除故障。

第五节 典型脑电示教仪 JY-24A 分析

JY-24A 是微处理器控制的脑电示教仪,是国内第一款集脑电图、脑电地形图和脑电监护于一体的脑电图机示教产品。本仪器设计时,充分考虑医疗器械相关专业教学过程中对学生实践动手技能的培训。从仪器的结构、工作原理、电子电路设计、使用方法和故障维修等多方面知识点入手,设置了多种故障点和测试点,用于测试电路发生线路故障或集成电路、元器件故障时仪器的工作状态,用于高等院校相关课程的教学、科研。

一、JY-24A 脑电示教仪基本结构

JY-24A 脑电示教仪由硬件和软件两部分组成,外观结构如图 4-32 所示,包括:①一体机;②脑电信号输入、放大和输出的电路结构及原理演示板(前置差分放大器、前置主放大器、第一级低通滤波器、第二级低通滤波器、后置主放大器、A/D 转换电路、光耦隔离电路、单片机、USB 接口芯片…);③机箱体;④鼠标;⑤键盘;⑥电源线;⑦USB 线;⑧脑电电极。

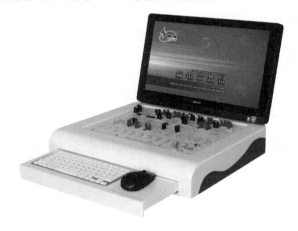

图 4-32　JY-24A 脑电示教仪外观结构图

二、JY-24A 脑电示教仪工作原理

JY-24A 脑电示教仪的基本工作原理框图如图 4-33 所示,以单个通道为例来说明脑电示教仪的工作原理。由放置在头皮的电极在体表或皮下检测微弱的脑电信号,然后通过电极的导联耦合到差动放大器进行放大,再通过低通滤波去除 0.5Hz 以下、30Hz 以上的各种频率的干扰讯号,最后经过 A/D 转换将模拟信号转换成数字信号,通过单片机用 USB 接口把数据传输到计算机。根据不同时相的电压变量进行快速傅立叶转换(FFT)形成功率谱。利用功率谱的形式来显示脑波的频率(频域)与功率的关系,将功率谱转换成图像能够醒目而且直观地显示出大脑的功能状态,从而实现颅内病变的诊断以及脑电功能的定量分析。

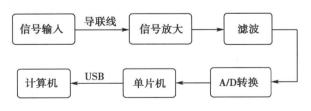

图 4-33　JY-24A 脑电示教仪的基本原理框图

JY-24A 脑电示教仪的硬件与计算机之间通过 USB 连线实现数据交换。脑电示教仪的应用软件把接收到的数据进行显示、存储和分析,并可以对脑电示教仪硬件发送控制命令。脑电示教仪的应

用软件和脑电示教仪的数据交换是通过脑电示教仪专用驱动软件来完成的。

三、JY-24A 脑电示教仪主要实验电路

JY-24A 脑电示教仪主要能做以下实验:脑电定标电路原理实验、脑电输入缓冲电路原理实验、脑电导联方式选择电路原理实验、脑电差分放大器原理实验、脑电前置主放大器原理实验、脑电低通滤波器原理实验、脑电后置主放大器原理实验、脑电 A/D 转换电路原理实验、脑电光耦隔离电路原理实验、脑电单片机控制部分原理实验、脑电 USB 传输原理实验、脑电示教仪与计算机联机测试实验、脑电示教仪与示波器联机测试实验、脑电图实验、脑电地形图功能介绍实验、脑电基础知识介绍实验以及脑电示教仪使用和性能指标实验。

四、JY-24A 脑电示教仪基本特点

（一）硬件特点

1. 开放式电路板演示,可自行设置测试点、故障点,使教学更具灵活性、实践性。

2. 人性化设计,设有故障指示灯指示、原理方框示意图,使操作简单,易于掌握,方便示教。

3. 16 路低噪声无失真放大器。

4. 单、双极导联、双导横联无失真转换功能。

5. 信号预处理及伪差排除功能:消除基线漂移,滤除工频干扰及各种 EEG 电生理信号干扰。

6. 显示屏显示波形变化,学生可根据变化波形确定故障点,使学生能更清晰、更直观地掌握仪器的设计结构和工作原理。

7. 可连接投影仪,支持幻灯教学。

8. 采用 USB2.0 通讯接口技术。

9. 选配件:闪光刺激器、视频脑电套件。

（二）软件特点

脑电示教仪能够完成脑电信号的记录及信号处理,包括 EEG 时域波形分析、频率谱分析及参数提取,脑电压缩功率谱阵图、脑电各节律功率百分比图、脑电地形图等。

1. 无笔描记,智能化微机控制。

2. 增益任意设置。

3. 连续长时监测,记录全信息脑电图。"观察""记录"脑电波,时间间隔、记录时间、记录段数可自行设定。

4. 同屏显示通道数量可选,满足各类测试的要求。

5. 任选各导放大,全自动测量脑电图。

6. 各种诱发试验(瞬时事件:眼动、动作、噪音、吞咽、咀嚼、眨眼;长时事件:睁眼、深呼吸、昏睡、瞌睡、注射、安静、说话……)可以根据不同的标记观察发生的动作,便于分析。

7. 可显示各种不同的地形图(相对地形图、绝对地形图、顶视图、左视图、右视图),另有数值图(相应导联位置波形的功率值及其所在通道内和通道间的百分比)、功率谱图(表示各记录点脑电波

形的功率值,并显示各功率谱中的峰值频率。直方图、曲线图任意选择)、逐频地形图(不同频段的脑电图的功率值在大脑的分布情况)。

8. 可连续回放棘波地形图,动态三维旋转地形图。

9. 快速自动回放脑电图,实时压缩谱阵图。

10. 脑电图可任意剪辑、取舍、编辑、整理。

11. 导联方式任意选择:单极导联、双导纵联、双导横联。

12. 校准方式可选择:方波。

13. 功能分区合理,容易理解和操作。

五、JY-24A 脑电示教仪主要电路

JY-24A 脑电示教仪放大器电路原理连接如图 4-34 所示,它由定标电路、前置差分放大电路、前置主放大电路、第一级低通滤波电路、第二级低通滤波电路、后置放大电路、数字模拟开关、A/D 转换电路、光耦隔离电路、单片机、USB 通讯芯片、计算机等部分组成。

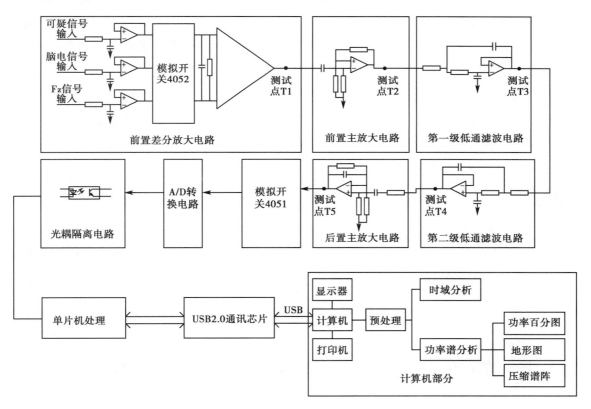

图 4-34 脑电示教仪放大器电路原理连接图

1. 前置差分放大器 差分放大器又称差动放大器,属于基本的放大器电路。差分放大是一种推挽平衡放大电路,其特点是差分放大器仅对差模信号作正常放大,对共模信号有抑制作用。

2. 前置主放大器 脑电放大器一般主要由前置放大电压及末级功率放大组成,前置放大承担着在强干扰背景中放大微弱的脑电信号的电压放大作用。

3. **第一级、第二级低通滤波器**　滤波器是实现滤波功能的器件,它的作用是把无用的频率成分衰减掉。通过此低通对 50Hz 工频进行有效的抑制,从而省去 50Hz 陷波环节,避免因陷波中心不准而造成的无法有效抑制工频干扰的后果,通过二次滤波达到最好的滤波效果。

4. **后置主放大电路**　末级放大则承担着功率放大,把电压信息变成功率信号,对于目前无笔描记的脑电图机来说,末级放大只要满足计算机数据采集系统的输入信号要求即可。

5. **A/D 转换电路**　输入的模拟信号由医学传感器提取并经放大获得。输入信号首先要通过一个模拟滤波器进行前置取样滤波,主要用于限制所处理信号的带宽以消除频率的折叠和减少自然的和人为的噪声。然后由取样器每隔 T 秒读一次数据,并把这些取样值量化为二进制数码,这一过程即模数转换(A/D 变换)。

6. **光电隔离电路**　光耦合器用于直流信号的耦合,具有良好的线性和一定的转换速度,既可以作为模拟信号的转换,也可以作为数字信号的转换。

六、JY-24A 脑电示教仪软件功能

脑电示教仪软件有 11 个 Windows 风格的顶级菜单选项,分别是:患者信息、病例管理、导联方式、瞬时事件、长时事件、监护、棘波图、压缩谱阵、波形操作、视频操作、系统设置,这些菜单操作的总原则如下:

1. 如果某个菜单选项显示为灰色,表明该菜单选项的功能暂时不能够使用。

2. 当鼠标移动到某个菜单选项时,如果该菜单选项还有下拉菜单,该下拉菜单的内容会自动显示。

3. 打开或下拉某个菜单选项时,自动进入相应的功能或功能界面。

点滴积累　

从脑电示教仪的基本结构、工作原理、电子电路设计、使用方法和故障维修等多方面知识点入手,设置故障点和测试点,用于测试电路发生线路故障或集成电路、元器件故障时仪器的工作状态,进一步理解脑电图机的结构原理,为维护维修脑电图机奠定理论和实践基础。

第六节　脑电图临床意义及数字脑电图机技术发展趋势

一、脑电图临床意义

脑电图是诊断癫痫最为重要的辅助检查手段,而且能够对那些相似发作的疾病(如晕厥、睡眠障碍、癔症等)的鉴别诊断提供重要依据。随着脑电监测仪和动态脑电图的问世,可 24 小时记录和观测脑电变化,并能在发作时准确记录发作过程,对癫痫的诊断更具有准确性和科学性。对临床上诊断困难的非典型发作、少见类型癫痫和隐匿型癫痫,更有必要性,甚至起决定

性作用。

不同类型的癫痫,其脑电图表现也各异。仔细分析脑电图可以帮助医生确定癫痫发作类型和病灶定位,以便选择合理的治疗方案,帮助判定抗癫痫药物的疗效。如脑电图显示为高度失律者多为婴儿痉挛,显示 3Hz 棘慢复合波者多为小发作,显示为间歇期棘波者多为大发作和精神运动性发作等。局灶性癫痫波 80% 以上为局部性发作或精神运动性发作。

不仅如此,脑电图对抗癫痫药物的选择、剂量调节、停药指征方面也有一定的参考意义,同时还有助于癫痫预后的估计。

需要注意的是,虽然脑电图检查对癫痫的诊断价值很大,但并不是所有的癫痫患者都靠脑电图确诊。因为有少数癫痫患者发作间歇期脑电图始终正常,也有一些脑电图显示有癫痫波,但人始终没有癫痫发作。

所以,临床上不能因某些脑电图正常就排除癫痫的诊断,也不能因某些脑电图异常就诊断为癫痫,必须结合临床表现,综合分析,才能做出正确的诊断。

知识链接

脑电图检查注意事项

1. 检查前一天要用洗发水洗干净头发(勿擦发胶、头油)。

2. 检查前要休息好,禁止服用安眠药、镇痛药、镇静药。

3. 服用抗癫痫药物的患者不能停药的可不停药,但要告诉检查医生。

4. 无法合作的儿童要在自然睡眠下检查。

5. 不要佩戴首饰。

6. 检查前吃饱饭,不宜空腹检查。

7. 检查时要关闭手机电源开关。

图 4-35 ~ 图 4-43 为几种典型的脑电图:

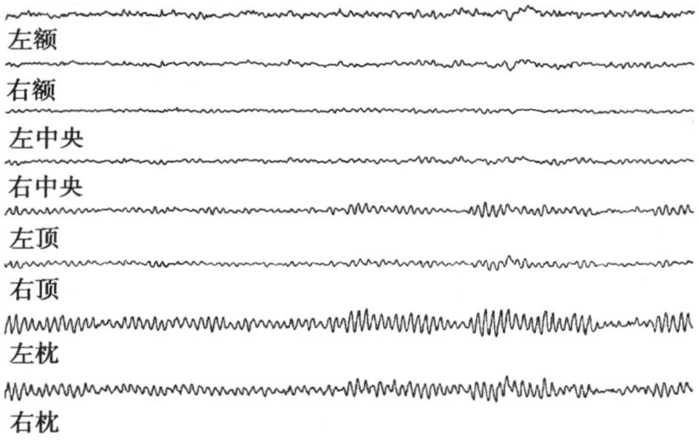

图 4-35　正常脑电图
两侧大致对称,短至长程 9~10Hz、10~100μV α 节律,
间有低电压 β 波,此图是一份典型 α 波脑电图

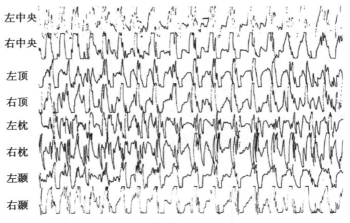

图 4-36　癫痫大发作脑电图

慢波减少,出现高波幅棘波、尖波;患者出现强直

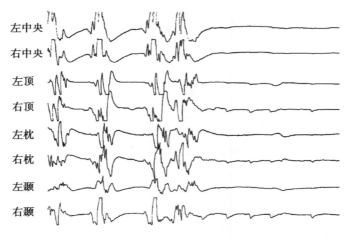

图 4-37　癫痫大发作脑电图

慢波及棘波、尖波波幅增高,形成复合波;患者出现抽搐。
患者间歇阵挛性抽搐 8s;脑电的复合波频率减慢,波幅增高,
抽搐结束后脑电图为各区持续性出现平坦活动

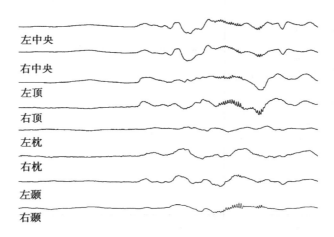

图 4-38　癫痫大发作脑电图

平坦活动持续 65s 后,开始出现低波幅 δ 波,
左侧各区 α 节律明显减少

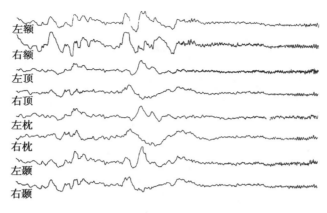

图 4-39　癫痫持续状态脑电图
发作间歇期,各区出现短至长程 4~6Hz、30~60μVθ 节律和
0.5~3Hz、50~200μVδ 活动,左侧较多,间有少数 α 波及 β 波

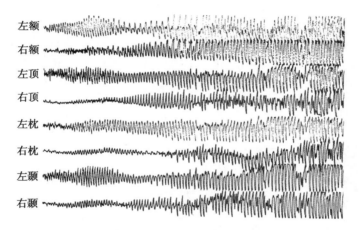

图 4-40　癫痫持续状态脑电图
出现由低波幅至高波幅的正相尖节律,
左侧波幅高;患者开始出现强直

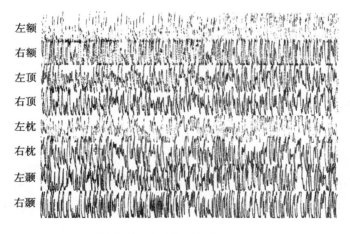

图 4-41　癫痫持续状态脑电图
尖节律频率加快,出现高波幅棘节律;
脑电图为典型强直期改变

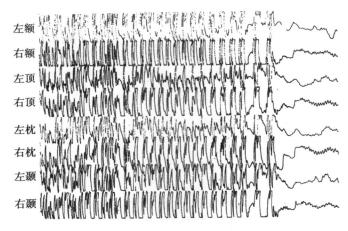

图 4-42 癫痫持续状态脑电图
棘节律中间开始混有单个慢波,形成多棘慢波及
棘慢波;脑电图呈典型阵挛期改变

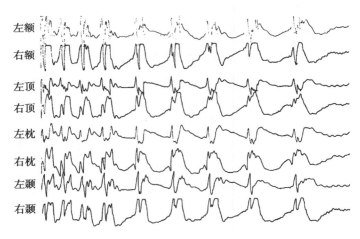

图 4-43 癫痫持续状态脑电图
抽搐结束后,脑电图出现不典型低电压尖节律,
然后恢复原来图样;此期为松弛期改变

二、数字脑电图机技术发展趋势

随着计算机和放大器等电子技术的不断发展,现代脑电图机基本上都是数字化脑电图机,机械性的老式脑电图机逐渐被淘汰。数字化脑电图机也在不断更新换代。导联数由最初的 8 导脑电图,逐渐升级为 16 导、32 导、40 导、64 导、128 导、196 导,甚至已经有 256 导脑电图的出现。

目前比较先进的脑电图机主要有数字脑电工作站、动态脑电图仪、视频脑电图仪、便携式数字脑电图仪、无线蓝牙脑电图仪、无线蓝牙综合视频脑电图仪、无线蓝牙综合睡眠脑电图机等。

1. **动态脑电图仪** 动态脑电图仪于 1978 年问世,目前该技术已在国际上得到广泛的应用。大量的临床应用证明:动态脑电图已是一项成熟而有效的诊断方法。与传统的静态脑电图相比,动态脑电图技术的显著优势在于:动态脑电图仪可供受检者在日常生活环境中佩戴使用,完成 24 小时全部脑电活动记录,随后由计算机对所记录的数据进行回放,使偶发的一次性大脑瞬间障碍的脑电活动得以再现,以确定发作与环境、时间、诱因和个人状态的关系。

2. 视频脑电图仪　视频脑电图就是脑电图和视频的结合。将患者的脑电波与录像同步记录下来,使得医生不仅可以通过脑电波诊断患者的情况,还可以观察录像了解患者的身体状况,尤其对于癫痫患者,意义非常重大。

视频脑电可全过程同屏同步存储、编辑、回放患者的脑电波与录像信号并可长距离、长时间(24小时无人监护)。患者可以卧床休息,坐在椅子上吃饭、读书、闲谈,用摄像机对准患者的面部和全身,以便发作时记录下任何部位的抽搐动作,用贴在头上的电极记录患者的脑电,这样患者发作时的面部情况、抽搐的形象以及发作时的脑电即可以通过一个画面,同时显示在显示器上,并且可以存储在硬盘和光盘上,供专业人员反复研究,以找到诊断和处理疾病的方法,以便对癫痫的诊断、分类、致病灶定位作出正确的结论和正确的处理方法。

3. 无线蓝牙脑电图仪　无线蓝牙脑电图仪是利用蓝牙技术替代常规的有线电缆实现近距离数据传输,除了解决受检中患者自由活动的问题外,将无线蓝牙遥测技术应用到脑电设备的最大的优点是抗干扰性能得到很大的提高,从而克服了以往有线脑电图仪易受到其他电器干扰这一大缺陷。

相信随着科技的发展和人类的进步,越来越先进、实用的脑电图机技术会应用于临床,造福人类。

点滴积累 ∨ ....

1. 脑电图是诊断癫痫最为重要的辅助检查手段之一。　脑电图对鉴别脑器质性疾病和功能性疾病有一定作用。
2. 不同类型的癫痫,其脑电图表现也各异。　仔细分析脑电图可以帮助医生确定癫痫发作类型和病灶定位,以便选择合理的治疗方案,帮助判定抗癫痫药物的疗效。

学习小结

一、学习内容
脑电图机的基础理论以及典型脑电图机的原理结构分析。

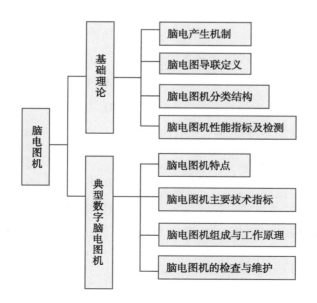

二、学习方法体会

1. 脑电信号的采集属于典型的生理信号的采集,其学习和分析方法与心电图机有很多类似之处,分析时可以将脑电图机分为信号采集与放大部分、电源部分、控制部分、信号输出部分等与心电图机各部分进行对比,在原有的知识体系上可以有较为深入的提高。

2. 脑电信号的分析较为复杂,涉及很多算法,故目前的脑电图机多采用高精度的信号处理芯片,因此在学习脑电图机时,需掌握相关 DSP(数字信号处理)的知识。

3. 脑电图机的维修方法与常规医用电子仪器类似,如短路法、断路法、信号跟踪示波法、分割法等,这些方法均需要在实践中多多体会并综合使用才能有效地掌握。

4. 在理论知识上要重点掌握脑电信号产生的一般机制,并理解脑电图机导联的意义。

目标检测

1. 单项选择题

(1)在现代脑电图学中,根据_____的不同将脑电划分为四种波。

    A. 周期和相位   B. 频率和振幅

    C. 频率和周期   D. 相位和频率

(2)现代脑电图学中,脑电波按照频率由高到低的排列顺序为_____。

    A. α、β、θ、δ B. β、α、θ、δ

    C. δ、β、α、θ D. α. θ、δ、β

(3)脑电电极的放置一般为_____。

    A. 10-20 系统电极法   B. 10-30 系统电极法

    C. 单极导联法   D. 双极导联法

(4)在脑电图机中,如果某一道电极皮肤接触电阻超过了_____就会提示要对电极进行处理。

    A. $30k\Omega$ B. $40k\Omega$

    C. $50k\Omega$ D. $60k\Omega$

(5)脑电图机单极导联法是将作用电极置于头皮上,参考电极置于_____。

    A. 鼻子   B. 头皮

    C. 下巴   D. 耳垂

(6)测试脑电图机最大灵敏度时,输入 $15\mu V$ 的方波定标电压,在灵敏度为 $10mm/10\mu V$ 挡,记录笔偏转幅度应在_____。

    A. 5mm   B. 10mm

    C. 15mm   D. 20mm

(7)在走纸速度为 25mm/s 时,波幅从 10mm 下降到 3.7mm 经过了 83 格,则该脑电图机的时间常数为_____。

    A. 3.32 秒   B. 4.32 秒

C. 3. 22 秒   D. 3. 2 秒

（8）脑电图机放大电路部分的时间常数调节器是_____。

  A. 高频滤波器   B. 低频滤波器

  C. 带通滤波器   D. 低通滤波器

（9）脑干听觉诱发电位的英文缩写是_____。

  A. EP   B. PR-VEP

  C. BAEP   D. SLSEP

（10）前置放大器一般有_____个输入端。

  A. 1   B. 2

  C. 3   D. 4

（11）头皮脑电图记录常规使用_____

  A. 10%系统   B. 5%~10%系统

  C. 20%系统   D. 10%~20%系统

（12）脑电图检查过程中,不容易出现高频干扰的情况是_____。

  A. 手术室   B. ICU

  C. 急诊室   D. 屏蔽室

（13）国际 10-20 系统头皮脑电图记录的电极一般包括_____。

  A. 19 个记录电极和 2 个参考电极

  B. 18 个记录电极和 2 个参考电极

  C. 20 个记录电极和 2 个参考电极

  D. 17 个记录电极和 2 个参考电极

（14）脑电图放大器的组成是_____。

  A. 前置电压放大和输入电压放大

  B. 输入电压放大和后置功率放大

  C. 输出阻抗和输入电压放大

  D. 前置电压放大和后置功率放大

（15）脑电图机放大器应具备的特性不包括_____。

  A. 带宽窄   B. 高输入阻抗

  C. 抗干扰能力强   D. 高灵敏度

2. 简答题

（1）脑电图有什么基本特征？分别以什么方式表示？

（2）脑电图系统由哪些单元部件组成？试说明各主要部件的功能。

（3）简单介绍脑电图机技术指标的意义和检测方法。

3. 实例分析

（1）简要分析脑电图机走纸速度不稳的故障原因。

（2）一台国产脑电图机基线不稳，有漂移现象，对此故障做简单分析。

ER-04章习题

第五章

肌电图机

学习目标 ∨

学习目的

肌电图机是用于临床诊断的电子诊察设备，通过本章的学习应使学生学会肌电图机的基本使用方法与分析维护方面必须具备的基本知识及技能，为学生从事该方面的专业岗位打下良好的基础。

知识要求

1. 掌握典型肌电图机的结构与指标。

2. 熟悉肌电图检查的基本知识。

3. 了解典型肌电诱发电位仪工作原理。

能力要求

通过本章的学习，应使学生具有对肌电图常见故障的判断与维修技能。

肌电图（electromygraphy，EMG）是检测肌肉生物电活动，借以判断神经肌肉系统机能及形态变化，并有助于神经肌肉系统的研究或提供临床诊断的依据。肌电图机是一种把极微弱的肌电加以放大和处理后，在示波器上显示出肌电图的精密仪器。它在肌肉和神经电生理研究方面具有非常重要的作用，为人体运动系统疾病的诊断和治疗提供了一个重要的工具，目前在各级医疗机构得到广泛的应用。

本章将首先简单介绍肌电图的产生机制、肌电图的引导与检查记录、临床应用和发展；然后重点描述数字化肌电图机的构造及工作原理，数字化肌电图机主要由数据采集系统、计算机、输出显示部分和肌电诱发装置四大部分组成；最后着重介绍 Keypoint 型数字化肌电诱发仪的结构与工作原理。

第一节　肌电图检查的基础知识

肌电图检查诊断（electro-diagnosis）是利用神经及肌肉的电生理特性，用电流刺激神经记录其运动和感觉的反应波；或用针电极记录肌肉的电生理活动，来辅助检测神经源性疾病和肌源性疾病。肌电图在神经病变的定位、损害程度和预后的判断方面具有重要价值。

一、肌电产生的原理

要正确了解肌电图机的组成和临床应用，应先对肌电产生的原理及相关的生理基础有一定的了解。

　　兴奋和收缩是骨骼肌的最基本机能,也是肌电图形成的基础。肌电图是不同机能状态下骨骼肌电位变化的记录,这种电位变化与肌肉的结构、收缩力学、收缩时的化学变化有关。研究证明,在肌细胞中存在四种不同的生物电位:静息电位(resting potential,RP)、动作电位(action potential,AP)、终板电位(end plate potential,EPP)和损伤电位(injury potential,IP),它们的产生都可用膜离子学说来解释。

知识链接

有关肌肉的小知识

　　肌肉是人体的重要组成部分,人体共有434块肌肉,每块肌肉通过神经末梢与运动神经连接在一起,肌肉的收缩是在运动神经支配下进行的。

---

　　1. 静息电位　生理学将细胞安静时膜内为负、膜外为正的现象,称为极化(polarized),其电位差称为静息电位(RP),也称跨膜电位或膜电位,细胞内测定的数值为−90mV。静息电位主要与 K^+ 有关,正常肌细胞内钾离子浓度明显高于细胞外,K^+ 沿着浓度梯度由膜内向膜外扩散,膜外电位逐渐变正,但膜内有许多不能透过膜的蛋白质负离子。因此,K^+ 沿浓度梯度扩散的趋势,被建立起来的外正内负的电梯度所限制,这两种趋势最终达到一种动平衡状态,就是建立起来的电梯度将完全阻止 K^+ 按浓度梯度向外流出,即 K^+ 的平衡电位。

　　2. 动作电位　当给予肌细胞单个电脉冲刺激时,膜内的负电位消失,并且翻转为正电位,即由−90mV变为+30mV,整个电位变化幅度为120mV。极化状态被去除以致反转,在生理学上称为去极化(去极相),但刺激引起的膜电位反转的时间极为短暂,它很快又恢复到受刺激前的极化状态,这个过程称为再极化(复极化、再极化相)。肌细胞兴奋时,膜电位发生去极化和再极化的变化,并向周围扩布,故该过程引起的电位称为动作电位(AP),持续时间约为 0.5~1ms。如图 5-1 所示。

　　动作电位的产生主要取决于 Na^+,当肌细胞的膜电位去极化超过一个临界点时(阈电位),就会引起钠通道开放,由于 Na^+ 浓度膜外高于膜内,Na^+ 沿浓度梯度快速由膜外向膜内扩散,产生动作电位的上升,随着膜电位翻转,动作电位接近其峰值,此时钠通道关闭,钾通道慢慢开放,K^+ 外流使细胞内变为负电位,引起动作电位的下降。膜电位逐渐恢复到其静息值。

　　3. 终板电位　运动神经元的轴突与骨骼肌细胞之间形成的突触,即神经肌肉接头,又称运动终板,如图 5-2 所示。目前,终板常常代表神经肌肉接头的突触后膜部分。有髓神经末梢在神经肌肉接头处,失去髓鞘再发出更细小的分支,嵌入肌纤维表面形成的凹陷中,与神经末梢相对应的那部分肌纤维膜为接头后膜,它形成许多皱褶,神经末梢嵌入部形成接头前膜,在末梢的轴浆内含众多的突触

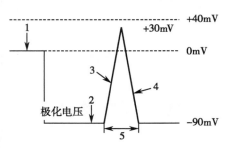

图 5-1　肌细胞的静息电位(RP)和
动作电位(AP)

1. 微电极刺入肌细胞;2. 给予单个电脉冲刺激;3. 去极化;4. 再极化(复极);5. 0.5~1ms

小泡和丰富的线粒体,突触小泡内含乙酰胆碱(ACh)。神经肌肉接头的传递过程为:神经冲动沿轴突传递到神经末梢,触发突触小泡释放乙酰胆碱,乙酰胆碱通过突触间隙扩散到突触后膜,与突触后膜的乙酰胆碱受体结合,导致突触后膜对某些离子的通透性升高,使突触后膜去极化,产生终板电位,当终板电位超过肌细胞的兴奋阈值便诱发动作电位,引起肌细胞收缩。释放出来的乙酰胆碱被终板区的乙酰胆碱酯酶分解。终板电位即刺激运动神经时,在被其支配的骨骼肌纤维的终板区记录到的去极化变化。

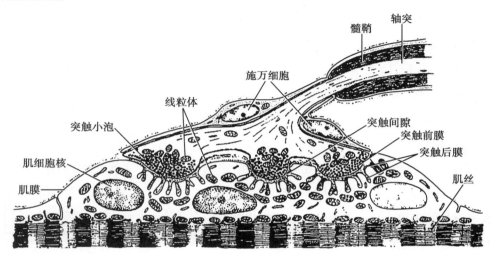

图 5-2　运动终板超微结构模式图

4. 损伤电位　如果肌肉某处受到损伤,将会导致损伤处膜的极化现象减弱或消失,因此在组织损伤处表面(−)与完整部表面(+)之间将出现一个电位差,这个电位称为损伤电位(IP),其形成的电流称为损伤电流,损伤电位存在的时间较长,只要损伤状态继续存在。肌损伤电位值为 50～80mV。有些研究者认为,肌电图的正锐波,是肌肉失去神经支配后,肌膜生理特性发生变化而产生的一种损伤电位。

二、肌电图检查

(一)运动单位

运动单位是表示肌肉功能的最小单位,它由一个运动神经元和由它所支配的肌纤维构成。一个运动单位所包括的肌纤维数目有多有少,一般有 10～1000 根。当运动神经兴奋时,便通过神经末梢的突触传给运动终板的肌膜,使肌细胞内外的离子平衡发生变化,产生终板电位而引起肌肉收缩,于是产生了运动单位的动作电位。

通过骨骼肌不同状态下的肌电变化,可以了解周围神经和骨骼肌的功能状态。临床上常用骨骼肌松弛、轻度收缩、大力收缩、诱发刺激后肌电变化来分析。因此,典型的肌电图检查可包括常规肌电图检查(自发肌电图检查)和诱发肌电图检查。

(二)常规肌电图检查

常规肌电图检查包括插入电位、静息电位、单个运动单元电位和多个运动单元电位等电位的检查。

1. 插入电位 是指电极插入、移动和叩击时,因电极针尖对肌纤维的机械刺激所诱发的动作电位。正常肌肉插入电位持续时间短,大约为100ms,不超过1s。针电极一旦停止移动,插入电位也迅速消失。在示波器上只能看到伴随针电极移动、基线漂移,不能看到具体插入电位的波形。

2. 静息电位 当电极插入完全松弛状态下的肌肉内时,电极下的肌纤维无动作电位出现,显示器上表现为一条直线。

3. 运动单位电位(MUP) 正常肌肉随意收缩时出现的动作电位称为运动单位电位。它不是指来自肌肉的单根纤维,而是指来自一个运动单位成组肌纤维发放出来的电位。

从一块肌肉可以记录到不同的运动单位。差异不仅来自于运动单位本身,也来自于电极与受检运动单位的位置关系。正常运动单位电位有以下特征。

(1)波形:分段正常肌肉的动作电位,由离开基线偏转的位相来决定,根据偏转次数的多少分为单相、双相、三相、四相或多相。一般单相、双相或三相多见;双相、三相者约占80%;达四相者在10%以内;五相者极少;五相以上者定为病理或异常多相电位。三相运动单位电位波形图如图5-3所示。

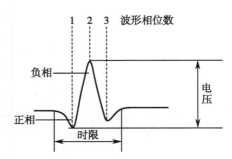

图5-3 三相运动单位电位波形图

(2)时程(时限):指运动单位电位变化的总时间。测定的时限是指从离开基线的偏转起到返回基线所经历的时间。在测定平均时限时,应注意从肌肉的不同部位记录的不同电位中进行测量。运动单位电位的时程变动范围较大,一般在3~15ms。

(3)电压(波幅):正常肌肉运动单位电压是亚运动肌纤维兴奋时动作电位的综合电位,是正、负波最高偏转点的差。一般为100~2000μV,正常情况下,轻收缩时最高电压不超过5mV。

正常肌肉的运动电位波形,电压及时程变异较大,原因是不同肌肉或同一肌肉的不同点运动单位的神经支配比例不同、年龄差异、记录电极的位置都是影响变异的因素。因此若要确定上述参数的平均值,应在一块肌肉的几个点做多次检查,因此细心检查是非常必要的。以前的仪器由医生人工寻找MUP,是费力费时的工作。目前,很多新型的肌电图机具有自动寻找的功能。

(4)被动牵动时的肌电变化:肌肉放松时使关节被动运动,观察运动单位电位出现的数量,了解肌张力亢进状况。

(5)不同程度随意收缩时的肌电相:骨骼肌在轻度、中度或最大用力收缩时,参加活动的运动单位增多。正常肌肉不同程度收缩时的肌电波形如图5-4所示。包括单纯相、混合相和干扰相。

(三)诱发肌电图检查

肌肉的活动是受周围神经直接支配的,因此可以用各种方法刺激周围神经,引起神经兴奋,神经再把这种兴奋传递给终板,使肌肉收缩,产生动作电位,可以测定神经的传导速度和各种反射以及神经兴奋性和肌肉的兴奋反应,临床上常用:运动神经传导速度(MCV);感觉神经传导速度(SCV);F波(FWV);H反射(H-R);连续电刺激也称重复电刺激(RS)。这些测定从广义上说,都可称为诱发

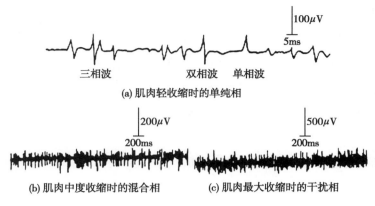

三相波　　　　　双相波　单相波

(a) 肌肉轻收缩时的单纯相

(b) 肌肉中度收缩时的混合相　　　　　(c) 肌肉最大收缩时的干扰相

图 5-4　正常肌肉不同程度收缩时的肌电波形

肌电图,也称为神经电图(ENG)。诱发肌电图在了解周围神经肌肉装置的机能状态,了解脊髓、脑干、大脑中枢的机能状态以及诊断周围神经疾病和中枢疾病上具有重要意义。

1. 运动神经传导速度(MNCV)

(1)运动神经传导速度的检查:神经传导速度是研究神经在传递冲动过程中的生物电活动。利用一定强度和形态(矩形)的脉冲电刺激神经干,在该神经支配的肌肉上,用同心针电极或皮肤电极记录所诱发的动作电位(M 波),然后根据刺激点与记录电极之间的距离、发生肌收缩反应与脉冲刺激后间隔的潜伏时间来推算在该段距离内运动神经的传导速度。这是一个比较客观的定量检查神经功能的方法。神经冲动按一定方向传导,感觉神经将兴奋传向中枢,即向心传导,而运动神经则将兴奋传向远端肌肉,即离心传导。

(2)运动神经传导速度的测定:某运动神经把在近端受刺激的冲动传向远端,使受控肌肉产生诱发电位所需的时间叫做潜伏期,以 ms 表示。

分别在某一运动神经的两个部分施加刺激,在同一肌肉引出诱发电位,可得两个潜伏期数值,这两值之差叫做两刺激点之间的神经传导时间,以 ms 表示。

正中神经肘腕节的传导速度测定如图 5-5 所示。其中 T_1 代表刺激 A 点时的潜伏期,T_2 代表刺激 B 点时的潜伏期,BA 段正中神经的传导时间为 T_2-T_1。测量 A、B 两刺激点之间体表距离 L,以 mm 表示,该运动神经传导速度等于两刺激点间的体表距离除以两点间的传导时间。

$$MNCV = \frac{L}{T_2 - T_1} \quad (m/s)$$
式(5-1)

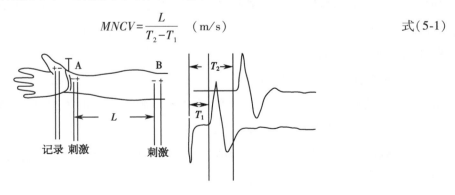

图 5-5　正中神经肘腕节的传导速度测定图

2. 感觉神经传导速度(SNCV)　由于周围神经干是混合神经,包括有直径不同、传导速度不同和机能不同(运动、感觉和植物神经)的纤维,一般测定运动神经传导速度时,又是测定神经干中传导最快的运动纤维的传导速度,因此只有当快传导纤维损伤时才有传导速度的改变。如果受损部位局限在远端末梢部,测定传导速度可以正常,因而掩盖病变的存在。临床发现,周围神经病变的早期,患者主诉只有感觉的障碍,而无运动的障碍和肌萎缩,这时测定感觉神经传导速度便具有重要的诊断意义。

测定感觉神经传导速度有两种方法:顺行法和逆行法或称为正流法和反流法。以正中神经为例说明。

(1)顺流法:电流强度是诱发最大的感觉电位波幅再加 30% 电流量。电极安放是将指环状电极套在食指上作为刺激电极,电流强度是诱发最大的感觉电位波幅再加 30% 电流量,并在神经干一点或两点上记录神经的诱发电位。用此法测得的感觉神经的电位比较小,一般不易测得,常需用叠加法才能测得。正中神经感觉传导速度顺流法测定图如图 5-6 所示。

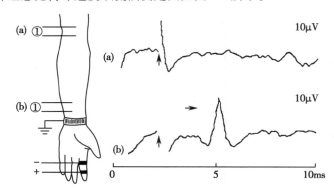

图 5-6　正中神经感觉传导速度顺流法测定图

(2)逆流法:电极安放同顺流法,但以神经干上的两对电极作为刺激电极,而以食指或小指上的环状电极作为记录电极。用此法测得的感觉神经的电位较高,一般容易得到,缺点是易产生肌电干扰。

在这里需要说明的是:测定运动神经传导速度时,是记录肌肉的活动电位;测定感觉神经传导速度时,是记录神经的活动电位。两者相比,神经活动电位比肌肉活动电位小得多,直接引入放大器进行测定比较困难,一般采用叠加法来测定。另外影响神经传导速度的还有生理因素(温度、年龄),病理因素(髓鞘脱失、神经轴突直径改变、机械压迫、缺血)及技术因素等。

3. H 反射(HR)　电刺激外周神经干时,在肌电波出现诱发 M 波之后可出现 H 波,该波为反射波,为刺激感觉神经后通过脊髓引起的单突触反射的肌电波。M 波之后的 H 波为检查脊髓前角细胞兴奋的重要指标,H 反射测定示意图如图 5-7 所示。

电刺激胫后神经引起其支配的腓肠肌、比目鱼肌的诱发电位称为 M 波,它是直接刺激运动神经纤维的反应。在此反应后,经过一定的潜伏期又出现第二个诱发电位,是刺激感觉神经,冲动进入脊髓后产生的反射性肌肉收缩,该反射由 Hoffmann 于 1918 年首先报道,故称 H 反射。它是一个低阈值反射,即当用弱电流刺激胫后神经时,首先出现 H 波,而无 M 波,随着刺激的逐渐增强,H 波振幅

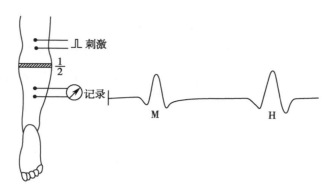

图 5-7 H 反射测定示意图

逐渐增大,达一定水平,再增加刺激强度时,H 波便逐渐减小,而 M 波则逐渐增大,达到最强刺激时 M 波幅最大,而 H 波消失。主要指标有:H 反射潜伏期从刺激开始到 H 反射出现的时间,单位 ms;H 波最大振幅与 M 波最大振幅之比值,正常应大于 1。

4. **F 反射(FWV)** F 波用于对最近端节段神经的运动传导进行评价。当给予神经以超强刺激时,常可诱发一个晚电位,即 F 波。它出现于直接的运动电位(即 M 波)之后,这表明诱发 F 波的冲动,不是先到达刺激远侧的记录电极,而是先朝骨髓方向传播,然后再转兴奋远端肌肉。对于 F 波的测量主要是测量其潜伏期。

腕部刺激正中神经诱发的 F 波如图 5-8 所示,这是一种多突触脊髓反射。用弱电流刺激周围神经干时,常见在肘部或腕部用脉冲电刺激尺神经或正中神经引导出所支配肌的诱发动作电位 M 波,经 20~30ms 的潜伏期,又可出现第二个较 M 波小的诱发电位,称 F 波。切断脊髓后根仍有 F 波,所以它是由电刺激运动神经纤维产生的逆行冲动到达脊髓所引起的一种反射。在神经干远端点刺激时,诱发的 M 波的潜伏期比近端点刺激诱发的 M 波短,F 波的潜伏期延长。F 波的波幅不随刺激强度改变而改变,但过强刺激时,F 波消失。

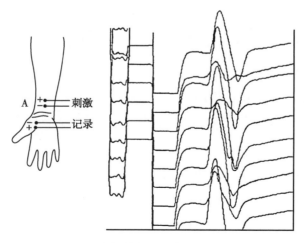

图 5-8 腕部刺激正中神经诱发的 F 波

5. **重复电刺激(RS)** 当有神经肌肉疾患时,用不同频率的电脉冲重复刺激周围神经并记录肌肉的动作电位,是最常用的方法。重复电刺激健康人的周围神经干时,随刺激频率的不同肌电反应有一定的规律性。低频刺激,诱发肌动作电位的振幅不衰减。用每秒 20 次以下的频率刺激神经干,短时间不发生疲劳现象。而重症肌无力症患者,用每秒 10 次以下的频率连续刺激,则诱发肌肉的动作电位会进行性衰减。重复电刺激波形如图 5-9 所示,这是正常大鱼肌重复电刺激波形图。

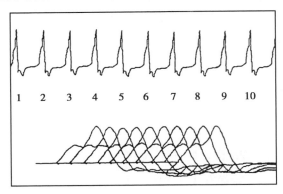

图 5-9　重复电刺激波形

（四）异常肌电图

异常肌电图包括安静状态下的异常肌电图和随意收缩时的异常肌电图两大类共十多种,现分述如下:

1. 安静状态异常肌电图

（1）插入电位延长:针极插入、挪动时骤然出现电位排放,其频率可达 150Hz,针极挪动后电位并不立即消失,但数量、频率逐渐减少然后消失,挪动针极后又重新出现。

插入电位可由纤颤、正向等低电压电位组成。示波线上可见基线漂移,扬声器上出现"沙沙"声。插入电位延长常见于神经源性疾病,这是去神经支配后肌膜兴奋性异常增高的结果,在周围神经损伤中最常见。

（2）纤颤电位（fibrillation voltage）:是单根肌纤维自发性收缩产生的电位,包括诱发和自发纤颤电位两类,以起始为正向、短时限、低电压、节律较整齐为特点。时限大多 ≤3.0ms,电压 ≤300μV。纤颤电位只是反映肌膜兴奋性。凡下运动神经元变性或损伤,因肌纤维失神经支配均易产生纤颤电位。

（3）正锐波:失神经肌纤维在骨骼肌放松时,常与纤维电位伴发自发出现的正相波称正锐波（positive sharp wave）,系失神经肌纤维变性后的指标。常为双向,开始波形呈宽大的正相,然后接一负相拖尾。时限变化较大,平均 5.0ms 左右,电压 20~200μV,频率通常较规律,扬声器上可听到"砰砰"声。失神经肌纤维在骨骼肌放松时,常与纤维电位伴发自发出现的正相波称正锐波(positive sharp wave),系失神经肌纤维变性后的指标。

(4)束颤电位:包括单纯束颤电位和复合束颤电位两类,单纯束颤电位为一种单个运动电位的前角细胞或外用神经自病变时肌纤维的动作电位,复合束颤电位为单个运动单元所属肌纤维群的同步兴奋发生破坏时,呈现多相性特征的动作电位。与轻收缩时运动单位电位的区别是时限宽、电压高、频率慢、节律性差。

(5)运动单元电位异常:当脑性瘫痪有运动神经元疾患时,在骨骼肌放松情况下出现的自发运动单元电位。

(6)肌强直电位:为一种频率较高的电位,是插入电位延长的一种特殊形式,属针极插入挪动的瞬间所诱发的高频放电,其典型特征是波幅与频率递增递减,扬声器可听到轰炸机样的特殊音响。

(7)肌强直样电位:是针极插入后继发的一系列高频电位,特点是突然出现、突然消失,波幅和频率通常无变化。扬声器上可闻蛙鸣声。

(8)怪形高频放电:也称假性肌紧张电位,也是一种插入针极后突发出现的高频电位。

(9)群发电位(grouping voltage):多是肌肉放松时的一种自发电位,为节律性、阵发性放电,是由群化之运动单位组成。帕金森综合征、舞蹈症、痉挛性斜颈,恶寒战栗时可出现。

(10)簇形电位:是运动单元呈爆发性一簇一簇束颤电位的特殊形式。

2. 随意收缩时的异常肌电图

(1)多相电位:若波形在五相以上甚至数十相者,电压一般为 1.5mV、时程 10~20ms,此称为多相电位,亦称复合运动单元电位。多相电位波形特点的诊断价值较大,按多相电位波形特点可分为短棘波多相电位和群多相电位。

(2)再生电位:再生电位与同步电位共称巨大电位(giant potential)或大运动单元。再生电位的出现,表示肌肉已重新获得神经支配,预后良好。

(3)同步电位(synchronization voltage):同一块肌肉一定间距的两点同时引导运动单元电位时,两种相同的电位同时出现,称同步电位,它可作为与肌源性疾病及周围神经疾患相鉴别的肌电指标,进行性脊肌萎缩、脊髓炎等皆可出现同步电位。

(4)低电压运动单元电位:又称肌原性萎缩电位。

(5)易疲劳性:易疲劳性是指重症肌无力患者出现轻度的肌电波幅渐减现象。

(6)运动单元电位的异常:包括完全无运动单元电位、自发运动单元电位、运动单元电位数量减少等。

上述典型异常肌电图的波形如图 5-10 所示。

▶ **课堂活动**

试回答为什么要分为安静状态下的异常肌电图和随意收缩时的异常肌电图,其原理是什么?

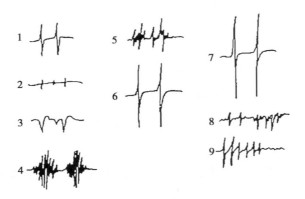

图 5-10　异常肌电图的波形
1. 束颤电位；2. 纤颤电位；3. 正锐波；4. 群放电
位；5. 多相电位；6. 同步电位；7. 大再生电位；
8. 低波幅运动单位电位；9. 波幅渐减

点滴积累 ∨

1. 肌电图是反映肌肉-神经系统的生物电活动的波形图。振幅为 20～50μV，频率为 20～5000Hz。
2. 肌细胞中包括四种不同的生物电位：静息电位（resting potential，RP）、动作电位（action potential，AP）、终板电位（end plate potential，EPP）和损伤电位（injury potential，IP）。
3. 典型的肌电图检查有两种：常规肌电图检查（自发肌电图检查）和诱发肌电图检查。

第二节　典型肌电图机的电路分析

一、肌电图机的原理与结构

肌电图仪包括输入部分、放大部分、显示、扩音、记录、刺激器。通过肌电图仪的放大器输入，在显示器上可观察到肌电图波形，分析其波幅、时限、波形等变化，也可从扩音器中听到不同电活动的声音变化，还可以利用快速彩色照相、磁带记录器、强灵敏度记录纸和数字存储器等不同层次的技术，以获得波幅、时限的严格标准测量，得到永久性的资料。现代化的肌电图仪还包括刺激器及叠加仪，可进行神经传导速度、重复电刺激、脑诱发电位检查。

（一）电极

电极主要包括针电极和皮肤电极（表面电极），记录电极的电和物理性能直接影响到电位的波幅等记录信息。一般针电极收集到的是针极周围有限范围内的运动单位电位的总和，而皮肤电极收集的是肌肉和神经干上的综合电活动。临床上多使用下述电极，如图 5-11 所示。

1. 单极针　用不锈钢制成，针尖端裸露 0.2~0.4mm，其余部分用绝缘膜覆盖，另一单极针或皮肤电极作参考电极插入肌肉或置于皮肤表面，此单极针与参考电极之间的电位差是记录电位的来源。一般用于记录近神经的感觉神经动作电位。此电极价格相对低廉，不适宜用于测定运动单位电位。

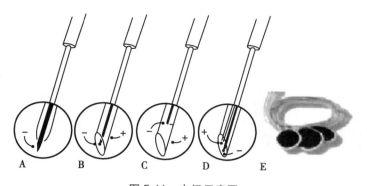

图 5-11　电极示意图
A. 单极针；B. 单极同心圆针极；C. 单纤维电极；D. 双极同心圆针极；E. 皮肤电极

2. 单极同心圆针极　在一支不锈钢针管内装入一绝缘的金属丝,电位变化由针丝和针管之间的电位差造成。这种电极可接触到 1~10 条肌纤维,引导出数十条肌纤维的动作电位,引导的波形较单一、波幅高、干扰小,临床多常用。正常肌电图各常数均以此电极引导为标准。

3. 单纤维电极　针管有一旁开的极小电极,内置纤细的绝缘细丝,收集范围非常小,可收集到单个肌纤维的电活动,临床不常用。

4. 双极同心圆针极　与单极同心圆针极不同的是,在针管内有两条细金属丝,所测的电位是两条细金属丝之间的电位变化,引导出的运动单位电位波幅高。但此种电极测定范围较小,有局限性,仅适于单个运动单位的引导等特殊分析。

5. 皮肤电极　一般用银或白金制造,使用粘膏或胶布使之固定于皮肤表面,引导出电极下面局部肌肉的电活动,其优点是无痛,适合于儿童肌电图检查,可记录肌肉和神经干的综合电活动和作为周围神经的刺激电极,但不适合用于运动单位电位的测定,不能引导出深部肌肉的动作电位。

（二）放大器

神经肌肉的动作电位非常微小,必须放大 100 万倍,信号首先输入前置电压放大器,然后输入后级功率放大器。在肌电图仪中见到的电位是以不同频率正弦波组成,肌肉动作电位的主正弦波频率为 0~10kHz,因此放大器频率响应必须达到这种频率宽度。放大器的功能是把从引导电极引出的微弱肌电信号不失真地放大上百万倍送到示波器;同时,送出足够的电信号给监听器,推动扬声器以供监听。

知识链接

肌肉动作电位的频率特征

肌肉动作电位的频率为 0~10kHz, 它的信号频率范围与神经电位的信号频率范围相同, 明显高于心电图 0.01~250Hz 和脑电图 0~150Hz 的频率范围, 是电生理信号中频率范围最大的。

（三）显示器

波形经过适当放大显示在荧光屏上,以便分析其波幅、时限和波形。

（四）扩音器

使用扩音器可辨别出各种自发电位和肌电活动的特点,肌电图仪中均配置扩音器。例如用电位发出的声响辨别其来处,来自近处的声响清脆,来自远处的声响闷沉。

（五）刺激器

刺激器的作用是诱发肌体产生肌电,主要用于神经传导速度的测定。通过皮肤电极或针电极,将电刺激直接作用于神经干上,引起一个去极化和复极化,逐渐加大电流可获得一个超强刺激下全部神经兴奋的动作电位。

（六）记录装置

有直接纸记或连续、单片照相。观察失神经电位或个别动作电位的特征,尽可能用较高速度记录;观察肌肉最大用力收缩时募集电位,记录速度可慢。

（七）电源系统

对整机提供稳定的电源。

二、典型的肌电图机结构

图 5-12 是典型的肌电图机方框图。可在实时情况和刺激诱发情况下获取和测量自发肌电及诱发肌电信号。图中的电极可采用两种类型的电极:针状电极和表面电极。

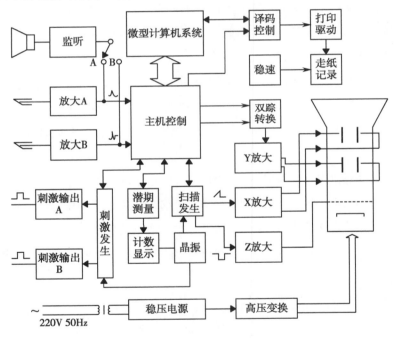

图 5-12　肌电图机方框图

在实时情况下,电极引导随意肌肉自发收缩所致的自发肌电图,经肌电信号放大器(通常采用同相输入的三运算放大器)放大后送至示波器 Y 轴,推动示波器 Y 轴偏转,并同时送至监听器,通过扬声器监听。扫描发生器在同步触发信号控制下产生锯齿波扫描信号和示波器的增辉信号,锯齿波经 X 轴放大,推动示波器 X 轴水平偏转,由于同时增辉信号经 Z 轴放大后调制示波器灰度,因而在示波管上出现 X 轴扫描线。当用在刺激诱发状态时,可记录电刺激情况下的肌电图,刺激发生器产生的刺激脉冲送至人体,同时发出同步脉冲信号去同步扫描,并使计算机系统工作。计算机系统除了将模拟信号经 A/D 变换、CPU 运算、D/A 变换后送至示波管显示外,还能将数字信息通过转换接口送至打印机,打印出测量的内容和结果。该肌电图还可根据需要在记忆叠加、延迟等状态下工作。除 CPU 具有单独的时钟外,该机其他部分均采用晶体振荡器作为时钟信号发生器,故整个系统的工作可靠、测量精确。

三、肌电图仪的技术指标

典型肌电图仪的主要技术指标

1. 前置放大器噪声 应小于 $5\mu V$。

2. 灵敏度 5、10、20、50、100、200、500、1000、2000、5000、$10000\mu V/cm$,误差为 $\pm10\%$。

3. 扫描速度 1、2、5、10、20、50、100、$200ms/cm$,误差为 $\pm5\%$。

4. 刺激频率 0.2、0.5、1、2、5、10、20、$50Hz$,误差为 $\pm5\%$。

5. 刺激脉宽(持续时间) 0.1、0.2、0.5、$1ms$,误差为 $\pm10\%$。

6. 刺激幅度 ×1 时,0~50V;×10 时,0~500V,误差为 $\pm10\%$。

7. 计算机功能 记忆、叠加、信号延迟、传导速度计算。

8. 叠加次数 1、2、4、8、16、32、64、128、256、512、1024。

9. 记录速度

(1)实时记录时:25、50、100、250、$500mm/s$,误差为 $\pm5\%$;

(2)记忆记录时:$20mm/s$,单幅。

10. 记录内容

(1)实时记录时:记出两线信号、时标、灵敏度、走速、病号;

(2)单幅记录时:记出两线信号、时标、病号、灵敏度、扫描速度、刺激点距离、潜伏期、传导速度等。

由于计算机软、硬件技术的发展,新开发的肌电测量和分析系统的功能不断扩展,而且采用软、硬件模块化结构供用户选择,以一个高速肌电/诱发电测量系统为例,该系统的基本系统包括患者管理系统、解剖图谱、在屏幕上与正常值直接比较以及报告等功能。硬件包括导联数、CPU、硬盘、监视器和打印机(黑白或彩色)的选择。软件组件选择包括神经传导功能选择,肌电图测量项目(自发电位活动、多个或单个运动单元分析、募集状态分析等)、神经肌肉传递研究、H 反射、Blink 反射、心率、运动单元计量分析、单纤维肌电图(纤维密度测量、Jitter 值分析、刺激 Jitter 值分析)、体感诱发电位、听觉诱发电位(BAEP)、视觉诱发电位(VEP、ERG/EOG)、识别诱发电位(P300)、术中监护、体温测定、办公系统、正常值数据库及 P300 等丰富的专用软件,使系统功能大幅度增加。

点滴积累 ∨

1. 肌电图仪由输入部分、放大部分、显示、扩音、记录和刺激器等部分组成。

2. 肌电图仪可在实时情况和刺激诱发情况下获取和测量自发肌电及诱发肌电信号。

第三节　Keypoint 肌电诱发电位仪

Keypoint 系列肌电诱发电位仪能够进行电生理测试,如肌电图(EMG)、神经传导研究以及诱发电位(EP)记录等。在临床工作中主要用于中央神经系统和外周神经系统疾病的诊断、预后评价以及监护的电生理辅助手段,还可用于康复医学(理疗学)、职业医学以及运动医学等其他领域的神经肌肉功能方面的研究。

Keypoint 系列肌电图机包括以下型号:

1. **31A03**　能够测量 2、4、8 通道肌电信号。

2. **33A02**　能够测量 2 通道信号,包括恒定电流刺激器、VEP 刺激器和 AEP 刺激器。

3. **33A06**　能够测量 2 通道信号,包括 VEP 刺激器和 AEP 刺激器。

4. **33A04**　能够测量 4 通道信号,包括 VEP 刺激器、AEP 刺激器,支持 EP HeadBox。

Keypoint 系列肌电诱发电位仪是适用于所有临床环境记录 EMG 和诱发电位的 2、4 或 8 通道肌电图机。

一、Keypoint 肌电诱发电位仪的特点

1. **设计**　灵活的模块化设计能够满足从基本的临床常规检查到高级测试的各层次的需要。

Keypoint 配备高性能的 PC,Keypoint 33Axx 既能够安装在固定的台式 PC 上,也能够安装在移动的笔记本电脑上。

采用高品质的放大器,良好的用户界面,使用户能够通过非常少的几次按键完成常规的 EMG/EP 检查。集成的系统包含三种不同的彩色报告模式,分别提交给医生、患者及维修人员。

2. **模块式系统**　用户可以从硬件和软件配件表中选择适当的模块,任意定制自己的系统,随时增加配件的可能性,满足用户当前需要及未来升级的需要。

3. **先进的应用程序**　Keypoint 提供非常先进的应用程序,能够进行常规和高级肌电及诱发电位 EP 检查。能够进行定量肌电、神经传导、衰减试验、各种神经反射、单纤维和巨肌电图、运动单位数目估计、体感、脑干、视觉、运动诱发电位、术中监护、多种电生理信号综合分析等。

4. **高分辨率彩色显示器**　软件支持显示器的 4 种分辨率,从 VGA 模式到最多 1280×1024 像素,具体设置取决于显示器。

5. **用户友好的鼠标操作**　每项功能在鼠标指示器上作了唯一的自动预设,用户只需单击鼠标按钮即可选择相应功能,键盘和脚踏开关也提供了最大程度的操作自由。

6. **键盘**　Keypoint 提供两种键盘:专用键盘和 PC 键盘。专用键盘与鼠标一起使用,所有的检查通过专用键盘进行,专用键盘由按键、操纵杆和亮度控制组成。PC 键盘用于输入患者信息,还可通过快捷方式、功能键和箭头键进行 Windows 95/98/Me 的操作。

7. **肌肉和神经人体模型**　Keypoint 提供了全面的人体解剖数据:肌肉、神经和神经根,用做解剖学指导,用于生成报告或教学。

8. **提供中国人正常值数据库**　Keypoint 将得到的所有数据立即与数据库中的参考值进行比较，可以将用户自己插入数据库的值或仪器提供的参考值序列作为 Keypoint 的一个模块。

9. **在线帮助**　Keypoint 提供了内置的在线帮助系统，用于在检测过程中为用户提供帮助，使用任何一个绘图程序即可连接用户自己的帮助画面。

10. **脚踏开关**　利用脚踏开关进行检查可以解放操作者的双手，提高工作效率。

11. **多种报告模式**　用户能够非常容易地设置报告的形式，并对其内容进行最优化描述。报告由几部分组成，包括患者信息、曲线、表和解释，各部分能够分别在最终的报告中加入、删除和重新配置。Keypoint 提供了三种不同的报告模板，使用户能够为提交的部门、用户自己及其他用户打印经过特别设计的报告。

12. **语言支持**　Keypoint 支持英语、法语及德语，另外还提供一个选配件用以插入另外几种语言，使用户能够以本地语言进行检测和打印报告。

13. **调制解调器**　如果安装一个选配的 Modem，用户可以通过电话线与另外一台 Keypoint 肌电图机交换数据。

14. **网络**　可以将 Keypoint 设置为用户实验室或医院网络的一部分。

15. **彩色打印机**　彩色打印机提供屏幕上显示内容，包括曲线、图形和文本数字的硬拷贝，能够自动打印所有报告，支持多种打印机。

二、Keypoint 肌电诱发电位仪主要的技术指标

（一）活动电极盒

1. **前置放大器**　采用电隔离放大器，具有静电放电保护功能。平衡输入端，减小电极电缆电容的影响。

2. **扬声器**　具有开关功能。

3. **校准信号**　提供幅度为 $5V_{p-p}$、$50V_{p-p}$、$5mV_{p-p}$ 频率为 200Hz 的方波，具体选择通过软件控制。

4. **电极阻抗检测**　$500\Omega \sim 200k\Omega$。

5. **校准测试**　开机自动进行校准测试。

（二）EMG 放大器（2、4、8 通道）

1. **低频限制**　通过软件控制 0.1、0.2、0.5、1、2、5、10、20、50、100、200、500Hz 以及 1、2、3kHz。

2. **高频限制**　0.02、0.05、0.1、0.2、0.3、0.5、1、2、3、5、10kHz。

3. **温度计输入范围**　15~45℃。

（三）EP Headbox

1. **防触电输入插孔**　包括 21 个输入脚插孔和软件配置；2 个患者接地脚的插孔。

2. **阻抗检测按钮**　各输入脚和接地端阻抗指示按钮。

3. **CMRR>90dB**。

4. **低频限制**　通过软件控制的低频频率与 EMG 放大器基本相同，增加了"0Hz"挡。

（四）体感刺激

1. 最大输出　最大输出电流为 100mA,软件控制;最大输出功率为 0.5W,电源电压为 350V,输出阻抗大于 5MΩ。

2. 最大强度分辨率　0.1/0.02mA。

3. 刺激持续时间　40μs～1ms。

4. 安全特性　电源限制,开机检测 DC 部分。

5. 刺激极性　正、负、双向刺激。

6. 患者安全　符合 IEC 601-1 要求,BF 型。

（五）视觉刺激

1. 视野格式　全、左半、右半、右上、右下、左上、左下。

2. 刺激类型　ONSET、反转、Goggle。

3. 模式类型　棋盘格、水平光栅、垂直光栅。

4. 定点　4 种,可移动。

5. 背景　黑、灰。

6. 视频标准　VGA。

7. 输出插座　后面板上 15 针 D 形 VGA 插座供 Goggle 刺激。

（六）听觉刺激

1. 信号产生　20 位 D/A 转换器,384kHz 采样频率。

2. 刺激波形　咔嗒声、爆破声、脉冲、半正弦、全正弦。

3. 水平　单音脉冲:0～120dB peSPL。咔嗒声:0～132dB peSPL,超过 120dB 水平需要用户确认。

4. 频率　0.125Hz～20kHz。

5. 刺激时间　≥20s,≤1s。

6. 掩盖　白、低通、高通、带阻滤波器。

7. 掩盖水平　15～99dB peSPL。

8. 最大强度　软件控制 132dB peSPL(步长为 1.0dB)。

9. 耳机　存储校准信号。

三、Keypoint 肌电诱发电位仪的结构

Keypoint 肌电诱发电位仪的外形图如图 5-13 所示。

Keypoint 肌电诱发电位仪的主要部件及连线图如图 5-14 所示,系统方框图如图 5-15 所示。从系统方框图中可以看出,系统主要由放大器盒、PCI 前端板、专

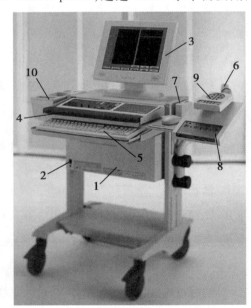

图 5-13　Keypoint 肌电诱发电位仪的外形图
1. 计算机;2. 电源开关;3. 显示器;4. 专用键盘;5. PC 键盘;6. 电极臂;7. 电流刺激器;8. 电极盒;9. EP Headbox;10. 容器

用键盘组件及计算机系统组件组成。

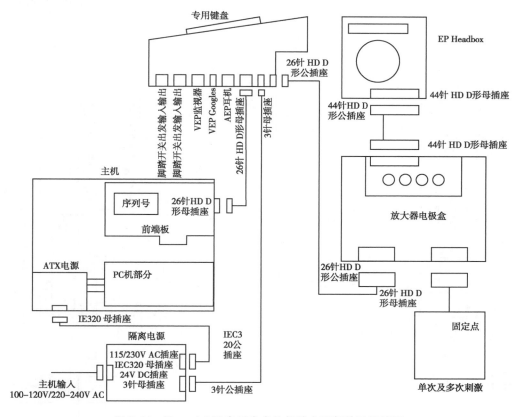

图 5-14 Keypoint 肌电诱发电位仪的主要部件及连线图

1. 放大器盒 放大器盒是系统的主要组成部分,起到信号放大、处理和输出的作用。该部件主要由交叉节点开关、放大器、低通滤波器、模数转换器、FPGA 接口、隔离屏障、发射器等部分组成。

患者由电极直接连接到放大器盒输入端或通过 EP Headbox 连接到放大器盒输入端,输入端的交叉节点开关直接将输入信号送到特定的放大器通道。目前某公司已推出了三种放大器数目的机型:2 通道、4 通道和 8 通道。2 通道放大器板、4 通道放大器板和 8 通道放大器板的 PCB 板布局完全相同。安装的通道放大器板决定了通道数目。

通过交叉节点开关的输入信号,需要经过输入放大器初步放大以后,送到低频滤波器进行滤波。随后信号通过一系列放大器进一步放大,总的放大倍数由用户应用程序设置。放大的信号送到模数转换器 ADC 转换成数字信号,再由 FPGA 接口送到一个隔离屏障,通过电极臂电缆从放大器盒输出。

2. PCI 前端板 PCI 前端板是计算机组件与系统其余部分之间的接口。PCI 前端板插入计算机组件的一个 PCI 插槽中。它主要有四个部分组成:PCI 型 PC 卡控制器、前端 FPGA、发射器 DSP、接收器 DSP。

PC 卡控制器在 PCI 总线和 PC 卡的功能之间形成一个桥梁,PC 卡的功能在前端 FPGA、发射器 DSP 以及接收器 DSP 处完成。

数据通过线接收器接收,然后由前端 FPGA 进行多路复用,接着送到接收器 DSP,接收的数据代表从患者身上获得的信号、专用键盘及脚踏开关的状态、外部输入的触发以及其他控制数据。

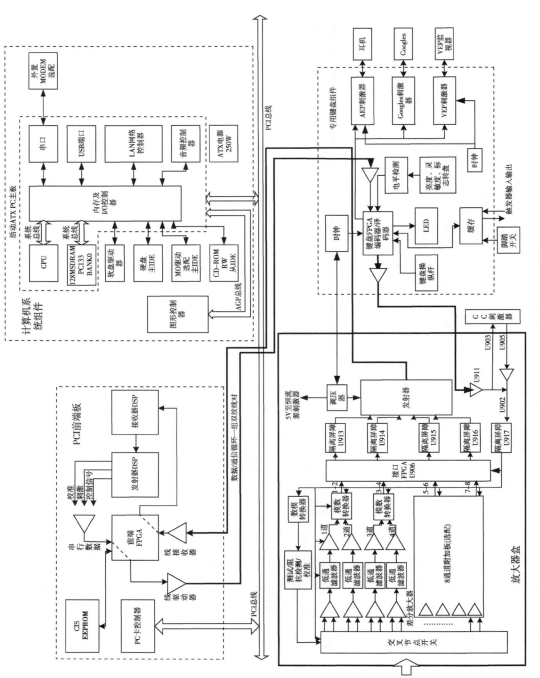

图 5-15 Keypoint 肌电诱发电位仪系统框图

发射器 DSP 产生数据用以校准信号、刺激波形及其他控制信号,这些信号通过前端 FPGA 进入数据/通信循环。

这些数据通过 PCI 前端板的 PC 卡控制器及 PCI 总线送到微机。

3. 专用键盘组件　专用键盘组件不仅具有键盘功能,而且包含了 AEP 刺激器、VEP 刺激器及 Goggle 刺激器的全部硬件。

另外还有脚踏开关和外部触发输入输出的插口和缓存。数据/通信循环中的数据从 PCI 前端板接收,与专用键盘相关的信息通过键盘 FPGA 编码器/译码器从循环中提取或插入循环。键盘按键、操纵杆、亮度、灵敏度/标志转盘以及 LED 都被连接到键盘 FPGA 编码器/译码器,在这里对这些模块的数据进行插入或提取。

AEP 刺激器、VEP 刺激器、Goggle 刺激器从键盘 FPGA 编码器/译码器接受控制信号,这些控制信号从数据/通信循环中被提取出来用以控制刺激器的功能。耳机还能够将存储在耳机插头中的校准数据送回到数据/通信循环。

4. 计算机系统组件　计算机系统组件的微机平台主要由一个活动的 ATX PC 主板构建,该主板集成有音频控制器、LAN 网络控制器、USB 端口等。Keypoint 没有使用主板上的图形控制器,而是使用安装在主板 AGP 总线上的一个分离的图形控制板。主板有 AGP 和 PCI 插槽,PCI 前端板就安装在 PCI 总线插槽中。

四、Keypoint 肌电诱发电位仪电路工作原理

(一) 计算机单元与微机平台(图 5-16)

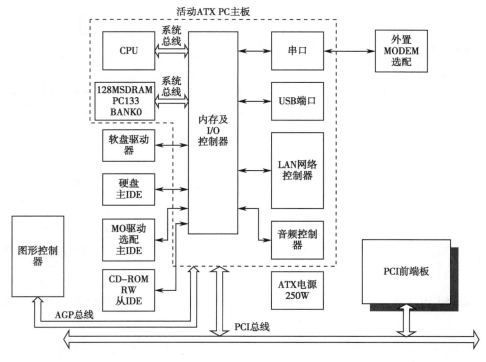

图 5-16　计算机单元框图

1. 微机系统　计算机系统的微机平台由 ATX PC 主板构建,该主板配备了音频控制器和局域网接口。由于主板上的图形控制器不支持 DOS 模式下所有的分辨率,Keypoint 没有使用主板上的图形控制器,而是采用了单独的图形控制器,分离的图形控制板插在 AGP 槽中。Keypoint 的前端板插在主板的 PCI 插槽中。

计算机系统的 CPU 至少为 Pentium Ⅲ 1 GHz 处理器,配备标准的 PC133MHz 总线 Bank0 上安装了 128MB 的 SDRAM 内存。

2. 电源系统　PC 平台由标准的 250W PC ATX 兼容电源供电,如果配备的 CPU 为 Pentium Ⅳ,ATX 电源必须是 ATX 12V。

除了+5V 备用电源(该电源常开)以外,微机主板自动控制 ATX 电源的通断。用户按下计算机单元前面的 ATX 电源开关即可开机。

3. 磁盘驱动器　Keypoint 肌电诱发电位仪计算机系统的磁盘驱动器包括:一个 $3\frac{1}{2}$、1.44MB 软盘驱动器;至少 30GB 的硬盘驱动器连接到主 IDE 端口作为主硬盘;CD-ROM 读/写驱动器连接到 IDE 端口,MO 驱动器盒 Modem 是选配的。

（二）PCI 前端板电路工作原理（图 5-17）

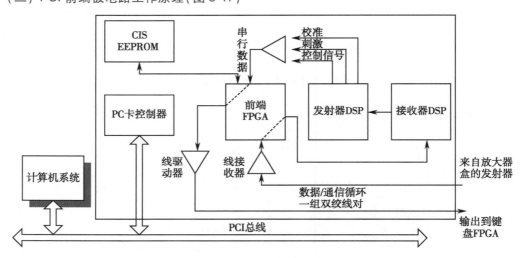

图 5-17　PCI 前端板框图

PCI 前端板是微机与患者相关电路之间的接口,由图 5-17 可以看出,该部分主要由 PC 卡控制器、前端 FPGA、发射器和接收器四部分组成。

PCI 型 PC 卡控制器在计算机的 PCI 总线和前端板之间形成一个桥梁,与标准的 PC 卡插槽唯一的不同是没有适配器。PC 卡功能在前端 FPGA、发射器 DSP 以及接收器 DSP 处完成,其中两个 DSP 都配有与微机共享的 RAM。

1. 发射器 DSP　产生校准和刺激波形以及其他控制信号,这些信号将作为串行数据送到前端 FPGA 编码,最后送到线驱动器,以 3.072Mb/s 的比特率驱动相关的电路。

2. 线接收器　用来接收相关电路的数据,然后送到前端 FPGA 进行译码,译码器类型由放大器数目决定,译码后的数据复用到一根线上,以 12.288Mb/s 的比特率送到接收器 DSP。接收的数据代表了放大器的波形、专用键盘和脚踏开关的状态、外部输入的触发以及其他控制信号。

在接收器 DSP 和发射器 DSP 之间还有一个直接的连接,负责将 48kHz 的信号进行缩减采样以适应微机的声音系统。

3. 前端 FPGA　主要用来实现 PC 卡控制器与 DSP 之间的接口和用于串行通信的 AES/EBU 协议。

PCI 前端板能够即插即用,当电源打开时,微机将查询和分配各块板需要的资源,调用需要的驱动器。

(三)专用键盘单元电路工作原理

专用键盘除了键盘部分本身,还包括 AEP 刺激器、VEP 刺激器、外部触发缓存及脚踏开关。专用键盘通过双绞线对提取来自前端板的线驱动器的信息,然后通过另一对电缆将信号传输到患者、恒流电刺激器(选配)、Headbox。最后,患者返回的数据送到前端板,实现数据/通信循环。

1. 键盘部分　键盘部分由若干个按键、两个迷你操纵杆、一个亮度控制和数个发光二极管组成(图 5-18)。按键按下的信号送入键盘 FPGA 进行编码后进入通信流。

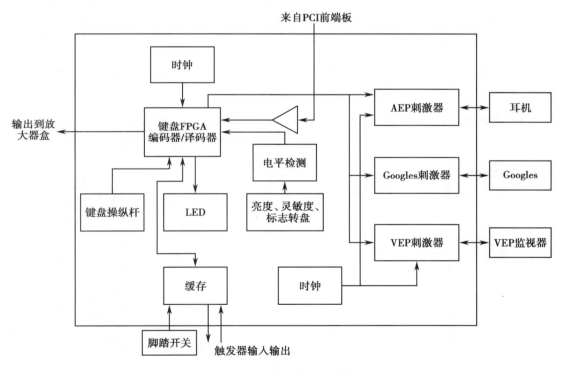

图 5-18　专用键盘单元电路框图

每个迷你操纵杆按照 4 个独立的按键进行处理。亮度控制是由一个转盘产生,转盘上有两个反射镜用于读出黑色和反射区之间的转换,读取的模拟信号进行锐化处理后送入两个电平检测器,一个转换使键盘 FPGA 计数器加 1 或减 1,得到的结果将进入通信流。

键盘有 5 个 LED,左边的黄色 LED(D10)有两个亮度:暗黄代表待机状态,明黄代表通信链工作异常。绿色 LED 指示电源打开,中间的两个黄色 LED(D6/D7)指示指针或轮盘模式。右下角的黄色 LED(D8)在产生刺激脉冲时闪烁。当键盘 FPGA 接收数据或译码有效数据时,专用键盘后面的绿色指示灯(D1)点亮。

键盘 FPGA 实现 AES/EBU 标准的编码/译码,专用键盘板提取或插入数据必需的逻辑集成在 FPGA 中,其时钟信号由 49.129MHz 的振荡器产生。

2. **AEP 刺激器** AEP 刺激器电路由左右两个通道组成,一个 16 位的串行音频立体声 DAC 给两个通道提供输入信号(图 5-19)。DAC 的时钟信号为 25.175MHz,输出电压为 $3V_{p-p}$。

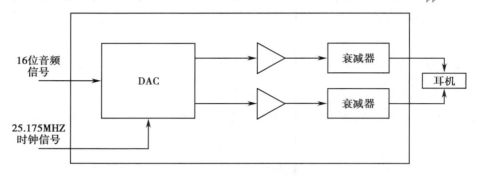

图 5-19 AEP 刺激器框图

来自 DAC 的信号送到功率放大器,功率放大器的增益为 23dB。功率放大器的输出信号送入一个衰减继电器,衰减率为 -6、-40、-90dB,传感器阻抗为 10Ω。

当使用耳机时,校准值位于耳机内,利用ⅡC 协议读出,AEP 刺激器的输出端是一个 9 孔 D 型母插座。

3. **VEP 刺激器** VEP 刺激器包括 Goggle 刺激器和模式刺激器(图 5-20)。

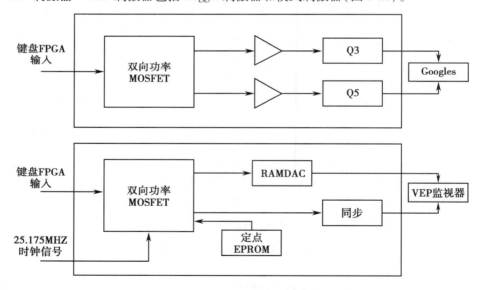

图 5-20 VEP 刺激器框图

Goggle 刺激器有两个恒流源和一对带有 LED 的眼罩,当对应的恒流源激活时左右两个 Goggle 产生闪烁的红光。

当 Goggle 刺激器工作时,FPGA 在 GOGGLE·LEFT、GOGGLE·RIGHT 或两边产生脉宽为 1ms 的活动低电平脉冲,这个脉冲使双向功率 MOSFET 工作,放大器的输入电压从 24V 转换到 21.5V。

放大器的输出将强制 MOSFETS(Q3,Q5)驱动电流流过电阻以产生相同的压降。

模式刺激器由彩色调色板 RAMDAC、视频 FPGA 和定点的 EPROM 组成。显示模式为棋盘格模式,或使用 VGA 模式在外部监视器上显示水平或垂直的光栅。

视频 FPGA 为控制模式刺激器。当刺激器工作时,PATTERN·ENABLE 为高电平,监视器上的模式在 PATTERN0·1 控制下在模式和背景之间或模式与反模式之间转换。在刺激器开始工作之前,影响模式尺寸、类型、位置的参数由键盘 FPGA 传输到视频 FPGA。RAMDAC 的数据通过 RWRITE 载入,视频 FPGA 从定点 EPROM 中提取不同定点的像素数据。模式刺激器的工作时钟为 25.175MHz 振荡器。

4. 外部触发和脚踏开关 外部触发和脚踏开关的输入输出通过钳位二极管和电阻进行保护,通过缓冲器从其他电路中分离出来,共有两个 9 孔 D 形母插座可供使用。

（四）放大器盒（图 5-21）

1. 放大器板 2 通道放大器板、4 通道放大器板和 8 通道放大器板的 PCB 板布局完全相同。安装的部件决定了通道数目。

各种通道放大器板的电路图也完全相同,8 通道放大器板的顶部有一个 8 通道放大器附加板。放大器板通过一个可拆卸的电缆连接到专用键盘板,电缆外部进行了屏蔽处理,内部为双绞线对。

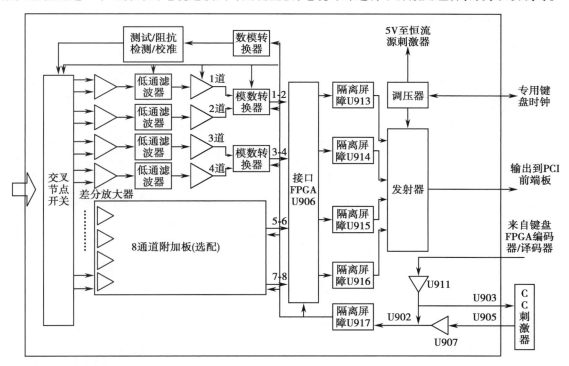

图 5-21　放大器盒框图

一个双绞线对将数据从专用键盘板传输到放大器板和与放大器相连的选配件,另一个双绞线对将数据从放大器板经过专用键盘板传输到 PCI 前端板,每一个双绞线对负责传输两个放大器通道的数据。

该电缆还通过专用键盘板将来自电源部分的 24VDC 电源加到放大器板和选配件。

2. 输入放大器电路 该放大器由两个极低噪声的 FET 输入的运放组成一个差动放大器,增益为 12.54。输入放大器的输出送到下一级放大器的差动输入端(图 5-22)。

通过打开 U102A 和 U102B,放大器阶段的输入能够接入一个交流耦合的 EMG 输入端,信号可以被接到一个标准的 5 孔 D 型插座或者一对防触电接插件。差动的自举信号被输出到 5 孔 D 型插槽实现屏蔽驱动以减小屏蔽线输入电容的影响,开关和连接器只位于放大器板。

放大器的每个输入端都可以通过一个 10MΩ 的电阻输入测量电流,用来测量电极阻抗。

断开 U102A 和 U102B,导通 U102D 和 U102C,放大器的输入端通过交叉节点开关接收差动输入信号,8 通道附加板的输入端直接接到交叉节点开关。

3. 交叉节点开关 U102D 和 U102C 导通,使放大器的输入端与交叉节点开关的两行连接。交叉节点由 16×16 个开关组成。交叉节点的连接采用直流耦合。

使用交叉节点开关,可以选择来自测试信号发生器、温度计、EP Headbox 或接地端的信号。交叉节点开关能够选择 16 或 32 个不同信号源的信号,最多将其输入到 8 个放大器。由于到交叉节点的连接采用的是直流耦合,从 EP Headbox 输入的信号也是直流耦合,或者具有非常低的低频截止频率。

交叉节点开关的空间最多能够容纳 8 个差动放大器、2 个或 4 个放大器板加上 8 通道附加板。8 通道附加板上的 4 个差动输入端直接耦合到交叉节点开关。

输入放大器阶段和交叉节点开关如图 5-22 所示。

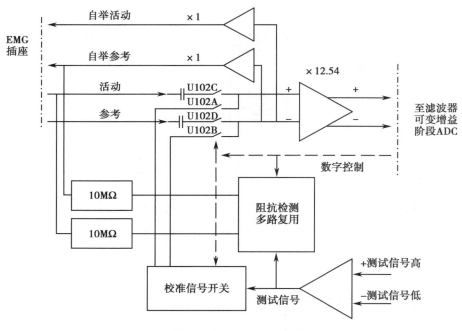

图 5-22 输入放大器阶段和交叉节点开关

4. 放大器 交叉节点最多可接 8 个放大器,其结构完全相同,这里主要介绍一个放大器的电路原理。差动输入接收来自放大器输入的信号并将其转换成单端信号,输入信号既可以进行交流耦合,也可以进行直流耦合。采用交流耦合时,可以选择四种截止频率:0.13、1.3、6.5、65Hz,差动输入的增益可以设置为 1 或 16。差动输入后级接着两个单端放大器,增益为 1.875~60 倍。

5. **AD 变换器**　AD 变换器电路由分相器组成,接着一个 A/D 变换器。在分相器电路中,信号转换为差动信号,最后送入 A/D 变换器的差动输入端。A/D 变换器是双向的,因此每两个放大器通道只有一个 A/D 变换器。

6. **测试信号发生器**　测试信号发生器产生的信号用于对放大器进行测试和调整,还可用于测量电极阻抗和温度传感器电阻。放大器、A/D 变换、测试信号发生器及接口电路如图 5-23 所示。

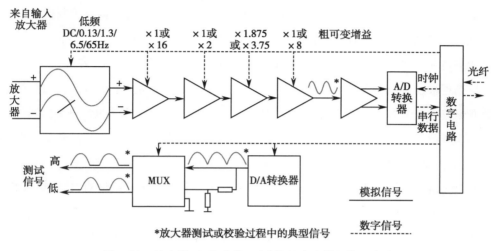

图 5-23　放大器、A/D 变换、测试信号发生器及接口电路

7. **专用键盘板的接口和选配件恒流刺激器接口**　该电路是 PCI 前端板通过专用键盘板与模拟部分进行连接的接口链接,它从链接中提取数据控制放大器的增益,设置滤波器,为测试信号发生器 DAC 提取数据,还可以控制 ADC 的工作,将转换后的数据插入链接。

链接接口通过差动接收器 U911 从 PCI 前端板和专用键盘板接收数据,正常情况下,数据首先通过光发射器 U903 送入选配件恒流电刺激器,然后在通过 U917 送入安全隔离屏障之前再一次通过光接收器 U905 接收,送入放大器接口 FPGAU906。如果没有刺激器,Q901 将检测到无刺激器,然后开关 U902 将数据直接送到 U917。

放大器接口 FPGAU906 的数据通过 U913、U914、U915、U916 被送回安全隔离屏障,U913、U914、U915、U916 各负责两个通道,信号通过 1~4 个双绞线对由 U912 差动传输,通过专用键盘板送到 PCI 前端板。

8. **放大器电源**　电源由一个或两个隔离 DC-DC 变换器组成,输入为 15V,输出为 ±12V,隔离测试电压为 6kV。

(五) Keypoint 肌电诱发电位仪数据/通信循环

1. **概述**　数据/通信循环的整体功能在系统框图描述时已经详细介绍过了,这里详细介绍循环的数据结构。

循环主要为系统各个模块和部分携带控制信号,提取各个部分或模块的状态和命令信号,携带来自患者的信号数据。从一个部分到达另一个部分,通信时一般采用铜制双绞线,只有当输出至 CC

刺激器时采用光纤。

循环从 PCI 前端板开始,在一个双绞线对上运行。循环另一端连接到专用键盘组件的键盘 FPGA 编码器-译码器上。

与专用键盘板相关的信息由键盘 FPGA 编码器/译码器提取或插入循环。

键盘按钮、操纵杆、亮度、灵敏度/记号盘以及 LED 都被连接到键盘 FPGA 编码器/译码器,在这里对这些模块的信号进行提取和插入。

AEP 刺激器、VEP 刺激器、Goggle 刺激器从键盘 FPGA 编码器/译码器接收控制信号,控制信号从数据/通信循环提取出来,然后控制这些刺激器的功能。

耳机能够将存储在耳机插座中的校准数据送回数据/通信循环。

从这里循环被连接到放大器盒中患者部分相关的电路,在放大器盒中患者部分相关的电路中,如果安装有恒流电刺激器单元,控制信号总是先被送到此处,如果没有安装恒流电刺激器单元,循环将旁路掉隔离屏障从此处送往接口 FPGA 的信号,在那里控制信号被提取出来。交叉节点开关、放大器、滤波器的控制信号在接口 FPGA 处从数据/通信循环中提取出来。

当离开放大器盒中的患者部分相关电路以后,循环最多分为 4 组双绞线对,这 4 组双绞线对位于电极臂上的一根电缆中,如果没有安装电极臂,则位于一根更长的电缆中,每根双绞线携带 2 个通道的信号数据及控制、状态数据,循环通过专用键盘组件,然后到达 PCI 前端板。

在 PCI 前端板上,与计算机组件通信通过 PCI 总线进行。因此数据/通信循环在 PCI 前端板上结束。

这个信号通路满足了系统以下的需求:

(1)按照各种规章的要求实现系统元件的电隔离。

(2)用于采样和个别部件(如 sigma-deltaA/D 转换器)的时间分配。

(3)快速曲线的输出(48kHz 采样率)和每次串行连接的控制。

(4)来自放大器的快速曲线的输入:每个串行连接有 2 条曲线,采样率均为 48kHz。

(5)通过用户通道输出慢速控制信号,这些控制信号用于设置刺激器的 LED 和放大器的灵敏度等。

(6)通过用户通道输入慢速状态信号。这用于返回按键状态、刺激器过载检测以及放大器通信状态。

(7)用户通道慢速状态信息的输出。这用于返回按键状态、刺激器过载检测以及放大器通信状态。

通信遵守 AES/EBU 标准,主要用于音频设备如 CD、数字音频磁带 DAT 等,它支持 2 个通道 24 位信息,频率为 48kHz。除此之外,还提供一个用户通道和一个状态通道,每个通道为 24×16 位,频率为 250Hz。目前 Keypoint 没有使用状态通道。

控制部分、刺激器和放大器在能够使用的地方用它们自己的输出数据取代了原来的数据。

2. 物理水平通信格式 通信的物理水平由 AES/EBU 协议确定,由 On/Off 组成。信号是双相标志,各个位之间的转换和每个"1"位中间的转换组成。双相标志编码如图 5-24 所示。

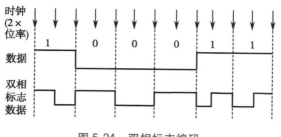

图 5-24 双相标志编码

3. 串行通信 Keypoint 肌电诱发电位仪串行通信原理方框图如图 5-25 所示。在水平传输数据位和定时信号时采用一个通用的规则,为了在更高的水平分离信息的项目,通信使用了三种不同形式传输数据,这三种形式都违反了"在各位之间传输数据的规则"。采用段首标记来标志和区分左右采样值的开始以及 4ms 的控制数据时钟。

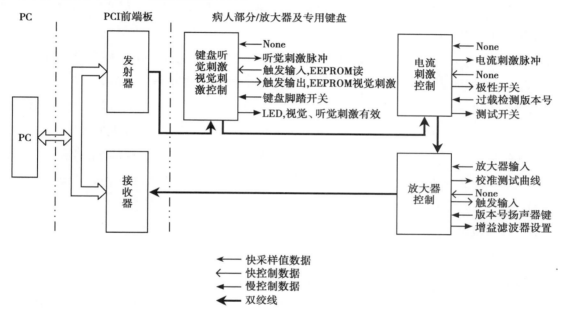

图 5-25 Keypoint 肌电诱发电位仪串行通信原理方框图

4. 逻辑水平的通信格式 逻辑水平允许以 48kHz 的采样频率传输 2×24 位的数据,除此之外,状态通道和用户通道的数据每 4ms 传输 24×16 位。状态通道的有些字预先指定了功能(如传输形式、传输状态等),而用户通道的数据可以由用户应用程序自由使用。

5. Keypoint 使用的通信格式 在 Keypoint 中,比较快的数据位如 16 位用作采样数据,8 位数据用作控制数据,下面将介绍三种通信的全部功能。

快采样值数据的指定功能在不同测量情况下会有所变化。

例如,在放大器自检情况下,测试信号通过刺激器到达放大器的校准 DAC;在正常的电流刺激时,输出的快采样值用于刺激器产生刺激脉冲的曲线波形;在听觉刺激时,左右耳的曲线传输到听觉刺激器的 DAC。

6. 串行通信的硬件编码和译码 串行通信的编码和译码根据以上规范通过 FPGA 的方式

223

进行。

接收器执行译码,缓冲、拆包等工作,除此之外,它还完成位时钟的锁相,这将产生可靠性极高的稳定的时钟信号,用于 ADC 的正常工作。

在远程单元中,来往接收器/发射器的串行控制数据的复用通过 FPGA 来完成。

（六）Keypoint 肌电诱发电位仪 PCI 前端板的软件功能

1. 概述　PCI 前端板在计算机和控制部分、刺激器、放大器（模拟接口）的串行通信系统之间形成了一个接口,主要由两个数字信号处理器 DSP 组成,每个 DSP 都配有与微机共享的 RAM。一个DSP 为模拟接口输出数据,这部分负责控制刺激输出的所有定时任务,称为发射器 DSP。另一个DSP 为模拟接口输入数据,主要任务是处理来自放大器的信号,称为接收器 DSP。

2. 发射器 DSP　发射器 DSP 发出模拟接口所有的设置信息（在 Keypoint 采用的通信格式中称为慢控制数据和快控制数据）,但是最耗时和最复杂的部分是计算刺激的定时和曲线波形（称为快采样值数据）。这些数据被送往电流刺激器、听觉刺激器或放大器。在放大器中,这些数据用来进行自动校准、自检、阻抗检测以及作为校准信号显示在屏幕上。送往放大器的信号大多数情况下是正弦波,但是在测试滤波器最低输入频率和校准信号时,送到放大器的信号是方波。

刺激器发出一个交互活动位信号到慢控制数据链接上,这个信号经过刺激器、放大器、放大器DSP 和微机后回到刺激器 DSP。刺激器工作在重复刺激模式时,如果两秒钟内没有收到极性改变的信号,刺激器将退出重复模式,这可以防止由于硬件或软件故障导致的无法控制的刺激。

刺激器 DSP 还完成扬声器信号从 48kHz（从放大器接收）至 22.05kHz（微机声音系统使用）的缩减采样工作。

3. 接收器 DSP　接收器 DSP 有以下功能:

（1）从放大器接收快曲线数据。

（2）增益微调:为了处理放大器部分非常小的生产误差,微调数据保存在磁盘上的一个文件"GAINADJ. DAT"中,或者调用患者板上的 EEPROM 中存储的数据。调节使用的是放大器选择的灵敏度的调整值,调节值在 0.9~1.0 范围内变化,校准通过执行 KPTEST 程序进行。

（3）信号的一阶模拟滤波（高、低通）。

（4）从 48kHz 到 PC 软件要求的频率的缩减采样,缩减采样通过数字滤波的形式实现以防止混叠现象。所谓混叠现象是指信号频谱超过采样频率一半以上时产生的失真。

（5）增益控制:放大器设有增益粗调,增益粗调分 10 个步长,二进制分配,如 1、2、4、8…。为了得到 PC 软件需要的范围,DSP 要给信号乘以适当的因数。

（6）触发刺激:DSP 以快控制数据的形式发出定时信息。

（7）曲线数据到微机的先入先出 FIFO 缓冲。

（8）扬声器信号的通断控制,对从不同放大器输入的信号求和,然后以串行格式送往刺激器 DSP。

（9）接收、检查、缓冲由串行通信送到微机的慢控制数据。

（10）DSP 主要检查从接收电路送来的奇偶位和状态位,从而检查收到的串行数据的质量。

4. 程序调用　送到 DSP 的信号通过两个阶段从微机调用。首先,当 DSP 复位时将一个很小的根载入程序写入 DSP 程序内存的低位字节。然后复位信号无效,使用根载入程序载入整个程序。

DSP 的程序内存为 24 位,而数据内存为 16 位。

使用了三种不同的 DSP 程序:自检程序、刺激器 DSP 程序和放大器 DSP 程序。自检程序对于 DSP 是公用的,实际上它是上面根载入程序的特殊版本。

5. 自检　当 Keypoint 肌电诱发电位仪测试组装时,安装的每个单元的版本号将写入一个文件,仪器每次启动时都要读这些数据,如果开机检测的单元版本号与文件中的版本号不符,将显示错误信息。启动 Keypoint 软件和 Keypoint 测试软件时,将执行一个开机事件序列,测试 Keypoint 若干个硬件单元。

6. 前端板　在开机过程中,前端板将测试几个功能,包括:RAM 测试、总线接口测试、从一个 DSP 到另一个 DSP 串行通信的测试。

7. 放大器增益　如上所述,放大器在出厂时已经进行了校准,校准值写入一个文件。开机时,放大器所有增益阶段都要用 GAINADJ. DAT 文件和 EEPROM 进行测试以确定校准是否保持,使用 KPTEST. EXE 程序可以进行放大器的重新校准。

8. 电流刺激器　电流刺激器的开机测试分为两个部分,首先测试所有开关(刺激器测试 A1～A8),这个过程在电流非常低的情况下进行,以防止开关故障给患者带来伤害(有两个开关将患者连接到刺激器)。如果这个测试没有通过,刺激器测试 B1～E2 过程就不执行了。因为它们工作在高电流下。如果 A1～A8 测试通过,B1～E2 还要执行,以测试电源产生电流的能力。

点滴积累 ╲⎞

1. Kepoint 肌电诱发仪具有模块化设计、友好的人机交互、高抗干扰性、先进的应用程序等特点。
2. Kepoint 肌电诱发仪主要由放大器盒、PCI 前端板、专用键盘组件及计算机系统组件组成。

第四节　肌电诱发电位仪技术发展趋势

20 世纪 70 年代以来,研究人员在临床方面逐步开展了对于肌电及诱发电位信号的研究。随着计算机技术、微电子技术及医工结合的各学科的发展,人们从技术上实现了肌电及微弱的诱发电位信号的采集及软件处理。近年来,在软件技术方面,越来越多的国内外学者主要研究肌电诱发电位信号的算法处理,运用小波、神经网络、统计等方法对特征波形进行提取,力图从肌电诱发电位信号中获取更多的特征信息,找出肌电诱发电位信号变化与神经系统病变及损伤之间的联系。在硬件电路方面充分利用 DSP 技术、嵌入式技术及现有的各类集成电路,国内外公司开发了具有单一或多功能检测项目的肌电诱发电位测试系统。

国内较好的公司其产品相对于国外同类产品还有差距,相关参数比国外产品低一个数量级左右,检测项目也相对单一。国际上美国、丹麦、英国和日本等国家的知名公司有相关产品,这类产品不仅仅局限在肌电/诱发电位的检测上,而是集合了能记录肌电图、脑电图、心电图和各类诱发电位的功能。仪器的参数指标比如输入阻抗在 G 欧姆数量级,等效输入噪声在 $0.1 \sim 2\mu V$ 之间,共模抑制比在 $110 \sim 120dB$ 之间等。日本的 MEB-9200K 肌电/诱发电位仪,CMRR 最小是 112dB,0.6μVrms 噪音级别,以及 $1000M\Omega$ 的输入阻抗的放大器保证了高质量的信号放大。MEB-9200K 代表了在 EMG/EP 领域中的较高的技术水平,该类产品主控制器采用 DSP 和 ARM;美国的 Nicolet EMG/EP 肌电诱发电位仪采用尼高力专利设计的数字放大器,确保高质量的信号采集,传送速度快,机器性能稳定,抗干扰力强。英国的型号 NHK30-Medelec Synergy 肌电/诱发电位仪有台式、便携式机型两种机型,可以分别记录 2、5 和 10 通道,拥有超强抗干扰放大器,多功能阻抗、导联设置头盒,而且可外接多种视/听刺激器。

因此,肌电诱发电位仪的技术发展呈现了检测项目多、多功能、测试精度高、输出诊断报告齐全等特点。

点滴积累 ∨

肌电诱发电位仪的技术发展呈现了检测项目多、多功能、测试精度高、输出诊断报告齐全等特点。

学习小结

一、学习内容

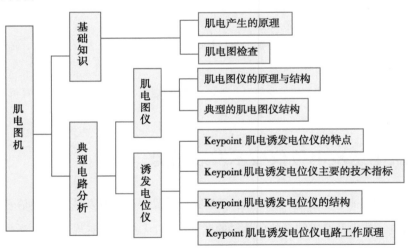

二、学习方法体会

1. 本章的学习必须首先从熟悉人体肌电产生的基本原理出发,循序渐进地过渡到肌电图机的结构与原理的学习。检查的基础、肌电图仪器的设计也是围绕它展开的。

2. 重点掌握肌电图机的常用参数,这是肌电图仪器检测与维修的基础。

3. Keypoint 肌电诱发电位仪在本章中介绍的较详细,掌握了它的结构与基本原理,其他机型可融会贯通。

目标检测

1. 判断题

（1）临床上可利用肌电图判定神经肌肉的功能是否正常。（　　）

（2）肌电图机可以判断神经肌肉疾病发生的部位、性质及程度。（　　）

（3）表面肌电图能采集到运动单位电位。（　　）

（4）人体不运动时，就不会产生肌电。（　　）

（5）诱发肌电图检查可以测定神经的传导速度和各种反射以及神经兴奋性和肌肉的兴奋反应。（　　）

2. 单项选择题

（1）为人体运动系统疾病的诊断和治疗提供重要的工具_____。

    A. 心电图　　　　　　　B. 脑电图　　　　　　　C. 肌电图　　　　　　　D. 胃电图

（2）生理学将细胞安静时膜内为负、膜外为正的现象，称为极化，其电位差称为_____。

    A. 损伤电位　　　　　　B. 静息电位　　　　　　C. 运动电位　　　　　　D. 终板电位

（3）动作电位的产生主要取决于_____。

    A. 钾离子　　　　　　　B. 镁离子　　　　　　　C. 钙离子　　　　　　　D. 钠离子

（4）正常肌肉运动单位电压是亚运动肌纤维兴奋时动作电位的综合电位，是正、负波最高偏转点的差。正常情况下，轻收缩时最高电压不超过_____。

    A. 15mV　　　　　　　B. 10mV　　　　　　　C. 5mV　　　　　　　D. 25mV

（5）作为正常肌电图各常数电极引导标准的电极是_____。

    A. 单极同心圆针极　　　　　　　　　　B. 双极同心圆针极

    C. 单极针　　　　　　　　　　　　　　D. 皮肤电极

（6）肌肉动作电位的主正弦波频率在范围_____。

    A. 0~50Hz　　　　　　B. 0~10kHz　　　　　　C. 0~20Hz　　　　　　D. 5Hz~10kHz

（7）检测肌肉生物电活动的诊断设备是_____。

    A. 肌电图机　　　　　　B. 心电图机　　　　　　C. 脑电图机　　　　　　D. X线机

（8）肌电图机诱发肌体产生肌电的部分是_____。

    A. 放大器盒　　　　　　B. 记录装置　　　　　　C. 刺激器盒　　　　　　D. 显示器

（9）在 PCI 总线和 PC 卡的功能之间形成桥梁的是_____。

    A. 前端 FPGA　　　　　B. 接收器　　　　　　　C. PC 卡控制器　　　　　D. 发射器

（10）交叉节点最多可接_____个放大器。

    A. 1　　　　　　　　　B. 2　　　　　　　　　C. 4　　　　　　　　　D. 8

3. 简答题

（1）简述肌电图的引导方法和肌电图机在临床上的主要用途。

（2）说明常规肌电图检查方法有哪些内容。

（3）说明异常肌电图包括哪两大类，各有哪些异常电位或波形。

（4）临床上常测定哪些诱发肌电图，说明诱发电位在临床和生理功能研究上的作用。

（5）试画出视觉、听觉及躯体感觉诱发电位测量系统框图。弄清诱发电位与各种生理因素及环境因素间的相互影响。

（6）简述典型肌电图仪的主要技术指标有哪些？

（7）说明典型肌电图仪的主要结构与功能。

（8）说明 Keypoint 肌电诱发电位仪的结构与功能特点。

（9）列举电子刺激器在各种场合下的应用。在诱发电位测量中，电子刺激器主要用途是什么？

ER-05章习题

第六章

医用监护仪器

学习目的

通过对各类医用监护仪器的分类、组成结构、工作原理等知识的学习，对多生理参数床边监护仪的使用、维护等技能的训练，为将来从事相关医疗器械岗位打下坚实的专业基础。

知识要求

1. 掌握自动监护系统的基本结构、常用生理参数测量原理及典型多参数监护仪的工作原理。

2. 熟悉医用监护仪器的分类、临床应用范围及检测与维修。

能力要求

熟练掌握各类监护仪器的区分、操作使用及典型多参数床边监护仪的一般检测与维修。

在临床过程中，医生如果能够及时了解患者病情进展，就能及时拟定准确的治疗方案，对患者的疾病治愈非常重要。所以及时了解患者的各项生理指标是必需的。在过去的很长一段时间内这项工作由人工完成，不仅效率低，而且可靠性也不高。随着电子技术、计算机技术及生物医学工程技术的发展，出现了专门用于长时间连续监护患者生理参数的医用电子仪器——医用监护仪器。医用监护仪器在临床中的广泛应用大大减轻了医护人员的劳动强度，提高了工作效率，更重要的意义在于能使医护人员随时了解患者的病情及发展趋势，当出现危急情况时，能及时进行有效处理，提高了护理质量，大大降低了危重患者的死亡率。因此医用监护仪器已经成为现今临床应用的必不可少的医用电子仪器。

本章首先简单介绍医用监护仪器的概念、分类、结构、特点及其临床应用，接着重点介绍各种生理参数的监护方法，然后详细介绍医用监护仪器的工作结构、原理及维修实例，最后介绍一下中央监护系统、动态心电监护仪及动态血压监护仪的工作原理和功能。

第一节　医用监护仪器概述

一、意义和作用

医用监护仪器是一种用以测量和控制患者生理、生化参数，并可与已知设定值进行比较，如果出现超差可发出声光报警的装置或系统。由于该类仪器或设备一般是针对危重的住院患者进行生命体征监测,有不少类型,因此也称为病房监护装置。

近20年来,智能化、网络化技术已普遍应用于监护仪器,使监护仪无论在外形结构还是在功能上都发生了日新月异的变化。监护仪与临床诊断仪器不同,它必须24小时连续监护患者的生理、生化参数,检出变化趋势,指出临危情况,供医生作为应急处理和进行治疗的依据,使并发症减到最少,最后达到缓解并消除病情的目的。

监护仪器的用途除测量和监视生理、生化参数外,还包括监测和处理用药及手术前后的状况。医生可有选择地对监护仪下达指令,使其对下述参数进行监护:心率、脉率和节律、有创血压、无创血压、血氧饱和度、心输出量、pH、体温、经胸呼吸阻抗以及血气(如 PO_2 和 PCO_2)等,还可进行 ECG/心律失常检测、心律失常分析回顾、ST 段分析等。目前监护仪器的检测、数据处理、控制及显示记录、病案管理等都通过内嵌的计算机来协调完成。

二、临床应用范围

根据临床护理对象已经开发和设计出下列几类护理病房:

1. 手术中和手术后护理病房。

2. 精神学病房。

3. 外伤护理病房。

4. 冠心病护理病房。

5. 儿科和新生儿病房。

6. 肾透析病房。

7. 高压氧舱监护病房。

8. 放射线治疗机的患者监护病房。

三、监护仪器的分类

1. **按仪器构造功能分类**　分为一体式监护仪和插件式监护仪。

一体式监护仪具有专用的监护参数,通过连线或其他连接管接入每台医用监护仪之中,它所监护的参数是固定的,不可变的。有些医用监护仪也可通过无线遥测。

插件式监护仪具有一个明显的特点,即每个监护参数或每组监护参数各有一个插件,使监护仪功能扩展与升级快速、方便。这类插件可以根据临床实际的监测需要与每台医用监护仪的主机进行任意组合,同时也可在同一型号的监护仪之中相互调换使用。

2. **按仪器接收方式分类**　分为有线监护仪和遥测监护仪。

有线监护仪是患者所有监测的数据通过导线和导管与主机相连接,比较适用于医院病房内卧床患者的监护,优点是工作可靠,不易受到周围环境的影响,缺点是对患者的限制相对较多。

遥测监护仪是通过无线的方式发射与接收患者的生理数据,比较适用于能够自由活动的患者,优点是对患者限制较少,缺点是易受外部环境的干扰。

3. **按功能分类**　分为通用监护仪和专用监护仪。

通用监护仪就是通常所说的床边监护仪,它在医院 CCU 和 ICU 病房中应用广泛,它只有几个最常用的监测参数,如心率、心电、无创血压。

专用医用监护仪是具有特殊功能的医用监护仪,它主要是针对某些疾病或某些场所设计、使用的医用监护仪,如手术监护仪、冠心病监护仪、胎心监护仪、分娩监护仪、新生儿早产儿监护仪、呼吸率监护仪、心脏除颤监护仪、麻醉监护仪、车载监护仪、便携式监护仪、脑电监护仪、颅内压监护仪、睡眠监护仪、危重患者监护仪、放射线治疗室监护仪、高压氧舱监护仪、24 小时动态心电监护仪、24 小时动态血压监护仪等。

4. 按使用范围分类　可分为床边监护仪、中央监护仪和远程监护系统。

床边监护仪是设置在病床边与患者连接在一起的仪器,能够对患者的各种生理参数或某些状态进行连续的监测,予以显示报警或记录,它也可以与中央监护仪构成一个整体来进行工作。

中央监护仪又称为中央监护系统,它是由主监护仪和若干床边监护仪组成的,通过主监护仪可以控制各床边监护仪的工作,对多个被监护对象的情况进行同时监护,它的一个重要任务是完成对各种异常的生理参数和病历的自动记录。

远程监护系统是指在家中或工作中随时进行心电图采集和记录,可将心电数据通过电话线或互联网传输给医院,由专家远程诊断,实现远程医疗服务。系统完成了心电图的采集、传输、分析和数字化管理,有效地实现了医生与用户之间的信息交互,免去用户去医院的往返奔波之苦,可满足人们足不出户、在家中享受医疗保健的愿望。也可利用家庭电脑的配套软件进行心脏健康状况的自动分析,方便人们进行自我健康状况监护。

5. 按监护仪的作用分类　可分为纯监护仪和抢救、治疗用监护仪。

纯监护仪只有监护功能,抢救、治疗用监护仪既具有监护功能,又具有抢救或治疗的功能,如心脏除颤监护仪等。

6. 按检测参数分类　可以分为单参数监护仪和多参数监护仪。

单参数监护仪只能监护一种生理参数,适用范围较小;多参数监护仪可以同时监护多个生理参数,适用范围较大,目前绝大多数医用监护仪器都是多参数监护仪。

知识链接

医用监护仪器的发展历史

医用监护仪器的产生和发展最早实际上是建立在心电监护的基础上,随着电子计算机技术及显示设备的进步,出现了各种各样监护参数不同、信号获取方式不同的医用监护仪器。

监护系统的发展可追溯至 1962 年,北美建立第一批冠心病监护病房(CCU)以后,监护系统得到了迅速发展,随着计算机和信号处理技术的不断发展,以及临床对危重患者和潜在危险患者监护要求的不断提高,对 CCU/ICU 监护系统功能的要求也不断提高,目前,监护系统除具有以前的多参数生命体征监护的智能报警外,还要求在监护质量以及医院监护网络方面有进一步的提高,以更好地满足临床监护、药物评价和现代化医院管理的需要。

四、自动监护系统的原理框图

目前临床应用中,由模拟电路组成的监护系统已逐渐被采用微机技术的自动监护系统取代。图 6-1 为全自动监护系统的原理框图。该系统可分为三大部分:一是工业电视摄像与放像系统,用以监护患者的活动情况;二是必要的抢救设备,它是整个系统的执行机构,如输液泵、呼吸机、除颤器、起搏器和反搏器等;三是多种生理参数智能监护仪。

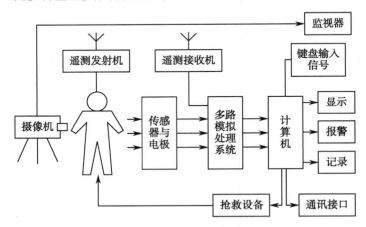

图 6-1　全自动监护系统的原理框图

▶▶ 课堂活动

　　1. 试问监护仪信号处理有哪些部分?

　　2. 计算机处理在医用监护仪器中的作用是什么?

从图 6-1 中可以看出智能监护仪又可分为以下五个部分:

1. 信号检测部分　包括各种传感器和电极,有些还包括遥测技术以获得各种生理参数。电极能提取人体的电生理信息,例如心电、脑电等,而传感器是整个监护系统的基础,有关患者生理状态的非电量信息都是通过传感器获得的。传感器有测电压、心率、心音、体温、呼吸、阵痛和血液 pH、PCO_2、PO_2 等各类,其中每一类又有许多种适合不同要求的传感器。

监护系统中的传感器要求能长期稳定地检出被测参数,且不能给患者带来痛苦和不适。因此,它比一般的医用传感器要求更高,还有待于今后进一步研究和发展。除了对人体参数进行监视的传感器以外,还有监视环境的传感器,这些传感器和一般工业上用的传感器没有多大的差别。

2. 信号的模拟处理部分　这是一个以模拟电路为核心的信号处理部分,它主要是将电极和传感器获得的信号加以放大,同时减少噪声和干扰信号以提高信噪比,对有用的信号中感兴趣的部分,实现采样、调制、解调、阻抗匹配等,最后模拟量被量化为数字量供计算机处理。"放大"在信号处理中是第一位的。根据所测参数和所用传感器的不同,放大电路也不同。用于测量生物电位的放大器称为生物电放大器,生物电放大器比一般的放大器有更严格的要求。在监护仪中,最常用的生物电放大器是心电放大器,其次是脑电放大器。

3. **计算机部分**　这是今后系统发展很重要的部分,它包括信号的运算、分析及诊断。根据监护仪的不同功能,有简单和复杂之分。简单的处理是实现上下限报警,例如血压低于某一规定的值、体温超过某一限度等。复杂的处理包括整台计算机和相应的输入、控制设备以及软件和硬件,可实现:

（1）计算:例如在体积阻抗法中由体积阻抗求差、求导,最后求出心输出量。

（2）叠加平均:以排除干扰,取得有用的信号。

（3）做更多更复杂的运算和判断:例如对心电信号的自动分析和诊断,消除各种干扰和假想,识别出心电信号中的 P 波、QRS 波、T 波等,确定基线,区别心动过速、心动过缓、早搏、漏搏、二连脉、三连脉等。

（4）建立被监视生理过程的数学模型:以规定分析的过程和指标,使仪器对患者的状态进行自动分析和判断。

4. **人机接口部分**　这部分包括键盘输入、信号显示、记录、报警和网络接口部分等。是监视器与人交换信息的部分,包括:

（1）键盘输入实现了信息的录入（例如参数的上下限值）以及显示模式的切换等功能。

（2）显示以液晶或 CRT 屏幕显示为主,以显示行进的或固定的被监视各参数值及随时间变化的曲线,供医生分析。

（3）用记录仪做永久的记录,这样可将被监视参数记录下来作为档案保存,目前大多采用热线阵打印机。

（4）光报警和声报警。

（5）通讯接口可实现与中央台的联网以及监护信息的上传。

5. **治疗部分**　根据自动诊断结果,原则上可以对患者进行施药和治疗,该部分目前还在进一步的完善过程中。

点滴积累

1. 医用监护仪器是一种用以测量和控制患者生理、生化参数,并可与已知设定值进行比较,如果出现超差可发出声光报警的装置或系统。

2. 病房中的监护仪器可有选择地对心率、脉率和节律、有创血压、无创血压、血氧饱和度、心输出量、pH、体温、经胸呼吸阻抗以及血气等参数进行监护。

3. 全自动监护系统可分为三大部分:工业电视摄像与放像系统、必要的抢救设备、多种生理参数智能监护仪。

第二节　常用生理参数的测量原理

由于医用监护仪器要求能够长时间连续测量患者的生理参数,因此其测量原理与一般的生理参数测量仪器有所不同,目前市场上监护仪的种类繁多,功能各异,检测的生理参数也相仿,下面主要介绍人体各种生理参数的监护测量原理。

一、心电

心电是多参数监护仪最基本的监护参数之一,在前面我们介绍到心肌中的"可兴奋细胞"的电化学活动会使心肌发生电激动,使心脏发生机械性收缩。心脏这种激动过程所产生的闭合、动作电流,在人体容积导体内流动,并传播到全身各个部位,从而使人体不同表面部位产生了电位差变化。心电图(ECG)就是把体表变动着的电位差实时记录下来,目前一般采用标准 12 导联,包括双极导联Ⅰ、Ⅱ、Ⅲ导联,加压单极肢体导联 aVR、aVL、aVF 以及胸导联 V_1、V_2、V_3、V_4、V_5、V_6。因为心脏是立体的,一个导联波形表示了心脏一个投影面上的电活动,这 12 个导联,将从 12 个方向反映出心脏不同投影面上的电活动,即可综合诊断出心脏不同部位的病变。

在医用监护仪器中,监护电极与心电图机的电极安放位置不同,但其定义是相同的,具有相同的极性和波形。为了稳定地监护心电波形,监护电极一般安放在胸部,具体位置有两种形式,一种是三电极体系,一种是五电极体系。

1. 修正的三电极导联体系　根据国际电工委员会(IEC)的规定,三电极体系一般需要在胸部放置三个电极,三电极体系监护电极位置见表 6-1。表中列出了具体位置、标号及颜色(括号内为对应的美国心脏学会 AHA 标准),心电监护电极位置如图 6-2 所示。由这三个电极可以组合出三个标准导联,连接方式与标准 12 导联体系中的Ⅰ、Ⅱ、Ⅲ导联相同。

表 6-1　三电极体系监护电极位置

电极位置	标号 IEC(AHA)	颜色 IEC(AHA)
左锁骨下沟	L(LA)	黄(黑)
右锁骨下沟	R(RA)	红(白)
左前腋下线肋骨下沿	F(LL)	绿(红)

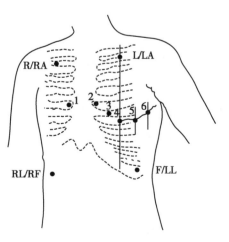

图 6-2　心电监护电极位置

2. 修正的五电极导联体系　根据 IEC 的规定,五电极体系一般需要在胸部放置五个电极,五电极体系电极位置见表 6-2(括号内为对应的 AHA 标准)。

表 6-2　五电极体系电极位置

电极位置	标号 IEC（AHA）	颜色 IEC（AHA）
左锁骨下沟	L（LA）	黄（黑）
右锁骨下沟	R（RA）	红（白）
髂骨顶向上 12~15mm 与左锁骨中线相交或 髂骨顶向上 12~15mm 脊柱左边沿	F（LL）	绿（红）
左边同一水平线与右锁骨中线交点	N（RL）	黑（绿）
图 6-2 中任一胸电极位置	C（V）	白（棕）

由这五个电极可以组合出与标准 12 导联对应的导联,即 Ⅰ、Ⅱ、Ⅲ、aVR、aVF、aVL、V_1~V_6。

监护仪器一般都能监护 3 个或 6 个导联,能同时显示其中的一个或两个导联的波形并通过波形分析提取出心率参数。功能强大的监护仪可以监护 12 导联,并可以对波形作进一步分析,提取出 ST 段和心律失常事件。

3. 影响 ECG 精确测量的因素

（1）正确的电极放置:为了从适当的角度记录较强的信号,电极放置必须精确。不正确的电极位置会导致错误的波形。

（2）电极与皮肤接触良好:由于 ECG 信号非常微弱,电压幅度较低,为了得到准确的波形,电极与患者皮肤必须保证良好的接触,良好的接触需要对皮肤进行适当的处理以及定期更换电极。

（3）导联选择正确:导联必须选择正确的电缆设置以检测适当的电活动,选择错误的导联会导致心脏病的误诊。

（4）排除外部干扰:患者的运动能够干扰信号的记录,心脏起搏器的活动以及电外科的电干扰都会影响 ECG 的记录。例如在手术室中,电极应该与手术点等距以提高对 ESU 的抑制。来源于患者周围的电子仪器,也是造成电磁干扰的因素。

▶▶ **课堂活动**

举例说明影响监护仪测量精度的外部电磁干扰有哪些?

二、心率

心率是指心脏每分钟搏动的次数。健康的成年人在安静状态下平均心率是 75 次/分,正常范围为 60~100 次/分。在不同生理条件下,比如运动、疾病等都可使心率发生变化。心率最低可到 40~50 次/分,最高可到 200 次/分。

监护仪的心率报警范围可由医务人员根据患者的个体情况来设定,通常低限为 20~100 次/分,高限为 80~240 次/分。也有一些监护仪在机器中设定好了若干档心率报警限值,用户只需从中选择某一档适合的即可。

心率测量方法:多数是根据心电波形中的 R 波测定,也可从主动脉波、指脉波或心音信号来计算心率。通常有两种类型的心率测量:瞬时心率和平均心率。

1. 瞬时心率　瞬时心率是指每次波动时间间隔的倒数,即心电图两个相邻 R-R 间期的倒数。即:

$$F = \frac{1}{T}(次/秒) = \frac{60}{T}(次/分)$$

T 是 R-R 间期(s)。

如果每次心搏间隔有微小的变化,瞬时心率就可反映出来。

2. 平均心率　是在一定计数时间内,求 R 波个数与记数时间的比值。即:

$$\overline{F} = \frac{N}{T}(次/分)$$

T 是计数时间(min),N 是 R 波个数。

可见在心率监测过程中,QRS 波的识别是心率测量的关键。在心电信号中,QRS 波中 R 波是幅度最高,变化最快的,所以易于识别。但有些患者 T 波幅度高于 R 波,但是 T 波上升时间比 R 波要长。为检出 R 波,通常是对心电信号 $h(t)$ 进行微分,同时对 T 波和 P 波进行衰减,进一步突出了 R 波,并降低了 T 波引起的双计数的危险。

对心电信号 $h(t)$ 进行微分得:

$$e(t) = \frac{\mathrm{d}h(t)}{\mathrm{d}t}$$

当微分值 $e(t)$ 大于设定的阈值 E,则可确定该时刻的心电图波为 R 波。

▶▶ **课堂活动**

心率在医用监护仪器中是一间接测量值,简述它的测量原理。

三、呼吸

呼吸是人体得到氧气输出二氧化碳、调节酸碱平衡的一个新陈代谢过程,这个过程通过呼吸系统完成。呼吸系统由肺、呼吸肌(尤其是膈肌和肋间肌)以及将气体带入和带出肺的器官组成。呼吸监护技术检测肺部的气体交换状态或呼吸肌的效率,呼吸图关心的是后者。

呼吸图是呼吸活动的记录,反映了患者呼吸肌和肺的力量和效率。测量呼吸的方法有三种。

1. 阻抗法

(1)测量原理:多参数患者监护仪中的呼吸测量大多采用阻抗法,人体在呼吸过程中的胸廓运动会造成人体电阻的变化,变化量为 $0.1 \sim 3\Omega$,称为呼吸阻抗。监护测量中,呼吸阻抗电极和心电电极合用,即用心电电极同时检测心电信号和呼吸阻抗信号。监护仪器一般是通过 ECG 导联的两个电极。如图 6-3 所示。

利用 R、L 两个电极或者是 L、RF 两个电极,两电极之间的阻抗 Z_x 作为待测阻抗,接在惠斯通电桥的一个桥臂上,电桥的供电电源采用 $10 \sim 100kHz$ 的高频电源。这种频率的电源不会引起心脏的刺激作用。载频正弦恒流向人体注入 $0.5 \sim 5mA$ 的安全电流,从而在相同的电极上拾取呼吸阻抗变化的信号。

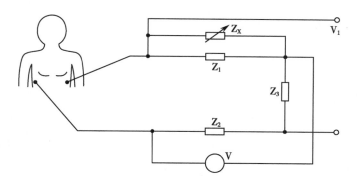

图 6-3　阻抗式呼吸测量原理

这种呼吸阻抗的变化图就描述了呼吸的动态波形,并可提取出呼吸率参数。胸廓的运动,身体的非呼吸运动都会造成体电阻的变化,当这种变化频率与呼吸通道的放大器的频带相同时,监护仪器也就很难判断出哪是正常的呼吸信号,哪是运动干扰信号。因此,当患者出现激烈而又持续的身体运动时,呼吸率的测量可能会有误差。甚至是错误的信号。所以这种呼吸阻抗测量法不适合可以自由移动的及严重而持续的身体运动(抽搐)的患者。

呼吸阻抗的测量除了电桥法外,还有调制法、恒流源法和恒压源法。呼吸阻抗是容性的,电桥静态平衡调节较困难,而呼吸阻抗随时间发生变化,平衡调节要经常进行,因此长时间的稳定性受到影响。恒流源法就是输出高频恒定电流通过电极直接加在患者的胸壁上。由于呼吸阻抗的周期性变化,两电极之间的电压也随之周期性变化,经滤波、放大后可描记呼吸曲线,呼吸曲线不但可反映呼吸的频率和深度,还可分析潮气量等。

(2)影响呼吸测量的因素

1)为了对阻抗变化进行最优的测量,必须准确地放置电极。由于 ECG 波形对电极放置的位置要求更高,因此为了使呼吸波达到最优,需要重新放置电极和导联时,必须考虑 ECG 波形的结果。

2)良好的皮肤接触能够保证良好的信号。

3)排除外部干扰。患者的移动、骨骼、器官、起搏器的活动以及 ESU 的电、磁干扰都会影响呼吸信号。对于活动的患者不推荐进行呼吸监护,因为会产生错误警报。正常的心脏活动已经被过滤。但是如果电极之间有肝脏和心室,搏动的血液产生的阻抗变化会干扰信号。

2. 直接测量呼吸气流法　常用的方法是利用热敏元件来感测呼出的热气流,这种方法需要给患者的鼻腔中安放一个呼吸气流引导管,将呼出的热气流引到热敏元件位置。当鼻孔中气流通过热敏电阻时,热敏电阻受到流动气流的热交换,电阻值发生改变。

对于换热表面积为 A、温度为 T 的热敏电阻,当感受到鼻孔内温度为 T_f 的呼吸气流的流动时,热敏电阻上的对流换热量为:

$$Q = \alpha(T - T_f)A$$

α 是对流换热系数,它受呼吸流速、黏性等多种因素的影响。T_f 与人体温度接近,且恒温。若呼吸流速大,热交换 Q 就大。因此,热敏电阻温度 T 变化也较大。

热敏电阻多数用半导体材料,一般有金属氧化物(如 Ni、Mn、Co、F、Cu、Mg、Ti 的氧化物)和单晶

掺杂半导体(SiC)等。热敏电阻具有负阻特性,即:

$$R_\mathrm{T} = R_0 e^{\alpha(1/T - 1/T_0)}$$

R_0 是温度 T_0 时的电阻值,α 是常数。T 越高,R_T 就越小。

图 6-4 是热敏电阻呼吸频率传感器的测量电路图。将热敏电阻置于鼻腔里,可检测呼吸频率。电路由一个电桥及运放组成。当呼吸气流流过热敏电阻时,改变了传热条件,使热敏电阻的温度随呼吸气流周期发生变化,从而使热敏电阻阻值发生周期性的变化。经过电桥又将这一变化转换成与呼吸周期同步的电压信号,经放大后给后续的处理电路。

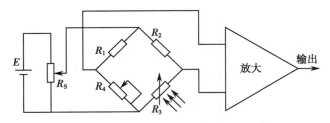

图 6-4　热敏电阻呼吸频率传感器的测量电路原理图

图中 R_1、R_2 为标准电阻,且 $R_1 = R_2$,R_4 为调节电阻,使用前调节 R_4 使它与热敏电阻阻值相等,电桥处于平衡状态,输出为零。R_S 是用来调整电桥灵敏度的。

图 6-5 是热敏电阻呼吸频率传感器图 6-5(a)及使用示意图图 6-5(b)。热敏电阻放在夹子的平直片前端外侧。使用时只要夹子夹住鼻翼,并使热敏电阻置于鼻孔之中即可。

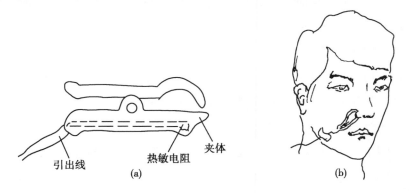

图 6-5　热敏电阻呼吸频率传感器及使用示意图

3. 气道压力法　将压电传感器置入或连通气道,气道压"压迫"传感器而产生相应的电信号,经电子系统处理以数字或图形显示,灵敏度和精确性较高。在气道压力监测时,利用这些信号的脉冲频率,经译码电路处理后可显示呼吸频率。

四、无创血压

血压就是指血液对血管壁的压力。在心脏的每一次收缩与舒张的过程中,血流对血管壁的压力也随之变化,而动脉血管与静脉血管压力不同,不同部位的血管压力也不相同。临床上常以人体上臂与心脏同高度处的动脉血管内对应心脏收缩期和舒张期的压力值来表征人体的血压,分别称为收缩压(或高压)和舒张压(或低压)。

人体的动脉血压是一个易变的生理参数。它与人的心理状态、情绪状态,以及测量时的姿态和体位有很大关系。心率增加,舒张压上升;心率减慢,舒张压降低。心脏脉搏量增加,收缩压必然增高。可以说每个心动周期内动脉血压都不会绝对相同。

血压测量的方法可以分为两大类,即直接测量法(有创法)和间接测量法(无创法)。

无创法是通过检测动脉血管壁的运动、搏动的血液或血管容积等参数间接得到血压。根据检测方法的不同,血压测量法又可分为听诊法、振动法、触诊法、超声法、次声法、容积波动示波法、张力法等,大多数监护仪器都采用振动法进行血压监护。

1. **测量原理** 采用振动法测量无创血压时,将压力传感器接入袖带,检测袖带的压力以及由于脉搏在袖带的压力下形成的振动信号。如图 6-6 所示,当按下测量键或设定的自动测量开始时,气泵开始给袖带充气,当压力达到设定的初始值时,停止充气,袖带内的气体通过针阀缓慢放气,这时以一定的速率交替记录压力值和脉搏振动幅度,并不断进行计算,振幅由小到大,上升变化率最大时刻对应的压力指数为收缩压 P_S,当振幅达到最大点时开始下降,下降变化率最大时刻对应的压力指数为舒张压 P_D,平均压 P_M 则为振幅最大时的压力指数或为 2 乘以舒张压加收缩压除以 3。

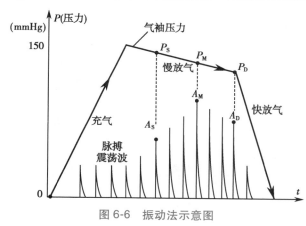

图 6-6 振动法示意图

2. **影响无创血压测量的因素**

(1)袖带尺寸:袖带过窄会导致血压读数过高,袖带过宽会导致血压读数过低。

(2)袖带放置:袖带应该放置在上臂与心脏同一水平线的位置以得到真正的零读数,袖带太松会导致血压读数过高。

(3)人为因素:由颤抖、冲击或其他有节奏的或外部的压力导致的误差。

3. **振动法测量无创血压的局限性** 振动描记法在某些临床环境下会有一定的局限性。当患者的状况难以检测到规则的动脉压力脉冲时,测量结果就是不可靠的,需要更长的时间去查找原因。以下条件会干扰测量:

(1)患者活动:当患者移动、颤抖或抽搐时,很难得到或者无法得到可靠的结果。

(2)心律不齐:心律不齐患者的不规则心跳使测量结果不可靠或无法得到正确结果。

(3)压力变化:如果在测量过程中患者的血压迅速变化,测量结果就不可靠。

(4)严重休克:严重休克或体温过低会减少血液流向身体外围,从而减小动脉脉冲,使测量结果不可靠。

　　(5)肥胖患者:一层很厚的脂肪层环绕在上臂周围会抵消动脉脉冲使其无法到达袖带,从而降低测量的准确度。

　　(6)心率极高或极低:当患者心率低于15bpm或高于300bpm时无法进行测量。

　　(7)心肺机:当患者连接到心肺机时无法测量。

　　(8)导管移动。

五、有创血压

　　在一些重症手术时,对血压实时变化的监测具有很重要的临床价值,这时就需要采用有创血压监测技术来实现。

　　1. 测量原理　先将导管通过穿刺,植入被测部位的血管内,导管的体外端口直接与压力传感器连接,在导管内注入生理盐水。由于流体具有压力传递作用,血管内压力将通过导管内的液体被传递到外部的压力传感器上,见图6-7。从而可获得血管内压力变化的动态波形,通过特定的计算方法,可获得收缩压、舒张压和平均压。

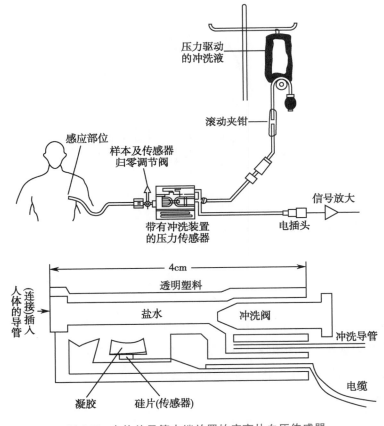

图 6-7　在体外导管末端放置的应变片血压传感器

　　在进行有创血压测量时要注意,监测开始时,首先要对仪器进行校零处理;监测过程中,要随时保持压力传感器部分与心脏在同一水平上;为防止导管被血凝堵塞,要不断注入肝素盐水冲洗导管;由于运动可能会使导管移动位置或退出,因此要牢牢固定导管,并注意检查,必要时进行调整。

2. 影响有创血压测量的因素

（1）压力传感器、压力线以及患者导管的正确连接。

（2）在较低点的收缩压读数通常比较高点的读数要高。

（3）从斜靠体位到站立体位的改变会使收缩压轻微下降，舒张压轻微升高。

（4）患者和压力传感器的位置都会影响血压测量。在正常测量时，传感器通常置于与心脏同一水平的位置（第四肋间以及腋中线：称为静脉静力学轴）将系统调零以补偿静力及大气压的影响。

六、血氧饱和度

血液中的有效氧分子通过与血红蛋白（Hb）结合后形成氧合血红蛋白（HbO_2），HbO_2占全部Hb的百分比称为血氧饱和度。也即血氧饱和度是血液中，被氧结合的HbO_2的容量占全部可结合的Hb容量的百分比，即血液中血氧的浓度，是呼吸循环的重要生理参数。许多呼吸系统疾病会引起人体血液中血氧浓度的减小，严重的会威胁人的生命，因此在临床救护中，对危重患者的血氧浓度监测是不可缺少的，具有极其重要的临床价值。

血氧饱和度的测量通常分电化学法和光电法两类。以前大多采用电化学法，如临床和实验室常用的血气分析仪，它要取血样来检测，尽管可以得到准确的结果，但该方法属于有创测量，操作复杂，分析周期长，不能做到连续测量。在患者处于危机状态时，这种测量显然达不到要求。

目前临床上大都采用光电法，该方法可在符合临床要求的前提下，实现无创测量、长时间无间断地测量血氧饱和度，为临床提供了快速、简便、安全可靠的测量结果，在临床应用中具有明显的优势。特别是急救护理和手术麻醉中，它是监护仪必备的性能。

1. 测量原理 血氧饱和度一般是通过测量人体指尖、耳垂等毛细血管脉动期间对透过光线吸收率的变化计算而得的。测量用的血氧饱和度探头有其独特的结构，它是一个光感受器，内置一个双波长发光二极管和一个光电二极管。

血液中氧合血红蛋白（HbO_2）和还原血红蛋白（Hb）对不同波长的光的吸收系数不同，在波长为600~700nm的红光区，Hb的吸收系数比HbO_2的大；而在波长为800~1000nm的近红外光区，HbO_2的吸收系数比Hb的大；在805nm附近吸收系数相同。基于HbO_2和Hb的这种光学特性，血氧饱和度测量探头中的发光元件能交替发射波长660nm的红光和940nm的近红外光。通常用这两种光照射被测组织，将含动脉血管的部位（手指、脚趾、耳垂）放在发光管和光电管之间，如图6-8所示。

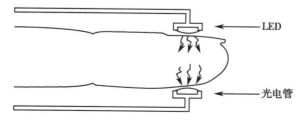

图6-8 透射式传感器示意图

当作为光源的发光管和作为感受器的光电管位于手指或耳的两侧时，入射光经过手指或耳廓，被血液及组织部分吸收。这些被吸收的光强度除搏动性动脉血的光吸收因动脉压力波的变化而变化外,其他组织成分吸收的光强度(DC)都不会随时间改变,并保持相对稳定。而搏动性产生的光路增大和 HbO_2 增多使光吸收增加,形成光吸收波(AC)。

光电感应器测得搏动时光强较小,两次搏动间光强较大,减少值即搏动性动脉血所吸收的光强度。这样可计算出两个波长的光吸收比率(R)。

$$R = AC660/DC660 \div (AC940/DC940)$$

R 与 HbO_2 呈负相关,根据正常志愿者数据建立起的标准曲线可换算获得患者血氧饱和度。

2. 影响因素

(1)不正确的位置可能导致不正确的结果:光线发射器和光电检测器彼此直接相对,如果位置正确,发射器发出的光线将全部穿过人体组织。传感器离人体组织太近或太远,分别会导致测量结果过大或过小。

(2)测量需要脉动:当脉动降低到一定极限,就无法进行测量。这种状态有可能在下列情况下发生:休克、体温过低、服用作用于血管的药物、充气的血压袖带以及其他任何削弱组织灌注的情况。

相反地,某些情况下静脉血也会产生脉动,例如静脉阻塞或其他一些心脏因素。在这些情况下,由于脉动信号中包含静脉血的因素,结果会比较低。

(3)光线干扰会影响测量的精度:脉动测氧法假定只检测两种光线吸收器,HbO_2 和 Hb。但是血液中存在的一些其他因素也可能具有相似的吸收特性,会导致测量的结果偏低,如碳合血红蛋白 HbCO、高铁血红蛋白以及临床上使用的几种染料。周围光线带来的干扰可以通过将指套用不透明的材料密封来排除。其他影响光线穿透组织的因素,如指甲光泽会影响测量的精度。

(4)人为移动也可能干扰测量的精度:因为它与脉动具有相同的频率范围。

七、体温

一般监护仪器提供一道体温,功能高档的仪器可提供双道体温,体表探头和体腔探头分别用来监护体表和腔内体温。

1. 测量原理　监护仪中的体温测量一般都采用负温度系数的热敏电阻作为温度传感器。检测电路的输入端采用平衡电桥,随着体温的不同变化,电平衡桥失去平衡,平衡桥的输出端就有电压输出,根据平衡桥输出电压的高低,即可换算出温度指数,从而实现体温的检测。

测量时,操作人员可以根据需要将体温探头安放于患者身体的任何部位,由于人体不同部位具有不同的温度,此时监护仪所测的温度值,就是患者身体上要放探头部位的温度值,该温度可能与口腔或腋下的温度值不同。在进行体温测量时,患者身体被测部位与探头中的传感器存在一个热平衡问题,即在刚开始放探头时,由于传感器还没有完全与人体温度达到平衡,所以此时显示的温度并不是该部位的真实温度,必须经过一段时间达到热平衡后,才能真正反映实际温度。在进行体表体温测量时,要注意保持传感器与体表的可靠接触,如传感器与皮肤间有间隙,则可能造成测量值偏低。

2. 影响因素

(1)刻度的频率和准确性。

(2)适当的参考标准用来对体温计进行校准。

（3）测量的解剖部位的选择。

（4）环境因素。

（5）患者的活动和移动。

八、脉搏

脉搏是动脉血管随心脏舒缩而周期性搏动的现象,脉搏包含血管内压、容积、位移和管壁张力等多种物理量的变化。脉搏的测量有几种方法,一是从心电信号中提取;二是从测量血压时压力传感器测到的波动来计算脉率;三是光电容积法。我们重点介绍光电容积法测量脉搏。

测量原理 光电容积法测量脉搏如图 6-9 所示。此法是监护测量中最普遍的,传感器由光源和光电变换器两部分组成,它夹在患者指尖或耳廓上,如图 6-9 所示。光源选择对动脉血中氧合血红蛋白有选择性的一定波长的光,最好用发光二极管,其光谱在 $6\times10^{-7} \sim 7\times10^{-7}$m。这束光透过人体外周血管,当动脉搏动充血容积变化时,改变了这束光的透光率,由光电变换器接收经组织透射或反射的光,转变为电信号送放大器放大和输出,由此反映动脉血管的容积变化。

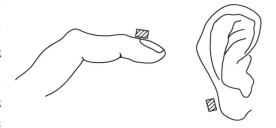

图 6-9 光电容积法测量脉率

脉搏是随心脏的搏动而周期性变化的信号,动脉血管容积也呈周期性变化,光电变换器的电信号变化周期就是脉率。

九、心输出量

心输出量是衡量心功能的重要指标,在某些病理条件下,心输出量降低,使肌体营养供应不足。心输出量是心脏每分钟输出的血量(L/min),它的测定是通过某一方式将一定量的指示剂注射到血液中,经过在血液中的扩散,测定指示剂的变化来计算心输出量的。监护中,常用 Fick 法和热稀释法。

1. Fick 法 在开放血液循环中,以氧作为指示剂,由于肺毛细管与肺泡之间的氧交换量与肺血流量成正比,因此可以通过测量肺动脉和肺静脉的氧浓度(C_a 和 C_v)测量心输出量 Q。

$$Q = \frac{dV/dt}{C_a - C_v}$$

dV/dt 是肺氧消耗量,它等于吸入气氧含量与呼出气氧含量之差,用肺活量计测定,C_a 用动脉心导管测定。Fick 法测量精度高,是心输出量测定的标准方法。

2. 热稀释法 热稀释采用冷生理盐水作为指示剂,具有热敏电阻的 Swan-Ganz 漂浮导管作为心导管。热敏电阻置于肺动脉,向右心房注入冷生理盐水。心输出量可由 Stewart-Hamilton 方程确定:

$$Q = \frac{1.08 \cdot b_0 \cdot C_T V_i (T_b - T_i)}{\int_0^\infty \Delta T_b dt}$$

式中,1.08 是由注入冷生理盐水和血液比热及密度有关的常数,b_0 是单位换算系数,C_T 是相关系数,V_i 和 T_i 是冷生理盐水的注入量和温度,T_b 和 ΔT_b 是血液温度和变化量。

冷生理盐水可以用 0~4℃的冰水液,也可用 19~25℃的室温液。Swan-Ganz 导管可在床边进行测量,此法在 ICU、CCU 和手术后监护已成为常规测量方法。

图 6-10 给出了一个采用热稀释法的四腔导管示意图。该导管全长 110cm,每 10cm 有一刻度,测心输出量(CO)距顶部 4cm 处加热敏电阻探头,距顶部 30cm 处,有一腔开口,可作右心房压力(RA)监测。图中同时给出了导管末端气囊的详图。

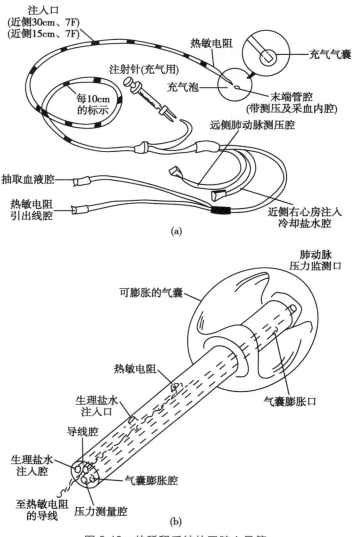

图 6-10　热稀释系统的四腔心导管

3. 影响因素

(1)生理条件:心率和心律的变化、心脏畸形以及患者的焦虑或移动都会造成测量的错误。

(2)导管条件:损坏或者位置不正确的导管、过早地对气囊充气会导致测量的错误。

(3)注射因素:不准确的时间、体积、溶液温度以及不正确的导管端口的使用也会造成测量的误差。

十、呼吸末二氧化碳

呼吸末二氧化碳浓度（FETCO$_2$）是麻醉患者和呼吸代谢系统疾病患者的重要指标。监测呼吸末二氧化碳浓度（FETCO$_2$）或分压（PETCO$_2$），不仅可监测通气而且能反映肺血流，具有无创及连续监测的优点，从而减少血气分析的次数。

1. 测量原理　人体组织细胞代谢产生 CO$_2$，经毛细血管和静脉运送到肺，呼气时排出体外，体内 CO$_2$ 的产量和肺泡通气量决定肺泡内 CO$_2$ 分压。因 CO$_2$ 能吸收 4.3μm 红外线，用红外线透照测试气样后，光电换能元件能探测到红外线的衰减程度，所获取信号与参比气信号比较，经电子系统放大处理后就能用数字和图形显示 CO$_2$ 浓度。观察 PETCO$_2$ 波形变化能及时发现机械通气时的接头脱落、同路漏气、导管扭曲、气道阻塞、活瓣失灵以及其他机械故障。PETCO$_2$ 波形还能有助于了解肺泡无效腔量和肺血流量的变化，严重休克、肺梗死或心搏停止时，因肺血流明显减少或停止，PETCO$_2$ 迅速降低至零，CO$_2$ 波形消失。

2. 影响因素

（1）患者呼吸的温度。

（2）患者呼吸过程中水蒸气的含量。

（3）测量点的大气压。

（4）其他气体，最显著的是空气中的 N$_2$O 和 O$_2$。

点滴积累 ╲

1. 心电图就是把体表变动着的电位差实时记录下来，目前一般采用标准 12 导联。

2. 无创血压测量法是通过检测动脉血管壁的运动、搏动的血液或血管容积等参数间接得到血压。

3. 氧合血红蛋白占全部血红蛋白的百分比称为血氧饱和度，目前临床上大都采用光电法测量血氧饱和度。

4. 监护仪中的体温测量一般都采用负温度系数的热敏电阻作为温度传感器，实现体温的检测。

第三节　多参数床边监护仪

多参数床边监护仪是一种用来对危重患者的生理生化参数进行实时、连续、长时间监测，并经分析处理后对超出设定范围的参数实现自动报警的装置。多参数床边监护仪的基本特点：

1. 多参数化　与早期的监护仪相比，现代监护仪的监测功能已从单一的心电监护功能扩展到呼吸、体温、血氧饱和度、脉搏、无创血压、有创血压、心输出量、呼吸末二氧化碳等多种生理参数的监测。信息输出的内容也从单一的波形显示转变为波形、数值、字符、图形相结合，既可实时、连续、长时间监测，又能存储、冻结、记忆与回放。

2. OEM 模块化　国内外有许多生产专用模块的公司，专门从事某一领域的探索与研究，产品质量可靠,性能稳定。监护仪生产厂家充分利用这些资源,采用心电、血压、血氧等 OEM 模块化结构设计,简化了产品结构,缩短了开发周期,有利于提高监护仪的稳定性、可靠性和可维护性,有利于监护仪的更新换代及产品的系列化。

3. 先进的显示技术　屏幕显示由最初的 LED 显示、CRT 显示、LCD 显示发展到目前最为先进的彩色 TFT 显示技术,保证了高分辨率和高清晰度,消除了视角差异,医护人员在任何角度都能够完整地观察患者监护的参数和波形。

4. 简易的操作方式　最初的监护仪功能简单,操作为繁琐的按键方式。随着技术的改进和提高,现代监护仪由原来的按键操作方式发展到飞梭单键及触摸式控制方式,所有的参数设置等操作均由一个旋转式的按键来完成,更加适应临床应用。

5. 结构多样化　根据不同科室的需求,监护仪的外形结构有所不同。一般在临床应用中,多选择便携式监护仪,监护的参数包括心电、呼吸、无创血压、血氧饱和度和体温等基本生理参数。在 ICU、CCU、手术室、麻醉科等科室则较多的使用插件式多参数监护仪。

知识链接

插件式监护仪与模块式监护仪的区别

插件式监护仪与便携式监护仪的区别在于其本身除了具备便携式监护仪的基本生理参数外,还留有一定数量的插件槽,便于根据临床科室的需要增加其他重要的生理模块(比如:呼吸末二氧化碳模块、有创血压模块、麻醉气体模块、心输出量模块)。优点是可根据不同病情的患者,选择相应的功能模块,对患者进行有选择地参数监测。

模块化设计的插件式监护仪,可以灵活方便地组合监测参数,对于常用的监测功能模块,可以每台仪器都配备,对于特殊的功能模块,可以根据使用情况有选择的配备。这样既可满足临床监测各种特殊病例的需求,又能为医院减少不必要的资金投入,使各种功能模块均能得到充分合理的使用。

一、模块式监护仪

(一)便携式多参数监护仪功能介绍

目前,常见的便携式监护仪基本上都属于模块式监护仪。本教材选择国内某公司的便携式多参数监护仪进行介绍。该便携式多参数监护仪可监测多种人体生理参数信号,包括:心电(ECG)、呼吸(RESP)、无创血压(NIBP)、血氧饱和度(SpO$_2$)、双体温(TEMP)、有创血压(IBP)、心输出量(CO)、二氧化碳(CO$_2$)等,既可用于成人,也可用于儿童和新生儿。该便携式多参数监护仪使用 220V/50Hz 交流市电供电,配有内部 12V 铅酸电池,12.1 英寸高清晰彩色 TFT 显示屏显示实时数据和波形,并可外挂 VGA 大屏幕显示器,可同时显示六道波形及全部监护参数,可联网组成中央监护系统,配有 50mm 热敏记录仪,可选配内置充电电池,具有功能强大、使用方便、观测清晰、体积小巧等特点。具体监测项目如表 6-3 所示。

表 6-3　某款便携式多参数监护仪监护项目

心电（ECG）部分	心率 HR
	二道心电波
	心律失常和 ST 段分析（选购）
呼吸（RESP）部分	呼吸率 RR
	呼吸波形
血氧饱和度（SpO₂）部分	血氧饱和度 SpO_2、脉率 PR
	SpO_2 容积描记波
无创血压（NIBP）部分	收缩压 NS、舒张压 ND、平均压 NM
体温（TEMP）部分	第一通道温度 T1、第二通道温度 T2、两个通道的温度差 TD
有创血压（IBP）部分	第一通道收缩压 SYS、舒张压 DIA、平均压 MAP
	第二通道收缩压 SYS、舒张压 DIA、平均压 MAP
	二道有创血压波形
心输出量（CO）部分	血温 TB
	心输出量 CO 的测量值
二氧化碳（CO₂）部分	潮气末二氧化碳 $ETCO_2$
	呼入气最小二氧化碳 Ins CO_2
	气道呼吸率 AwRR

该便携式多参数监护仪具有声光报警、趋势存储、NIBP 测量值存储、报警事件存储、药物剂量计算和记录仪输出等功能。通过标准 RJ45 插头的网络线可与中央监护仪连接。

（二）便携式多参数监护仪主要部件硬件结构和工作原理

便携式多参数监护仪的主要部件心电（ECG）、呼吸（RESP）、无创血压（NIBP）、血氧饱和度（SpO₂）、体温（TEMP）测量电路进行介绍。

1. **主控板**　主控板由 CPU/存储器、显示控制电路、网络电路和 I/O 接口等电路组成。监护仪主控板 CPU 采用嵌入式控制器 S3C2440，S3C2440 是一款基于 ARM920T 内核和 0.18μm CMOS 工艺的 16/32 位 RISC 微处理器，适用于低成本、低功耗、高性能的电子产品。Flash 存储器用于固化控制板的程序和常数，DRAM 动态存储器是 CPU 的数据存储器。主控板的显示电路同时支持主机显示屏和外接彩色 VGA 显示器，显示分辨率为 640×480，显示工作参数、测量数据和实时波形。主控板上的 I/O 接口包括 5 个异步串口和一个 I²C 接口。其中 CPU 自带两个串口，一个连接心电/呼吸/体温板，另一个连接血氧板。另外 3 个串口，分别与按键板、无创血压模块和记录仪模块连接，实现串行数据通讯，串口工作的波特率来自 CPU 工作时钟。主控板还提供时钟电路，用于设置系统时间。还提供看门狗复位电路用于系统复位和存储用户设置的各种参数。CPU 通过 M-Bus 总线接口监控电源板的工作状态，并向外送出系统的模拟输出信号。主控板上 CPU 直接控制一个蜂鸣器，用于对系统致命故障的声音报警。主控板的电源通过插口与电源板连接，电源包括 5V 电源、12V 模块工作电源和一路辅助电源。FPGA 的 3.3V 工作电源通过二次稳压产生。12V 模块工作电源和串口信号合并后连接到各参数模块。备用电池电源在关机状态维持实时时钟不掉电。主控板装在机内支架组件靠近显示屏一侧,测试维修时可拆下该支架。图 6-11 为主控板接口示意图。

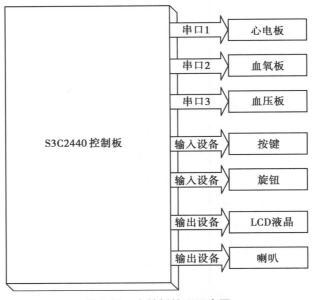

图 6-11 主控板接口示意图

2. 心电/呼吸/体温板 心电/呼吸/体温板包括六个部分,分别是心电/呼吸/体温板主控电路、心电电路、呼吸电路、体温电路、电源电路和模数转换电路。其中心电放大器又分为三个单元,分别是心电前置放大器、心电主放大通道一和心电主放大通道二。其电路原理框图如图 6-12 所示。

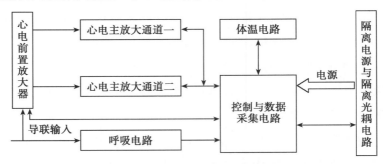

图 6-12 心电/呼吸/体温板电路原理框图

(1)心电/呼吸/体温板主控电路:该主控电路由 CPU LPC2138 来控制,LPC2138 是基于一个支持实时仿真和嵌入式跟踪的 32/16 位 ARM7TDMI-STMCPU 的微控制器,并带有 512KB 的嵌入的高速 Flash 存储器。128 位宽度的存储器接口和独特的加速结构使 32 位代码能够在最大时钟速率下运行。主控板的主要功能有两个,一个功能是与监护仪的主控板进行数据通信和控制,另外一个功能是控制和测量心电、呼吸及体温。该主控芯片的 1、2 脚是心率测量通道的选择;4、8 脚为导联选择控制;9 脚为呼吸信号输出管脚;11、13、14、15 脚为导联脱落检测管脚;12、16 脚为呼吸通道选择;28 脚为 ADC 控制管脚;32 脚为呼吸复位信号;33、34 脚为串口通信管脚;35、37 脚为温度通道检测;39、44、45、46 脚为导联选择管脚;54 脚为呼吸复位信号输出控制。如图 6-13 所示,为主控电路图。

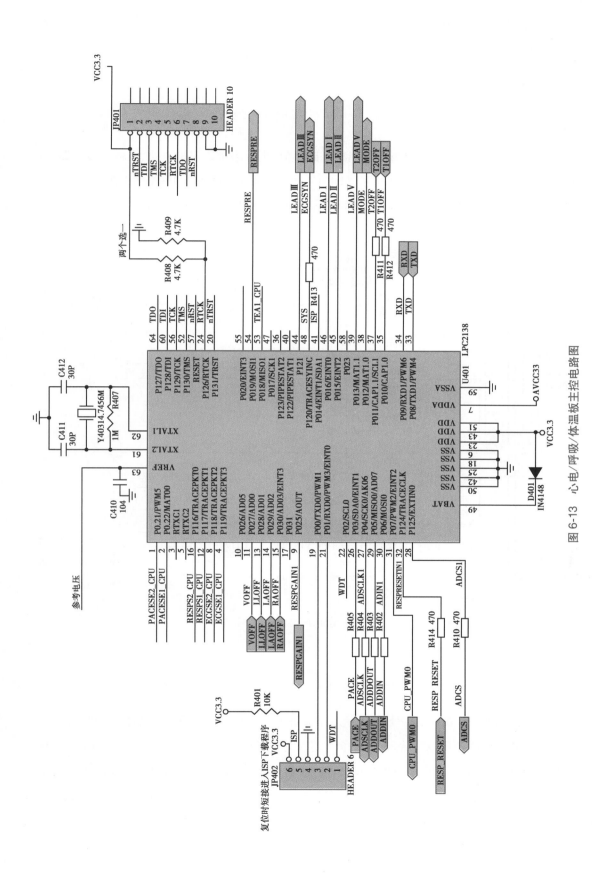

图 6-13 心电/呼吸/体温板主控电路图

（2）心电放大电路：心电放大电路由心电输入电路、导联预处理电路、第二级放大电路和心率检测电路等组成，下面来分类介绍这几个电路。

▶▶ 课堂活动

请讲一下监护仪中的心电测量与心电图机中的心电测量有什么不同？

1）心电输入部分电路。该电路与心电图机电路类似，也分为过压保护电路、高频滤波电路、低压保护以及缓冲放大器等。如图 6-14 所示，LP101~LP105 为高压放电管；100K 的电阻和 330pF 的电容组成了高频滤波电路；二极管 MMBD1503A 双向限幅结构起到低压保护的作用；LF444F 组成了缓冲放大器。

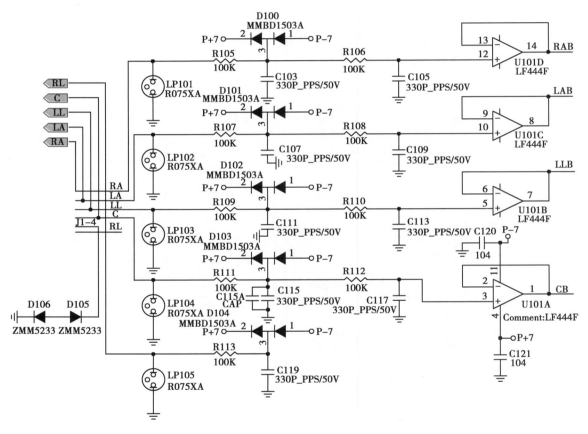

图 6-14　心电输入部分电路图

2）导联预处理电路。输入电路处理后，接下来对每个肢体的电信号进行预处理，形成每个导联的初步信号。如图 6-15 所示，对 RA 和 LA 的信号进行差值运算，RA 的信号通过 U103AA OP2177AR 放大及高频滤波处理，送入 U103AB OP2177AR 与 LA 信号做差分运算，得到导联 I 的初步信号。导联 II 和导联 III 的处理过程类似。而胸导联是将 RA、LA 和 LL 的信号经 30.1K 电阻并联后送入第一级运放，后面处理过程与上面描述类似，如图 6-15 所示，CB 信号为 V1~V6 信号。

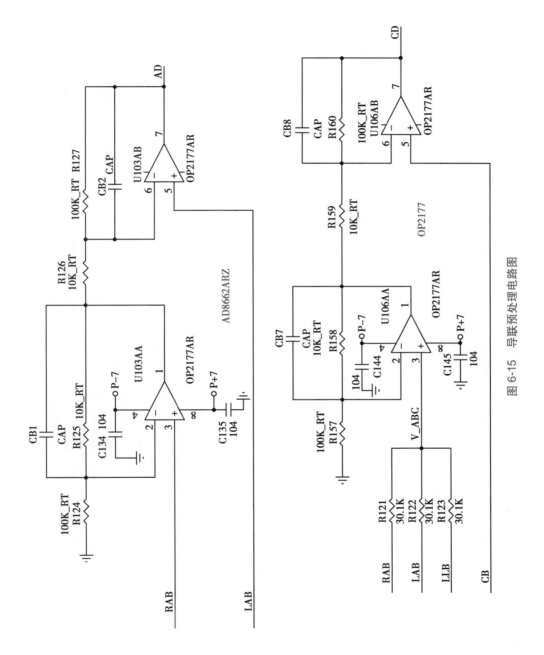

图 6-15 导联预处理电路图

3）后级放大电路。预处理后的信号送入第二级放大电路,如图 6-16 所示,经过放大、滤波后采集出导联 I 波形。导联脱落检测电路通过单片机的 IO 口将参考电压送到肢体信号检测端,与肢体信号叠加通过电压跟随器送给 MCU 进行检测,判断导联是否脱落。如图 6-16 所示。

4）心率检测电路。如图 6-17 所示,I、II、III导和胸导联的信号送入 4051 电子开关,4051 的 11、10 脚根据使用者的按键选择合适的导联输出作为心率信号来源,送入后端由 U112 组成的三角波发生电路,将心率信号转化为三角波,再经 U113 调制后,转化成脉冲信号,送入 MCU 端口进行心率识别。

（3）呼吸电路:该电路由呼吸信号采集电路、振荡脉冲产生电路和呼吸波形解调电路组成。

1）呼吸信号采集电路。监护仪中呼吸测量一般采用的是阻抗法,采集信号需要与心电采集共用电极,如图 6-18 所示,RA、RL、LA、LL 送电子开关 MC14052B,MC14052B 的 9、10 脚为通道选通控制信号。MMBD1503A 二极管为双向限幅电路。

▶▶ **课堂活动**

请回顾一下二极管双向限幅电路的工作原理是什么?

2）振荡脉冲产生电路。阻抗法测量呼吸,通常是用 75kHz 的载频正弦恒流向人体注入 $0.5 \sim$ 5mA 的安全电流,从而在相同的电极上拾取呼吸阻抗变化的信号,如图 6-19 所示为振荡脉冲产生电路,由 MCU 端口产生 PWM 信号送入由反相器组成的整形电路整形,整形后的波形经低通、高通组成的选频网络处理后,形成正弦信号加载人体上。

3）呼吸波形解调电路。如图 6-20 所示,振荡脉冲和人体信号叠加到电桥电路上,转化为电压信号,电压信号经电平抬升、同步解调、滤波等处理后,变成呼吸波形,送入 MCU 端口进行处理。

（4）体温检测电路:如图 6-21 所示,J1 为体温传感器的接口,该监护仪中体温测量分为两个传感器 T1 和 T2。体温探头所测量的数据通过电感、电阻、电容滤波电路处理后,送入 MC14051B 电子开关,根据检测开关选择传感器的数据输出,再经过 U302 OP07D 组成的增益可调及高频滤波电路,得到体温数据送给 MCU 端口。图 6-21 中,三级管 Q301 和 Q302,型号为 MMBT3904,这两个三极管组成体温探头识别电路,来判断是体温探头 T1 还是 T2 所测量到的数据。本电路图中其余部分电路为电源电路。

（5）模数转换电路:心电/呼吸/体温板中的模数转换电路主要是将采集到模拟信号转换成数字信号送给主控 MCU,该电路使用的芯片为 AD7327,AD7327 是一款 8 通道、12 位带符号位的逐次逼近型 ADC。如图 6-22 所示,模拟信号经 1K 电阻送入 AD7327 的输入通道,经主控 MCU 控制后,转换数字信号从 18 脚输出。

（6）心电/呼吸/体温板电源电路:如图 6-23 所示,U502、U503、U509 均使用的是 PC900V 光耦,对串口信号、心电同步信号做隔离处理。U504 使用的是 S2E05 隔离电源模块,可隔离 8kV 的高压。U506 使用的是 LM317 可调电压芯片,经 8.2V 稳压后输出电压。U505 使用的是 LM 1117-5 电压芯片,输出 5V 电压。U507A 和 U507 使用的是 79M08 三端稳压器,输出 -8V 电压。U508 使用的是 79L05 芯片,输出 -5V 电压。除此之外,该电源电路使用电感和电容起滤波作用。

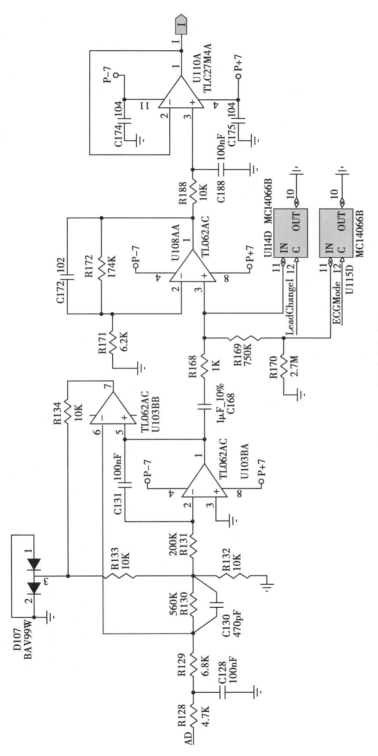

图 6-16　后级放大电路图

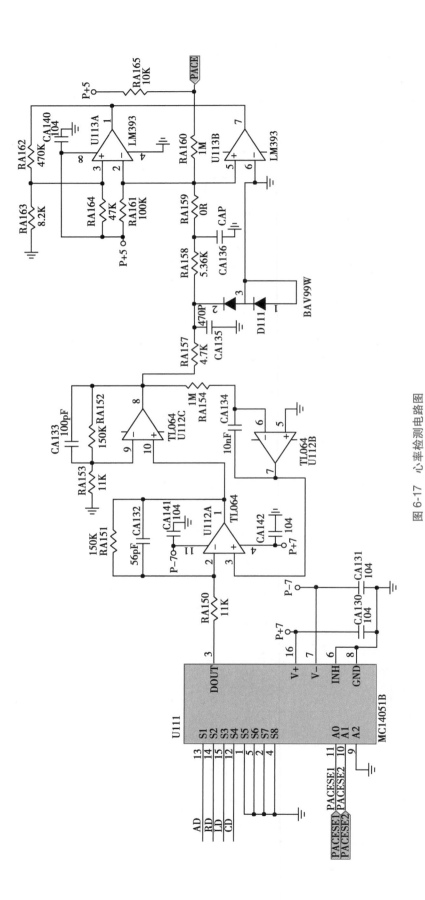

图 6-17 心率检测电路图

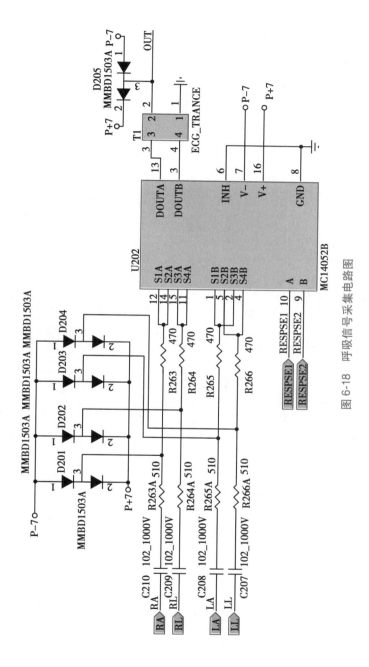

图 6-18 呼吸信号采集电路图

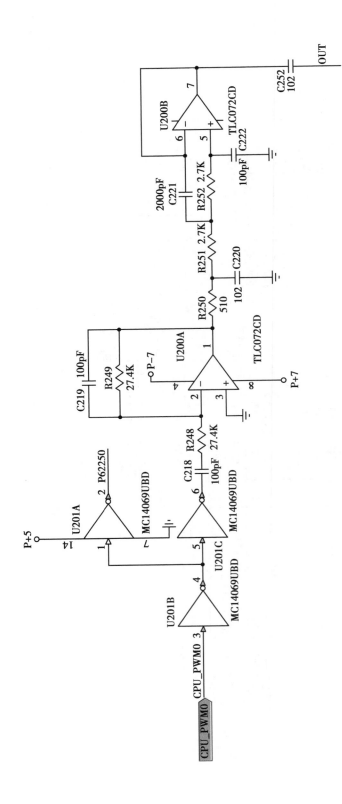

图 6-19 振荡脉冲产生电路图

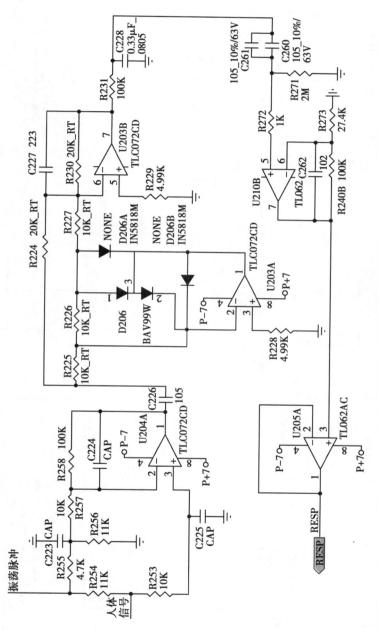

图 6-20　呼吸波形解调电路图

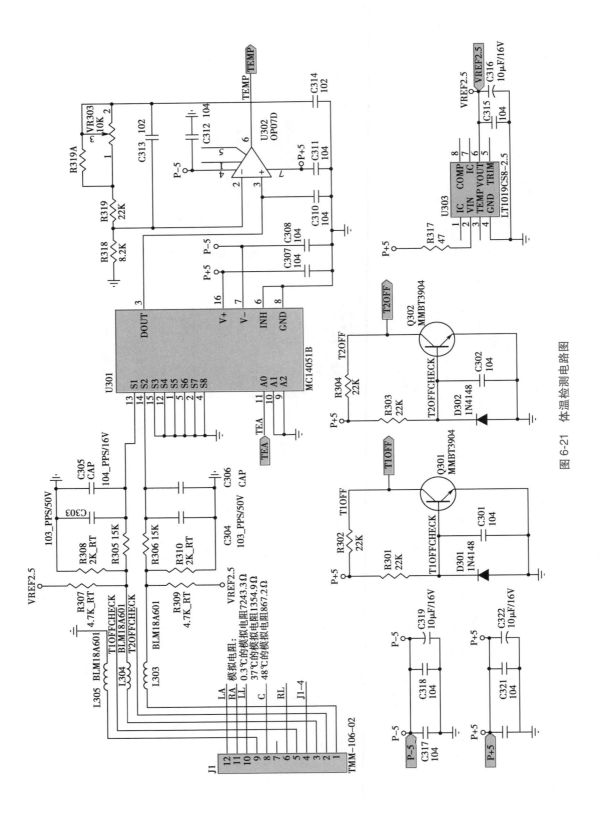

图 6-21　体温检测电路图

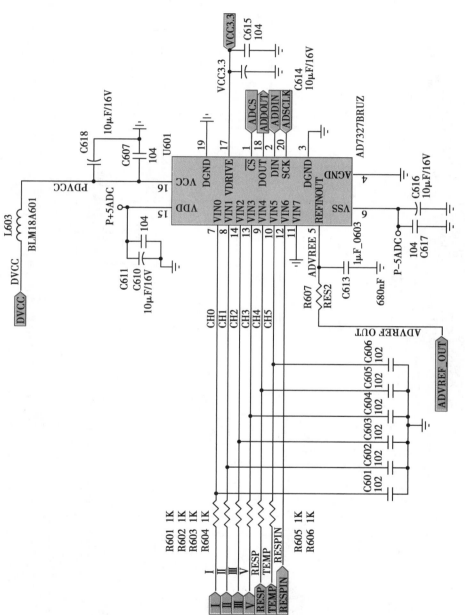

图 6-22 模数转换电路图

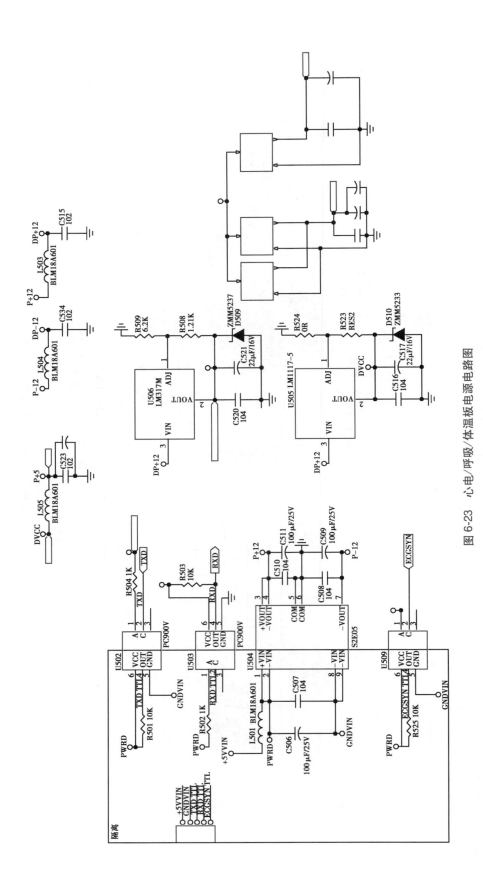

图 6-23 心电/呼吸/体温板电源电路图

3. 血压板　该多参数监护仪血压板主要由压力传感器测量及外围电路、过压保护电路、放气控制电路和充气控制电路等构成。

（1）压力传感器测量及外围电路。如图 6-24 所示，血压测量电路使用的是压力传感器 NPC1220，运放 U3A 为 4 脚提供了参考电压，传感器输出的信号经过 U3B、U3C、U3D 组成的"三运放"处理后送至后端电路，经 U9B 和 U9C 组成高频滤波电路处理后，送入比较电路与参考电压做差值运算后得到血压信号，最后送入 MCU 进行处理。而脉搏波将直接通过 R27 送入 MCU 端口。

（2）过压保护电路。过压保护电路使用的是压力传感器 MPS2100，传感器的 1 脚、3 脚为输出，送入差分放大电路 U13A，经处理后送入 U13B，与参考电压 3.3V 做比较，送信号给 MCU，检测是否压力过高。如图 6-25 所示。

（3）放气控制电路。在血压测量中，通常有两个电磁阀需要控制，一个是放气阀，一个是排空阀，控制电路相同。放气控制电路图如图 6-26 所示，VA1 通过电阻 R5 输出电平信号，控制场效应管 Q3 的导通或闭合，从而进一步控制电磁阀 VAL1 的工作状态，D5 和 D7 组成双向限幅电路，与电容 C32 一起保护电磁阀。

（4）充气控制电路。如图 6-27 所示，由 LM2676 组成的电压调整电路输出 6V，为充气泵的工作提供稳定电压，同样由 MCU 端口输出高低电平控制场效应管，启动充气泵工作或停止。

4. 血氧板　血氧板主要是由光源驱动电路和光电检测及其外围电路等组成。

▶ **课堂活动**

回顾一下透射法测量血氧的原理。

（1）光源驱动电路。如图 6-28 所示，J101 为血氧探头接口，J5-7 为红外光驱动，J5-9 为红光驱动，MCU 端口通过门电路输出脉冲信号，经 9953 开关电路加至血氧探头接口，驱动红外光和红光工作。

（2）光电检测及其外围电路。如图 6-29 所示，J5-1 和 J5-4 为光电管的输出检测电路，接口信号经运算放大器、滤波电路等送入 MCU 端口进行处理。J5-5 为接地端。J5-6 为血氧探头插入检测端，当探头插入时，系统开始检测血氧信号，当探头未插入时，提示探头脱落报警。

二、插件式多参数监护仪

（一）M1205A 插件式多参数监护仪功能介绍

M1205A 多参数监护仪是一款灵活性非常高的插件式多参数监护仪，可选 16 种插件模块，监护和记录不同的参数以及进行网络连接。具有以下功能：

1. 主机配有彩色显示器，最多能显示 4 个波形。

2. 有两种支架选配件供用户选择，分别是 8 槽和 6 槽支架。

3. 可以使用的插件有 ECG 模块、ECG/RESP 模块、压力模块、带模拟压力输出的模块、成人 NIBP 模块、通用 NIBP 模块、心输出量模块、旁流 CO_2 模块、CO_2 模块、$TcPO_2/TcPCO_2$ 模块、SpO_2 模块、血气模块、体温模块、网络连接模块、热阵记录器模块以及麻醉气体模块等。

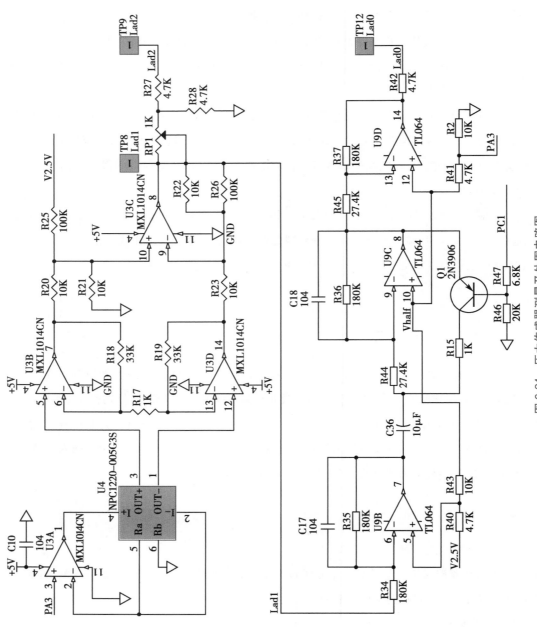

图 6-24 压力传感器测量及外围电路图

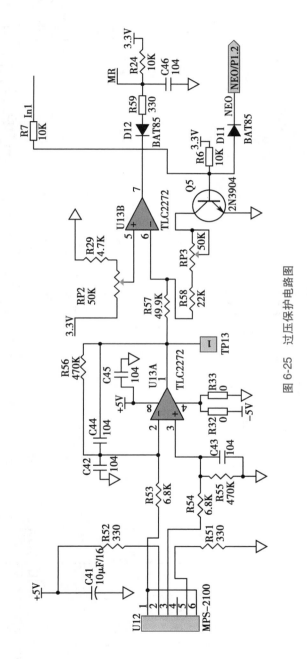

图 6-25　过压保护电路图

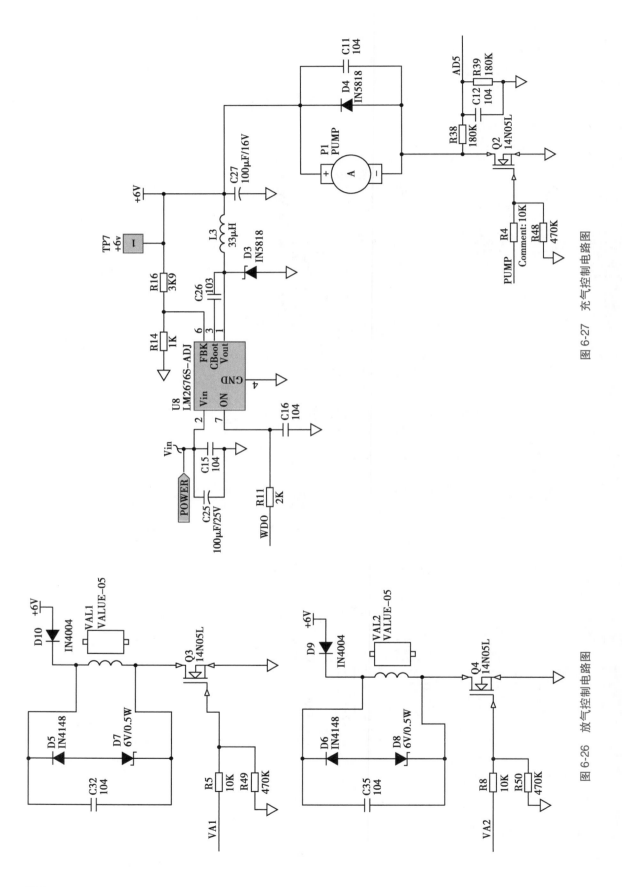

图 6-27　充气控制电路图

图 6-26　放气控制电路图

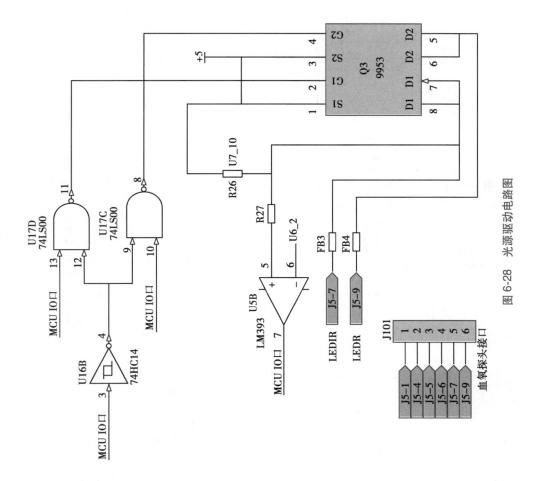

图 6-28 光源驱动电路图

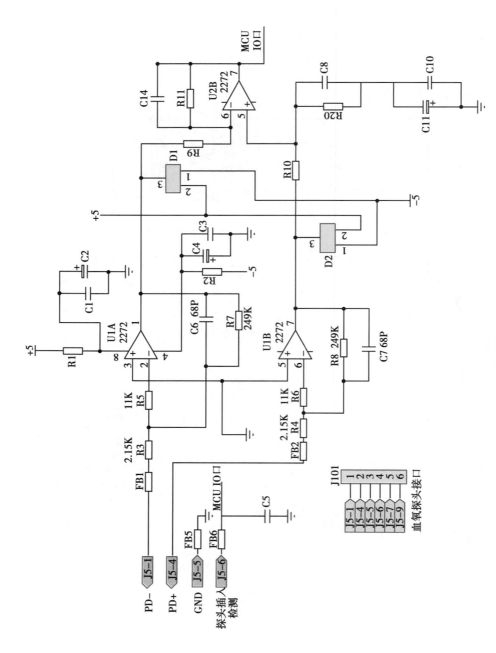

图 6-29　光电检测及其外围电路图

4. 能够连续 24 小时存储患者的相关参数信息,同时具有以下多种功能:管理患者信息;以图形或表格形式观察患者数据;通过本地的打印机或中央站打印机打印患者信息报告;患者数据管理软件能够提供 24 小时患者相关参数信息的存储。

5. **安装有 ST 段分析软件** ST 段分析软件能够测量患者三个导联 ECG 信号的 ST 段升高或降低,ST 段测量以数字形式显示在面板上,在数据管理中以表格显示其数值或以图形形式显示其趋势。

6. **安装 oxyCRG 显示软件** oxyCRG 同时显示 3 个波形:瞬时心率、压缩呼吸率和氧化参数趋势,每个波形显示 6min 的时间间隔,允许用户比较相关的生理和病理过程的模式,检测新生儿的呼吸状况。

7. 前面贴有"T"标签的内置模块能够从一个支架转移到另一个支架,同时保持其参数设置不变,甚至可以将整个支架拆下来安装在另一台监护仪上而不会丢失参数设置。这个功能允许简单快速的转换,称为参数设置转移。

8. **警报** 当参数越过警报线以后,以三种方式发出警报:声音(根据严重程度分级)、信息(根据严重程度进行彩色编码)、参数值闪烁,所有警报信息同时传递到患者监护系统。

9. **麻醉气体监护** 选配件 M1026A 麻醉气体监护模块提供一个非扩散的红外线测量呼吸和麻醉气体的功能,其主要是测量麻醉场合中通气患者吸气过程中气道中的气体,维持麻醉,处理麻醉中的紧急情况。

10. **药物计算** 药物计算器允许用户对于在床边选定的药物计算各种药物灌注变量,包含 16 种预先配制的药物及 8 种任意剂量的格式,能够显示并打印滴定表。

(二) M1205A 多参数监护仪的主要插件模块的测量原理

1. **心电/呼吸(ECG/RESP)模块** ECG/RESP(M1002A)模块是一个三通道心电图和呼吸测量单元,用于 ICU/CCU 环境中的成人、儿童以及新生儿。该模块在具有心电图测量功能的基础上,增加了呼吸功能。

ECG/RESP 模块记录心脏和呼吸活动的实时连续的波形,对 ECG 信号或者远程心律不齐信号分析后,产生平均心率(HR)的数值,以及呼吸率(RR)的数值。

(1)组成:ECG/RESP 模块的 ECG 部分与呼吸检测部分由以下几个部分组成:

1)输入保护电路和高频干扰滤波器:主要功能是保护输入放大器不受除颤脉冲的破坏,过滤高频干扰信号。

2)导联选择开关:选择通道 1 和 2 的导联,EASI 导联体系还要选择通道 3。

3)右腿驱动电路:将来自交流电源的 50~60Hz 干扰降到最小。

4)高通和低通滤波器:允许对每一通道诊断、监护和滤波带宽进行独立选择。

5)测试信号:为每一个通道产生一个定标电压用以测试模块的电路。

6)起搏脉冲检测:检测通道 1 和 2 的起搏脉冲。

7)测量电桥:检测 RA 和 LL 的心电信号并用 39kHz 的载波信号对其进行调制,产生定标和测试信号。

8）同步解调器：解调输入放大器输出的信号。

9）阻抗减法器和 D/A 转换器：从信号中减掉基础的胸阻抗，将处理后的信号转换成为数字信号。

（2）工作原理：ECG/RESP 模块（M1002A）的原理方框图如图 6-30 所示。

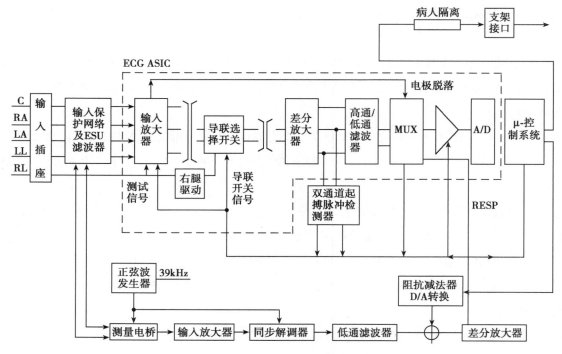

图 6-30 ECG/RESP 模块（M1002A）原理方框图

心电信号 ECG 和呼吸信号 RESP 从人体采集送到监护仪，它们要经过对应于模块四个逻辑部分的阶段，模块相关的故障能够被隔离到四个阶段之一。

1）通过输入插头连接到患者的电极和导联线来采集信号。

2）输入保护网络和 ESU 滤波器排除外部信号。

3）信号通过两个电路进行处理。心电应用专用集成电路 ECG ASIC 和起搏脉冲检测器 PPD ASIC。来自于导联线的模拟信号被选择、放大、滤波，然后转换成数字信号。在这个过程中，每一个输入放大器的输出都要进行电极脱落检测，以确定松脱的电极。通道 1 和通道 2 的导联使用相同的导联选择电路来选择，通道 3 一般用来记录胸导联，这三个通道的信号被送入差分放大器。

为了抑制 50~60Hz 交流干扰，导联选择器后面的共模信号用来驱动右腿驱动放大器，放大器的输出通过右腿电极反馈到人体。PPD 电路检查通道 1 和 2 确定是否有心脏起搏器的起搏脉冲用以显示和心律抑制。高频和低频滤波器允许对各通道的诊断、监护或滤波带宽进行独立选择。

RESP 的测量电桥由 39kHz 的正弦波驱动，检测和激励来自于输入保护网络之后的 RA 和 LL 的心电信号，调制的输出通过差分放大器放大，然后通过同步解调器解调，输入低通滤波器。阻抗减法器减去基本的胸腔阻抗得到呼吸信号，呼吸信号与 ECG 信号多路复用进行放大，然后转换为数字信号供微处理器使用。

为了定标和测试,电桥电路能够产生一个 1Ω 的测试信号。

微处理器通过一个前端连接器连接到患者隔离器及控制台,通过控制线将控制信号和脉冲检测信号从监护仪传递到模块部件。它还负责从心脏信号中提取需要的生理特征并将其传输到监护仪。模块工作时需要的所有电压由内部电源提供,内部电源通过控制台接口接收 60V/78MHz 的直流电压。

(3)特征:ECG/RESP 模块(M1002A)具有以下特征。

1)ECG 模式:在自动模式下,QRS 复合波检测自动进行,在手动模式下,QRS 检测表现为屏幕上横穿 ECG 波形的一条水平直线,使用户能够准确地知道引起心率计数器计数的原因。

在非起搏方式下,没有起搏脉冲,因此也没有脉冲抑制电路工作;在起搏方式下,起搏脉冲在屏幕上伴随着一个很小的突起波。

2)ST 段分析:ST 段检测最多可以在三个通道上进行,对患者心电波形的三个导联进行检测。在显示屏上以数字形式显示,在 ST 段分析任务窗口中以图形化方式显示,作为患者危重标记和趋势图的一部分,在床边机上与参考心跳一起记录,在中央监护仪或记录器上没有心跳记录。

最多可以对 242 个实时算法的输出进行图示、存储、调阅,每一个算法有三个通道的数据。当监护仪断电三个小时以上,经过放电过程以后所有存储的波形会被清除,或者当监护模式被复位以后数据也会被清除。

3)RESP 模式:在自动模式下,监护仪自动测量呼吸,并根据波形幅度、人工心脏的存在以及有效呼吸的丧失等自动调整检测电平。在手动方式下,用户设置呼吸测量的检测电平。

4)安全:为了保证患者的安全,患者接触的部分通过光电隔离器及变压器与大地隔离,这个模块采用塑料封装。

2. 无创血压(NIBP)模块　M1008A 和 M1008B 模块是用来测量无创血压的单元。M1008A 模块设计用于手术室和 ICU/CCU 环境中成人或儿童的 NIBP 测量。M1008A 和 M1008B 模块不能同时用于一台患者监护设备。

这些模块能够得到收缩压、舒张压以及动脉平均压的数值,不能得到血压的波形。具体测量方法有三种,①手动:对每一个要求,对收缩压、舒张压以及平均压中的一个进行测量;②自动:在用户设定的时间间隔内对以上三种血压进行重复测量;③Stat:三种血压的测量迅速完成,经过五分钟的间隔后重复进行。这种方法采用了更快的测量过程,但结果精度不高。

(1)组成:NIBP 模块主要由以下几个部分组成。

1)压力泵:根据采用的方法一次或重复地对袖带充气至预设值。

2)压力传感器:测量袖带和动脉的压力。

3)过压保护系统:到达给定的压力值或时间阈时触发报警,并将袖带放气。

4)带通滤波器:从袖带压力信号中提取动脉压力振荡信号。

5)放气系统:按设定的步长自动对袖带进行放气。

(2)工作原理:NIBP 模块的原理方框图如图 6-31 所示。

NIBP 信号从患者传递到监护仪,信号要流经方框图所示模块的逻辑部分对应的阶段,模块的故

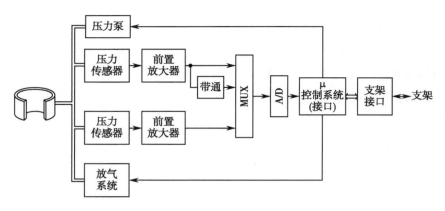

图 6-31　NIBP 模块原理方框图

障一般能够被隔离到某一个阶段。

1）袖带充放气：患者的血压信号通过袖带中的压力传感器检测，压力传感器通过一根管子连接到 NIBP 模块。袖带由泵及放气系统控制进行充气和放气，过压保护系统由微处理器控制。

袖带充气：初次对袖带进行充气时，袖带由压力泵充气到一个设定的压力值，压力值由测量模式决定。随后袖带由压力泵充气到比患者收缩压高的一个压力值。根据所用的测量方法，充气过程进行单次或重复多次。当袖带压力比收缩压高时动脉阻断，压力传感器仅仅能检测到袖带压力。

袖带放气：袖带压力通过放气系统以 8mmHg 的阶梯自动放气直至动脉完全开放。在这一点，由于袖带压力逐渐减小，开始并持续进行动脉压力振荡的检测与处理。

2）检测：动脉压力振荡信号检测到以后，在模块电路中它们被叠加到袖带压力，然后通过带通滤波器提取出来动脉压信号送到微处理器进行测量。

3）测量：随着袖带放气，振荡的幅度作为袖带压力的函数逐渐增加直至达到平均动脉压。当袖带压力低于平均动脉压以后，振荡的幅度开始降低。

收缩压和舒张压使用外推法从振荡信号中推导出来，得到的是经验值。外推过程采用了信号在最大值两侧的衰减率。

（3）特征：M1008A 模块提供了成人及儿童模式，M1008B 模块提供了成人、儿童及新生儿模式。

3. 心输出量（C. O.）模块　M1012 C. O. 模块是心输出量测量单元，用于 ICU/CCU 或手术室中的成年患者，采用的测量方法是热稀释法。C. O. 模块能够得到热稀释法曲线以及心输出量、心脏指数、血液温度、注射指示剂温度的数值。

（1）组成：心输出量（C. O.）模块由以下几个部分组成。

1）参考开关矩阵：使用参考电阻对测量进行校准。

2）差分放大器：放大参考开关矩阵输出的信号。

3）双积分 A/D 变换器：将来自血液和注射通道的模拟信号转换为数字信号。

（2）工作原理：C. O. 模块（M1012A）的原理方框图如图 6-32 所示。模块有两个分离的电路用来测量血液和指示剂的温度，信号按相应路径流过。

1）血液通道：导管末梢的温度传感器连接到一个参考开关阵列与参考电阻持续进行比较，对测

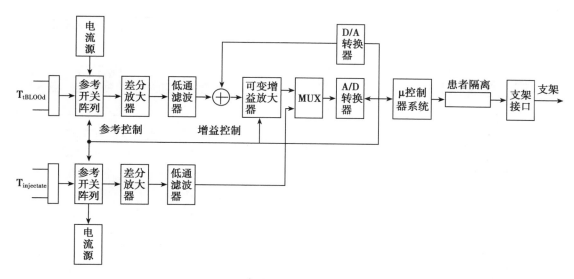

图 6-32　C. O. 模块（M1012A）原理方框图

量进行连续定标。通过参考电阻和传感器电阻持续产生的电压在输入低通滤波器之前进行放大，经过滤波的信号通过多路复用器进入 A/D 转换。

2）指示剂通道：径流或冷却室探头温度传感器连接到自身电路上的一个分离的参考开关阵列。该阵列将信号与血液电路上相同参考电阻进行比较，输出经过放大、滤波，然后与血液温度信号进行复用后再转换成数字信号送往微处理器。

首先对血液温度进行补偿，然后进行 D/A 转换得到心输出量。差分信号通过高增益可变放大器进行放大，这样能够提高热稀释曲线的灵敏度。

连续的定标、线性化、控制以及温度转换由软件控制进行。

（3）特征：C. O. 模块采用标准的 12 针连接器连接导管、热敏电阻以及 start/stop 开关。

4. 动脉血氧饱和度和体积描记（SpO$_2$/PLETH）模块　M1020A SpO$_2$/PLETH 模块是脉搏、动脉血氧饱和度以及体积描记测量单元，能够产生动脉血氧饱和度和脉率的数值以及实时的体积描记波形，还能为脉动的动脉血流提供灌注指示剂的体积。

（1）组成：M1020A SpO$_2$/PLETH 模块主要由以下几个模块组成。

1）输入保护电路：保护模块不受除颤脉冲的破坏。

2）电流-电压转换器：转换光敏二极管的电流，并滤除 ESU 干扰。

3）环境光线抑制电路：消除信号中的环境光干扰。

4）越限检测器：检测由于较强的环境光及较高的 LED 电流引起的过载电压。

5）暗光消除器：消除红光和红外光电压中的暗光电压。

6）A/D 变换器：将信号转换为数字信号便于处理。

（2）工作原理：SpO$_2$/PLETH 模块（M1020A）的原理方框图如图 6-33 所示。信号处理流程如下：

1）光线发射：传感器中的两个发光二极管 LED 产生红光和红外光。LED 由软件控制，通过 375Hz 的间隔电流驱动。传感器检测电路检测是否接有传感器以及所接传感器的类型。为了使脉冲序列的幅度达到最优，间隔电流由 D/A 转换器独立控制，通过关掉传感器信号能够在输入级加上

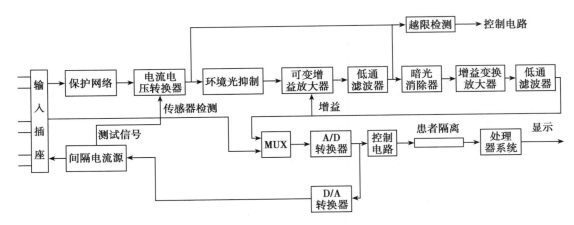

图 6-33　SpO$_2$/PLETH 模块（M1020A）原理方框图

一个测试信号。

一个光敏二极管正对着发光二极管,用于检测穿过组织的光线的数量,并产生一个电流表示检测到的每一个波长的光线强度。这个电流由一个直流部分和一个小的交流信号调制组成,直流信号代表周围环境光线,交流信号来自于脉动的血流。电流通过输入保护网络以后转换成电压信号。

2）超范围检测:超范围检测器检测由于周围环境光线的电流太大引起的超负荷的输入电压,还能够检测传感器光源超负荷引起的脉动信号。

3）环境光抑制:环境光通过高通滤波器消除。信号幅度通过可变放大器进行优化,然后送到低通滤波器。在低通滤波器处,较暗的光代表环境光电流从红光中消除。高通和低通滤波器作为解调器使用。最后对由红光、红外光以及体积描记电压组成的脉冲序列进行放大、多路复用以及数字化。

4）信号处理:微处理器能够从数字信号中获取血氧饱和度值以及体积描记的波形图并进行显示。

（3）特征:SPO$_2$/PLETH 模块具有以下特征。

1）插口:采用标准的 12 针连接器用于连接 SpO$_2$/PLETH 传感器。

2）安全:为了保证患者安全,与患者连接的部分通过光电耦合器和变压器与大地隔离,模块采用塑料封装。

3）PLETH 波形:波形能够配置成灌注模式或 SpO$_2$ SQI 模式。这些设置控制 PLETH 波形的方式以便于对屏幕上的显示进行调整。

如果配置成灌注模式,灌注指示器以选定的波形方式进行显示,还能够提供有关动脉血液灌注的额外信息。它是两种不同的光吸收值的比值:一个随时间变化,另一个是常数。灌注指示器与传感器检测的血流灌注数量直接相关。

4）SpO$_2$ SQI 模式:它自动连续调整波形尺寸,波形尺寸代表 SpO$_2$ 测量信号的质量。本模式不允许对波形进行手工调整。如果信号质量变得较差,波形也会很小,灌注指示器读数会降低到 1 以下。如果信号减弱到可以接受的水平以下波形就会变得平坦,仪器发出"INOP 警报"。微弱的信号可能由传感器一侧较差的灌注或传感器本身引起,而与低血氧饱和度无关。

5）灌注模式:不仅能够自动调整波形,还允许用户手动调整。在这种模式下,波形幅度与 SpO$_2$

信号质量无关。

5. 体温(TEMP)模块 M1029A体温模块是体温测量参数单元,用于ICU/CCU或手术室中的成人、儿童及新生儿。体温模块能够得到体温的摄氏度数值,能够为不同测量点的体温读数选择不同的标签。

(1)组成:M1029A体温模块主要由以下几个部分组成。

1)参考开关矩阵:使用参考电阻对测量进行校准。

2)差分放大器:放大参考开关矩阵输出的信号。

3)双积分A/D变换器:将温度信号和热敏电阻校准信号数字化。

(2)工作原理:体温测量模块(M1029A)的原理方框图如图6-34所示。

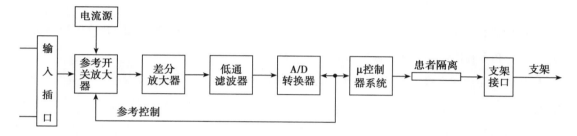

图6-34 TEMP模块(M1029A)原理方框图

体温探头的热敏电阻连接到参考开关矩阵,参考开关矩阵将参考电阻的输入信号持续进行比较,对测量进行持续的校准。产生的电压经过参考电阻和探头电阻进行放大、滤波和数字化。持续的校准、线性化、控制和温度的转换由软件控制。

(3)特征:体温测量模块(M1029A)具有以下特征。

1)连接器:标准的12针连接器用以连接标准的217xx系列体温探头和218xx系列体温探头。

2)安全:为了保证患者安全,与患者连接的部分通过光电耦合器和变压器与大地隔离,模块采用塑料封装。

6. 有创血压(IBP)模块 M1006A是有创血压测量单元,用于ICU/CCU环境中的成人、儿童及新生儿。

有创血压模块(M1006A)能够得到实时波形、脉率以及收缩压、舒张压、平均压的数值。

(1)组成:有创血压模块(M1006A)由以下几个部分组成。

1)输入保护电路:保护模块不受外部信号的破坏,如除颤信号和电外科器械的信号。

2)输入放大器:将信号送入微控制器之前对其进行放大。

3)解调器:将放大器载波信号送入低通滤波器之前对其进行解调。

4)零/校准测试:补偿输入压力的偏移,偏移补偿信号由D/A转换器产生,D/A转换器还可以产生用于记录器校准的阶梯信号(CAL2)以及测试信号。

(2)工作原理:有创血压模块(M1006A)的原理方框图如图6-35所示。

为了到达监护仪接口,信号必须经过四个主要部分。

1)通过从传感器连接到患者导管的输入接头将患者身上的幅度调制信号接收进来。

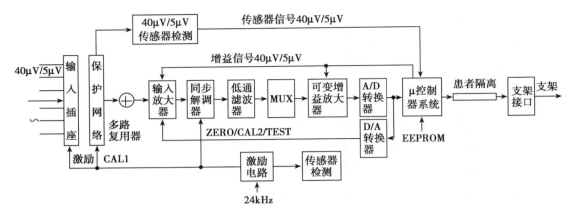

图 6-35　IBP 模块(M1006A)原理方框图

2)信号要通过输入保护网络,以滤除外部的干扰信号,这个网络提供了除颤脉冲保护功能。然后这个信号和零补偿信号一起从输入保护网络送到输入放大器。

3)从输入保护网络接收信号。传感器的灵敏度由 $40\mu V/5\mu V$ 传感器灵敏度电路进行校正,然后传送到微控制器。输入放大器对于 $40\mu V$ 或 $5\mu V$ 灵敏度的增益由微控制器设定。

放大器载波信号在输入到低通滤波器之前进行同步解调,然后滤波器由可变放大器进行优化,最后送到 A/D 转换器转换为数字信号。

为了补偿输入压力的偏移(由传感器处的静力或大气压引起),A/D 转换器产生一个偏移补偿信号,偏移值存储在 EEPROM 中。A/D 转换器还能够产生定标阶梯信号用于记录器校准和测试信号。校准信号和测试信号都是应用户要求产生的。

4)信号通过患者隔离器传送支架接口最后送入接收支架。

(3)特征:有创血压模块(M1006A)具有以下特征。

1)连接器:使用标准的 12 针连接器连接压力传感器,传感器灵敏度为 $5\mu V$(±10%)或 $40\mu V$(±40%)。

2)安全:为了保证患者安全,与患者连接的部分通过光电耦合器和变压器与大地隔离,模块采用塑料封装。

模块符合 UL544、IEC60601-1、CSA-C22.2 No.125 的要求,采用 120V/60Hz 电源时患者漏电流小于 $10\mu A$,拥有 Calss Ⅰ级保护的隔离患者连接,CF 型,还有除颤器和电外科器械设备的保护装置。

7. CO_2 呼吸气体测量模块　M1016A 模块是二氧化碳测量单元,用于 ICU/CCU 环境中的成人、儿童及新生儿,能够得到实时的 CO_2 波形以及 $ETCO_2$、AWRR、$IMCO_2$ 的数值。

(1)组成:CO_2(M1016A)模块由下列主要模块组成。

1)微处理器:控制模块全部功能。

2)加热器控制:保持传感器的温度。

3)电机控制:负责以 40 转/分的速度旋转过滤器轮子。

4)红外检测器信号传递:放大红外检测器输出的信号并传输至一个双积分的 A/D 变换器。

5)EEPROM:电源关闭以后存储模块的校准常数,允许将模块与传感器一起运输而无需校准。

6)电源:产生模块需要的所有电源电压以及红外检测器需要的高压,计算机模块输出的+60V电压用于产生模块所需的电压信号。

(2)工作原理:CO_2(M1016A)模块的原理方框图如图6-36所示。

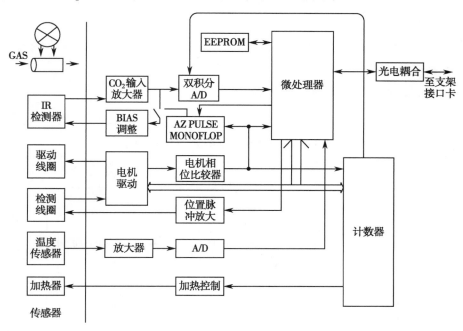

图6-36　CO_2模块(M1016A)原理方框图

为了到达监护仪接口,电信号必须经过以下四个主要的部分。

1)微处理器是CO_2模块功能的总体控制,同时还承担以下任务:通过光耦合器与计算机模块上的支架接口卡进行串行通信;校准常数的计算;CO_2波形原始数据的计算。

2)数据通过内部的数据总线从微处理器传递到模块的其他部分。

3)传感器的温度保持在大约33℃以防止冷凝并抵消由于温度变化引起的误差。传感器中的温度传感器输出的信号被放大以后送到A/D变换,然后微处理器相应的调整电机驱动电路的输出。微处理器从电机驱动电路得到测量的时间。

4)红外线检测器输出的信号被放大以后送入一个双积分的A/D转换器,这个转换器由微处理器通过计数器进行控制,转换过程在预先确定的时间开始,并与电机转动同步进行。

产生"零"(GZ)、"采样"(GS)以及"参考"(GR)信号作为CO_2算法输入值。

自动调零信号(AZ)由电机相位比较器产生,控制红外线探测器的偏差调整,AZ信号产生与否由微处理器控制。

(3)安全:为了保证患者安全,与患者连接的部分通过光电耦合器和变压器与大地隔离,模块采用塑料封装。

8. 记录器模块　M1116A记录器模块为M1205A患者监护仪提供热阵记录功能,与M1116B记录器模块相似,M1116A最多能够写3个重叠的波形和三行注释信息。M1116A提供8个记录速度,M1116B提供10个记录速度。

（1）组成：记录器模块（M1116A）由以下功能部件组成。

1）DC-DC 转换器：为数字电路和打印装置提供电源。

2）电机控制电路：控制记录纸驱动电机。

3）I/O 微控制器：管理模块的 I/O 操作。

4）打印格式微控制器：管理打印速度和对比度。

5）共享数据存储器（RAM）：这些数据由微控制器访问。

6）记录纸驱动电机：驱动记录纸通过打印机。

7）热敏打印头：为记录器提供打印装置。

（2）工作原理：记录器模块（M1116A）的原理方框图如图 6-37 所示。

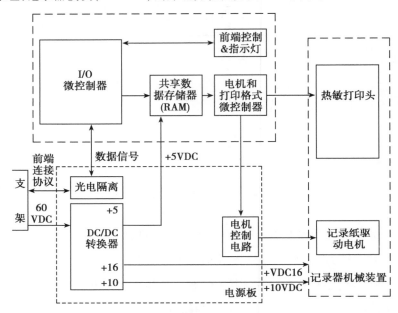

图 6-37　记录器模块（M1116A）原理方框图

M1116A 记录器模块的功能组件包括两块印刷电路板和一个记录机械单元。印刷电路板为电源板和数字板。电源板与模块的后面平行，包括 DC-DC 转换器、光电隔离器以及走纸电机控制电路。数字板包括两个微控制器、一个共享的 RAM 以及控制面板。信号处理流程如下：

1）电源板：来自监护仪的电源和数据通过电源板进入记录模块。DC-DC 转换器将前端支架的 60V 直流电压转换成+5V 直流电压供数字电路使用，转换成+15V 直流电压供电机驱动和打印头使用。数据信号通过红外线隔离器进行噪声抑制。

2）数字板：信号通过 I/O 微控制器内置的串行数据端口进入数字板，监护仪与记录模块之间的串行数据连接在两个分离的线上通过异步操作进行，提供 500KB/s 比特率的全双工通信。I/O 微控制器解释监护仪的消息，通过电源板返回确认消息和状态消息。I/O 微控制器主要负责以下工作：接收并响应监护仪的命令和数据；发送并报告控制键和开关的状态；将波形和注释转换成适当的格式以驱动打印头。

3）用户控制器、门开关以及缺纸传感器安装在数字板上接近模块前端的位置，缺纸传感器是一个光学设备,当纸通过走纸驱动轴时,检测纸上的红外光束。当有纸时较强的红外光反射到光敏三极管上,光敏三极管连接在 I/O 微控制器上。

4)I/O 微控制器将波形和注释信息翻译成行和列的格式,然后将数据送入一个代表着打印点阵的矩阵中去,将这个矩阵写入双端 RAM。RAM 保持循环的方式,以便于当一行点阵送入打印头以后存储器能够进行重载。

5)电机和打印格式微控制器通过内置的串行通信端口以 2ms 的时间间隔将每行点阵送到热敏打印头,并以 3MHz 的时钟率直接重载打印头移位寄存器。电机和打印格式微控制器通过监视打印头的温度和功耗、调整打印时作用到各点的选通脉冲宽度保持统一的打印对比度。电机和打印格式微控制器还发送指令到电源板上的电机控制电路以调整电机速度。

6)记录机械装置:本单元包括热敏打印头和记录纸驱动电机,这两部分都接收数字板上的电机和打印格式微控制器产生的信号。打印头装置有一行 384 个加热元素,方向与走纸方向垂直。还包括一个 384 阶的移位寄存器,作为要打印的一行点阵的数据保持缓存器。每一个加热元素都有自己的驱动电路。当从电机和打印格式微控制器接收一行数据后,移位寄存器载入,当各自的加热元素打开后,点阵被打印出来。打印浓度由加到每一个点的选通脉冲宽度及打印头温度控制。走纸电机的信号通过电源板上的电机控制电路传递,这些电路调整走纸速度。

7)功耗的调整:在频率响应测试时,或者当记录的波形表现出快速的垂直变化时,记录模块能够通过减小热阵加热的强度降低功耗。当发生这些情况时,在记录模块的输出条上出现的是以简要的间隔打印的浓度较轻的波形段。

(3)特征:M1116A 记录器能够进行以下几种方式的记录。

1)延时记录:在开始测量时才进行波形的记录。例如,如果波形显示在监护仪上,用户可以设置记录过程更早的开始。延时记录运行一个预设的时间,可以由用户手动启动,也可以当发生警报时自动启动。

2)实时记录:实时记录在需要时立即启动,手动停止。还能够预设为以特定的时间记录预先选定的波形。对于预先选定的波形,可以配置为三种独立的模式(A、B、C),当预先配置的记录键被按下时,预设的记录开始打印。

3)监护过程记录:工作在心输出量测量、肺动脉楔压力测量以及 ST 段分析的情况下在工作过程中通过软件实现。

4)警报记录:是延时记录的一种形式,包括警报启动前的波形信息,因此医生能够观察患者情况变化。当患者进入警报条件,根据监护仪配置自动进行警报记录。每一个参数都有警报安全水平的设置以及启动或取消警报记录的功能。

9. 数据传输模块　M1235A 数据传输模块为 M1205A 患者监护仪提供数据传输功能。用于在 CCU 环境中的监护仪之间传输患者的重要指标和统计数据。当没有插入监护仪时,模块能够将患者信息保持一小时或更长时间。

(1)组成:M1235A 数据传输模块由以下几部分组成。

1)电源:为数字电路和 LED 提供电源。

2）微控制器：管理模块的工作。

3）内存：存储数据和指令。

4）备用电源：主电源无效时提供1小时或更长的电源供应。

5）实时时钟：在数据传输过程中记录模块从监护仪上拆下以后的时间。

（2）工作原理：数据传输模块（M1235A）的原理方框图如图6-38所示。

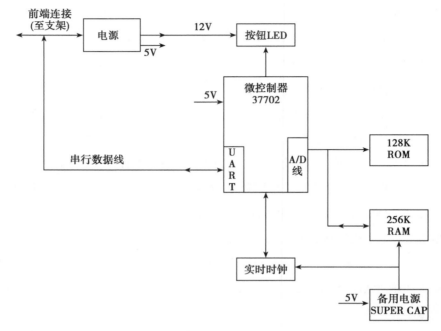

图6-38 数据传输模块（M1235A）原理方框图

模块包括两个电路板：前面板和主板。前面板由指示灯LED和控制键组成，主板由主要的功能部件组成。

1）电源：电源电路接收来自于前端连接的60V/78kHz的电源，产生未调整的5V和12V电压，5V调整以后给数字电路提供电源，12V未调整的电压驱动LED。数据传输模块的地线对于电源和数字电路是相同的。

2）微控制器：37702微控制器管理数据传输模块的工作。它具有16MB的地址范围，多个可配置的I/O端口，以及两个UART端口用于同步或异步模式。微控制器主要负责以下工作：在基本的读写循环中，对256KB的RAM和128KB的ROM进行寻址；通过前端连接与监护仪进行异步串行模式通信；驱动LED；接收前端的按键脉冲；访问串行的RTC芯片。

3）存储器：数据传输模块包括256KB的RAM和128KB的ROM。RAM使用两排128×8的低准备功率的SRAM来实现，为电池备用模式下的低功耗特别设计。当交流电断开以后，RAM进入备用电池模式，其电源供电转换到备用电源。数据传输模块的程序存储由一个128KB的OTPROM组成。

4）备用电源供电：数字电路使用0.1F的超大电容为RAM和RTC提供备用电源。当主电源无法使用时，如电源断电、监护仪关闭或为了传输数据将模块从监护仪上拆下时启动备用电源供电。备用电源充电时间少于20s，在备用模式下提供至少1小时的数据保持和RTC操作。

5）实时时钟：RTC 记录为了传输数据将模块从监护仪上拆下的时间。为了保证低噪声，RTC 位于主板上半隔离的区域。RTC 振荡器的定时脉冲配置为 0.1Hz，用做微控制器的中断，以测量 RTC 的准确度。当脉冲降低到能够接受的范围以外，会产生一个错误。

三、多参数床边监护仪的检测与维修

医学仪器检测与维修包括仪器的维护保养和检查修理两项既有紧密联系又有区别的工作。维护保养包括一般性的维护保养和特殊性的维护保养。一般性的维护保养是指那些具有共性的，几乎所有设备都需要进行的常规性工作，比如：保证仪器可靠接地；提供稳定可靠的稳压电源；提供良好的环境（防尘、防震、防电磁干扰、防腐蚀、适当的温度和湿度）。特殊性的维护保养是针对医学仪器各自具有的不同特点所进行的工作，比如：光电转换元件存放和工作时应避光；带有充电电池的仪器要定期充电；重复使用的仪器要定期消毒、清洁等。

知识链接

维护与修理的不同目的

维护保养的目的是减少或避免偶然故障的发生，延缓必然故障的发生，是为了确保仪器性能稳定可靠而采取的预防性的保护措施，是一项贯穿于仪器使用过程的长期性工作。

检查修理的目的是减缓仪器损耗和老化的速度，减少由于故障而引起的损失，提高完好率，尽快恢复医院的最佳运转功能，取得明显的经济效益。

维修人员在对监护仪拆开进行模块电路维修之前应首先检查是否为人为故障或非电路故障。由于操作或参数设置不当引起的故障在实际维修过程中经常碰到。

1. **患者类型选择错误** 监护仪在使用之前要先选择患者类型，即"成人、儿童、新生儿"三种类型。如果监护成人，而把患者类型选为小儿或新生儿，就会报血压测量超限。因测量小儿时的血压上限低于成人上限，所以在充气压时充到超过小儿上限还没有压断动脉血流时就会报压力超限。

2. **心率来源选择错误** 某些品牌监护仪的"心电"菜单中，心率来源选项有三个：①心电；②血氧；③自动。有些临床科室在平时监护时只监护心电而不监护血氧，所以就把心率来源设定为心电。若被其他人员更改为血氧，而下一次只监护心电时就无心率数值，此时医生就误认为仪器出了故障。其实是由于设置不当引起的故障。

3. **监护模式选择错误** 监护仪在屏幕上有三种监护模式可供选择：监护、诊断和手术。三种模式的滤波方式不同，一般科室中只需选择监护模式即可，但在手术室中由于高频电刀、吸引器等急救设备电磁干扰较大，所以需要选择手术模式。在某些特殊科室（如心内科），为了得到更多的心电信息，需要选择诊断模式。若在手术室中使用监护仪，错把监护模式选择为诊断，此时心电波形干扰就会较大甚至无法识别，使用者会误认为仪器出了故障。此种情况下只要调整监护模式即可解决问题。

表 6-4 列出了监护仪常见的非电路故障及其处理方法，在实际维修中处理此类情况后若故障仍

然存在,再考虑拆机检修。避免盲目拆机,造成不必要的麻烦。

表 6-4　监护仪常见的非电路故障及其处理方法

现象	原因	解决方法
心率读数异常	患者导联线脱落 电极接触不良	接好或更换导联线 接好电极及导联线或更换新电极
高/低报警不起作用	报警未打开 报警阀值设置不当	打开报警 重新设置报警上下限阀值
记录仪不打印	无记录纸	安放记录纸
没有体温数值显示	体温传感器未接好	重新安放体温传感器 更换新的体温传感器
温度显示明显异常偏低	传感器接触不良	重新安放体温传感器 更换新的体温传感器
不显示呼吸率	呼吸波形太小或没有	检查电极及导联线放置是否正确 调节呼吸增益大小
呼吸曲线太大或太小	增益调节太大或太小	重新调节呼吸增益大小
呼吸曲线显示有失真	传感器接触不良	检查传感器贴附情况
血压袖带一直充气	血压袖带漏气	更换血压袖带
测不出血压值,NIBP 参数区提示"压力超范围"	监护患者类型选择不当,将成人模式误选为"新生儿模式"	根据被监护患者,选择"成人模式"
无血氧值或数值偏低	血氧探头接触不良 血氧探头老化	手指污渍或接触不良或短线 更换血氧探头

（一）多参数监护仪模块电路故障的检测与维修

对于便携式监护仪,如果确定是电路板故障,要仔细观察,与正常电路板作比较,检查电路板有无明显损坏的元器件。检查各元器件有无变色、变形或发热等异常。比如,电容变色、变形往往容易发现,经万用表在线测量如果已无容量,可更换电容排除故障。

对于插件式监护仪,每一模块电路对应一种监护功能,若监护仪屏幕显示正常,则比较容易判断功能单元故障所在模块。用相同型号监护仪的模块插件替换检查,即可确定故障所在。检修与中央监护系统相连接的床边机时,可将其与中央监护系统的连线断开,以去掉主从机的交互影响。有时为进一步缩小故障范围,可将模块插件拔下,然后一块一块插接并测试,这样可避免各模块间的交互影响。例如,某模块电路因故障使其电流增加,电源过载,结果整机均无法工作,采用此法,可迅速确定故障所在模块。总之,检修过程中,要充分利用"模块"优势,用替换法快速查找故障原因。

▶▶ **课堂活动**

　　1. 医学仪器故障诊断与维修应注意哪些问题?

　　2. 作为一名医学仪器维修人员, 应具备哪些方面的知识?

图 6-39 是床边机故障排除流程图,每个模块电路的检查一般是从前往后查找,先看传感器及其电路是否正常,然后查看运放、滤波等后续电路。检测电路之前应首先检测电源电压是否正常。多

数模块电路由床边机电源经模块电路稳压后提供，这样设计是为了避免各模块电路相互间串扰。

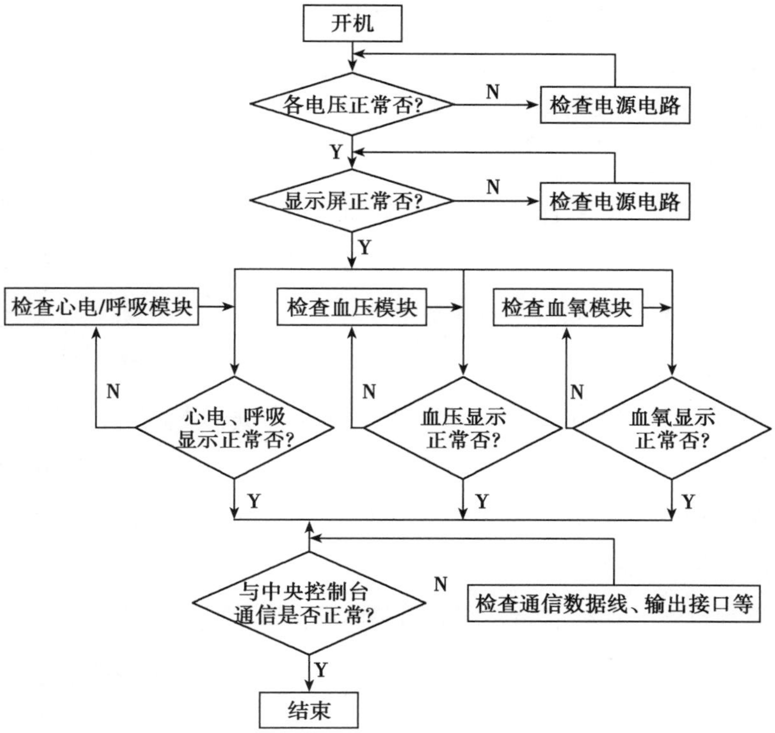

开机
各电压正常否?
N
检查电源电路
Y
显示屏正常否?
N
检查电源电路
Y
检查心电/呼吸模块
检查血压模块
检查血氧模块
N
心电、呼吸
显示正常否?
N
血压显示
正常否?
N
血氧显示
正常否?
Y
Y
Y
与中央控制台
通信是否正常?
N
检查通信数据线、输出接口等
Y
结束

图 6-39　床边机故障排除流程图

1. 心电/呼吸模块故障检测与维修　监护仪通过电极片和导联线从人体采集信号，然后通过心电/呼吸模块转化为电信号再送到监护仪的控制板进行信号处理，最后显示心电波形、呼吸曲线和呼吸率等参数。心电/呼吸模块故障排除流程见图 6-40 所示。

心电呼吸模块
无心电波形或
无呼吸曲线
无心电信号
检查电极和导联线
检查皮肤清洁情况
检查仪器接地情况
无震荡波
检查载波震荡电路
心电波形、呼
吸曲线增益异
常或出现杂乱
无章干扰波形
载波调制和解调电路
滤波电路

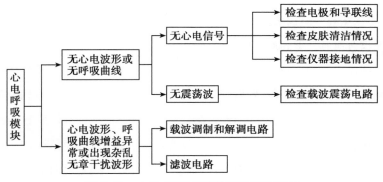

图 6-40　心电/呼吸模块故障排除流程图

心电/呼吸模块常见故障有不出心电波形、呼吸曲线或出现杂乱不规则的干扰波形。首先应检查导联连接是否正确，其次要排除是否是信号输入端产生故障，当使用过期、质量较差的电极片或对皮肤没有清洁，就会增加电极片所采集到信号的极化电压，从而产生干扰或使监护仪不出现心电波形或呼吸曲线。再次可用替代法更换导联线，以确认导联线是否出现了断路、老化等情况。对于长期使用生锈的导联线可进行除锈处理。另外，监护仪应具有良好的接地，否则会影响心电信号、呼吸信号的监测。

呼吸率是根据呼吸曲线来计算的，当曲线不正常时自然就不能正确显示呼吸率。常规监护仪采

用阻抗法测量呼吸,一般要用到载波调制电路、解调电路和低通滤波电路,当没有呼吸曲线或出现杂乱不规则的干扰波形时一般先检查有无心电信号,再检查载波震荡电路,然后再检查其他相关电路;当呼吸波曲线增益异常或有干扰时一般检查解调电路或低通滤波电路。

2. 无创血压模块故障检测与维修　无创血压参数故障排除流程见图 6-41 所示。

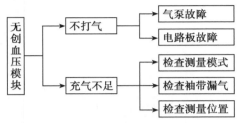

图 6-41　无创血压模块故障排除流程图

测量血压时若出现充气不足,即打气到一定程度但测不出血压数值,可先检查血压测量模式是否设置正确。其次,检查袖带是否漏气,可通过更换袖带进行测试。当发生漏气时,充气泵在规定时间内充不到所需压力,会自动放气,测量不出血压。此外,还需要确认袖带绑在人体的位置和方法是否正确。

测量血压时若出现不打气,无气泵工作声,血压无法测量,听不到电机运转和电磁阀吸放气的声音,判断为气泵电机故障或气泵供电电路故障。打开主机外壳,找到控制血压测量的模块,观察并检测电路板有无明显损坏的元器件。

3. 血氧模块故障检测与维修　血氧模块故障排除流程见图 6-42 所示。

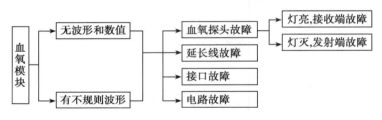

图 6-42　血氧模块故障排除流程图

血氧探头由发光器件和光敏接收器件组成,一般接法是发光器件由红光和红外光发射管反极性并联组成,也有共阳接法和共阴接法,光敏接收器件是 PIN 型光敏二极管。

测量时常出现没有血氧波形和血氧值,可以先用替代法确定是延长线故障还是血氧探头故障。若开机后出现不规则血氧波形,一般是血氧探头发生故障。血氧探头故障可分发射灯亮和不亮两种情况。发射灯不亮说明发光器有问题,发射灯亮可能是接收端有问题。这里有种情况是红外光肉眼看不到,可借助其他设备观察。可拔开问题端传感器的软壳,查看是否有线脱开,若有,将脱开线脚焊接后即可正常使用。对于正反接法,可分别测量发光器和光敏接收器两脚的电阻,正常情况下发光器正向电阻为 112kΩ,反向电阻为 111kΩ,接收器正向电阻为 560Ω,反向电阻为无穷大。若测量阻值异常,更换相应发射管或接收管即可,若阻值正常则说明是连线有问题。监测血氧时注意将血氧探头放于测血压或打点滴的异侧肢体,以免影响血氧数值的准确性。

（二）多参数监护仪模块电路故障实例分析

1. 实例分析一

（1）故障现象:某品牌多参数监护仪,开机进入监护画面,血压、血氧均正常,但没有心电波形,基准线显示在波形区域最下位置,无心率显示。

（2）故障分析与检修:开机能够进入监护画面,血压、血氧工作正常,说明仪器主机正常工作。无心电波形应该是心电部分工作不正常。检查电源,DC/DC 隔离电源的标称输入为+12V,输出为±8V,用数字万用表实测输入为+12V,输出+8.06V、−7.99V,均属于正常范围;另测心电单片机控制单元电压为+5V,系统供电正常;用示波器探测单片机的 RX、TX 管脚有信号显示,说明单片机控制单元正常;单片机 TX 管脚连接光耦 U19 的 2 脚,U19 的 4 脚接电源,3 脚输出,实际测量 3 脚没有信号输出,判断问题出在光耦上。光耦型号为 TLP521-1,更换一片同样型号的光耦后故障消失。光耦损坏造成单片机不能和上位机正常通讯,上位机无法接收到心电模块数据,所以无法显示心电波形和心率(图 6-43)。

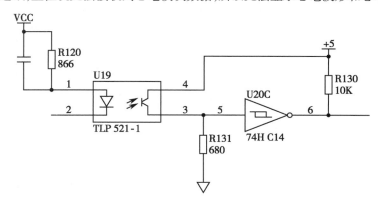

图 6-43　故障分析 1(不出心电波形)

2. 实例分析二

(1)故障现象:某品牌多参数监护仪,开机进入监护画面,无创血压、血氧均正常,心电波形正常,但无心率显示。

(2)故障分析与检修:开机能够进入监护界面,血压、血氧正常,心电波形也正常工作,说明仪器主机正常工作。检查参数设置是否正确,若经检查排除人为因素,即可考虑是心率计数部分电路故障。分析该心电模块发现心率计数是由硬件电路检出 R 波,计算两个 R 波的间期时间来计算心率。如果不能正确检出 R 波就不能正确计算心率。用示波器逐步探测 R 波检出电路,发现滤波电路、半波整流电路、比较电路均正常。最后一级电路是施密特触发电路,是将比较电路的输出经过整形后输送给单片机。施密特电路使用的是 CD4538,12 脚输入,10 脚输出。实际测量 CD4538 的 10 脚发现有输出,但电平只有 1V 左右,将 CD4538 的 10 脚挑开,测量电平仍然是 1V 左右,初步判断 CD4538 损坏,更换同型号芯片后测量 10 脚的电平能够达到 5V,同时心率能够显示。故障原因是单片机无法收到 R 波计数脉冲因而无法计算心率(图 6-44)。

3. 实例分析三

(1)故障现象:某进口品牌多参数监护仪,开机进入监护画面,心电、血压均正常可测量,血氧饱和度脉氧容积图杂乱,无血氧数值显示。

(2)故障分析与检修:根据故障现象分析仪器其他功能正常,故障应该是血氧模块造成。首先连接血氧探头,用万用表测量血氧探头,检查红光、红外光均正常,排除探头问题。接着用示波器检查血氧模块的单片机系统,经检查单片机系统工作正常。检查模拟电路发现放大器的供电电压不对称,正向电压为 5V,负向电压为−2V,这样就造成信号无法正常得到负向放大。根据电路查找发现负向电压是由电荷泵产生,电荷泵所用芯片的型号是 ICL7660,用来产生 -5V 的电压。用一片 MAX1044 替代后电压升到 -4.88V,同时故障消失,用血氧校准仪校准无偏差,投入使用(图 6-45)。

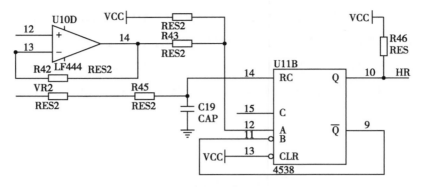

图 6-44 故障分析 2(心率不显示)

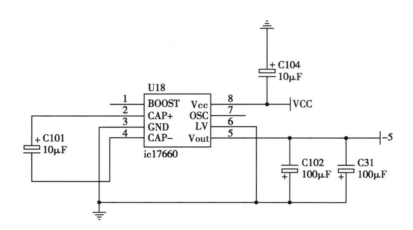

图 6-45 故障分析 3(血氧容积图杂乱,无血氧数值显示)

4. 实例分析四

(1)故障现象:某品牌多参数监护仪,开机进入监护画面,心电、无创血压、血氧均正常可测量,无体温显示。

(2)故障分析与检修:一般来讲体温电路简单可靠,故障点一般集中在探头传感器上。查阅此监护仪的使用说明书发现体温传感器使用的是负温度系数的热敏电阻,标称值为 10k(25℃)。找来一个可调的 10k 电位器,调整阻值大致在 6k 左右,接入原来体温传感器位置,监护仪这时温度显示在 38℃ 左右,慢慢调整电位器,体温数值相应变化。初步判断监护仪没有问题,故障出在体温传感器上。用万用表测量体温传感器发现开路,仔细观察发现体温传感器与线连接处有道压痕,用刀剖开后发现断线,重新连接后故障消失。

5. 实例分析五

(1)故障现象:某进口品牌多参数监护仪,开机进入监护画面,心电、血氧均正常,无创血压无法启动测量,报无创血压初始化错误。

(2)故障分析与检修:根据故障现象分析应该是无创血压模块造成。重点分析无创血压模块,用示波器探测单片机的晶振正常起振,复位电路正常,初步判断数字控制部分工作正常。接着分析模拟部分电路,无创血压模拟部分是由压力传感器、仪表放大器等电路组成。考虑监护仪已经使用3年以上,压力传感器损坏的概率较大,压力传感器的型号是 MPX2050,3 脚接 5V 电源,1 脚接地,2脚、4脚输出毫伏信号。将压力传感器拆掉后单独在 3 脚、1 脚加 5V 直流电压,用外置气囊加压作用在压力传感器上,同时用万用表的毫伏档监视 2 脚、4 脚输出。实际加压在 160mmHg,2 脚、4 脚无输出,加压至 220mmHg,2 脚、4 脚变化微乎其微。据此判定压力传感器已经损坏,更换一片相同型号的压力传感器后开机不再报错,且可以启动测压,经过压力校准后仪器投入正常使用。

6. 实例分析六

(1)故障现象:某品牌多参数监护仪,开机进入监护画面,心电、血压、血氧均正常可测量,呼吸杂乱,呼吸数值不显示。

(2)故障分析与检修:多参数监护仪中呼吸测量大多是采用胸阻抗法。具体电路采用载波放大、滤波放大处理。载波电路一般采用 62kHz 的正弦波进行调制,具体是采用 32 768Hz 的晶振信号进行倍频处理。如果没有载波信号的存在,胸阻抗变化信号就无法传递放大。根据此仪器故障现象,初步判断载波信号有问题。用示波器测量晶振没有振荡正弦波,更换 32 768Hz 的晶振后产生振荡信号,呼吸波形正常,呼吸次数正确。

7. 实例分析七

(1)故障现象:仪器开机自检正常,进入监护画面后心电、血氧正常。无创血压能够启动气泵充气,但一直充不到预设压力。

(2)故障分析与检修:此类故障属于无创血压模块气路部分故障。仪器能够启动测压功能,说明仪器 CPU 控制部分无故障,故障点可能出现在气路气阀部分。该仪器有两个气阀,一个具有快放气作用,另一个属于慢放气气阀。气阀是常开型气阀,即通电后才吸合。

开机测压观察后发现两个气阀均不吸合,一直属于常开状态,用示波器观察电磁阀两端信号,在测压的情况下有信号通过,电磁阀上有 12V 电压,这说明电路正常。将两个电磁阀拆下后用直流12V 直接加载仍然不吸合,仔细观察后发现电磁阀的放气端口已经生锈,电磁阀吸力已经不能将磁铁吸附,导致气路一直处于开路状态。处理完毕锈迹,电磁阀能够吸合,但考虑电磁阀已经使用 5 年以上,所以更换新的 12V 电磁阀。导致电磁阀生锈的原因是气路在使用的时候进水或潮气,加上长时间搁置不用导致生锈。

8. 实例分析八

(1)故障现象:仪器开机自检正常,进入监护界面后所有参数功能均不正常。

(2)故障分析与检修:此仪器属于国产监护仪,使用工控板作为主机系统。开机能够进行自检,说明仪器工控板正常,观察界面发现系统时间日期与当前日期不符,按照使用说明重新设定后关机,搁置5min 后开机时间日期又回到以前的数值。用万用表测量工控板电池,发现电压只有 1.8V,正常电池应该是 3V。更换一片 3V 锂电池后重新预置时间后时间正常。翻看生产厂家的故障维护手册,按照要求重新预置 BIOS 功能后各参数功能正常。此类故障的原因是 BIOS 因为电池掉电后信息丢失造成。

9. 实例分析九

(1)故障现象:仪器不能开机,指示灯不亮。

（2）故障分析与检修：仪器不能开机的原因很多，最常见的是保险熔断。首先断掉仪器电源线，打开保险发现保险并未熔断。打开仪器，发现该仪器使用的是某公司的医用开关电源，没有充电功能，仅有 2 路输出，一路 12V/2A，一路 5V/3A，开机后用万用表测量发现 5V、12V 都没有输出，断掉负载后开机仍然没有输出，基本肯定是电源模块问题。拆下开关电源观察，该电源使用的是 UC3843 作为调制控制电路，加电用示波器测量 UC3843 的 6 脚无输出，断电后用万用表核查周边电路没有异常，怀疑该电路损坏，更换一片同样型号的电路后开机测量有 5V、12V 输出。重新加载，能够正常开机，对机器进行老化，3 天后仪器正常。

点滴积累 ＼

1. 模块式监护仪在医院的使用还是占绝大多数。
2. 插件式监护仪维修更换比较便捷。
3. 监护仪维修中要重点注意电源和机械部件的故障。

第四节　中央监护系统

一、中央监护系统的特点

（一）中央监护系统的涵义

在 ICU（重症监护病房）和 CCU（冠心病监护病房）中，必须对多床位的危重患者实行实时、连续、长时间的监护，以便在患者出现病情异常时，采取必要的抢救与治疗措施。

中央监护系统通过联网，实现多床位信息监护、集中管理和资源共享，能够对患者的重要生理参数、生化指标及其变化情况进行集中存储、分析与处理，同时监测多个患者，使每个患者都能得到及时的监护和治疗。

> **知识链接**
>
> 监护仪分类
>
> 根据结构分为四类：便携式监护仪、插件式监护仪、遥测监护仪、HOLTER（24 小时动态心电图）心电监护仪。
>
> 根据功能分为三类：床边监护仪、中央监护仪、离院监护仪（遥测监护仪）。
>
> 床边监护仪是设置在病床边与患者连接在一起的仪器，能够对患者的各种生理参数或某些状态进行连续的监测，予以显示报警或记录，它也可以与中央监护仪构成一个整体来进行工作。
>
> 中央监护仪又称中央系统监护仪，它是由主监护仪和若干床边监护仪组成的，通过主监护仪可以控制各床边监护仪的工作，对多个被监护对象的情况进行同时监护，它的一个重要任务是完成对各种异常的生理参数和病历的自动记录。
>
> 离院监护仪（遥测监护仪）是患者可以随身携带的小型电子监护仪，可以在医院内外对患者的某种生理参数进行连续监护，供医生进行非实时性的检查。

中央监护系统也可发送控制指令至床边监护仪,直接控制其工作,床边监护仪的超限报警信号也可同时出现在中央监护仪上,并指出相应的床号和生命指征参数。中央监护系统的广泛应用有利于提高医务人员的工作效率和仪器的利用率,极大地降低了危重患者的死亡率。

▶▶ **课堂活动**

重症监护病房和冠心病监护病房的简称分别是什么?

(二)中央监护系统的基本特点

1. **强大的存储、分析、诊断功能**　随着电子技术和计算机技术的快速发展,中央监护系统具有了强大的软件分析功能,如心律失常分析、起搏分析、ST 段分析等,并可根据临床需要进行监测信息回顾,以及趋势图、趋势列表信息数据的存储,而且存储时间长、存储容量大。

2. **联网技术和网络通讯**　随着医疗技术和通信网络的发展,单台床边监护仪已经不能满足多床位患者信息的处理与监测,通过中央监护系统,将医院多台监护仪联网,可以提高工作效率和护理质量。特别是在夜间医护人员较少的情况下,能同时监测多个患者,并通过智能分析报警,使每个患者都能得到及时的监护和治疗。中央监护系统通过与医院网络系统联网,将其他科室患者的相关资料进行汇总存储,使得患者在医院的所有检查资料能集中存储,便于更好地对患者进行诊断和治疗。监护系统配有与计算机交换数据的接口,充分利用计算机的运算、分析、存储、打印、制表和计算机网络技术,方便用户扩展功能。

3. **高度集成化和数字化**　系统设计采用高度集成化的专用器件,如专用心电放大器、隔离放大器、专用滤波器等。大量采用计算机分析技术、DSP 数字滤波技术。

二、中央监护系统的硬件结构和功能

(一)总体结构

中央监护系统网络总体结构如图 6-46 所示。

中央监护系统通过一台或多台中央监护仪连接各病床的床边监护仪,便于多床位患者生理参数的集中监护。中央监护系统一般可以同时连接 32 台床边监护仪。在一个显示屏幕上,同时可以显示 8 个床边机的心电、无创血压、血氧、呼吸和体温等多项重要生理参数信息,每个床边机占用 1/8 个屏幕显示范围,当同时监护的床边机数目超过 8 个时,用户可以从中选择 8 个床边机来进行显示,没有被选择的床边机如果发生报警事件,系统会自动弹出提示窗口来提醒用户注意。每台床边监护的结果可在中央监护仪上通过激光打印机输出报告。

(二)系统功能

中央监护系统可实现如下系统功能:①同时连接 32 台床边监护仪;②对来自床边监护仪的参数报警、ST 段报警和心律失常报警进行二次通告及报警管理;③显示床边监护仪连续多导联心电,以及多导联 ST 段计算和单导联心律失常分析功能;④单台床边监护仪的全息信息显示;⑤接收、解除、转床等患者信息管理;⑥既往患者完善的档案数据的查询、浏览和管理;

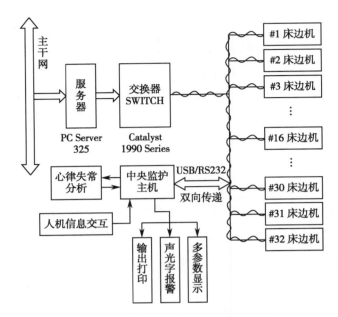

图 6-46　中央监护系统网络总体结构

⑦中央监护仪在接入专用心律失常分析器后能根据需要对某床位进行跟踪分析,或根据报警要求自动转入更为迫切的危重患者的生理参数分析,并将分析结果送往屏幕显示;⑧具有远程医疗通讯、网络会诊功能。

中央监护系统集多床位患者的生理参数监护和状态监护于一身,不仅能及时准确地为医护人员提供可靠数据,还能协助医护人员对患者实施有效的实时监护。

中央监护仪与床边监护仪为总线制通信模式,其联网协议为 RS232 或 USB 传输协议,联网距离为几千米;网络之间的联网协议为 TCP/IP,联网距离不受限制。

中央监护系统中心结点是一只交换器(Switch,Catalyst 1900 Series),每个床边监护仪都与Switch 相连,所以任意两个床边监护仪的通信最多只需两步,因而传输速度快,监护实时性好。这样的网络拓扑结构便于床边监护仪随时增减,而不会影响到网络中任何其他结点的工作。Switch与所有床边监护构成一个局域网,与 Switch 相连的还有一台 IBM 服务器(PC Server325),它与医院主干网直接连接,负责医院监护网络的通信传输。床边监护仪可使用便携式监护仪或插件式监护仪。

▶▶ **课堂活动**

中央监护仪和床边监护仪的区别和联系有哪些?

三、中央监护系统的软件设计

(一)软件设计思想

中央监护系统软件是一个完全基于 Windows 平台的应用程序,具有良好的人机交互界面,监护显示界面一目了然,既吸收了 DOS 操作系统简洁明了的特点,又充分体现了 Windows 操作直观方便的风格,可以方便地对监护参数进行设定、观察等。软件用 Visual Basic 5.0 编写,所有程序均采用模块化设计。主控程序向各个床边机发送指令,床边机收到指令后,按一定的数据格式向中央控制机发送数据,中央控制机以中断方式接收数据,做相应处理。

（二）软件设计流程

软件总体设计流程如图 6-47 所示,整个程序可分为两部分:一是定时器中断控制;二是菜单控制。

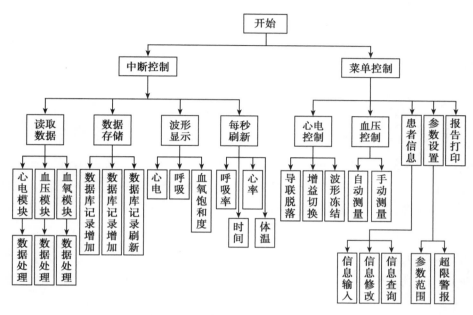

图 6-47 软件总体设计流程图

Windows 是多任务操作系统,支持多项任务同时工作。在实际运行时,三个工作模块各有不同的采样频率、中断号、数据传输设置,在不同的中断过程里进行。同时,各种数据波形显示也有特殊要求,如心电波形要满足 25mm/s 或 50mm/s 的推进速度,所以需要在单独的中断子程序里完成。归纳起来,可以把中断分为三类:读取数据（从串行口读取模块发送的数据）、波形显示及数据存储（包括每秒数据显示刷新）。中断子程序总数目达 10 个,程序首先申请一个以 55ms 为定时间隔的定时器,按各个中断对象的要求设置其中断时间,该时间是 55 的倍数,然后再按实时性要求的高低设定中断处理的优先级,利用 Windows 底层消息处理的方法解决此优先级问题。在所有中断中,数据读取尤为重要,因为如果该中断到了而不及时把串口输入缓冲区的数据读出,后面的数据就会刷新先进先出 Buffer 内的数据,而造成数据丢失。所以数据读取优先级最高,在中断子程序中直接完成,而波形显示和每秒钟数据刷新等则采用 Windows 底层消息投递的方式进行,一旦发生此类中断,程序只投递一个消息,通知系统要去完成这个任务,程序会把它排到任务队列中,等到系统把优先级高的任务完成,或趁系统空闲间隙再去完成它。

菜单控制就是通常的由用户操作下拉菜单或操作命令进行控制。菜单控制由心电控制、血压控制、患者信息、参数设置、报告打印等五个子系统组成。

点滴积累 ∨

1. 在 ICU（重症监护病房）和 CCU（冠心病监护病房）中，必须对多床位的危重患者实行实时、连续、长时间地监护。

2. 中央监护系统通过一台或多台中央监护仪连接各病床的床边监护仪，便于多床位患者生理参数的集中监护。

3. 监护仪维修中要重点注意电源和机械部件的故障。

知识链接

胎儿监护仪

胎儿监护仪是根据超声多普勒原理和胎儿心动电流变化，以胎心率记录仪和子宫收缩记录仪为主要结构，可描绘胎心活动图型的测定仪器。有腹壁监测（外监护）和宫内监测（内监护）两种。腹壁监测时产妇取卧位，探头置于产妇腹壁进行，此法简单安全，使用较广。宫内监测需将导管或电极板经宫颈管置入宫腔内，故必须在宫颈口已开或已破膜情况下进行，导管只能使用一次，费用较高，操作较复杂，且有引起感染的可能，但宫内监测受外界干扰少于腹壁监测，因此假阳性较少。

胎儿监护现已成为产科产前产时行之有效的常规监护手段，可以连续监测胎心率的变化及其与子宫收缩的关系，了解胎儿宫内情况，及早发现胎儿对低氧的耐受力、氧储备、胎儿宫内窘迫等，减少因缺氧对胎儿造成的损伤，提高胎儿生产质量，降低围产儿死亡率。其中产时全产程监护更具重要意义。要实行全程监护，多床位中央监护系统是最佳方案。目前胎儿监护仪正在由一般的胎儿监护向母婴监护、普通单机监护向多机多床位联网监护方向发展。

第五节　动态心电监护仪

一、动态心电图

动态心电图（dynamic electrocardiogram，DCG）是心电学的一个分支，它通过便携式记录器连续监测、记录人体 24h 或更长时间的心电动态变化信息，经过计算机系统回放、处理和分析，再由打印机输出心电图。通过 DCG 检查能够发现短暂性或一过性的异常心电变化，从而为临床诊断、治疗及研究提供重要的客观依据。20 世纪 60 年代初美国科学家 Holter 发明了这种心电图仪，因此人们称它为 Holter 心电图仪或动态心电图仪。

▶▶ **课堂活动**

动态心电图英文全称是什么？

二、回放分析型动态心电图仪

Holter 心电图仪按工作方式可分为回放分析型和实时分析型两类。图 6-48 为回放分析型动态心电图仪的结构及数据处理过程。目前,临床应用以回放分析型为主。

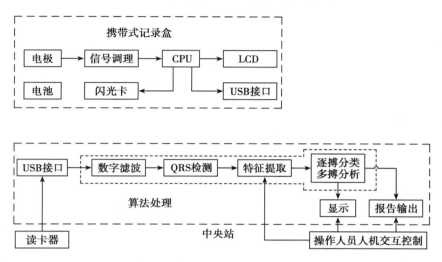

图 6-48　回放分析型动态心电图仪的结构及数据处理过程

回放分析型 Holter 心电图仪由携带式记录盒和中央分析站组成。记录盒由电极、信号调理、微处理器 CPU、闪光卡及 LCD 显示器组成。心电信号经电极、心电电缆线被引入便携式记录盒中的信号调理电路,该电路完成信号放大、滤波等功能。CPU 一般采用自带 A/D 转换器的微处理器,将经过处理的模拟量心电信号转换为数字量,该数字量序列会被无压缩地存储在闪光卡中。闪光卡采用非易失性存储器,能保存 24 或 48 小时的心电信息。LCD 显示器具备显示开机状态、记录状态设置、ECG 波形等功能。USB 接口用于与计算机连接,便于将存储在闪光卡中的心电数据上传至计算机。

三、Holter 系统中心站

计算机上安装有心电分析软件,也称为 Holter 系统中心站。它能从 USB 接口或从读卡器直接读取便携式记录盒上存储的心电数据,并能对这些数据进行快速的阅读及处理,具有对 24 小时的心电波(约有 10 万个左右)进行分析、处理、检索、建档、管理和输出诊断报告及图形拷贝的功能。中心站的软件应能向医生提供浏览和搜索感兴趣波形的方便,并在找到所需的波形段后将其显示出来;应能对 24 小时心电波进行统计处理,实现按特征分类的全局浏览;应向医生提供人机对话的方便,可使医生方便地对心电数据进行加注和标记,或修正实时分析中的错误;能提供一定的波形处理功能,特别是复杂波形的分析算法;提供诊断报告的编辑功能,以及诊断报告硬拷贝的输出功能;应能提供患者长时间心电数据的管理系统。这一系列要求是不难实现的,因而目前长期动态心电监护(Holter)系统的关键仍然是大容量佩带式心电记录仪。要求其具有低失真、大容量、低功耗、高可靠性、低价格、小体积等许多互相矛盾的苛刻指标。**这一系列矛盾的解决推动着整个系统的发展和完善。**

知识链接

动态心电图的发明人 Holter

医生们都习惯把动态心电图叫做 Holter，这是为了纪念发明人 Norman Jefferis Holter。常规心电图因为检查时间短暂，获取的信息非常有限，而通过动态心电图检查，可以获得 24 ~ 48h 内的心电图资料，这大大提高了对异常情况的检出率，因此具有极高临床价值。不过要在 1961 年开发出动态心电图，这着实让人钦佩。别的不说，就是记录下 10h 以上的动态心电图资料，并且能够快速分析，这也需要克服很多技术难题。

让我们来认识一下这位非凡的科学家 Norman Jefferis Holter（1914 年 2 月 1 日至 1983 年 7 月 21 日）。1914 年，N. J. Holter 出生于美国西部 Montana（蒙大拿州）的一个叫做 Helena（海伦纳）的小镇，在当地从小学读到高中，1931 年，Holter 进入洛杉矶初级大学（Los Angeles Junior College）化学系学习，1934 年毕业，获得化学 AA 学位，而后进入洛杉矶加州大学卡罗尔学院（Carroll College, University of California in Los Angeles），1937 年获得文学学士学位（Bachelor of Arts）。同年还曾经短期到德国海德堡大学（University of Heidelberg, Germany）学习，之后入南加州大学（University of Southern California）学习，1938 年获得理学硕士（Master of Science），1939 年进入芝加哥大学（University of Chicago）研究生学习，1940 年他又获得加州大学文学硕士（Master of Arts）。1941 年太平洋战争爆发，中断学业应征入伍，参加美国海军。看看 Holter 的学习生涯，也真够乱的哦，要在中国，这绝对不是好学生，嘿嘿。

Holter 没有进过医学院，但对生物医学却有着卓越贡献：早在 1936 年，Holter 在加州大学卡罗尔学院攻读文学学士期间，就协助 Lawrence Detrick 博士进行青蛙肌疲劳试验，1939 年他又与加利福尼亚大学洛杉矶分校（UCLA）的 Josep A. Gengerelli 博士共同开展"间接不接触性机械活电刺激青蛙肌神经"研究，这样开创了生物磁学（Biomagnetics），开创了生物遥感和遥测技术（Biotelemetry），1954 年发明了无线电心电图，1961 年发明了动态心电图。

四、动态心电分析系统性能参数

表 6-5 为某公司 H3+数字记录器及 H-Scribe 动态心电分析系统的主要特征及规格。

表 6-5 某公司动态心电分析系统的特征及规格

H3+数字记录器	
特征	**规格**
工具	Holter 记录
输入频道	2~3 通道
显示导联	Ⅰ、Ⅱ和 V 或两极的 1 通道和 2 通道
输入阻抗、输入动力学、频响	满足和超过 ANSI/AAMI EC38 的要求

续表

采样率	180 点/秒/通道
特殊功能	起搏器监测,记录期间可显示心电图
A/D	12bit
存储	内存,不易失
设备分级	CF 型使用防(电击)去纤颤器
重量	1 盎司(28g)不包含电池
电池	1AAA 碱性电池,可供 48 小时使用
H-Scribe	
存储器	硬盘
输入设备	闪光卡读卡器;键盘和鼠标、光驱
监视器	彩色监视器
报告功能	1、2、3 或 12 导条图;总报告;多个趋势图包括 12 导 ST、室早、室上早、心率过速和 R-R 变异;用户选择条图,24 小时全览图
打印设备	高速激光打印机
操作环境	周围温度:10~35℃
电源要求	100~220VAC,50/60Hz

点滴积累 ∨

1. 动态心电图通过便携式记录器连续监测、记录人体 24h 或更长时间的心电动态变化信息。
2. Holter 心电图仪按工作方式可分为回放分析型和实时分析型两类,便于多床位患者生理参数的集中监护。

第六节　动态血压监护仪

一、动态血压

(一)动态血压的定义

平时测量血压时,使用的是水银柱式血压计或电子血压计,只能测得瞬间的血压,称之为偶测血压。人体血压在 24 小时内呈现出昼夜节律性变化,使用动态血压记录仪测定一个人昼夜 24 小时内,每间隔一定时间内的血压值称为动态血压。动态血压包括收缩压、舒张压、平均动脉压、脉率以及它们的最高值和最低值等项目。

知识链接

偶 测 血 压

　　偶测血压临床上应用广泛，但也存在很多局限性和缺点，如不同的医护人员在同一条件下，测量同一被测对象，血压之间有显著误差；同一被测对象在不同时间的偶测血压也有显著的波动，上述这些缺点大大影响了偶测血压的应用价值，也就是说，单次偶测血压不能代表真实的血压值，也不能说明病情的好坏或降压治疗的疗效。

　　解决偶测血压波动大的问题，可采用以下三种方法：

　　1. 被测者必须在充分休息的条件下，由医护人员在不同的时间，多次反复测量血压值，这样才能比较准确地反映血压的真实情况。

　　2. 有资料表明，部分被测者医护人员所测得的血压值，始终高于患者家属或患者自己所测量的血压值，即白大衣现象，这时可由患者家属或患者自己测量血压。

　　3. 使用全自动血压记录仪监测血压。这一点在动态血压词条中有详细介绍。

▶ **课堂活动**

　　偶测血压和动态血压的区别和联系有哪些?

　　动态血压记录仪通常分为两类：袖带式和指套式。

　　（二）袖带式动态血压记录仪

　　袖带式动态血压记录仪由患者佩带的便携式血压监护记录仪和安放在医院中的回放工作站两大部分组成。图 6-49 为便携式血压监护记录仪的原理框图。

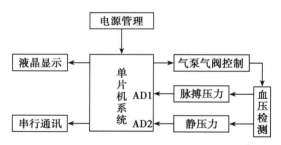

图 6-49　便携式血压监护记录仪原理框图

　　动态血压监测主要由单片机系统、血压检测模块、液晶显示模块、电源管理模块、气泵气阀控制模块和串行通讯模块组成。血压检测模块主要用于检测静压力和脉动压力。液晶显示是人机交互的一个重要部分，采用图形点阵液晶 TG128641，由行驱动、列驱动及 128×64 点阵组成，可完成图形和汉字显示。气泵气阀控制模块用于控制气泵充气和气阀放气。单片机采用带 AD 转换的芯片 ATmega128，并有多个定时器和多组 IO 口，可大大简化系统的电路设计。系统采用 FLASH 存储器用于存储 24 小时的血压值和脉搏波，具有超大容量。

　　便携式血压监护记录仪可定时给袖带充气，测量肱动脉血压，并自动存储数据，一天最多可存储

200 多个血压值,然后经串行口将记录的血压信息回放至医院中的工作站。经回放工作站专用软件处理和分析,可提供下列资料:昼夜平均收缩压、舒张压相关性分析、标准差,线性回归;表格形式打印的原始数据:收缩压、舒张压、平均压、脉率、频度分布直方图,待定时间段趋势分析等。回放系统工作在 Windows 操作系统下,方便、快捷。这类仪器的主要缺点是袖带频繁地充气和放气,晚间影响患者休息。此外,肢体活动可能干扰测量,使测量结果不准。

（三）指套式动态血压记录仪

指套式动态血压记录仪,是一种在指套上安装一个压力传感器,测量左手指的动脉血压。用这种血压仪测量时,虽然不影响休息与也可以在立位时测量血压,但是手指活动较多,可能会使血压有较多误差。另一种指套式动态血压仪是测量脉搏传导时间,输入电脑计算出收缩压、舒张压和平均压,它不受体位和肢体活动的影响,测量时患者无感觉,因此也不影响患者休息。这种血压仪测得的一系列血压,可以真正反映患者日常活动时的血压变化情况。

二、动态血压优点

动态血压与偶测血压相比有如下优点:

（1）去除了偶测血压的偶然性,避免了情绪、运动、进食、吸烟、饮酒等因素影响血压,能较为客观真实地反映血压情况。

（2）动态血压可获知更多的血压数据,能实际反映血压在全天内的变化规律。

（3）对早期无症状的轻高血压或临界高血压患者,提高了检出率并可得到及时治疗。

（4）动态血压可指导药物治疗。在许多情况下可用来测定药物治疗效果,帮助选择药物,调整剂量与给药时间。

（5）判断高血压患者有无靶器官(易受高血压损害的器官)损害。有心肌肥厚、眼底动态血管病变或肾功能改变的高血压患者,其日夜之间的差值较小。

（6）预测一天内心脑血管疾病突然发作的时间。在凌晨血压突然升高时,最易发生心脑血管疾病。

（7）动态血压对判断预后有重要意义。与常规血压相比,24 小时血压高者其病死率及第一次心血管病发病率,均高于 24 小时血压偏低者。特别是 50 岁以下,舒张压<16.0kPa（105mmHg）,而以往无心血管病发作者,测量动态血压更有意义,可指导用药,预测心血管病发作。

点滴积累 $\bigvee$

1. 使用动态血压记录仪测定一个人昼夜 24 小时内,每间隔一定时间内的血压值称为动态血压。

2. 动态血压记录仪分袖带式和指套式两类。

第七节 监护技术发展趋势

目前监护技术及相关设备已经在各级医疗机构广泛应用,但是它的监测手段和技术性能还存在较大的提升空间。

一、无约束、非接触监护技术

现阶段,监护对象始终连接着形形色色的信号线和传感器,它紧紧地捆绑着患者的身体,使之不适。针对束缚多的问题,监护技术的发展趋势之一是无约束、非接触监护。

减少束缚,使被监测者处于自然状态下完成各项指标的监测,具有安全性高、准确性好、低生理与心理负荷等临床意义,是数字化医疗信息时代的实用创新技术。如无约束睡眠监测床由内置多种传感器特制床垫、信号放大及变换模块和计算机组成。在无任何干扰、无心理和生理负荷的条件下对监测者进行心电图、呼吸波、心率、呼吸率、体动指数等指标的实时记录和分析,具有更现实的临床应用价值。

▶▶ **课堂活动**

非接触监护产品有哪些?

非接触式监测不触及人体,可在无约束的状态下探测生命信息,是近年来医学界充分关注的热点。如 2003 年,暴发"非典"期间基于红外检测技术的非接触式体温测量仪就被广泛使用;基于生物雷达探测原理的生命参数非接触监测系统,可以在几十米的距离内检测到呼吸和体动信号。这些技术的应用,必然会在特殊人群、特殊病情(如大面积烧伤患者、家庭监护等)的监测方面具有良好的应用前景。

二、图像监护技术

纵观现有的监测技术或手段,如体温、呼吸、心电、脑电、有创或无创血压氧分压、眼内压以及其他生化指标的监测等,无一例外都是动态显示某些指标与时间的变化(平面曲线)。目前,对特定组织或器官功能随时间变化的空间分布状况的监测还是空白。

为此,图像监护的新理念应运而生。该理念结合图像技术的空间定位特性和监护技术的时间连续性使定性监护向定位、定量监护的发展。随着图像监护技术的逐渐成熟和完善,现有的单纯以时间序列进行的参数或曲线监护技术,将与二维或三维成像技术融合,为临床提供从时间到空间的一体化监护手段。

三、远程监护技术

目前,大部分监护技术还停留在医院及病房监护,社区和家庭监护尚未普及。随着我国老龄化时代的到来,社区和家庭的老年监护必将是监护仪的新需求。

快速发展的信息技术和网络技术,使生理参数的远程监护及监测技术逐渐走向成熟。监护运用云计算技术,可以通过医院信息系统(HIS),在有效的范围内方便调阅监护信息;通过链接移动通讯应用设备,能够远端监测患者的生命体征,实现覆盖医院、社区、家庭及野外的全方位、全天候实时监护。

知识链接

远程监护技术

随着电子技术、计算机技术和通信技术的发展,远程监护技术得到了长足的发展。 远程监护是指通过通信网络将远端的生理信息和医学信号传送到监护中心进行分析并给出诊断意见的一种技术手段。远程监护系统一般包括监护中心、远端监测设备和联系两者的通信网络。 最早应用远程监护的是美国航天局在 20 世纪 70 年代运用远程监护技术对太空中的宇航员进行生理参数监测。

根据监护对象和监护目的的不同,远端的监测设备有多种类型。 第一类为生理参数检测设备和遥测监护系统,这类设备使用范围最为广泛;第二类为日常活动监测设备,监护患者坐、卧、走等活动状态,主要应用于儿童、老年人和残疾人。 第三类是用于患者护理的监测设备,如瘫痪患者尿监测设备等。

监护中心位于急救中心、中心医院等,其功能是接收远端监测设备传送的医学信息,为远端患者提供分析、诊断等服务。

连接远端监测设备和监护中心的通信方式包括:程控电话(PSTN)、微波通信、卫星通信、计算机网络、交互电视、综合服务数字网(ISDN)、移动电话(GSM)、GPRS 等。

随着生物医学工程学科与技术的进一步进展,无约束监护、图像监护和网络远程监护等技术将会完善、成熟,并全方位地促进监护技术向更高水平进步。

点滴积累 ∨
监护技术发展三大技术趋势:无约束监护、图像监护和网络远程监护。

学习小结

一、学习内容

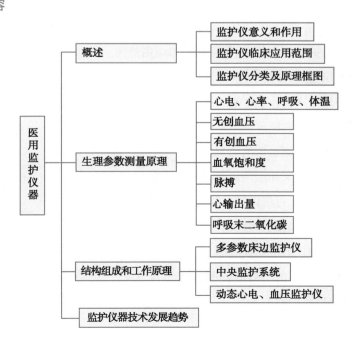

二、学习方法体会

1. 监护仪是医院手术室、ICU、CCU 等必不可少的医学仪器,学习过程中可以实地参观医院各类监护病房,有助于本章内容的理解和巩固。

2. 监护仪的分类方法很多,各种文献资料上有不同的分类方法,重点从用途、结构、监测参数等加以区分即可。

3. 在学习生理参数的测量原理时,要熟悉并掌握各生理参数检测的医学意义、测量原理和测量方法。在学习心电、心率参数的原理时要与心电图机中心电图的测量进行比较,找出相同点和不同点。比如,两者的测量中电极的放置位置不同,所采用的导联体系不同等。在学习无创血压参数的检测时,要与水银血压计进行比较,掌握两者检测方法是不同的,一种是振荡法,另一种是柯氏音法。在学习有创血压参数的检测时,要与无创血压检测方法进行比较,比如优缺点、精度、影响因素等。

4. 在学习监护仪结构和工作原理时,要重点学习多参数床边监护仪和中央监护系统之间的联系及其各自的临床应用。能看懂各参数模块的基本结构框图和各部分的功能作用。

5. 在熟悉仪器结构组成和工作原理的基础上,能进行仪器的安装、调试。能够对一些常见的故障现象进行分析和诊断,查找故障产生的原因,进而排除故障。并掌握仪器检修的注意事项,先排除外界干扰和人为故障,再检测电路。

6. 监护仪的生产厂家非常多,仪器型号众多,但大部分都采用 OEM 模块化结构设计,在检修过程中要善于寻找各种型号仪器中参数电路模块的共性,触类旁通。

7. 电子产品更新换代非常之快,学习过程中要充分利用书籍、网络等各种渠道获取新知识、新技术、新方法。

目标检测

1. 简答题

(1)简述生命体征监护仪器的意义、作用和临床应用范围。

(2)生命体征监护仪器如何分类?

(3)瞬时心率和平均心率有什么区别?

(4)在心电/呼吸监测中,右腿驱动电路的主要作用是什么?

(5)试阐述振荡法测量无创血压的原理。

(6)比较一下使用柯氏音法和振荡法测量的血压值有何异同。

(7)在无创血压测量单元,过压保护电路的作用是什么?

(8)简述测量血氧饱和度的医学意义。

(9)简述心输出量的测量方法及在临床上的医学意义。

(10)试阐述中央监护系统的结构组成、作用及临床意义。

(11)床边监护与中央监护的关系?

(12)ICU 的含义?

（13）Holter 心电图仪的含义？

（14）回放分析型和实时分析型的区别？

（15）动态血压的含义？

（16）动态血压的优点？

（17）非接触式监护常见的有哪些？

（18）远程监护常见的有哪些？

2. 实例分析

（1）某品牌监护仪，开机进入监护画面，血压、血氧显示均正常，但心电部分显示"导联脱落"。分析故障原因并排除。

（2）某品牌监护仪，测量血压时按下"START"键，充压到 170mmHg，袖带开始放气，压力降到 40mmHg 左右，监护仪提示"空气压力报错"报警，无法测出血压。分析故障原因并排除。

（3）某品牌监护仪，开机后屏幕无显示，指示灯亮。分析故障原因并排除。

ER-06章习题

第七章

医用电气设备的安全要求与检测

ER-07章PPT

学习目标

学习目的

医用电气设备的安全要求（GB9706.1）及其主要项目的检测方法是专业必须具备的基本知识及技能，通过本章的学习为从事该方面的专业岗位打下良好的基础。

知识要求

1. 掌握产生电击防护的措施、标准的基本概念及主要项目的检测技术。

2. 熟悉医用电气设备安全的基本知识。

3. 了解医用电气设备的电磁兼容基础知识。

能力要求

通过本章的学习，熟练掌握漏电流、接地电阻和电介质强度的检测方法及操作步骤。

20 世纪 70 年代初期，由于医疗中使用大量的医学仪器，常常因安全使用和管理不当而遭到致命性电击，使患者和医生对现代医用电气设备产生恐惧心理，严重地影响了医学仪器的发展，引起有关仪器专家学者和厂家的重视，一些国家先后研究和制定医用电气设备的安全使用标准。为了适应医疗仪器的国际市场需要，自 20 世纪 70 年代以来在国际上有两个较大的国际性组织，一直为制定和完善仪器的国际标准进行积极工作。这两个组织是 ISO（International Standard Organization）和 IEC（International Electrotechnical Commission），前者主要制定不用电的仪器和器具仪表的标准，后者主要制定电子仪器的标准。在 IEC 中有多个 TC（Technical Committee，技术委员会），医用电子仪器规定在 TC-62，在其中设有四个专门 SC（Sub-Committee，分委员会），这当中的 SC62A 是负责制定有关医用电气设备通用安全标准的组织。该组织主要制定的有 IEC60601-1《医用电气设备第一部分：安全通用要求》，于 1988 年公布。这个规定成为 IEC 各成员国制定本国医用电气设备安全标准的指南。

导学情景

情景描述：

49 岁的张先生查出患有前列腺癌，2004 年 7 月某一天进行手术。手术当日早晨，护士给患者做了术前准备，一切生命体征都符合手术要求。主刀医生见消毒完毕，拿起没有切断交流电的电刀开始手术（手术中使用电刀应该切断交流电），当电刀碰到患者皮肤时，只听"砰""砰"两声，一股蓝色火苗冲向主刀医生的脸，用酒精消毒过的手术视野（患者会阴部）着火，为防止爆炸，将处于全麻状态的患者吸的氧气关掉。因救火延误了手术时机，再加上会阴部严重感染，张先生术后 5 天死亡。

学前导语：

　　临床上还存在许多医用电气设备安全事故，如心电图机地线未接好电死人、除颤器没断交流电救人不成反要人命。如何预防或排除这些安全隐患？本章我们将带领同学们学习医用电气设备安全的基本知识、医用电气安全标准的基本概念及主要项目的检测技术。

　　我国在 20 世纪 70 年代初，已对一些重要的电气设备提出了一些最基本的安全要求，如绝缘电阻、泄漏电流、电介质强度等。

　　1983 年，全国医用电器标准化技术委员会根据原国家医药管理局（现国家药品监督管理局）的计划制订了 WS2-295《医用电气设备安全要求》部颁标准，这是一份参照采用 IEC60601-1（1977）制订的标准。为进一步提高我国医疗设备的安全质量水平，1986 年正式开始由上海医疗器械研究所制定 GB9706.1-88《医用电气设备第一部分：安全通用要求》国标。1988 年 GB9706.1-88 国标正式发布，该标准等效采用了 IEC60601-1（1977）及其第一号修订（1984 年 12 月）中所规定的内容。

　　然而 IEC/TC62 对医用电气设备安全的研究在不断地进行，而且速度越来越快。1988 年出版了 IEC60601-1（1988）第二版，之后又对第二版作了修改。为跟上国际安全标准的步伐，我国国家技术监督局采用 IEC（国际电工委员会）标准 IEC60601-1-1988《医用电气设备第一部分：安全通用要求》（第二版）及其第一号修订（1991-11），作为我国医用电气设备安全规定的国家标准，于 1995 年 12 月 21 日发布实行，1996 年 12 月 1 日实施。该标准等同采用了 IEC60601-1（1988）《医用电气设备第一部分：安全通用要求》（第二版）及其第一号修订（1991-11）。

　　国际标准于 1995 年又发布了修订件 2（即 A2:1995）。2007 年标准制定单位又对 GB9706.1-1995 版进行了修订，国家颁布了新标准 GB9706.1-2007 医用电气安全通用要求标准（以下简称"GB9706.1"），此标准为国家现行标准，本章以下内容均以此版标准为蓝本。

　　医用电气设备的安全是总体安全（包括设备安全、医疗机构的医用房间内的设施安全和使用安全）的一个部分。该标准是对在医疗监视下的患者进行诊断、治疗或监护，与患者有身体的或电气的接触，和（或）向患者传送或从患者取得能量，和（或）检测这些所传送或取得的能量的医用电气设备提出了安全要求。标准要求设备在运输、储存、安装、正常使用和制造厂的说明保养设备时、在正常状态下、单一故障状态下时都必须是安全的，不会引起同预期应用目的不相关的安全方面的危险。对于生命维持设备以及中断检查或治疗会对患者造成安全方面危险的设备，其运行可靠性、用来防止人为差错的必要结构和布置，都作为一种安全因素在本标准中作出了规定。

　　该标准共分 10 篇、59 个章节及 11 个附录。标准分别对医用电气设备的环境条件作了规定；对电击危险、机械危险、不需要的或过量的辐射等危险提出了要求；对工作数据的准确性和危险输出的防止、不正常的运行、故障状态以及有关医用电气设备安全的电气和机械结构的细节都作了规定和要求。

在医疗器械的检测中,安全性是最重要的检测内容。本章重点阐述医用电气设备安全的基本知识、基本概念、常用电气安全性和机械安全性检测方法以及医用电气系统的安全要求等内容。

第一节 医用电气设备安全的基本知识

一、安全性

"安全"一词,它是表示没有危害的意思。在生活的各个领域中都存在"安全"的问题。在临床大量使用医用电气设备时,必须确保对患者和医生不造成危害,即保证安全。

现代医院的医疗中引进各种技术先进的电气设备,对这些新技术在医疗中的作用效果应该给以科学的技术评价。一方面要对其在诊断和治疗中的有效性做出评价,另一方面还应对其危险性做出评价。医疗仪器在这正反两个方面都必须满足医疗要求,才是一种成功和可用的新技术。如果只重视仪器的有效性而忽视安全性,很可能出现"手术成功而患者死亡"。反之,只重视安全性而忽视有效性,将降低医疗水平,治不好病。人们在选购和使用医用电气设备时,经常重视有效性而忽视安全性。在医疗中使用不安全的技术或仪器,将使患者和仪器使用人员的生命受到威胁,这是工程技术人员必须高度重视的一个严重问题。

> **知识链接**
>
> 安全的概念
>
> 前面把安全解释为"没有危害",从工程学的角度看,"没有危害"的事是没有的。在安全工程学中,把安全定为发生危害的概率小。常用各种事件组合结果发生危害的概率大小表示安全程度,人们应努力采取措施,防止或减少发生危害的概率,提高安全性。

在 GB9706.1 中,医用电气设备的安全性涉及一系列防止潜在危险发生的要求和措施。其中主要有:

1. **防电击危险** 医用电气设备是用在人体上进行诊断和治疗疾病的,其工作对象是患者。因患者一般是处于对外来作用非常脆弱的状态,已无能力判断危险,或即使意识到危险也可能难以摆脱。有的疾病使患者对外界刺激的抵抗力降低,有的在诊断和治疗中,因外来的刺激而引起更坏的影响。例如,心脏病患者因很小的电流就会引起心室纤颤,特别是在插入心导管进行诊治的情况下,即使是微小电流也容易因电击引起心室纤颤造成危险。在临床上使用医用电气设备时,都希望不给患者造成任何痛苦,但多少是要伴随着一定痛苦的,要使其痛苦在正常范围内,而不会造成危险。另外,患者因疾病、麻醉和药物的影响可能失去意识,处于不清醒状态,从而失去对危险的感觉。由此可见,采用医用电气设备对患者进行诊断和治疗时,必须从患者特点出发,充分考虑医疗仪器的安全性问题,尽量减少仪器的相互干扰和外界影响,确保仪器的正常性能,达到医疗安全的目的。医疗仪器的安全使用和管理,是临床医护人员和医学工程技术人员共同完成救死扶伤使命的必备条件。有关防电击危险的要求和检测将是本章的重点介绍内容。

2. **防机械危险** 国际和国内曾出现过因医用电气设备的某些机械结构设计或制造工艺的缺陷,给患者或医务人员带来的危害事故。例如:

(1)患者支承部件的机械强度不足、提拎把手和手柄的承载能力低,如内窥镜手术进行时曾发生器械断裂;自体血液回收过程中离心碗破裂,造成血液流失等事故;

(2)运动部件未加防护,如意外接触皮带、齿轮;

(3)粗糙表面、尖角及锐边的碰伤;

(4)稳定性,如设备在运输或使用过程中因倾斜发生的倾倒;

(5)悬挂物,如无影灯因悬挂装置的断裂而跌落。

GB9706.1中,有对机械危险防护的要求和检测方法。

3. **防过量辐射危险** 来自以诊断、治疗为目的用于患者的医用电气设备的辐射,可能超过人类通常可接受的限值。必须对患者、操作者、其他人员以及设备附近的灵敏装置采用足够的防护装置,以使他们免受来自设备的不需要的或过量的辐射。

目前的GB9706.1,主要针对X射线辐射和电磁兼容性,包括不需要的或过量辐射的防护和检测要求。

4. **电磁兼容性(EMC)** 在现代化医院中,使用着各种类型的医用电气设备或系统。它们在工作时产生一些有用或无用的电磁能量,这些能量可能造成系统内各设备间的互相干扰,以及系统与外部其他设备或系统之间的干扰。

例如:手术室中启动高频电刀,能对周围的医疗设备产生很大的电磁干扰,使其他设备无法正常工作。也有国内外有相关报道,有关ICU病房中存在对电磁干扰敏感的医疗设备,如监护仪、输液泵等,受外界的手机等设备的干扰而影响正常工作的案例。

新修订的GB9706.1-2007第36章,已规定执行"YY0505-2005医用电气设备电磁兼容要求与试验"行业标准。

5. **防爆炸危险** 主要针对与空气混合的易燃麻醉气及与氧或氧化亚氮混合的易燃麻醉气点燃危险的防护。手术室里,医用电气设备在存在有空气、氧气或一氧化氮与可燃麻醉气组合的混合气中使用时,可能发生爆炸。

6. **防超温、失火危险** 设备在正常使用和正常状态下,并在规定的环境温度范围内,具有安全功能的设备部件及其周围的温度一旦超过规定的极限温度,将给患者造成危险。

另外,设备在使用过程中可能由于滥用造成部分或全部损坏而引起失火危险,因此设备应有足以防止失火危险的强度和刚度。

GB9706.1中,有对超温、防火的防护和检测的要求。

7. **防微生物** 对于正常使用时与患者接触的部件,GB9706.1要求在使用说明书中规定其清洗、消毒、灭菌的方法,以确保不损坏或影响其安全防护性能。

8. **生物相容性** GB9706.1规定,预期与生物组织、细胞或体液接触的设备部件和附件的部分,应按照"GB/T 16886.1 医疗器械生物学评价　第 1 部分:评价与试验"国家标准中给出的指南和原则进行评估和形成文件。并通过检查制造商提供的资料来检验是否符合要求。

9. **防过量输出危险**　设备的过量输出超过人能承受的安全极限,将对患者或操作者带来危险。

造成过量输出的原因,可能是一台多功能设备设计成能按不同治疗要求提供低强度或高强度的输出时,操作人员因不熟悉设备的安全操作造成的误设定,而影响患者或操作者的安全。

GB9706.1 对过量输出提出了防止的要求和措施。

▶▶ **课堂活动**

　　试回答 GB9706.1 与 IEC60601-1 之间的关系。

二、电流的生理效应

众所周知,人体本身就是一个电的导体,当人体成为电路的一部分时,就有电流通过人体,从而引起生理效应。值得注意的是,引起生理效应和人体损伤的直接因素是电流而不是电压。例如,10^7V 电压、1μA 电流的电源可能对人体无害,而 220V 电压、30A 电流的电源却足以致人于死地。

1. 电流对人体组织的基本作用　电流对人体组织的基本作用主要有以下三个方面。

(1)热效应:热效应又称为组织的电阻性发热,当电流通过人体组织时会产生热量,使组织温度升高,严重时就会烧伤组织,低频电与直流电的热效应主要是电阻损耗,高频电除了电阻损耗外,还有介质损耗。

(2)刺激效应:人体通入电流时,在细胞膜的两端会产生电势差,当电势差达到一定值后,会使细胞膜发生兴奋。如为肌肉细胞,则发生与意志无关的力和运动,或使肌肉处于极度紧张状态,产生过度疲劳;如为神经细胞,则产生电刺激的痛觉。随着电流在体内的扩散,电流密度将迅速减小,因此,通电后受到刺激的只是距通电点很近的神经与肌肉细胞。此外,从体内通入的电流和从体外流入的电流对心脏的影响也有很大的不同。

(3)化学效应:人体组织中所有的细胞都浸没在淋巴液、血液和其他体液中。人体通电后,上述组织液中的离子将分别向异性电极移动,在电极处形成新的物质。这些新形成的物质有好多是酸、碱之类的腐蚀性物质,对皮肤有刺激和损伤作用。

直流电的化学效应除了电解作用外还有电泳和电渗现象,这些现象可能改变局部代谢过程,也可能引起渗透压的变化。

2. 影响电流生理效应与损伤程度的因素　影响电流生理效应与损伤程度的因素有电流、通电时间、电流频率、电流途径以及人的适应性,下面逐一进行分析。

(1)电流:电流对于电流生理效应与损伤程度的影响是显而易见的。电流越大,影响越大,反之,则越小。表 7-1 列出了从体外施于人体不同的低频电流所引起的不同生理效应与损伤程度。这里假设的条件是:通电时间为 1s,电流从人体的一条臂流到另一条臂,或从一条臂流到异侧的一条腿。

表 7-1 低频电流通过人体的生理效应(50Hz)

电流（平均值）	生理效应与损伤程度（通电 1s）
0.5~1mA	感觉阈
2~3mA	电击感
5mA	安全阈值
10~20mA	最大脱开电流
>20mA	疼痛和可能的肌体损伤
>100mA	心室纤维性颤动
>1A	持续心肌收缩
6A	暂时呼吸麻痹
>6A	严重烧伤和肌体损伤

1)感觉阈:感觉阈是人所能感受到的最小电流。但该值因人而异,并且随测试的不同而不同,一般认为感觉阈在 0.5~1mA 范围内。

2)脱开电流:脱开电流的定义是人体通电后,肌肉能任意缩回的最大电流。当通过人体的电流大于脱开电流时,受害者的肌肉就不能随意缩回,特别是手掌部位触及电路时形成所谓"粘结",受害者就会丧失自卫能力而继续受到电击,直至死亡。脱开电流也因人而异,男性的脱开电流平均值是 16mA,女性为 10.5mA;男性的最小脱开电流阈值是 9.5mA,女性为 6mA,儿童更低一些。

3)呼吸麻痹、疼痛和疲劳:较大的电流会引起呼吸肌的不随意收缩,严重的会引起窒息,肌肉的不随意强直性收缩和剧烈的神经兴奋会引起疼痛和疲劳。

4)心室纤颤:心脏肌肉组织失去同步称为心室纤颤,它是电击死亡的主要原因。一般人体的心室纤颤电流阈值为 75~400mA。

5)持续心肌收缩:当体外刺激电流大到 1~6A 时,整个心脏肌肉收缩,但电流去掉后,心脏仍能产生正常的节律。

6)烧伤和身体的损伤:过大的电流会由于皮肤的电阻性发热而烧伤组织,或强迫肌肉收缩,使肌肉附着从骨上离开。

(2)通电时间:通电时间越长,人体损伤越严重。这是因为皮肤电阻随着通电时间的延长而下降,从而使流过人体的电流增大。

(3)电流频率:电流的生理效应及损伤程度与作用于人体的电流频率间的关系大致有如下两个方面。

1)电流频率与人体阻抗的关系:人体模型可等效为电阻和电容的组合,因此,人体的阻抗与电流的频率有关,频率越高,阻抗越低,流入人体的电流就越大。

2)电流频率与刺激持续时间的关系:刺激的持续时间随着电流频率增加而缩短。实验证明,当频率高于 100Hz 时,刺激效应随着电流频率增加而减弱;当频率高于 1MHz 时,刺激效应完全消失,只有生热作用。刺激效应最强的是 50~60Hz 的交流电,比 50Hz 更低的频率,其刺激效应也减弱。

(4)电流途径:同样的电流流过人体不同的部位和不同的器官,其生理效应与损伤程度大不一样,即电流的途径不同,引起的危险性也不同。比如,电流的路径接近心脏、肺、大脑等重要器官,就可能使心跳、呼吸停止,从而导致死亡。另外,当电流加在体表上的两个点时,总电流中只有很小一部分流过心脏,这些加在体表上的宏大电流称为宏电击。当电流加在体表时,使心肌纤颤所需的电流值远比直接加到心脏上的电流大得多。在插有心导管的情况下,流过心导管的所有电流都流过心脏,这时,只要有 $75\sim400\mu A$ 的电流就能引起心脏纤颤。进入人体内在心脏内部所加的电流所引起的电击叫做微电击,微电击的安全权限一般是 $10\mu A$。

（5）人的适应性:对电刺激的适应能力因人而异,通常,男性比女性强,成人比儿童强,强壮的人比虚弱的人强。即使是同一个人,在电流变化率较小时适应性较强,因此危险性减小;电流变化率增加时适应性减弱,危险性就增大。表 7-2 为电流对人体的作用。

表 7-2　电流对人体的作用

电流　性别　效应	直流（mA）		交流（mA-有效值）			
			50		100	
	男	女	男	女	男	女
最小感知电流(略有麻感)	5.2	5.3	1.0	0.7	12	8
无痛苦感电流(肌肉自由)	9	6	1.8	1.2	17	11
有痛苦感电流(肌肉自由)	62	41	9	6	55	37
有痛苦感,不能脱离电流	76	51	16	10.5	75	50
强烈电击,肌肉强直,呼吸困难	90	60	23	15	94	63
可能引起室颤　电击 0.03s	1300	1300	1000	1000	1100	1100
电击 3s	500	500	100	100	500	500
一定引起室颤	上一项电流值的 2.75 倍					

三、电击的分类

使用医用电气设备遇到电的安全性问题最重要的即是电击。电击分为强（宏）电击和微电击两类,下面分别说明这两类电击产生的原因和特点。

（1）强电击:当人体触碰带电部位时将引起电击,其主要原因是因电源和人体接触时相当于连接一个等效电阻,如果形成一个导电的回路,将有一定电流经过人体。当电流从体外经过皮肤流进体内,然后再流出体外,使人体受到电的冲击称为强电击(macroshock)。如电流从人的左手流进体内,由右手流出体外(或右脚等其他部位流出体外)时,感受到电的冲击,即为强电击。

> **知识链接**
>
> 电击对人体不同部位的危害
>
> 因人体的电阻是一个电容性的阻抗,而且这个阻抗随电源的电压（电压高,绝缘,阻抗下降）和频率改变,还受人体通过电流部位的干湿程度、年龄老少、男女性别等影响很大。故对同样一个电源的带电部位触体时,由于不同人、不同触体部位,则受电击的强度不同;而不同频率和不同电压的电源造成电击的强度和危害也有所不同。

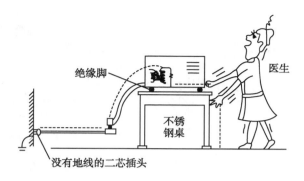

图 7-1　强电击事故一例

如图 7-1 所示,当把一台有漏电流的医用仪器放在不锈钢桌面上,如仪器的三芯电源插头插到一个没有地线(安全地线孔)的二孔插座上时,医护人员(或患者)一手接触不锈钢桌,另一个手触摸漏电仪器外壳(或外露金属部分),如果仪器漏电流超过 1mA 以上,这个电流将从医护人员的左右手流入体内,将有触电的麻感。如果仪器漏电流超过 100mA 以上,这时医护人员将受到强电击,表现出肌肉痉挛、呼吸困难、心室纤颤,如不及时抢救,将会死亡。

(2)微电击:前面讲了通过人体的电流产生的强电击,其电流值都比较大,这样大的电流通过人体全身,其中也必然会有一部分流过心脏。但其真正通过心脏的电流密度却很微弱,就是这很微弱的电流通过心脏达到一定值时,可引起心室纤颤,这就是表 7-1 中所列,当交流电通过人体的电流达到 100mA 以上时,造成强电击引起心室纤颤的原因。有人计算,按人体接触交流电源引入体内电流为 100mA,因强电击引起心肌兴奋、造成心室纤颤推算,经过心肌的电流值只有 35μA。这种被人们忽视的微弱电流通过心脏,却可引起心室纤颤。这是因为电流通过心脏时,引起部分心肌兴奋,使心脏的正常电兴奋传导混乱,造成心脏各部分间的活动节律不同步,引起纤颤,进而使心脏停止搏动,在几分钟之内将造成死亡。

如果有电流直接通过心脏,将引起心室纤颤,这种电击称为微电击(microshock)。很微小的电流就可造成微电击。Weinberg 等对狗做的实验数据证明,当电流直接在狗的右心室和左心室之间流过 35μA 以上时,将开始产生心室纤颤。这个数据与人体受强电击引起的心室纤颤推算出通过心肌的电流强度相当。考虑到各种人都适用,特别是儿童遭电击的阈值低的情况,故需要把微电击阈值的安全系数定得大些,现在世界各国和 IEC 的安全规定标准都把微电击的阈值定为 10μA,凡直接用于有可能通过心脏电流的医用仪器,其漏电流不得超过 10μA,如果超过此安全阈值将有造成微电击的危险。这种仪器要定期测漏电流是否超过 10μA,如超过此值将禁止使用。

这个 10μA 的电流为人最小感知电流的 1/100,是一个非常小的电流值,平时人体通过如此小的电流毫无感觉,因而极易被忽视。一旦这个微小电流通过心肌时,将会引起心室纤颤,造成微电击死亡事故。目前在医疗中经常使用心导管、心脏起搏器等与心电图机、监护仪和电刀等仪器共用,由于有电极或传感器直接接触心脏组织,如共用的某个仪器漏电流值超过微电击的安全阈值,将有造成电击的危险。所以这些共用的医疗仪器的漏电流必须控制在安全阈值 10μA 以下,否则将可能造成预想不到的严重医疗事故。

如图 7-2 所示,这是用心导管直接观测心室内血压的电子血压监视器与有外壳漏电流的心电图

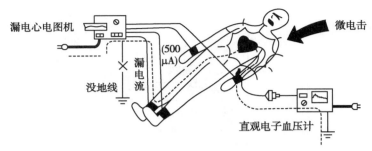

图 7-2　两个医疗仪器并用时的微电击事故一例

机在同一患者身体上并用时的情况。当心导管(内部为生理盐水导电)插入心室内,外壳漏电的心电图机的地线又断开时(或没有地线),心电图机的微弱漏电流将通过心电图机的接触导联电极进入心脏,通过心导管流出体内,到血压监视器的接地端,形成一个漏电流回路。如果这个漏电流超过安全阈值,将使患者造成微电击,引起心室纤颤,如不及时抢救将造成重大医疗事故。

知识链接

微　电　击

　　即使插入心脏的传感器及连接心导管的血压监视器均没有漏电流（或漏电流小于 $10\mu A$），但因与其他设备并用，在体表监测用的心电图机具有较大的漏电流，而且它又没有连接好安全地线，结果造成微电击医疗事故。 这种情况，称为医用电气系统引起的事故，在本章第四节会专门进行介绍。

四、产生电击的因素

　　产生电击的原因不外乎两点,一是人与电源之间存在两个接触点,形成回路;二是电源电压和回路电阻产生了较大的电流,该电流流过人体发生了生理效应。下面介绍几种可能产生电击的情况。

　　1. 仪器故障造成漏电　　泄漏电流是从仪器的电源到金属机壳间流过的电流。所有的电子设备都有一定的泄漏电流。泄漏电流主要由电容泄漏电流和电阻泄漏电流两部分组成。电容泄漏电流又称为位移泄漏电流,它是由两根电线之间或电线与金属外壳之间的分布电容所致。电线越长,分布电容越大,产生的泄漏电流也越大。例如,50Hz 的交流电、2500pF 的电容产生大约 $1M\Omega$ 的容抗、$220\mu A$ 的泄漏电流。射频滤波器、电源变压器、电源线以及具有杂散电容的一切部件都可产生电容泄漏电流。电阻泄漏电流又称为传导漏电流,产生电阻漏电流的原因很多,比如绝缘材料失效、导线破损、电容短路等。需要指出的是由于仪器故障造成的漏电流一般属于电阻产生的传导漏电流。

　　在漏电中最值得注意的是仪器外壳漏电和连接到患者处的导联漏电,这些漏电都可产生电击事故。正常情况下,仪器的外壳应该是不带电的,但是如果电源的火线偶然与壳体短路,则金属壳体上就带上了 220V 的电压,这时如果站立在地上的人触及金属壳体,人就成为 220V 电压与地之间的负载,就会有数百毫安的电流通过人体,产生致命的危险。图 7-3 所示为外壳与火线短路后引起触电的一个例子。

　　2. 电容耦合造成的漏电　　电容几乎存在于任何地方。任何导体与地之间、用绝缘体分开的两个导体之间都可等效为一个电容器而形成交流通路,从而产生由于电容耦合而造成的漏电。例如,

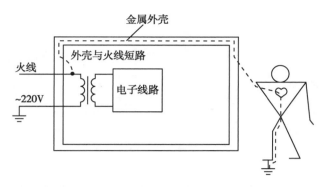

图 7-3 仪器外壳与火线短路后引起电击

仪器的外壳没有接地时,外壳与地之间就形成电容耦合。同样,在电源火线与地之间也形成电容耦合。这样,机壳与地之间就产生电位差,即外壳漏电,如图 7-4 所示。这种漏电的范围一般为几十微安到几百微安,最大不会超过 $500\mu A$,因此人们触及外壳时,至多有点麻木的感觉,不会有更大的电击危险,但对于电气敏感的患者,若这个电流全部流过心脏,就足以引起严重后果。

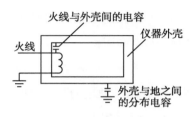

图 7-4 由于电容耦合引起的漏电

3. 外壳未接地或接地不良 几乎所有的医疗仪器都有一个可被医务人员或患者接触到的金属外壳,如果这个外壳不接地或接地不良,那么在电源火线和机壳之间的绝缘故障或电容短路,都会在机壳和地之间形成电位差。当医务人员或患者同时接触到机壳和任何接地物体时,就会形成电击。图 7-5 所示为机壳未接地线时引起的电击。

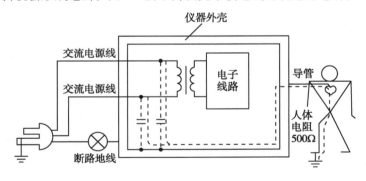

图 7-5 机壳未接地或地线断路时引起电击

4. 非等电位接地 一般情况下,都要求仪器的外壳必须接地,但是如果有几台仪器(包括病床)同时与患者相连,那么每台仪器的外壳电位必须相等,否则也会发生电击事故。

这类电击事故如图 7-6 所示,患者与病床接触,病床在 A 点接地,同时正在给患者诊断的心电图机的接地导联将患者的右腿在 B 点接地,也就是说,患者同时在 A 点和 B 点接地,这就要求 A、B 两点严格等电位。但是实际上往往存在 A、B 两点电位不等的情况。例如,有一台外壳漏电的仪器也接入心电图机的同一支路,即在 B 点接地。由于 A、B 之间总有一定的电阻,而外壳漏电的仪器将 B 点电位抬高,与 A 点之间形成一个电位差,这个电位差使电流从 B 点通过心电图机和患者回流到 A 点,患者就会受到电击。漏电流的大小与 A、B 两点间地电阻的大小和外壳漏电仪器的漏电程度有关。

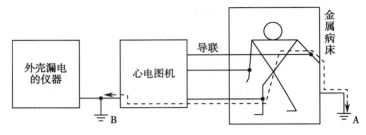

图 7-6 非等电位接地导致电击

5. 皮肤电阻减小或消除 人被电击时,皮肤电阻限制了能够流过人体的电流。皮肤电阻随着皮肤水分和油脂的数量不同而变化。显然,皮肤电阻愈大,受到电击的危险性就愈小。皮肤电阻的大小还与接触面积有关,接触面积愈小,皮肤电阻愈大,因此应当尽可能地减少人体与仪器外壳直接相触的机会和面积。

任何减小或消除皮肤电阻的做法都会增加可能流过的电流,从而使患者更容易受到电击的危害。但是,在生物电的测量过程中,为了提高测量的准确性,往往希望把皮肤电阻减小一些。例如,测量心电时,在皮肤和电极之间涂上一层导电膏,就是为了减小皮肤电阻,因此正在医院里接受诊断和治疗的患者比一般人更容易受到电击。测量的准确性和电击的危险性是生物医学测量中的一对矛盾,应当引起临床工程技术人员和医务人员的足够重视。

▶▶ **课堂活动**

> 1. 试问产生电击的主要原因是什么?
> 2. 有哪几种可能会产生电击的情况?

点滴积累 Ⅴ

> 1. 电流是造成人触电死亡的主要因素。
> 2. 医用电器设备的设计与生产需遵循 GB9706.1-2007 医用电气安全通用要求电击可以分为强电击和微电击,强电击需要较大电流才能造成电击,而微电击只需要微小电流就可以造成电击。
> 3. 测量的正确性和电击的危险性是生物医学测量中的一对矛盾。

第二节 电击防护的措施

医用电器设备的适用对象多数是不健康的人,有的疾病本身使患者对外界刺激的抵抗力降低;有的由于诊断和治疗,外来的刺激很容易引起更不良的影响。例如,心脏病患者,很小的电流就会引起心室颤动,在插入心导管的情况下,即使是微小电流也容易因电击引起心室颤动。有的患者由于疾病或者麻醉和药物的影响有可能失去意识,意识处于不清醒状态时,患者失去对危险的感觉。其次,由于疾病种类和治疗上的需要,要使患者身体不动,将身体固定在病床和诊查台上,这样的患者即使感觉到电击的危险也无法逃生。

可见,加强医用电器设备的电气安全措施,最大限度地减小患者遭受电击的可能性,有着特别重要的意义。

防止电击的基本着眼点有两个方面:其一是将患者同所有接地物体和所有电流源绝缘开来;其二是把患者所有够得着的导电表面都保持在同一电位上,但不一定是地电位。目的都是使通过患者的电流减到最小。下面具体介绍几种电击防护措施。

一、保护接地

仪器外壳接地是最经常使用的安全措施,由于外壳可靠接地,即使火线与外壳发生了短路,短路电流的极大部分也会从外壳地线回流到地,流过人体的电流只是其中的很小一部分,同时又因短路电流足够大,可立即熔断线路中的保险丝,从而迅速切断仪器电源,保障人身安全。图 7-7 为仪器外壳接地时的情况。下面分析人接触外壳时流过人体的电流。设人体电阻 R_P 为 $1k\Omega$,外壳接地电阻 R_E 为 10Ω,外壳绝缘阻抗 R_i 为 $100k\Omega$,C_i 为 $300pF$。通过计算可知,当仪器外壳不接地时,流过人体的电流为 $1mA$,而仪器外壳接地后,流过人体的电流减小到 $9.9\mu A$,其余 $990\mu A$ 电流通过外壳接地线流向大地。显然,接地电阻越小,流过人体的电流也越小,通常要求接地电阻越小越好。

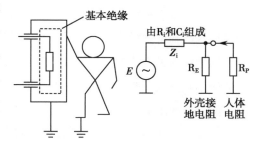

图 7-7 仪器外壳接地

一般情况下,只要保证外壳接地良好、有效、可靠,即使仪器发生故障、外壳漏电,仍可保证患者安全而不会受电击。但是在某些特殊场合,例如在危重监护病房特别是对电气敏感的患者同时使用多台仪器时,为防止仪器外壳非等电位接地而引起的电击事故,必须采取等电位接地系统。同时也要指出为了安全,即使仪器具备了保护接地,仪器内部的带电部件与仪器的可触及部分必须是基本绝缘的,这类仪器通常称为Ⅰ类设备。

二、等电位接地

在分析产生电击的因素时,曾提到当多台仪器同时与患者相连时,如果每台仪器的外壳电位不等,就会发生电击。因此,等电位接地系统是防止电击的又一有力措施。

所谓"等电位接地系统"是使患者环境中的所有导电表面和插座地线处于相同电位,然后接真正的"地",以保护电气敏感患者,也能保护患者免受其他地方地线故障的影响。

在测量仪器的周围环境中有很多金属物,如自来水管、煤气管、金属电线管、建筑物的钢筋和金属窗框等,将这些金属物和仪器外壳连接后再接地就成为等电位化方式,如图 7-8 所示。

在同等电位按地线连接有困难或禁止连接的情况下,可用充分厚的绝缘物覆盖在金属表面,防止人和金属表面接触。在安全标准中,原则上要求离患者 2.5m 以内的范围要达到等电位化。2.5m 的距离意味着当患者伸手时或者借助其他人所能接触到的范围。

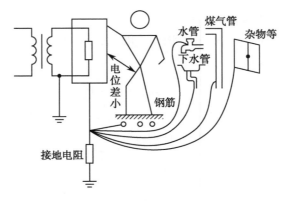

图 7-8　等电位接地

三、双重绝缘

当仪器没有保护接地时,为了安全使用,仪器除了上述提及的基本绝缘外,还必须附加独立于基本绝缘以外的辅助绝缘或加强绝缘,由基本绝缘和辅助绝缘组成的绝缘称为双重绝缘。

辅助绝缘这种方法的保护原理,相当于图 7-9 所示。把基础绝缘和辅助绝缘重合在一起,这种类型的医用电气设备叫Ⅱ类设备。Ⅱ类设备的双重绝缘中有一种绝缘损坏,另一种绝缘仍能保证安全。Ⅰ类设备的附加保护安全是靠接地电阻的外部因素,而Ⅱ类设备的附加保护安全是靠仪器本身的内部绝缘性能加强,这是此两种仪器的不同特征。Ⅱ类设备的外壳即使是用导电材料做的,原则上也不需要把它接地。只有某些特殊的仪器,为了防止微电击而将其接地。

采用双重绝缘后,即使仪器漏电,也不会引起电击事故。需要指出的是,双重绝缘不但能防止宏电击,也能防止微电击。

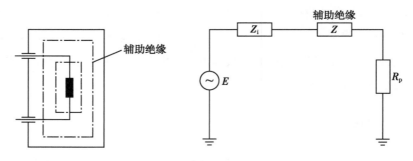

图 7-9　辅助绝缘

四、低电压供电

低压供电的方法有两种,一是采用低压电池供电,二是采用低压隔离变压器供电。低压电池供电一方面可达到低压供电的目的,另一方面由于它没有接地端,因此电池供电的仪器的外壳可不接地,这样就可取消人体接地的措施。电池供电广泛应用于无线电遥测中,比如在 ICU、CCU 监护系统中,往往需要对患者的心电、脉搏、呼吸等生理参数进行不间断的监护。图 7-10 所示的生理遥测系统可实现这一目的。

遥测系统的主要组成部分是:传感器、放大器、发射机、发射天线、接收天线、接收机及记录器。以心率无线遥测为例,通常的做法是:将放大器、发射机组装在一个体积尽可能小的盒子里,线路由电池供电。发射信号被在远处的接收机接收,接收部分不与人体接触,故可采用市电供电。因电池电压通常较低,不会对人体构成危险,故低压电池供电是避免电击事故的一种有效方法。

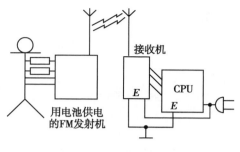

图 7-10　生理遥测系统

低压隔离变压器常使用在如眼底镜和内窥镜等仅有一个灯泡耗电量较大的医疗设备中,其输出低压部分与地绝缘。

五、应用部分浮置绝缘

很多医用电气设备都具有应用部分,应用部分是设备为了实现其功能需要与患者有身体接触的部分,为了防止通过应用部分使患者受到电击,而用基础绝缘把它和电路,特别是和电源的原线圈分开。但是,仅用基础绝缘这一种方法,当绝缘损坏时就不安全了。

例如,心脏导管和埋植体内的起搏器的刺激电极,其应用部分直接接触患者心肌或心腔,如果有漏电流直接刺激心肌,极易引起心室纤颤。所以,需要限制由应用部分流出的漏电流在极小范围内,才能保证安全。如果漏电流过大,可将应用部分接地(保护接地),会大大减少经过心脏的漏电流。但在这种情况下,如果还有其他仪器也连接在患者身体上,从旁的仪器流出的漏电流经过连接心脏的应用部分流向大地,也将引起微电击事故,如图 7-11 所示。

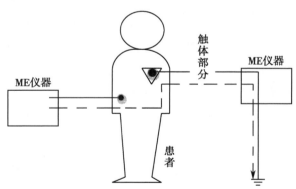

图 7-11　放在心脏内的应用部分接地的电击事故

为了在医疗中同时使用多台医疗仪器而不引起电击事故,必须采取措施限制接触心脏的应用部分流过的电流。为达到此目的,把应用部分与仪器的其他部分和接地点绝缘,这种方法称为应用部分浮置绝缘(isolated applied part)或称浮动(floating)应用部分。绝缘应用部分的主要特点是,它可以利用高绝缘阻抗来限制通过应用部分的漏电流,确保患者安全。

▶▶ **课堂活动**

试问避免产生电击的着眼点?

点滴积累 ∨

电击防护措施：保护接地、等电位接地、双重绝缘、低电压供电、应用部分浮置绝缘等。

第三节 医用电气设备的基本概念

一、医用电气设备、医用电气系统和非医用电气设备定义

1. 医用电气设备 医用电气设备 medical electrical equipment［以下简称为设备（equipment）］定义为：与某一专门供电网有不多于一个的连接，对在医疗监视下的患者进行诊断、治疗或监护，与患者有身体的或电气的接触，和（或）向患者传送或从患者取得能量，和（或）检测这些所传送或取得的能量的电气设备。

该定义规定了医用电气设备的界定范围：

（1）设备与供电网有一个或没有（内部电源）连接。如果存在多于一个的连接，则该设备实质上已构成一个医用电气系统。对于医用电气系统的安全可参照 GB9706.15-2007 医用电气设备系统的安全要求执行。

（2）设备处于医疗监视下，用于对患者进行诊断、治疗或监护。

这里强调设备应处于医疗监视下，以诊断、治疗或监护患者为目的，这不同于一般家用的保健电气设备，更与非诊断、治疗或监护用途的其他设备相区别。

（3）设备与患者有身体的或电气的接触，和（或）在医疗监视下向患者传递或从患者取得能量，和（或）检测这些所传递或取得的能量。也就是说，设备与患者必须有身体或电气的接触，或者从患者传递或取得能量（所谓能量一般是指声能、光能、热能、电能等）或者检测这些传递的能量。这三者可以是其中之一，也可以任意组合。

（4）明确了设备中由制造商指定的附件也是设备的一部分。

2. 医用电气系统 是医用电气设备安全通用要求的一个并列标准，它适用于医用电气系统的安全，该标准对医用电气系统作了如下定义：

医用电气系统是指不止一台医用电气设备或者是医用电气设备与其他非医用电气设备通过耦合，和（或）一个可移动式多插孔插座连接成的具有规定功能的组合。

不止一台医用电气设备或者是医用电气设备与其他非医用电气设备通过耦合是指不同台设备间的所有功能性连接，而可移动式多插孔插座即为有两个或两个以上的插孔插座，这种插座与软电缆/电线相连，或与软电缆/电线组成一体，当与网电源相连时，可以方便地从一个地方移到另外一个地方。

符合上述定义的医用电气系统，其医用电气设备的安全性评价应满足 GB9706.1 标准，医用电气系统应符合 GB9706.15 医用电气系统的安全要求。

3. 非医用电气设备 现代电子技术和生物医学技术在医学实践中的应用和迅速发展已经导致了这样一个局面，即使用由众多台数设备组成的比较复杂的系统来取代单台医用电气设备对患者进

行诊断、治疗或监护。越来越多的这种系统,是由原先为不同专业应用领域(不一定是医学领域)使用而制造的设备通过直接相连或间接相连而组成。当医用电气设备与非医用电气设备通过耦合组成医用电气系统时,要求患者只能与符合 GB9706.1(IEC60601-1)的医用电气设备连接,所连接的非医用电气设备本身可以符合适用它们专业领域的安全标准中提出的要求,GB9706.15-2008 附录 DDD 给出了一些非医用电气设备适用的安全标准。

GB8898-2001(或 IEC65-1998)电网电源供电的家用和类似一般用途的电子及有关设备的安全要求。

GB4706.1-2005(或 IEC335-1:2004)家用和类似用途电器的安全通用要求。

IEC60601-1-4 医用电气设备 第1-4部分:安全通用要求 并列标准:可编程医用电气系统。

GB7247.1-2001(IEC 60825-1:1993)激光产品安全 第1部分:设备分类、要求和用户指南。

GB 4943-2001(IEC 60950:1999)信息技术设备的安全。

GB4793.1-2007(IEC61010-1:2001)测量、控制和实验室用电气设备的安全要求 第一部分:通用要求。

ISO7767:1997 监视患者呼吸混合气的氧监护仪 安全要求。

ISO8185:1997 医用湿化器 湿化系统的一般要求。

ISO8359:1996 医用氧浓缩器 安全要求。

ISO9918:1993 病人用二氧化碳监护仪 要求。

ISO 10079-1:1991 医用吸引设备 第1部分:电动吸引设备 安全要求。

但 GB9706.15-2008 明确指出当将医用电气设备与非医用电气设备置于不同的医疗环境中(患者环境、医用房间、非医用房间),有对非医用电气设备提出附加的防电击保护措施的要求。例如,附加的保护接地、附加的隔离变压器、浮动的供电电源、隔离装置。

▶▶ **课堂活动**

试问医用电气设备与医用电气系统的区别?

二、医用电气安全重要的基本概念

1. "类"与"型" GB9706.1 标准从六个不同的角度对医用电气设备进行了分类,并要求将不同的类别用不同的标记作识别,本部分主要分析其中的两种分类方法。

(1)按附加保护措施的不同分为:Ⅰ类设备、Ⅱ类设备和内部电源设备。

1)Ⅰ类设备:Ⅰ类设备对电击的防护不仅依靠基本绝缘,而且还有附加安全保护措施,把设备与供电装置中固定布线的保护接地导线连接起来,使可触及的金属部件即使在基本绝缘失效时也不会带电的设备,见图 7-12。

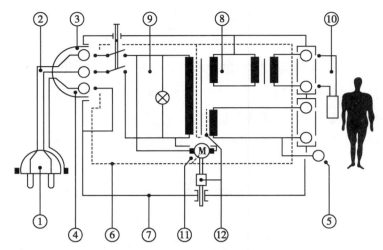

①有保护接地接点的插头；②可拆卸的电源软电线；③设备连接装置；④保护接地用接点和插脚；⑤功能接地端子；⑥基本绝缘；⑦外壳；⑧中间电路；⑨网电源部分；⑩应用部分；⑪有可触及轴的电动机；⑫辅助绝缘或保护接地屏蔽

图 7-12　Ⅰ类设备图例

知识链接

Ⅰ类设备电击的防护

具有基本绝缘和接地保护线是Ⅰ类设备的基本条件，也就是说，Ⅰ类设备除了对电击防护具有基本绝缘外，还必须将设备中可触及的金属部件与固定布线的保护接地导线连接起来。但在为了实现设备功能必须接触电路导电部件的情况下，Ⅰ类设备可以具有双重绝缘或加强绝缘的部件（这些部件可以不进行保护接地）、有安全特低电压运行的部件（这些部件不需要保护接地）或有保护阻抗来防护的可触及部件。如果只用基本绝缘实现对网电源部分与规定用外接直流电源（用于救护车上）的设备的可触及金属部分之间的隔离，则必须提供独立的保护接地导线。

2）Ⅱ类设备：Ⅱ类设备对电击的防护不仅依靠基本绝缘，而且还有如双重绝缘或加强绝缘那样的附加安全保护措施，但没有保护接地措施，也不依赖于安装条件的设备。Ⅱ类设备一般采用全部绝缘的外壳，也可以采用有金属的外壳，见图 7-13。

采用全部绝缘的外壳的设备，是有一个基本连续的坚固的并把所有导电部件封闭起来的绝缘外壳，但一些小部件（如铭牌、螺钉及铆钉）除外，这些小部件至少用相当于加强绝缘的绝缘与带电部件隔离。

带有金属外壳的设备是有一个用金属制成的基本连续的封闭外壳，其内部全部采用双重绝缘和加强绝缘，或整个网电源部分采用双重绝缘（除因采用双重绝缘显然行不通而采用强绝缘外）。

Ⅱ类设备也可因功能的需要备有功能接地端子或功能接地导线，以供患者电路或屏蔽系统接地用，但功能接地端子不得用作保护接地，且要有标记，以区别保护接地端子，在随机文件中也必须加以说明。功能接地导线只能作内部屏蔽的功能接地，且必须是绿/黄色的。

3）内部电源设备：内部电源设备是能以内部电源进行运行的设备。内部电源一般具有两种情况。

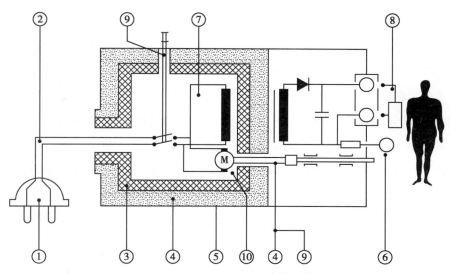

①网电源插头；②电源软电线；③基本绝缘；④辅助绝缘；⑤外壳；
⑥功能接地端子；⑦网电源部分；⑧应用部分；⑨加强绝缘；⑩有可触及轴的电动机；

图 7-13　Ⅱ类设备图例

第一种具有和电网电源相连装置的内部电源设备。这种设备必须为双重分类，如Ⅰ类内部电源、Ⅱ类内部电源设备。

第二种内部电源设备是当其与电网电源相连接时，必须符合Ⅰ类或Ⅱ类设备要求；当其未与电网电源相连时，必须符合内部电源设备的要求。例如，有的设备使用电池就可以工作，但在设备上还有一个输入插孔，用来与电源变换器（这种电源变换器可单独配置）连接。通过这种连接，设备就可以使用电网电源进行工作，因此，还必须符合Ⅰ类或Ⅱ类设备的要求。

（2）按防电击的程度分：由于医用电气设备使用场合不同，对设备的电击防护要求的宽严程度也不同。这是因为电流对人体的伤害程度与通过人体电流的大小、持续时间、通过人体的途径、电流的种类以及人体状态等多种因素有关。医用电气设备同患者有着各种各样的接触部位，有与体表接触和体内接触，甚至也有直接与心脏接触。例如各种理疗仪器大多同患者的体表接触。各种手术设备（电刀、妇科灼伤器）要同患者体内接触。而心脏起搏器、心导管插入装置则要直接与心脏接触，按其使用的场合不同，规定不同的对电击防护的程度，在标准中划分为 B 型、BF 型、CF 型。根据这些组合把仪器进行分类，如表 7-3 所示。

表 7-3　触体部分的种类和型号

	适用体表、体腔	适用与心脏
不绝缘	B	—
触体部分绝缘	BF	CF

C 代表 cor（心脏），B 代表 body（躯体），F 代表浮置隔离，连接心脏的部分一定是绝缘触体部分（CF），在 IEC 安全通则和 GB9706.1 医用电气设备安全标准中，对这种类型仪器分别规定容许漏电流值。

1）B 型应用部分（type B applied part）：符合本标准规定的对于电击防护的要求，尤其是关于漏电流容许值的要求的应用部分。并用标准的附录 D 中表 D2 的符号 1 来标记。

注:B 型应用部分不适合直接用于心脏。

2）BF 型应用部分（type BF applied part）:符合本标准规定的对于电击防护程度高于 B 型应用部分要求的 F 型应用部分。并用标准的附录 D 中表 D2 的符号 2 来标记。

注:BF 型应用部分不适合直接用于心脏。

3）CF 型应用部分（type CF applied part）:符合本标准中规定的对于电击防护程度高于 BF 型应用部分要求的 F 型应用部分。并用标准的附录 D 中表 D2 的符号 3 来标记。

4）防除颤应用部分（defibrillation-proof applied part）:具有防护心脏除颤器对患者的放电效应的应用部分。

2. 带电 指一个部分所处的状态。当与该部分连接时,便有超过容许漏电流值的电流（在 GB9706.1 的 19.3 中规定）从该部分流向地或从该部分流向该设备的其他可触及部分。

这里的"带电"不是我们平时所认为的"有电流或电压就是带电",而是强调"连接"后会产生超值电流,即当与该部件连接时,便有超过允许漏电流值的电流从该部件流向地或从该部件流向设备的其他可触及部件。

3. 网电源部分 设备中旨在与供电网作导电连接的所有部件的总体。就本定义而言,不认为保护接地导线是网电源部分的一个部件。

这里指的所有部件,一般是指电源变压器的一次绕组之前的部分,包括保险丝、电源开关及有关的连接导线,有的还有抗干扰元件和通电指示元件等或延伸至隔离之前。而保护接地导线不是网电源部分的一个部件。

4. 内部电源 包含在设备内并提供设备运行所必需的电能的电源。

5. 应用部分（applied part） 正常使用的设备的一部分:设备为了实现其功能需要与患者有身体接触的部分,或可能会接触到患者的部分,或需要由患者触及的部分。

应用部分的主要特征是与患者接触,但应用部分不仅仅是与患者相接触的全部部件,而且还应包括连接患者用的导线在内（如心电图机的导联线、高频手术设备的手术导线、中性及双极电极的输出电路、微波治疗设备的发热电极的连接电缆、波导管以及接插件等）。当操作者在操作设备时必须同时触及患者和某一部件时,则该部件可以考虑作为应用部分,设备在使用过程中及与患者接触的部件也应考虑作为应用部分。

6. 信号输入、输出部分

（1）信号输入部分:设备的一个部分,但不是应用部分,用来从其他设备接收输入信号电压或电流,例如为显示、记录或数据处理之用。

（2）信号输出部分:设备的一个部分,但不是应用部分,用来向其他设备输出信号的电压或电流,例如为显示、记录或数据处理之用。

信号输入部分和信号输出部分不同于应用部分。应用部分的特征是同患者接触;信号输入部分的特征是用来从其他设备接收输入信号电压和电流;信号输出部分的特征是用来向其他设备输出信号电压和电流。信号输入部分和信号输出部分都是与其他设备有关,而不是与患者有关。

7. **高电压**　任何超过 1000V 交流或 1500V 直流或 1500V 峰值的电压称为高电压。

8. **可触及的金属部分**　不使用工具即可接触到的设备上的金属部件。这种接触可以是使用功能上需要的接触,也可以是无意的偶然接触。设备的金属外壳是可触及的金属部件,而那些用标准测试指能触及到的设备上的金属部件,也应视为可触及的金属部件。

9. **安全特低电压**　在用安全特低电压变压器或等效隔离程度的装置与供电网隔离,当变压器或变换器由额定供电电压供电时,在不接地的回路中,导体间交流电压不超过 25V 或直流电压不超过 60V 名义电压。

根据上述定义,安全特低电压必须具备下面三个条件:与供电网有效隔离;回路不接地;电压值为 AC≤25V,DC≤60V。不能认为交流电压不超过 25V 或直流电压不超过 60V 就是安全特低电压。

10. **电气间隙、爬电距离**　电气间隙是指两个导体部件之间的最短空气路径。爬电距离是指沿两个导体部件之间绝缘材料表面的最短路径。

确定电气间隙的基本因素是瞬时过电压、电场条件(电极形状)、污染、海拔高度。还有下述可能影响电气间隙的因素:防电击防护、机械状况、隔离距离、电路中绝缘故障的后果、工作的连续性。爬电距离是由考虑中的距离的微观环境决定的。影响爬电距离的基本因素是电压、污染、绝缘材料、爬电距离的位置和方向、绝缘表面的形状、静电沉积、承受电压的时间等。因此,设计者应根据具体情况,充分考虑这些影响电气间隙和爬电距离的基本因素及其他可能的影响因素。

电气间隙和爬电距离在绝缘配合中的作用是不同的,因此在按各自作用选取的最小爬电距离可能会小于最小电气间隙值。在实际中这样设计和选用是不合理的。在此条件下最小爬电距离应当等于最小电气间隙。表 7-4 所示为标准规定的电气间隙和爬电距离的值。

表 7-4　电气间隙和爬电距离

| 电压类型 | | 直流电压/V | 15 | 34 | 75 | 150 | 300 | 450 | 600 | 800 | 900 | 1200 | |
		交流电压/V	12	30	60	125	250	380	500	660	750	1000	
相反极性部分间的基本绝缘	A-f		0.4	0.5	0.7	1	1.6	2.4	3	4	4.5	6	电气间隙/mm
			0.8	1	1.3	2	3	4	5.5	7	8	11	爬电距离/mm
基本绝缘或辅助绝缘	A-a₁、A-b、A-c、A-j、B-d、B-c		0.8	1	1.2	1.6	2.5	3.5	4.5	6	6.5	9	电气间隙/mm
			1.7	2	2.3	3	4	6	8	10.5	12	16	爬电距离/mm
双重绝缘或加强绝缘	A-a₂、A-e、A-k、B-a、B-e		1.6	2	2.4	3.2	5	7		12	13	18	电气间隙/mm
			3.4	4	4.6	6	8	12	16	21	24	32	爬电距离/mm

11. **基本绝缘、双重绝缘、加强绝缘、辅助绝缘**　基本绝缘:用于带电部件上对电击起基本防护作用的绝缘。双重绝缘:由基本绝缘和辅助绝缘组成的绝缘。加强绝缘:用于带电部件的单绝缘系统,它对电击的防护程度相当于本标准规定条件下的双重绝缘。辅助绝缘:附加于基本绝缘的独立绝缘,当基本绝缘发生故障时由它来提供对电击的防护。

标准述及了四种绝缘,为便于理解下面作简要说明。

基本绝缘是对带电部件提供基本防护,使之在正常条件下不会带电。如Ⅱ类设备的不可触及的带电部件就可以采用基本绝缘,在一般情况下能起到防电击的作用。

辅助绝缘是附加在基本绝缘上的独立绝缘,以便在基本绝缘万一失效时对带电部件进行防电击。这里特别要注意"独立"二字,即它与基本绝缘之间是相互独立的,可以分开使用,单独进行电介质强度试验,辅助绝缘的电介质强度要比基本绝缘高些。

双重绝缘和加强绝缘的区别是:前者是由基本绝缘和辅助绝缘两个独立的绝缘构成;后者是个单独的绝缘系统。尽管它们的电介质强度相当,但应用场合不一定相同,双重绝缘一般用于需要双重保护的带电部件,加强绝缘就不宜用于需要双重保护的带电部件。

12. 漏电流

(1)对地漏电流:由网电源部分穿过或跨过绝缘流入保护接地导线的电流。

在保护接地导线断开的单一故障条件下,如果有接地的人体接触到与该保护接地导线相连的可触及导体(如外壳),则这个对地漏电流将通过人体流到地,当这个电流大于一定值时,就有电击的危险。

(2)外壳漏电流:从在正常使用时操作者或患者可触及的外壳或外壳部件(应用部分除外),经外部导电连接而不是保护接地导线流入大地或外壳其他部分的电流。

如果是Ⅱ类设备,由于它们不配备保护接地线,则要考核其全部外壳的漏电流;如果是Ⅰ类设备,而它又有一部分的外壳没有和地连接,则要考核这部分的外壳漏电流;另外,在外壳与外壳之间,若有未保护接地的,则还要考核两部分外壳之间的外壳漏电流。

(3)患者漏电流:从应用部分经患者流入地的电流,或是由于在患者身上出现一个来自外部电源的非预期电压而从患者经 F 型应用部分流入地的电流。

这里是由于应用部分一定要接到患者身上,而患者又接地(患者往往是站在地上的),如果应用部分对地存在一个电位差,则必然有一个电流从应用部分经患者到地(这要排除设备治疗上需要的功能电流),这便是患者漏电流。

作为 F 型隔离(浮动)应用部分本来是浮动的,但是当患者身上同时有多台设备在使用时,或者发生其他意外情况时,使患者身上出现一个外部电源的电压(作为一种单一故障状态),这是也会产生患者漏电流。

(4)患者辅助电流:正常使用时,流经应用部分部件之间的患者的电流,此电流预期不产生生理效应。例如放大器的偏置电流、用于阻抗容积描记器的电流。

这里是指设备有多个部件的应用部分,当这些部件同时接入一个患者身上,在部件与部件之间若存在着电位差,则有电流流过患者。而这个电流又不是设备生理治疗功能上需要的电流,这就是患者辅助电流。例如心电图机各导联电极之间的流过患者身上的电流,阻抗容积描记器各电极之间流经患者的电流均属此例。

"患者辅助电流"这一定义还应区别于打算产生生理效应的(例如对神经和肌肉刺激、心脏起搏、除颤、高频外科手术所需要的,即患者功能电流)电流。

(5)漏电流的容许值:漏电流是衡量医疗仪器电气安全的一项重要指标,它的容许值在GB9706.1-2007 作了规定,表 7-5 给出了直流、交流及复合波形的连续漏电流和患者辅助电流的容许值。除非另有说明,其值均为直流或有效值。

另外,在正常状态或单一故障状态下,不论何种波形和频率,漏电流有效值不应超过 10mA。

表 7-5　各类仪器的规定容许漏电流值(mA)

电流		B 型		BF 型		CF 型	
		正常状态	单一故障状态	正常状态	单一故障状态	正常状态	单一故障状态
对地漏电流(一般设备)		0.5	1[1]	0.5	1[1]	0.5	1[1]
按注 2)、注 4)的设备对地漏电流		2.5	5[1]	2.5	5[1]	2.5	5[1]
按注 3)的设备对地漏电流		5	10[1]	5	10[1]	5	10[1]
外壳漏电流		0.1	0.5	0.1	0.5	0.1	0.5
按注 5)的患者漏电流	d.c.	0.01	0.05	0.01	0.05	0.01	0.05
	a.c.	0.1	0.5	0.1	0.5	0.01	0.05
患者漏电流(在信号输入部分或信号输出部分加网电源电压)		—	5	—	—	—	—
患者漏电流(应用部分加网电源电压)		—	—	—	5	—	0.05
按注 5)患者辅助电流	d.c.	0.01	0.05	0.01	0.05	0.01	0.05
	a.c.	0.1	0.5	0.1	0.5	0.01	0.05

注:对地漏电流唯一单一故障状态,就是每次有一根电源导线断开。

1)设备的可触及部分未保护接地,也没有供其他设备保护接地用的装置,且外壳漏电流和患者漏电流(如适用)符合要求。

例:某些带有屏蔽的网电源部分的计算机。

2)规定是永久性安装的设备,其保护接地导线的电气连接只有使用工具才能松开,且紧固或机械固定在规定位置,只有使用工具才能被移动。

这类设备的例子是:

X 射线设备的主件,例如 X 射线发生器、检查床或治疗床。

有矿物绝缘电热器的设备。

由于符合抑制无线电干扰的要求,其对地漏电流超过表 7-5 第一行规定值的设备。

3)移动 X 射线设备和有矿物绝缘的移动式设备。

4)表 7-5 中规定的患者漏电流和患者辅助电流的交流分量的最大值仅是指电流的交流分量。

5)"—"代表不用测量

13. 功能接地端子和保护接地端子　功能接地端子:直接与测量供电电路或控制电路某点相连的端子,或直接与为功能目的而接地的屏蔽部分相连的端子。保护接地端子:为安全目的与Ⅰ类设备导体部件相连接的端子。该端子通过保护接地导线与外部保护接地系统相连接。

功能接地端子与保护接地端子的目的不同。功能接地端子是为了安全以外的目的,从而直接与测量供电线路或控制电路某一点(往往是电路的公共端)相连接,或直接与某屏蔽部分相连接,而这屏蔽是为功能性目的的接地。保护接地端子是为了安全目的而与Ⅰ类设备导体部件相连接的,这个端子必须要与外部保护接地系统(大地)相连接。功能接地端子不能作为保护接地端子用。

14. 单一故障状态　设备内只有一个安全方面危险的防护措施发生故障,或只出现一种外部异常情况的状态(见 GB9706.1 中 3.6)。

单一故障状态可以是设备本身引起的,也可以是设备外部的异常情况引起的。单一故障状态有两个特征:只与安全相关,设备损坏到失去其运行功能的不包括在内;单一性,只出现一个影响安全性能的故障。

设备在单一故障状态下仍应保持安全,因此单独一个保护措施发生故障是允许的。一般来说如设备按标准的要求进行设计和制造,两个独立故障同时发生的概率就相当小。各种单一故障是考核测试的主要项目,经验测试它们必须符合标准的有关要求;各种单一故障状态在测试时,用模拟的办法来创造测试条件,通过验证考核设备在单一故障状态下的符合性。

下列故障是单一故障,这些故障在本标准中有特定的要求和试验:

(1)断开一根保护接地导线;

(2)断开一根电源导线;

(3)F 型应用部分上出现一个外来电压;

(4)信号输入部分或信号输出部分出现一个外来电压;

(5)与氧或氧化亚氮混合的易燃麻醉气外壳的泄漏;

(6)液体的泄漏;

(7)可能引起安全方面危险的电气元件故障;

(8)可能引起安全方面危险的机械零件故障;

(9)温度限制装置故障。

若一个单一故障状态不可避免地导致另一个单一故障状态时,则两者被认为就是一个单一故障状态。

15. 安全系数　最小断裂载荷与安全工作载荷之比。这里涉及两个概念:最小断裂载荷与安全工作载荷。

最小断裂载荷:是符合虎克定律(当应力不超过材料的弹性极限时,应力与应变成正比关系)的最大载荷,即平时的破坏载荷。

安全工作载荷:是某一部件在安装说明和使用说明中要求都得到遵守的情况下,根据制造厂声明的所可承受的最大负载,即平时设计负载。

安全系数的选取,要根据其具体情况作具体分析。除了要考虑载荷与应力计算的准确程度、材料性质的均匀性和构件的工作条件等主观估量和客观实际间必须存在的差异等因素外,还必须保证构件有必要的强度储备,以防构件在出现偶然的不利工作条件下发生破坏。一般讲,脆性材料的安全系数要取大些,动载荷比静载荷的安全系数要取大些,重要的及工作条件差的构件比一般的构件安全系数应大些。

▶▶ **课堂活动**

1. 试比较 Ⅰ 类和 Ⅱ 类设备之间的区别。　它们主要在哪个检验项目上有不同的要求?

2. 试比较 B、BF、CF 型设备不同的使用范围?　它们主要在哪个检验项目上有不同的要求?

点滴积累 ∨ ....

1. 医用电气设备分类：①按附加保护措施的不同分：Ⅰ类设备、Ⅱ类设备和内部电源设备；②按防电击的程度分为 B 型、BF 型、CF 型。

2. 漏电流分类：对地漏电流、外壳漏电流、患者辅助漏电流。

3. 绝缘分类：基本绝缘、双重绝缘、加强绝缘、辅助绝缘。

4. 其他医用电气安全概念：安全系数、保护接地、功能接地等。

第四节　医用电气设备安全性检测

一、漏电流检测

医疗仪器的安全性测试中最重要的测试就是测量仪器的漏电流。漏电流有对地漏电流（流过保护接地导线的电流）、外壳漏电流（从外壳流向大地的电流）、患者漏电流（从应用部分经患者流入大地的电流，或是由于在患者身上意外地出现一个来自外部电源的电压而从患者经 F 型应用部分流入地的电流）、患者辅助电流（流入处于应用部分部件之间的患者的电流）等四种。

GB9706.1 对漏电流的测量方式作了详细的规定，其主要内容有：概述、测量供电电路、设备与测量供电电路的连接、测量布置、测量装置（MD）和具体的漏电流测量线路等内容。

1. 概述

（1）对地漏电流、外壳漏电流、患者漏电流及患者辅助电流的测量，在设备达到符合第七篇所要求的工作温度之后，和在 4.10 规定的潮湿预处理之后。

（2）设备接到电压为最高额定网电源电压的 110% 的电源上。

（3）能适用单相电源试验的三相设备，将其三相电路并联起来作为单相设备来试验。

（4）对设备的电路排列、元器件布置和所用材料的检查表明无任何安全方面危险可能性时，试验次数可减少。

2. 测量供电电路　GB9706.1 列举了 5 种测量供电电路，此处介绍两种常用的供电电路。

（1）规定使用指定的Ⅰ类单相网电源的设备，连接到图 7-14 所示电路。试验时必须依次断开和闭合开关 S_8。然而，若所指定电源具有固定的永久性安装的保护接地导线，试验时必须闭合开关 S_8。

（2）规定使用指定的Ⅱ类单相网电源的设备，连接到图 7-14 所示电路，但不使用保护接地连接和 S_8。

图中①为设备外壳；②为规定的电源。

（3）规定与有一端大约为地电位的供电网相连的设备，以及对电源类别未预规定的设备，连接到图 7-15 所示电路。

3. 测量装置（MD）　对直流、交流及频率≤1MHz 的复合波形来说，测量装置必须给漏电流或患者辅助电流源加上约 1000Ω 的阻性阻抗，见图 7-16。

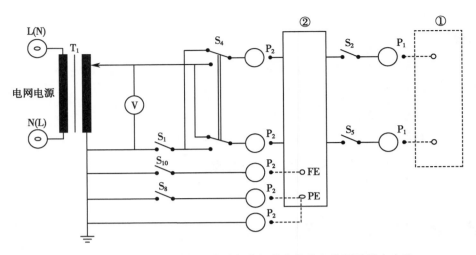

图 7-14　由规定按Ⅰ类或Ⅱ类单相电源供电的设备的测量供电电路
（在Ⅱ类时，不使用保护接地连接和 S_8）

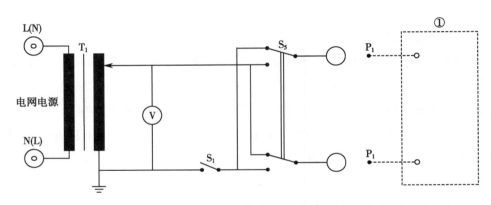

图 7-15　供电网的一端近似地电位时的测量供电电路

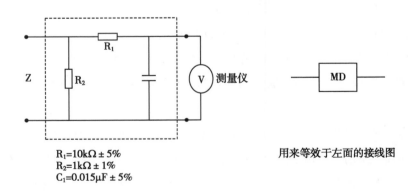

$R_1=10k\Omega \pm 5\%$
$R_2=1k\Omega \pm 1\%$
$C_1=0.015\mu F \pm 5\%$

用来等效于左面的接线图

图 7-16　测量装置的图例

4. 对地漏电流测量电路　测量时可将测量装置接在保护接地端和墙壁接地端钮（大地）之间。当仪器采用两眼插座时，应将电源插头交换一下进行测量，以改变电源的极性，取两者中的较大值作为漏电流。如仪器本身有附加保护接地端钮时，应将它和接地断开后测量。对地漏电流的测量如图 7-17 所示，图中⑤为应用部分。

GB9706.1 中使用规定的Ⅰ类单相电源，具有或没有应用部分的设备对地漏电流的测量电路见图 7-17。

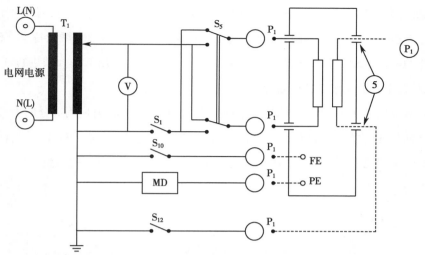

测量时，将S_5、S_{10}和S_{12}的开、闭位置进行所有可能的组合：
S_1闭合(正常状态)，和S_1断开(单一故障状态)

图 7-17 具有或没有应用部分的Ⅰ类设备对地漏电流的测量电路
采用图 7-15 测量供电电路的图例

5. **外壳漏电流测量电路** 测量时，对于Ⅰ类设备，不论其有无应用部分，按图 7-18 用图 7-15 相应的测量供电电路试验。用 MD1 在地和未保护接地外壳的每个部分之间测量。用 MD2 在未保护接地外壳的各部分之间测量。

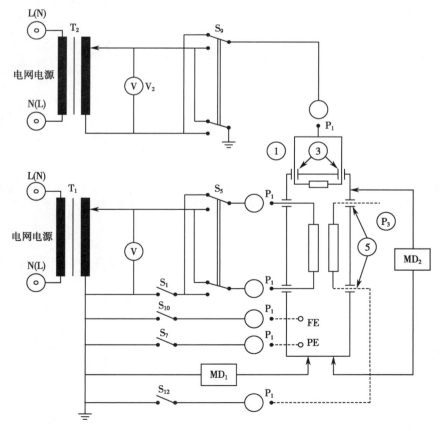

图 7-18 外壳漏电流的测量电路对Ⅰ类设备，不使用保护接地连接和 S_7
采用图 7-15 测量供电电路的图例

6. 患者漏电流测量电路 对应用部分的连接,必须测量的患者漏电流有:对 B 型设备,从连在一起的所有患者连线,或按制造厂的说明对应用部分加载进行测量;对 BF 型设备,轮流地从应用部分的同一功能的连在一起的所有患者连线,或按制造厂的说明对应用部分加载进行测量;对 CF 型设备,轮流地从每个患者连接点进行测量。

测量患者漏电流时,GB9706.1 对测量电路规定了下列各种情况:有应用部分的 Ⅰ、Ⅱ 类设备;有 F 型应用部分的 Ⅰ、Ⅱ 类设备;有应用部分和信号输入和(或)信号输出部分的 Ⅰ、Ⅱ 类设备及内部电源设备相应的各种情况。本节节选了从 F 型应用部分至地的患者漏电流的测量电路图例 7-19 和内部电源供电设备从应用部分至外壳的患者漏电流的测量电路图例 7-20。

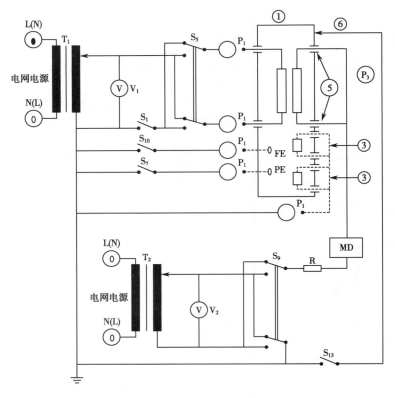

图 7-19 由应用部分上的外来电压引起的从 F 型应用部分至地的患者漏电流的测量电路
(注:Ⅱ 类设备时不使用保护接地连接和 S₇,采用图 7-15 测量供电电路的图例)

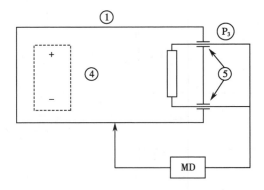

图 7-20 内部电源供电设备从应用部分至外壳的患者漏电流的测量电路
(注:①代表短接或加上负载的信号输入或信号输出部分;④代表内部电源;
⑤代表非应用部分且未保护接地的可触及金属部件)

7. 患者辅助电流测量电路　对应用部分的连接可参照患者漏电流的要求。同时,测量患者辅助电流时,GB9706.1 也对测量电路规定了下列各种情况:有应用部分的Ⅰ、Ⅱ类设备和内部电源设备两种情况。图 7-21 为Ⅰ、Ⅱ类设备的患者辅助电流测量的图例。

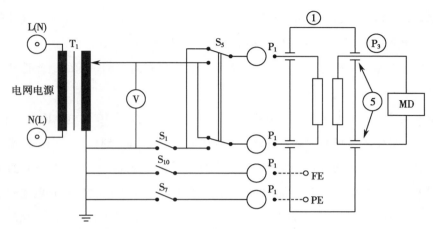

在S_1、S_5和S_{10}的开、闭位置进行所有可能的组合的情况下进行测量。
S_1断开时是单一故障状态。
若仅为Ⅰ类设备时:
在S_5和S_{10}的开、闭位置进行所有可能组合的情况下,闭合S_1并断开S_7进行测量(单一故障状态)。

图 7-21　患者辅助电流的测量电路对Ⅱ类设备则不使用保护接地连接和 S_7
(采用图 7-15 测量供电电路的图例)

二、接地电阻检测

一般的医用电子仪器,都是靠仪器的接地端钮通过导线和大地相连,俗称"接地",从而旁路漏电流,以防止患者和操作者遭受电击。在此意义上,接地线是否良好、接地端钮是否良好是安全的重要因素。

GB9706.1 规定不用电源软电线的设备,保护接地端子与保护接地的所有可触及金属部件之间的阻抗,不得超过 0.1Ω;带有电源输入插口的设备,在插口中的保护接地点与已保护接地的所有可触及金属部件之间的阻抗,不得超过 0.1Ω;带有不可拆卸电源软电线的设备,网电源插头中的保护接地脚和已保护接地的所有可触及金属部件之间的阻抗不得超过 0.2Ω。

欲测量接地线的导通与否,用最小刻度为 1Ω 左右的仪表即可,但若要知道接地线的正确电阻值,则需要最小刻度为 10mΩ 左右的低阻测量仪器,以便能准确地测量 0.1~0.2Ω 这样小的电阻。但是,测量如此小的电阻时,被测点和表笔间的接触电阻也属同一数量级,所以一般应采用如下试验方法。

用 50Hz 或 60Hz,空载电压不超过 6V 的电流源,产生 25A 或 1.5 倍于设备额定电流,两者取较大的一个(±10%),在 5~10s 的时间里,在保护接地端子或设备电源输入插口保护接地连接点或网电源插头的保护接地脚和在基本绝缘失效情况下可能带电的每一个可触及金属部分之间流通。测量上述有关部分之间的电压降,根据电流和电压降确定的阻抗,不得超过上述规定的值。

三、电介质强度检测

如果物体某部分带电后,其电荷只能停留在该部分,而不能显著地向其他部分传布,这种不导电的物体称为绝缘体,又称电介质,如玻璃、石蜡、硬橡胶、塑料、松香、丝绸、瓷器、干燥空气等都是电介质。电介质有不导电的能力,但实际上绝缘材料在电场作用下都会有一很小的电流通过,这一电流,称为漏泄电流。电工上常用体积电阻率和表面电阻率来表征材料内部和表面的绝缘特性。它们的数值越大,材料的绝缘性能越好。

当施加于电介质两端的外电场强度高于某一临界值后,其电流突然上升,电介质失去绝缘性能,这种现象称为击穿。此临界电场强度称为电介质强度或电气强度,即材料能承受而不致遭到破坏的最高电场强度,其值为:在规定的试验条件下发生击穿的电压除以施加电压的两电极间的距离所得的商。电介质强度试验是检验不同带电部位的绝缘材料能否承受过电压的能力,是电气安全要求中一个重要的检验项目,是保证每一台设备都符合标准要求所必须检测的项目。标准中规定了对带电部件和其他部分之间电介质强度要求。

1. 绝缘路径(绝缘图)的检验和试验电路　GB9706.1 规定了对带电部件和其他部分之间电介质强度的要求,这些电介质强度要求仅限于引起安全方面危险的部位(绝缘路径),这些部位和要求如下所述。

(1)对所有各类设备的通用要求:

A-a$_1$:在带电部件和已保护接地的可触及金属部件之间。这种绝缘必须是基本绝缘。

A-a$_2$:在带电部件和未保护接地外壳部件之间。这种绝缘必须是双重绝缘或加强绝缘。

A-b:在带电部件和以双重绝缘中的基本绝缘与带电部件隔离的导体部件之间。这种绝缘必须是基本绝缘。

A-c:在外壳和以双重绝缘中的基本绝缘与带电部件隔离的导体部件之间。这种绝缘必须是辅助绝缘。

A-e:在非信号输入或信号输出部分的带电部分和未保护接地信号输入或信号输出部分之间。这种绝缘必须是双重绝缘或加强绝缘。

A-f:在网电源部分相反极性之间。这种绝缘必须是基本绝缘。

A-g:在用绝缘材料作内衬的金属外壳(或罩盖)和为试验目的用来与内衬内表面相接触的金属箔之间。当通过内衬测得带电部件与外壳(或罩盖)之间的距离小于57.10条所要求的电气间隙时,可以应用这种内衬。

当外壳(或罩盖)已保护接地,要求的电气间隙是按基本绝缘考虑的,内衬必须按基本绝缘处理。

当外壳(或罩盖)未保护接地,要求的电气间隙按加强绝缘考虑。

若带电部件和内衬内表面距离不小于按基本绝缘要求的电气间隙,那个距离必须按基本绝缘处理。内衬必须当作辅助绝缘。

若上述距离小于按基本绝缘的要求,则内衬必须按加强绝缘处理。

A-j：在未保护接地的可触及部件；电源软电线绝缘损坏时会带电的部件以及进线入口处套管内的、电线保护套内的、电线固定件内的或类似物件内的电源软电线上所缠绕的金属箔之间；和（或）插在软电线位置处其直径与软电线相同的金属杆之间。这种绝缘必须是辅助绝缘。

A-k：依次在信号输入部分、信号输出部分和未保护接地的可触及部件之间。这种绝缘必须是双重绝缘或加强绝缘。

（2）对有应用部分的设备的要求：对于有应用部分的设备，也必须试验电介质强度。

B-a：在应用部分（患者电路）和带电部分之间。这种绝缘必须是双重绝缘或加强绝缘。

当应用部分和带电部件之间的总隔离由一个以上的电路绝缘组成时，这些电路实际上可能具有不同的工作电压，必须注意到隔离措施的每一部分承受的是从有关基准电压导出的合适的试验电压。这意味着试验 B-a 可由两个或更多个在隔离措施中各个隔离部分上的试验来代替。

B-b：在应用部分各部件之间和（或）在应用部分与应用部分之间。这条要求由具体专用标准确定。

B-c：在未保护接地且仅以基本绝缘与带电部件隔离的部件和应用部分之间。这种绝缘必须是辅助绝缘。

B-d：在 F 型应用部分（患者电路）和包括信号输入及信号输出部分在内的外壳之间。这种绝缘必须是基本绝缘。

B-e：在包括应用部分的任何部件接地的正常使用时，如 F 型应用部分上有电压使其与外壳之间的绝缘受到应力时，则在 F 型应用部分（患者电路）和外壳之间。这种绝缘必须是双重绝缘或加强绝缘。

图 7-22 为上述提及的在电介质强度试验时的绝缘路径和相应的试验电路。

2. 试验电压值　在进行电介质强度试验前，应先确定待试验的电气绝缘要求达到怎样的绝缘程度，即标准所述的基本绝缘、辅助绝缘、双重绝缘或加强绝缘。绝缘程度可根据上述的绝缘路径 A-a～A-j、B-a～B-e 中的规定来确定。电气绝缘的电介质强度必须足以承受表 7-6 中规定的试验电压。

表 7-6　试验电压

被试绝缘	对基准电压（U）相应的试验电压（V）					
	$U \leqslant 50$	$50 < U$ $\leqslant 150$	$150 < U$ $\leqslant 250$	$250 < U$ $\leqslant 1000$	$1000 < U$ $\leqslant 10000$	$10000 < U$
基本绝缘	500	1000	1500	$2U+1000$	$U+2000$	注 1
辅助绝缘	500	2000	2500	$2U+2000$	$U+3000$	注 1
加强绝缘和双重绝缘	500	3000	4000	$2(2U+1500)$	$2(U+2500)$	注 1

注 1：如有必要，由专用标准规定

表中基准电压（U），是在正常使用时，当设备加上额定供电电压或制造厂所规定的电压两者中较高电压时，设备有关绝缘可能受到的电压。

双重绝缘中每一绝缘的基准电压（U），等于该双重绝缘在正常使用、正常状态和额定供电电压时，设备加上前一段条文中所规定的电压时，每一绝缘部分所承受的电压。

对于未接地应用部分的基准电压(U),患者接地(有意或无意的)被认为是一种正常状态。

对两个隔离部分之间或一个隔离部分与接地部分之间的绝缘,其基准电压(U)等于两个部分的任何两点间最高电压的算术和。

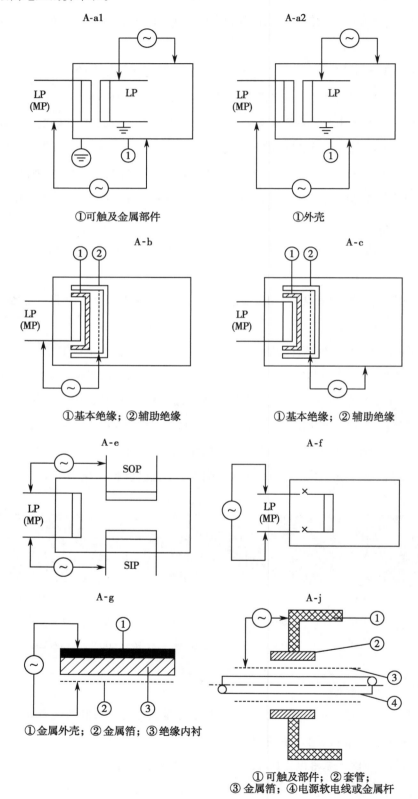

A-a1

①可触及金属部件

A-a2

①外壳

A-b

①基本绝缘;②辅助绝缘

A-c

①基本绝缘;②辅助绝缘

A-e

A-f

A-g

①金属外壳;②金属箔;③绝缘内衬

A-j

①可触及部件;②套管;
③金属箔;④电源软电线或金属杆

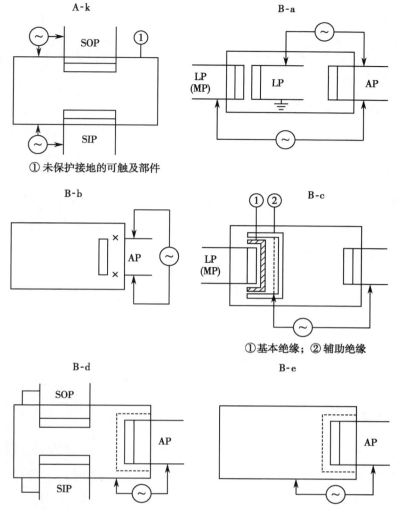

符号说明：MP=网电源部分；SOP=信号输出部分；SIP=信号输入部分；
　　　　　AP=应用部分；LP=带电部分；X=为达到测量目的而断开的电路

图 7-22　各种绝缘路径

　　F 型应用部分和外壳之间绝缘的基准电压(U)，取包括应用部分中任何部位接地的正常使用状态时，该绝缘上出现的最高电压。然而，基准电压应不低于最高额定供电电压，或在多相设备时不低于相对中线的电压，或内部电源设备时不低于 250V。

　　对防除颤应用部分，基准电压(U)的确定不考虑可能出现的除颤电压。

实例分析

　　某一个 I 类设备，要进行电源输入端与外壳之间（A-a_1）电介质强度试验。电源输入端可能出现的最高电压为 220V＋20V，基准电压为：242V，问试验电压值为多少？

　　答：（A-a_1）条所要求的绝缘程度为基本绝缘，查表 7-6 得到：试验电压值为 1500V。

实例分析

　　某一个 BF 型设备，要进行应用部分和电源输入端之间（B-a）电介质强度试验。应用部分可能出现 50V 电压。电源输入端可能出现的最高电压 U_1 为 242V，问试验电压值为多少？

　　答：基准电压为：$U = U_1 + U_2 = 242 + 50 = 292V \approx 300V$；（B-a）条所要求的绝缘程度为双重绝缘或加强绝缘；查表 7-6 得到：

　　试验电压值为 $= 2（2U + 1500）\approx 2（2 \times 300 + 1500）\approx 4200V$。

　　3. 试验步骤　开始必须加上不超过一半规定值的电压，然后必须在 10s 内将电压逐渐增加到规定值，必须保持此值达 1min 之后，必须在 10s 内将电压逐渐降至规定值一半以下。

　　试验时不得发生闪络或击穿。

▶▶ **课堂活动**

　　1. 试问电介质与电解质的区别？

　　2. 描述电介质强度试验的步骤。

　　3. 试问接地漏电流和外壳漏电流的区别？

四、电源变压器检测

　　根据使用电源形式不同，变压器可分为单相变压器和三相变压器；根据结构不同，变压器可分为隔离式变压器和自耦调压式变压器。其功率大到几十千伏安（kVA），小到几伏安（VA）。品种繁多，工艺复杂。医用电气设备的网电源变压器是一个非常重要的部件，其质量的好与坏直接关系到产品的电介质强度、对地漏电流、外壳漏电流等电气安全性能。因此国家对网电源变压器的质量都有严格的要求，即 GB9706. 1-57. 9。

　　1. 过热　用于医用电气设备的网电源变压器，应防止其基本绝缘、辅助绝缘和加强绝缘在任何输出绕组短路或过载时过热，以免引起热击穿，导致严重的安全风险。变压器的过热防护环境温度为 25℃时网电源变压器绕组过载和短路状态下容许的最高温度如表 7-7。

表 7-7　试验电压

部件 （绕组和与其接触的铁芯叠片，如绕组绝缘为）	最高温度/℃
A 级材料	150
B 级材料	175
E 级材料	165
F 级材料	190
H 级材料	210

（1）短路：短路试验是验证变压器在输出绕组发生短路故障时，其相关的保护装置（如熔断器、过电流释放器、热断路器等）或绕组自身的阻抗能否限制住短路电流，使变压器的绕组绝缘温度保持在其允许温度之下。按 GB9706.1 中的 57.9.1a 的要求进行试验。

（2）过载：通过短路试验，明确输出绕组发生故障时变压器是否有保护装置，其保护装置是否起作用，如有多个保护装置，是哪一个装置起作用。然后根据保护装置的特性制定正确的过载试验方案。

对变压器抽头段和绕组进行过载加载必须满足如下要求：①用符合 GB9364 和 IEC60241 的熔断器做保护装置的电源变压器，分别加载 30min 和 1h，流过熔断器电路的试验电流按表 7-8，并将熔断器以可忽略阻抗的连线代替。②用不同于 GB9364 和 GB9815 的熔断器作保护装置的网电源变压器，加载 30min，流过熔断器的试验电流尽可能采用熔断器制造商提供的特性中最大值，但不能造成熔断器动作。熔断器应采用可忽略阻抗的连线代替。

表 7-8　电源变压器试验电流

保护熔断丝（片）额定电流的标示值/A	试验电流与熔断丝（片）额定电流之比
$I \leqslant 4$	2.1
$4 < I \leqslant 10$	1.9
$10 < I \leqslant 25$	1.75
$I > 25$	1.6

2. 电解质强度　电介质强度是考核电气绝缘的一个重要指标，通过对设备施加一个高于其额定值的电压并维持一定时间来判定设备的绝缘材料和空间距离是否符合要求，当外界电流出现高压渗入的情况下仍能保证电路对地的良好绝缘，证明是符合要求的。

对于医用电气设备的网电源变压器电介质强度的测试项目和要求，GB9706.1 中的 57.9.2 中进行了明确说明：一是变压器初级绕组和其他绕组、屏蔽及铁芯之间的电气绝缘，即变压器的主绝缘，按照第 20 章规定进行电介质强度试验。二是变压器初级和次级绕组的匝间和层间绝缘的电介质强度，应在潮湿预处理后进行如下试验：

（1）任一绕组电压不高于 500V 的变压器，用其额定电压的 5 倍或额定电压范围上限值的 5 倍，频率不低于额定频率 5 倍的电压直接施加于待测绕组的两端。

（2）对于任一绕组电压高于 500V 的变压器，用其额定电压的 2 倍或额定电压范围上限值的 2 倍，频率不低于额定频率 2 倍的电压直接施加于待测绕组的两端。如果受测绕组的额定电压被认为是基准电压，应使得变压器最高额定电压绕组上出现的电压不超过附表（GB 9706.1-2007 表 5，即表 7-6）中对基本绝缘规定的试验电压。

（3）三相变压器可用三项试验装置试验，或用单项试验装置依次试验三次。关于铁芯以初、次级绕组间的任何屏蔽的试验电压，应按有关变压器的规范选用。如果初级绕组有一个有标记的与供电网中性线的连接点，除非铁芯（和屏蔽）规定接至电路的非接地部分，该点应与铁芯相连（有屏蔽时也与屏蔽相连）。将铁芯（和屏蔽）接到对标记连接点有相应电压和频率的电源上来进行模拟。

（4）如果该连接点没有标记，除非铁芯（和屏蔽）规定接至电路的非接地部分，应轮流将初级绕组的每一端和铁芯相连（有屏蔽时也与屏蔽相连）。将铁芯（和屏蔽）轮流接至对初级绕组每一端有相应电压和频率的电源上来进行模拟。

（5）试验时，所有不打算与供电网相连的绕组应空载（开路），除非铁芯规定接至电路的非接地部分，打算在一点接地或让一点在近似地电位运行的绕组，应将该点与铁芯相连。

（6）开始应施加不超过一半规定的电压，然后应用 10s 时间升至满值，并保持此值达 1min，之后应逐渐降低电压并切断电路。

（7）不在谐振频率下进行试验。

（8）试验时，绝缘的任何部分不应发生闪络或击穿。试验后，不应有可觉察到的变压器损坏现象。当试验电压暂时降低到比基准电压（U）高的较低值时，轻微电晕放电现象即停止，且放电不引起试验电压的下降，则此轻微电晕放电不考虑。

3. 结构

（1）网电源变压器，其初级绕组与对应用部分或未保护接地的可触及金属部分有导电连接的次级绕组之间的隔离，应绕在分开的绕线管筒或线圈架上；或绕在同一个绕线管筒或线圈架上，线圈之间用无孔隙的绝缘层隔开；或同心地绕在统一绕线管筒或线圈架上，线圈之间用无孔隙的、厚度不低于 0.13mm 的保护铜屏蔽；或同心地绕在同一个绕线管筒上，线圈之间用双重绝缘或加强绝缘隔离。

（2）应有防止端部线匝移动到绕组间绝缘之外的措施。

（3）若保护接地屏蔽只有一匝，它应有不小于 3mm 长的绝缘重叠。屏蔽的宽度应至少等于初级绕组的轴向长度。

（4）具有加强绝缘或双重绝缘的变压器，其初级和次级绕组之间的绝缘应是：总厚度至少为 1mm 的绝缘层，或不低于 0.3mm 的两层绝缘层，或三层绝缘层，每两层的组合能承受加强绝缘的电介质强度试验。

（5）符合 57.9.4a）的变压器，初级和次级绕组间的爬电距离应符合加强绝缘的要求（57.10 中表 16 的 A-e）。

（6）环形铁芯变压器内部绕组的导线引出线，应有两层符合双重绝缘要求的、总厚度至少为 0.3mm 的套管，并伸出绕组外至少 20mm。

以上，通过检查来检验是否符合各项要求。

五、布线与连接检测

GB9706.1 分别对医用电气设备内部的布线和连接是否符合标准作了具体描述。本节对网电源的布线和连接做重点阐述。

1. 电源接线端子装置

（1）网电源接线端子的通用要求：打算与固定布线永久连接的设备、可重新接线的不可拆卸电源软电线连接的设备，应具有网电源接线端子装置，且连接应用螺钉、螺母、焊接、夹持、导线缠绕或其他等效的方法。连接必须用螺钉、螺母或等效的方法。除非在导线断裂时有隔档使带电部件与其他导体部件间的爬电距离和电气间隙不会降至 57.10 条中规定值以下,不得仅仅依靠接线端子来保持导线的位置。

(2)网电源接线端子装置的布置:有可重新接线的软电线且备有接线端子同外部软线或电源软电线相连接的设备,其接线端子和保护接地端子应排列得尽量靠近,以保证接线方便。即便电源网线接线端子装置的带电部分触及不到,该端子装置在不用工具时也应触及不到;网电源接线端子布置应适当,或者有必要的防护,以保证即使在安装就绪后绞线中有一根导线脱出在外时,在带电部分和可触及部分之间也不会出现意外接触的危险,对Ⅱ类设备来说,在带电部分和仅用辅助绝缘与可触及部分相隔离的导体部件之间,不会发生意外接触的危险。

(3)网电源接线端子的固定:网电源接线端子应固定得使在夹紧和松开接线时,内部布线不会受到应力,也不会使爬电距离和电气间隙降低到 57.10 所规定的值以下。通过检查,并对所规定的最大截面积的导线夹紧和松开 10 次之后进行测量,来检验是否符合要求。

(4)与网电源接线端子的连接:对于用夹紧方法连接可重新接线的软电线的设备,软电线的接线端子不应要求对软电线进行专门的准备就可以进行正确接线;接线端子应设计合理并且位置适当,使在拧紧固定螺钉或螺母时,导线不会损伤,也不会脱出。

(5)布线的固定:导线和连接器必须固定妥善或绝缘良好,使意外的拆卸不会引起安全方面的危险。如因它们的连接点松开且绕它们的支撑点活动,而可能触及到引起安全方面危险的电路时,就认为它们未被妥善固定。松开的例子必须认为是单一故障状态。

2. 网电源部分的布线

(1)绝缘:如果网电源部分某单根导线的绝缘达不到 GB5013.1 或 GB5023.1 所要求软电线中各单根导线的绝缘要求时,则该导线被认为是一根裸导线。

(2)截面积:网电源接线端子装置至保护装置之间的网电源部分内部布线的截面积不得小于 57.3c 条规定的电源软电线要求的最小截面积。

网电源部分其他布线截面积,以及所有印刷电路的线路尺寸,都必须足以在可能的故障电流时,能防止发生着火的危险。如果对过电流保护的有效性有疑问,则必须把设备接到一个规定的当网电源部分发生故障时可以取得预料的最严重的短路电流值的供电网,来检验是否符合要求。然后,模拟网电源部分某单个绝缘的故障,使故障电流为最不利的数值时,不得发生安全方面的危险。

3. 电源软电线的连接

(1)电线固定用的零件:配有电源软电线的设备和网电源连接器,都应有固定电线用的零件,以防导线在设备与网电源连接器的接线处受到拉力和扭力的影响,并防止导线的绝缘磨损。将电线打结或用线把电线末端系住等免除应力的方法均不得使用。

(2)软电线防护套:非移动设备除外的其他设备的电源软电线,在设备进线口处必须用绝缘材料制成的防护套加以保护,以防过分弯曲。

(3)方便连接:设备内部设计用来固定布线的或供可重新接线的电源软电线用的空间,应足以允许导线方便地引入和接线,若有盖子,在盖上盖子时应避免发生损坏导线或其绝缘的危险。尽可能在盖上盖子以前对导线已经正确连接和定位做检验。

▶▶ **课堂活动**

　　1. 漏电流的测试标准?

　　2. 接地电阻的测试标准?

　　3. 电介质强度的测试标准?

　　4. 变压器的检测内容?

　　5. 布线与连接的检测要求?

点滴积累 ∨

　　1. 变压器检测内容　过热、电解质强度、结构等。

　　2. 漏电流测试项目　对地漏电流、外壳漏电流、患者漏电流、患者辅助电流四种。

　　3. 变压器分类　根据使用电源形式，可分为单相变压器和三相变压器；根据结构不同，可分为隔离式变压器和自耦调压式变压器。

第五节　医用电气设备电磁兼容性要求

　　近年来,随着高敏感性电子技术在医用电气设备中的广泛应用,以及新通讯技术(如个人通讯系统、蜂窝电话等)在社会生活各领域的迅速发展,医用电气设备不仅自身会发射电磁能,影响无线电广播通讯业务和周围其他设备的工作,而且在其使用环境内还可能受到如通讯设备等电磁能发射的干扰造成对患者的伤害。医用电气设备的电磁兼容性涉及公众的健康和安全,因而日益受到关注。电磁兼容的英文名称是 electromagnetic compatibility(简写 EMC),国际电工委员会(IEC)对 EMC 的定义为:"电磁兼容是设备或系统在其电磁环境中能正常工作,且不对该环境中任何事物构成不能忍受的电磁干扰的能力"。根据国家标准的定义,所谓电磁兼容性,一方面要求设备在电磁环境中可以正常工作,自身具有一定的抗干扰的能力;另一方面要求设备不对环境中的其他设备构成不能承受的电磁干扰。

一、电磁干扰对医疗设备的危害

　　现代医疗设备中不仅使用了各种高敏感性电气、电子元件和部件,并且与电脑、移动通讯系统等结合组成地区广泛的远程医疗诊断网络,它们在工作时向周围发射不同频率范围、不同电磁场强度的有用或无用的电磁波,影响无线电广播通讯业务和周围其他设备的工作,而且它们在共同的电磁环境中还可能受到周围电力、电子设备以及医疗电器设备的电磁干扰。医用电气设备的电磁环境如图 7-23 所示。

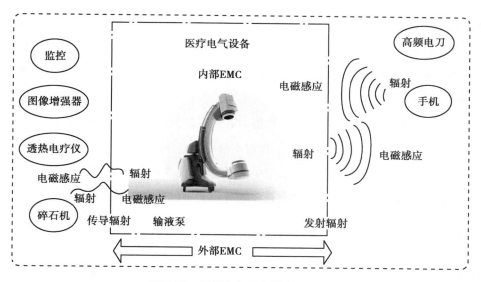

图 7-23 医用电气设备的电磁环境

事实证明,在电磁环境中,电磁干扰造成的危害是各种各样的,轻则产生令人烦恼的现象,如手机信号对固定电话产生的干扰而引起通话质量的下降,重则会严重影响生产。由于医用电气设备在诊断和治疗方面的重要性,使得电磁干扰对医用电气设备的影响直接关系到患者的人身安全。随着医疗和康复设备小型、高灵敏度和智能化的实现,使它们更容易受到电磁干扰的影响。电磁干扰将会使电磁兼容性较差的诊断用仪器性能变差,为医生提供失真的数据、波形及图像等医学信息,医生不能做出正确的诊断,也就无法进行有效的治疗。如检验分析仪器不准确时,分析结果出错;电生理监测仪器出故障时,输出波形失真;使心电图失灵、报警设备不能正常工作;呼吸循环器和心脏监护设备突然停止;影像诊断装置出现故障,不但不能做出正确可靠的诊断,而且导管和介入手术也无法定位,造成手术失败等。如广州一名安装了心脏起搏器的患者,在用手机进行通话时,起搏器受到干扰而不能正常工作,险些因此而失去生命。在美国,一名安装了电动控制假肢的患者在驾驭摩托车经过高压线时,由于电动假肢受到干扰而发生误动作,造成车毁人亡的惨剧。由此可见,开展电磁兼容研究,加强电磁兼容管理,提高医疗电子设备的电磁兼容性,降低电磁干扰的风险是医用电气设备设计者、制造商和使用者的当务之急。

知识链接

电磁干扰分类

从电磁兼容标准来说,电磁干扰被分为两种:传导噪声和辐射噪声。从干扰途径上分类,一种是直接的接触性的干扰;一种是非接触性的干扰。

二、医用电气设备的电磁兼容性测试

电磁兼容性标准即是对设备或系统的电磁兼容新提出的要求。对医疗器械执行电磁兼容性标准,是为了提高医疗器械的安全性和有效性,防止使用中因受到电磁干扰或产生电磁干扰,使医疗设备失控、失效对患者、使用者产生伤害。在对设备或系统的电磁兼容性进行考察时,需要从干扰源、路径、受扰设备或系统上分析。干扰源产生电磁干扰,通过一定的路径作用到受扰设备或系统上,受扰设备或系统在承受一定程度的电磁干扰后,可能会产生后果,也可能不受影响或仅产生风险可以承受的结果,这就是受扰设备或系统的抗干扰能力。需要注意的是受扰设备或系统也是干扰源,现代大量应用电子技术的设备或系统在正常工作时本身也会对外产生电磁波,在一定程度上对其他设备或系统产生干扰。从路径上分析,既有从空中传播(频率较高),也有通过导线、电缆来传播(频率较低)。电磁兼容性测试就是考察医用电气设备对外发射电磁波的水平,以及医用电气在电磁干扰施加的过程中及之后的性能指标是否降低或缺失。

一般认为如果系统满足以下三个准则,就认为与其环境电磁兼容:①不对其他系统产生干扰(electromagnetic interference,EMI);②对其他系统的发射不敏感(electromagnetic susceptibility,EMS);③不对自身产生干扰。根据以上准则,电磁兼容标准对设备或系统的电磁兼容性要求,一般都是对设备或系统对外的干扰水平进行限制,即限制干扰源电磁发射能力(限制干扰源 EMI 水平),同时对设备或系统的抗干扰水平即承受干扰的能力,根据设备或系统的使用环境、功能需求等提出一定的要求(提高受扰设备 EMS 水平)。在国外,国家行政监管部门往往更加注重限制干扰源 EMI 发射能力,对于受扰设备的抗扰水平建议由企业自行保证。在我国,为了更好地保证人民用械安全,国家监管部门统一对 EMI 和 EMS 进行试验。

1. 医疗器械 EMC 设计标准情况　医疗器械涉及的电磁兼容标准包括:针对医用电气设备和系统的 YY 0505-2012《医用电气设备　第 1-2 部分:安全通用要求　并列标准:电磁兼容　要求和试验》;针对检验诊断类医用电气设备的 GB/T 18268.1-2010《测量、控制和实验室用的电设备　电磁兼容性要求 第 1 部分:通用要求》和 GB/T 18268.26-2010《测量、控制和实验室用的电设备 电磁兼容性要求 第 26 部分:特殊要求 体外诊断(IVD)医疗设备》;以及已经发布实施的一些医疗器械国家标准和行业标准中对电磁兼容性的特别要求,这些特别要求或是标准的一部分,或是一个完全针对电磁兼容性的标准,如 GB/T 25102.13-2010《电声学 助听器 第 13 部分:电磁兼容(EMC)》。

2. 医用电气设备 EMC 测试　医用电气设备或电气系统的"电磁兼容性"是指医用电气设备或医用电气系统在其电磁环境中能正常工作,且不对该环境中任何事物构成不能承受的电磁干扰的能力。医用电气设备的电磁兼容性主要包括:干扰和敏感度,即医用电气设备和医用电气系统可能是干扰源,也可能是敏感设备。

电磁兼容性检测被公认为是验证医用电子设备电磁兼容性设计合理性及最终评价产品质量的手段。从电磁兼容的概念中不难看出,电磁兼容测试内容主要包括两个方面:一个是电磁干扰测试,即设备电磁干扰特性的测量;另一个是电磁敏感性测试,即医用电气设备对抗度测量。电磁兼容性测试的目的是为提高和改善医用电气设备的实际工作中电磁兼容能力提供参考和依据。因此,医用电气设备的电磁兼容性测试也分为电磁干扰和电磁抗扰两大部分。

3. YY 0505 中的主要测试项目　在电磁兼容测试中,可以把 EMI 问题和 EMS 问题按照电磁能力的传递具体划分为四类基本的 EMC 子问题:辐射发射、辐射敏感度、传导发射和传导敏感度。

YY 0505根据电磁能量四种不同的能量传递方式,共设计了11个试验验证系统的电磁兼容性。其中传导发射、谐波电流、电压波动与闪烁属于传导发射类试验;辐射发射属于辐射发射类试验;静电放电抗扰度、电快速脉冲群抗扰度、浪涌抗扰度、电压暂降和短时中断抗扰度属于传导敏感度试验;射频感应的传导干扰抗扰度、射频电磁场辐射抗扰度、工频磁场抗扰度属于辐射敏感度实验。下面,将对这11个试验分别进行介绍。

(1)传导、辐射发射。医用电子设备在正常工作时,同时通过电缆及周围空间辐射电磁能量。频率在0.15~30MHz的电磁波,频率较低,主要通过电缆辐射能量。频率在30MHz~1GHz甚至1GHz以上的电磁波,主要通过空间介质向外辐射能量。辐射的能量如果被其他医用电子设备接收,则可能产生设备的误操作,进而影响其他设备的工作。为此很多国家标准都规定了对电磁发射的测量方法和限值,简单的电动机驱动的设备或系统引用GB4343.1,以照明为主要功能的设备或系统引用GB17743,信息技术类的设备或系统引用GB9254,除上述的其他设备或系统引用GB4824。并且引用GB4824、GB9254的设备或系统还要依据设备使用场所决定分类:非家用和不直接连接到住宅低压供电网的为A类设备,家用设备和直接连接到住宅低压供电网中使用的为B类,B类的发射限值要严于A类。

(2)谐波电流发射、电压闪烁与波动。这两项要求限制的是设备或系统在运行中对所连接的供电网的影响。

谐波电流发射限值引用GB17625.1,医用电子设备在电网中产生谐波的根本原因是由于医用设备设计过程中使用了大容量的非线性负载。当电流流经负载时,与所加电压不呈线性关系,导致电路中产生谐波电流。谐波的出现降低了电能的使用效率,造成医用设备超温,产生噪声,加速绝缘老化,使用寿命缩短,甚至发生故障或烧毁。一般来讲,奇次谐波引起的危害比偶次谐波更多更大,因此标准中对奇次谐波提出了更高的要求,从而保证医用电子设备不会对公共电网造成过大的影响。需要注意的是YY 0505对每相电流>16A的设备或系统不作要求。

电压闪烁与波动限值引用GB17625.2。对于大功率医用电气设备,负荷电流的大幅度增减,会引起电压急剧变化,电压调幅波中的最高电压与最低电压均方根值之差,称为电压波动。电压波动和有时伴随产生的电压闪变会导致医用设备运行不稳定,照明闪烁,影响正常生产、生活甚至人身健康。因此,须对电压波动和闪烁进行抑制,使其控制在允许范围内。

(3)静电放电抗扰度ESD。有许多因素会造成电荷的积累,包括接触压力、摩擦系数和分离速度等。这时如果接触医疗电子设备,那么静电电荷就可能转移到设备上,在指尖和设备之间产生一个电弧。电荷的直接转移能导致如集成电路芯片等电子元器件永久性的损害,并导致系统故障。静电释放(electro-static discharge,ESD)在今天是一个非常普遍的问题。按照YY 0505要求,设计模拟了空气放电和接触放电两种放电形式,对空气放电要求设备能承受±2、±4和±8kV,接触放电能承受±2、±4和±6kV。试验方法引用GB/T17626.2。

(4)射频电磁场辐射抗扰度。如今的环境中充斥着大量不同频率的电磁场,比如电台、电视台、固定或移动式无线电发射台以及各种工业辐射源产生的电磁场。在电磁场中运行的医疗设备会受到该电磁场的作用,从而影响设备的正常运行。YY 0505对射频电磁场辐射抗扰度的等级要求是,在 80MHz~2.5GHz 频率范围内非生命支持设备或系统能承受 3V/m 的干扰场强,生命支持设备或系统更要达到 10V/m。试验方法引用 GB/T17626.3。

(5)电快速脉冲群抗扰度。当供电网上大功率感性负载、开关或继电器切换时,会产生具有相当能量的快速瞬变脉冲干扰,耦合到电源端口、信号和控制端口而影响设备或系统的运行。YY 0505 对电快速脉冲群抗扰度的等级要求是交流和直流电源线能承受±2kV,超过 3m 的信号电缆和互连电缆能承受±1kV。试验方法引用 GB/T17626.4。

(6)浪涌抗扰度。雷电产生的电磁场会在输电线上感应出高能的瞬态电压,大功率负载在开关时也会产生同样的现象,这种高能瞬态电压会沿着电源线对设备或系统产生影响。YY 0505 对浪涌抗扰度的等级要求是交流电源线线对地能承受±0.5、±1 和±2kV,线对线能承受±0.5kV 和±1kV。试验方法引用 GB/T17626.5。

(7)射频感应的传导干扰抗扰度。如果设备或系统受到的电磁场辐射频率较低时,电磁波在线缆上产生传导干扰影响设备或系统的运行。YY 0505 对射频感应的传导干扰抗扰度的等级要求是频率在 150kHz~80MHz:非生命支持设备或系统能承受 3V/m 的干扰,生命支持设备或系统除此之外还要在工科医频段上承受 10V/m 的干扰。试验方法引用 GB/T17626.6。

(8)电压暂降和短时中断抗扰度。供电网发生故障或负载发生剧烈变化,会引起供电短时中断后又恢复或者电压短时降低的现象,进而影响设备或系统的正常工作。YY 0505 通过测试系统分别在电压暂降 95%、持续 10ms,电压暂降 60%、持续 100ms 和电压暂降 30%、持续 500ms 三种不同情况下的结果,分析设备的电压暂降抗扰度。通过测试系统在电压中断 5s 的情况下的结果,分析设备的短时中断抗扰度。试验方法引用 GB/T17626.11。

(9)工频磁场抗扰度。当导体通过工频电流后会在其周围产生一定磁场,进而影响某些对磁场灵敏度高的设备或系统。YY 0505 对工频磁场抗扰度的等级要求是能承受磁场强度为 3A/m 的干扰。试验方法引用 GB/T17626.8。

以上这 9 项要求的测试虽然都引用了对应的国家标准,但 YY 0505 根据医疗器械的特殊性对试验提出了一些具体的要求,如标准规定,试验中要提供患者生理模拟信号来模拟设备或系统的正常运行,对患者耦合点要使用模拟手,同时患者耦合点必须处在试验环境中等,以便更加全面准确地考察设备或系统在正常工作时的电磁兼容性。YY 0505 对抗扰度等级的要求不但达到了所引用标准的较高水平,而且对于生命支持设备的部分项目提出了更高一级的要求。但标准也允许设备或系统的抗扰度等级低于标准要求,但必须是出于重要的物理方面、技术方面或生理方面的限制才可以接受。对于抗扰度试验结果的判定,YY 0505 以 36.202.1 j 作为通用符合性判据,列出了一系列设备或系统在受到指定等级的干扰时不允许出现的现象,包括器件故障、可编程参数的改变、运行模式的改变、虚假报警、会干扰诊断治疗或监护的波形噪声或影像失真等。

4. EMC 的现场测试技术　电磁兼容现场测试(也称为外场测试),就是将 EMC 测试仪器搬运到产品工作的现场进行的测试。EMC 测试中,屏蔽室和电波暗室是必备的测试场地,但随着电子技术的发展,越来越多的大型医疗设备需要进行电磁兼容性的测试,如 PT、PET-CT、NMR 等。这些大型设备由于体积大,或者重量超过了屏蔽室和电波暗室的承重,或者是永久性连接电源而无法在密闭的测试室中进行正常测试,这时候,就需要用现场测试的方法来评估 EMC 性能。

现场测试面临着电磁环境的复杂性和系统组成的多样性等束缚条件,使得现场测试评估存在环境干扰严重、评估困难、结果不稳定、测试数据利用率低和干扰源难确定等一系列问题,因此需要给予充分的关注。

三、提高电磁兼容性的措施

各种形式的电磁干扰是影响电气设备电磁兼容性的主要因素。电磁干扰可分为内部干扰和外部干扰。

内部干扰是指电子设备内部各部件之间的相互干扰。例如:工作电源通过线路的分布电容和绝缘电阻产生漏电造成的干扰,元器件发热的干扰,信号通过地线、电源和传输导线的阻抗耦合干扰,大功率和高电压部件产生的磁场和电场干扰等。

外部干扰是指电子设备或系统以外的因素所产生的干扰。例如:空间电磁波产生的干扰,供电网络所产生的干扰,外部大功率设备所产生的强磁场干扰,外部高电压通过绝缘漏电产生的干扰,环境温度不稳定引起内部电子元器件参数改变造成的干扰等。

为了保证医疗电子设备的正常工作,必须削弱和防止干扰的影响。系统之间产生电磁兼容问题必须存在三个因素:电磁干扰源、耦合途径、敏感设备,这三方面缺一不可,因此,我们可以从以上三个方面采取相应的措施,如消除或抑制干扰源、切断干扰途径以及削弱设备对干扰的敏感性等,通过采取各种抗干扰技术措施,使设备仪器稳定可靠地工作,有效地解决电磁兼容问题。常用的抑制干扰的技术有:

1. 屏蔽技术 屏蔽是对两个空间区域之间进行金属的隔离,以控制电场、磁场和电磁波由一个区域对另一个区域的感应和辐射,目的是隔断电磁场的耦合途径。它包括两个方面,一方面是将对其他电气设备容易产生干扰的设备或其元部件包围起来,防止干扰电磁场向外扩散;另一方面是用屏蔽体将接收电路、设备或系统包围起来,防止受到外界电磁场的影响。常用的屏蔽技术有:

(1)静电屏蔽:是利用与大地相连接的导电性良好的金属容器进行屏蔽,使内部的电场不外传,同时外部的电场也不影响内部。

(2)电磁屏蔽:利用屏蔽体对来自外部或内部的电磁波均起着吸收能量(涡流损耗)、反射能量(电磁波在屏蔽体上的界面反射)和抵消能量(电磁感应在屏蔽层上产生反向电磁场,抵消部分干扰电磁波)的作用,达到减弱干扰的功能。当干扰电磁场频率较高时,采用导电良好的金属材料做屏蔽层,利用高频干扰电磁场在屏蔽金属内产生的涡流,形成对外来电磁波的抵消作用。当干扰电磁场频率较低时,采用高导磁材料做屏蔽层,使磁力线限制在屏蔽体内部,防止向外扩散。

近年来,塑料机箱、塑料部件或面板广泛地应用于医用电子设备上,于是外界的电磁波很容易穿透外壳或面板,对仪器的正常工作产生干扰,而仪器所产生的电磁波,也非常容易辐射到周围空间,影响其他电子仪器正常工作。对这样的仪器可采用塑料金属化处理的工艺方法,如溅射镀锌、化学镀铜、粘贴金属箔和涂覆导电涂料等进行处理,经过金属化处理后,使完全绝缘的塑料表面具有金属的反射、吸收、传导和衰减电磁波等特性,起到屏蔽电磁波干扰的作用。具有显示功能的仪器设备,由于显示屏采用普通玻璃,不具备电磁屏蔽的功能,内部模块工作时所产生的电磁波通过这里向外辐射,形成干扰。为提高仪器的电磁兼容性,可将原显示屏玻璃改换成加网屏蔽玻璃以切断电磁耦合途径。

2. 接地　接地是抑制噪声、防止干扰的主要办法,包括供电系统接地、设备接地、电路信号接地、屏蔽接地等。接地的目的主要有:

(1)防止外界电磁场的干扰。通过使机壳接地,将由于静电感应而积累在机壳上的大量电荷通入大地,防止这些电荷形成的高压对设备的干扰。

(2)使整个电路系统中的所有单元电路都有一个公共的参考零电位,保证电路系统能稳定工作。

(3)保证安全工作。为了防止雷击可能造成的损坏和工作人员的人身安全,电子设备的机壳必须与大地相连接。为防止共用电源的医疗电子设备间通过电源线造成相互的电磁干扰,应采用三相五线和单相三线制供电方式。医院内必须要规范完善接地网。各类接地应自成体系,不可共用同一个接地极。医用建筑内应有独立交流接地网,每个房间不允许多点接地。不准用暖气管、自来水管作接地线,严禁无接地线工作。

3. 滤波　滤波是抑制和防止干扰的一项重要措施。根据信号及噪声频率分布范围,将相应频带的滤波器接入信号传输通道中,滤去或尽可能衰减噪声,达到提高信噪比的目的。采用滤波网络无论是抑制干扰源和消除干扰耦合,或是增强接收设备的抗干扰能力,都是有力措施。滤波器的种类很多,如低通滤波器、高通滤波器、带通滤波器、带阻滤波器等,根据信号频谱的特点和干扰的频谱特点,选择适当的滤波器能消除不希望的耦合。例如:对高频电路可采用两个电容器和一个电感器(高频扼流圈)组成的 CLC π 型滤波器。用阻容和感容去耦网络能把电路与电源隔离开,消除电路之间的耦合,并避免干扰信号进入电路。

4. 浮置　又称浮空,浮接,是指电子设备仪器仪表的输入信号放大器公共线不接机壳也不接大地的一种抑制干扰的措施,目的是阻断干扰电流的通路。

5. 隔离　隔离是破坏干扰途径、切断噪声耦合通道,从而达到抑制干扰的一种技术措施。常用的电路隔离方法有变压器隔离法和光电耦合法。

6. 平衡电路　又称对称电路,是指双线电路中的两根导线与连接到导线的所有电路,对地或对其他导线都具有相同的阻抗。其目的在于使两根导线所检到的干扰信号相等。这时的干扰噪声是一个共态信号,可在负载上自行消失。

点滴积累 ∨ ⋯⋯⋯⋯⋯⋯⋯⋯⋯⋯⋯⋯⋯⋯⋯⋯⋯⋯⋯⋯⋯⋯⋯⋯⋯⋯⋯⋯⋯⋯⋯⋯⋯⋯⋯⋯

1. 医用电气设备电磁兼容技术(EMC)是研究解决医用电气设备的电磁干扰和抗干扰的现象和问题。它一方面是降低和控制电磁干扰的产生,防止电磁波对医用电气设备产生破坏,另一方面是对可能受到危害的医用电气设备要求具有一定的抗干扰能力。

2. 电磁兼容性检测被公认为是验证医用电气设备电磁兼容性设计合理性及最终评价产品质量的手段。

3. 接地是抑制噪声、防止干扰的主要办法,包括供电系统接地、设备接地、电路信号接地、屏蔽接地等。

学习小结

一、学习内容

医用电气设备及医用电气系统安全的基本概念、要求及主要项目检测的技术要求及步骤。

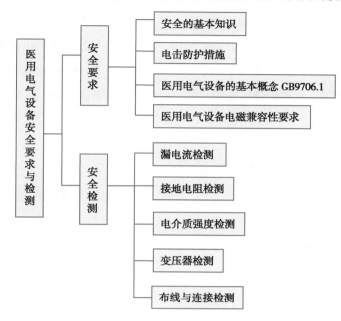

二、学习方法体会

1. 本章的学习必须首先掌握电击的起因及解决电击的出发点这两个基本概念,这有助于理清医用电子设备的安全要求。

2. 重点掌握标准 GB9706.1 的基本术语或概念,唯有这样才能真正掌握对安全标准的解读。

3. GB9706.1 标准检测的内容繁多,但对本专业的学生务必掌握三大检测(漏电流、接地电阻、电介质强度)技术及检测步骤,因为,这三大项目比较复杂和专业,需要重点掌握。其余检测项目检测比较简单,参看标准便能解决。

目标检测

1. 多项选择题

(1)下列属于安全危险的是(　　)

    A. 触电　　　　　　　　　　　　B. 过高温度

    C. 过量辐射　　　　　　　　　　D. 机械危险

(2)医用电气设备和其应用部分按防电击的程度分类可分为(　　)

    A. B 型应用部分　　　　　　　　B. F 型应用部分

    C. BF 型应用部分　　　　　　　D. CF 型应用部分

(3)下列关于保护接地电阻描述正确的是(　　)

    A. 不用电源软电线的设备,其保护接地端子与已保护接地的所有可触及金属部分之间的

阻抗,不应超过 0.1Ω

  B. 具有设备电源输入接口的设备,在该插口中的保护接地连接点与已保护接地的所有可触
及金属部分之间的阻抗,不应超过 0.1Ω

  C. 带有不可拆卸电源软线的设备,网电源插头中的保护接地脚和已保护接地的所有可触及
金属部分之间的阻抗不应超过 0.1Ω

  D. 保护接地电阻测量时需用 50Hz 或 60Hz、空载电压不超过 6V 的电流源,产生 25A 或 1.5
倍于设备额定电流,两者取较大的一个($\pm25\%$),在 5~10s 的时间里完成测量

（4）下列需要在断开一根保护接地导线的单一故障状态下测量的漏电流为（　　　）

  A. 对地漏电流　　　　　　　　　　B. 外壳漏电流

  C. 患者漏电流　　　　　　　　　　D. 患者辅助电流

（5）下列单一故障状态属于散热条件变差的是（　　　）

  A. 唯一的通风风扇持续地受阻　　　B. 外壳顶上的孔被盖住

  C. 模拟过滤器受堵　　　　　　　　D. 冷却剂流动中断

（6）医用电气设备中常用到的防电击绝缘有（　　　）

  A. 基本绝缘　　　　　　　　　　　B. 辅助绝缘

  C. 双重绝缘　　　　　　　　　　　D. 加强绝缘

2. 填空题

（1）电源变压器检测项目主要有_____、_____和_____等。

（2）漏电流测试分类:_____、_____、_____和_____。

（3）电击的分类:_____和_____。

（4）电击防护措施有_____、_____、_____、_____和_____。

（5）可重新接线的软电线且具有接线端子同外部软线或软电源线想连接的设备,其接线端子和
_____必须排列的尽量靠近,以保证接线方便。

（6）GB9706.1 规定不用电源软电线的声波,保护接地端子与保护接地的所有可触及金属部件
之间的阻抗不得超过____Ω。

3. 简答题

（1）简述有源医疗器械安全性的概念。

（2）电流的生理效应有哪些?产生电击的因素有哪些?

（3）宏电击和微电击有什么区别?

（4）医疗器械产品防电击的措施有哪些?

（5）简述基本绝缘、双重绝缘、加强绝缘和辅助绝缘的含义。

（6）保护功能接地的作用是什么?

（7）医用电气设备的漏电流可分为哪几种?其安全值应为多少?

（8）电介质强度检测时,其绝缘路径应怎样选择?试验电压值应怎样计算?

(9)医用电气系统漏电流的检测有哪些具体要求？

ER-07章习题

实 训 部 分

实训项目一：

生物电前置放大器的分析与调试

任务 1-1 生物电前置放大器的指标检测与调试

一、实训目的

1. 了解生物电放大器的设计要求。

2. 熟悉生物电前置放大电路的工作原理。

3. 熟练掌握生物电前置放大电路参数的测试方法。

4. 通过电路的测试、报告的编写，提高常用和专用仪器使用、电路检测及文字表达能力。

二、实训器材

1. 仪器：生物电前置放大电路实训模块一套，万用表一台，示波器一台，函数信号发生器一台。

2. 元器件及导线若干。

3. 图纸见附图1-1　生物电前置放大电路原理图。

三、实训内容及原理

临床上，在获取医学信息时，通常借助各种医学传感器或电极以若干个测试点中任意两点间的电位及组合测试为主要方式，表现为差模信号。而电磁场等测试环境影响则以共模干扰形式在电路输入端同时出现。生物信号处理的本质是去除进入测试电路的各种干扰信号，获取诊疗所需生理信号的过程。因此，医用电子仪器前置放大电路一般都采用差分放大电路结构（也称为差动电路结构），实现放大差模信号，抑制共模干扰信号的目的。

处于仪器电路最前端的前置放大电路是医用电子仪器放大电路设计的核心，从某种程度上决定了整机的工作性能。前置放大器要求具有良好的抗干扰能力，即具有高共模抑制比、高输入阻抗和高信噪比，为此，前置放大器一般采用典型的同相并联差分放大电路结构。

共模抑制比（$CMRR$）是生物电前置放大电路的重要性能指标。$CMRR$指产生特定输出所需输入的共模电压与产生同样输出所需输入的差模电压的比值。

$$CMRR = 20\lg \frac{A_\text{d}}{A_\text{c}}$$　　　　　　实训式（1-1）

其中，A_d指差模放大倍数，A_c指共模放大倍数。

理论上，当输入为差模信号时，$U_\text{i1} = -U_\text{i2}$（大小相等，相位相反），设此时输出为$U_\text{od}$；当输入为共模信号时，$U_\text{i1} = U_\text{i2} = U_\text{ic}$（大小相等，相位相同），设此时输出为$U_\text{oc}$；则有如下关系：

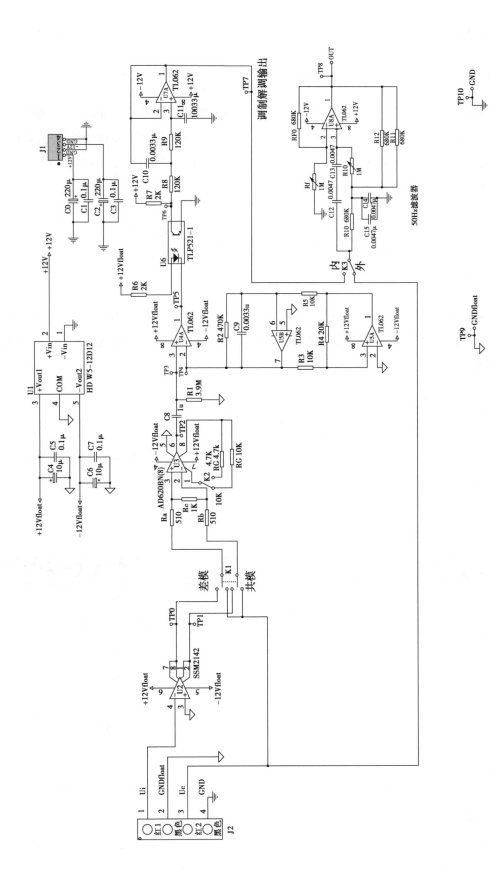

附图 1-1 生物电前置放大电路模块

差模放大倍数： $$A_{\mathrm{d}} = \frac{U_{\mathrm{od}}}{U_{\mathrm{i1}} - U_{\mathrm{i2}}}$$ 实训式(1-2)

共模放大倍数： $$A_{\mathrm{c}} = \frac{U_{\mathrm{oc}}}{U_{\mathrm{ic}}}$$ 实训式(1-3)

生物电放大器的 *CMRR* 值一般要求为 60~80dB。高性能生物电放大器的 *CMRR* 值达 100dB。

本实训中,采用差动集成芯片 SSM2142 和三运放结构的仪表放大器 AD620 构建生物电前置放大电路模块,如实训图 1-1。其中,SSM2142 提供差模信号输出(模拟生物电信号),AD620 则完成对差模和共模信号的处理,是生物电前置放大电路的核心组成。

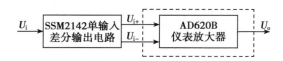

实训图 1-1　生物电前置放大电路输入回路示意图

SSM2142 是一款集成式差分输出缓冲放大器,可将单端输入信号转换为具有高输出驱动能力的一对平衡输出信号,可以广泛应用于多种具有差模输出的单输入电路。SSM2142 芯片引脚图如实训图 1-2 所示,管脚功能说明参见实训表 1-1。

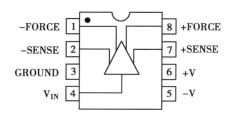

实训图 1-2　SSM2142 芯片引脚图

实训表 1-1　SSM2142 的管脚功能说明

管脚引号	管脚名称	管脚功能
1	−FORCE	负向输出
2	−SENSE	负向输出敏感值
3	GROUND	接地
4	VIN	单端输入
5	−V	负电源电压
6	+V	正电源电压
7	+SENSE	正向输出敏感值
8	+FORCE	正向输出

AD620 是一款单芯片仪表放大器,内部经典的三运放结构可有效减小共模输入的干扰,放大差模信号(具体可参见第二章生物电前置放大器相关章节)。另外,用户只需通过调节电阻 R_G 即可实现对增益的控制。增益公式为:

$$G = \frac{49.4K\Omega}{R_G} + 1 \qquad\qquad 实训式（1-4）$$

在生物电前置放大电路实训模块中，如实训图1-3所示，共模信号则由信号发生器直接提供，差模信号则由 SSM2142 提供。SSM2142 的 4 号引脚作为单输入端，7、8 引脚短接、1、2 引脚短接，作为差模信号的两个输出端，产生大小相等、方向相反的差模输入信号，模拟人体待测生物电信号，经电阻 R_a、R_b、R_c 分压后送入仪表放大器 AD620。结合电路图分析，本实训中，差模放大倍数实际为：

$$A_{ds} = A_d \times \frac{R_c}{R_a + R_b + R_c} = G \times \frac{R_c}{R_a + R_b + R_c} \qquad 实训式（1-5）$$

其中，U_{od} 为差模输出电压，U_i 为 SSM2142 的单端输入电压。

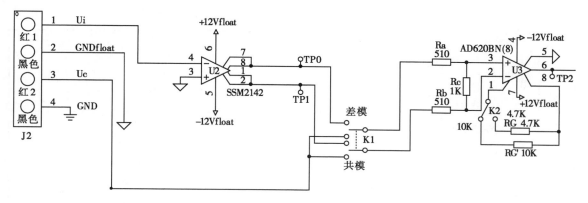

实训图 1-3　生物电前置放大器

在实训中，我们将以此实训模块为载体，通过测量差模、共模信号，识别并比较两者的区别；通过测量差模、共模输出，计算差模放大倍数和共模放大倍数及 CMRR；通过调整电路，分析影响共模抑制比的因素。

四、实训步骤

本实训以生物电前置放大电路实训模块为载体，如附图1-1、实训图1-3，分析前置放大电路的构成与工作原理，并对其主要性能进行测试与调试。

1. CMRR 测量　准备工作：调节稳压电源，设置串联模式，输出 ±12V 的直流电压；如附图1-1，将稳压电源与生物电前置放大电路模块通过 J1 接口连接。

（1）共模信号的测量

步骤 1　将实验板上开关 K1 切换到"U_{ic}"，开关 K2 切换到"4.7K"位置。

步骤 2　调节函数信号发生器，使其输出频率为 1kHz，幅度为 20V$_{p-p}$ 的正弦波，将信号发生器的正负接线端子分别与实验板上 J2 的"U_c"（红 2）、"浮地"（黑色）端子相连。

步骤 3　利用示波器测量 AD620 的输出端（测试点为 TP2），记录共模输出 U_{oc} 波形于实训表 1-2 中，计算共模信号放大倍数 A_{cs}。

（2）差模信号的测量

步骤 1　调节函数信号发生器，使其输出频率为 1kHz，幅度为 1V$_{p-p}$ 的正弦波，将信号发生器的正负接线端子分别与实验板上 J2 的"U_i"（红 1）、"浮地"（黑色）端子相连。

步骤 2 将生物电前置放大电路模块的开关 K1 切换到"U_{id}"位置,开关 K2 切换到"4.7K"位置,如附图 1-1。

步骤 3 如实训图 1-3,利用双踪示波器分别两两测试 U_i(测试点为 TUi)及 SSM2142 的两个差模输出端(记作 U_{i1}、U_{i2},测试点分别为 TP0、TP1),比较波形的相位差和幅度,并记录波形于实训表 1-2 中。

步骤 4 利用示波器测量 AD620 的输出波形(测试点为 TP2),记录差模输出 U_{od} 波形于实训表 1-2 中,计算差模信号放大倍数 A_{ds}。

(3)计算共模抑制比:$CMRR = 20\lg\dfrac{A_{ds}}{A_{cs}}$。

实训表 1-2 调试前的性能指标测量

测量值	单端输入 U_i 波形			共模输入 U_c 波形	
	差模信号波形	U_{i1}(TP0)			
		U_{i2}(TP1)			
	差模输出 U_{od} 波形(TP2)			共模输出 U_{oc} 波形(TP2)	
计算	A_{ds}			A_{cs}	
	$CMRR$				

注:计算差模放大倍数和共模放大倍数时,取输入和输出电压的峰值。

A_{ds}:差模放大倍数,$A_{ds} = \dfrac{U_{od}}{U_{i1}-U_{i2}} = \dfrac{U_{od}}{U_i}$[理论值可根据实训式(1-5)计算];

A_{cs}:共模放大倍数,$A_{cs} = \dfrac{U_{oc}}{U_c}$。

2. 改变器件参数,重新测量

将实验板上开关 K2 切换到"10K",即改变 R_G 为 10kΩ,参照测量方法中的步骤,重新测量差模与共模输出电压幅度,并计算共模抑制比,将结果记录于实训表 1-3 中。

实训表 1-3 改变器件参数后的性能指标测量

测量值	单端输入电压 U_i		$1V_{p-p}$	共模输入电压 U_c	$20V_{p-p}$
	差模信号电压	U_{i1}			
		U_{i2}			
	差模输出 U_{od} 电压(TP2)			共模输出 U_{oc} 电压(TP2)	
计算	A_{ds}			A_{cs}	
	$CMRR$				

五、实训提示

1. 正确选择测试工具并实施检验。

2. 测量时,注意输入信号的连接及电压的选择,在测量共模输出时,输入电压较大,而测量差模信号时,输入信号不能过大,否则输出超出量程,损伤元器件。

3. 测量时,注意比较差模信号和共模信号的区别。

4. 计算时,注意公式的应用和单位的换算。

六、实训思考

1. 影响生物电前置放大电路共模抑制比的主要因素有哪些? 提高共模抑制比的措施有哪些?

2. 计算本实验模块的差模放大倍数理论值。

3. 芯片 SSM2142 的作用是什么? 本实训中,该芯片输出的信号有什么特点?

4. AD620 的作用是什么?

任务 1-2 隔离放大器的分析与调试

一、实训目的

1. 了解生物电隔离放大器的作用与意义。

2. 熟悉信号脉宽调制的基本工作原理。

3. 理解浮地和实地的区别。

4. 熟练掌握电路的测试与调试方法。

5. 通过电路的测试、报告的编写,提高常用和专用仪器使用、电路检测及文字表达能力。

二、实训器材

1. 仪器:生物电前置放大电路实训模块一套,螺丝刀一把,万用表一台,示波器一台,函数信号发生器一台。

2. 元器件及导线若干。

3. 图纸见附图 1-1。

三、实训内容及原理

以生物电前置放大电路模块为载体,认识浮地与实地的区别,分析隔离放大器的构成与工作原理,并测试其主要波形。在此基础上,进一步完成滤波电路主要指标的测试与调试。

1. 隔离放大器 生物电测量仪器在工作时,需通过电极或传感器与人体接触获取信息,这些与人体接触部件及相关前置放大电路总体构成了医用电子仪器的应用部分。因此,为了确保人体安全,防止发生电击事故,仪器的应用部分必须与其他电路部分保证电气绝缘(物理上相互独立,无任何电气连接),如实训图 1-4 所示。

为了保证前后级的隔离及完成正常工作,实训模块对信号通道(通过光电耦合)及供电电源(通过电磁耦合)进行了隔离设计。图中,"⏚"表示"浮地"参考端,"⏚"表示"实地"参考端。特别需要注意的是,两个参考端在物理上相互独立,且在电气上完全绝缘,具体可通过实训来验证。

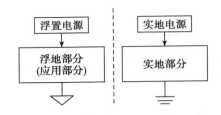

实训图 1-4　浮地部分与实地部分电气绝缘

（1）电源隔离：本实训中，采用 DC-DC 集成芯片 HDW5-12D12 实现电源隔离，如实训图 1-5 所示。HDW5-12D12 的 1、2 号引脚由实地电源供电，与解调、滤波等后级电路采用同样的供电方式；3、4、5 号引脚则输出经 DC-DC 变换产生的电源（称为浮置电源，与变换前的实地电源电气绝缘），供给输入电路，具体可参考附图 1-1（虚线框内由浮置电源供电，虚线框外由实地电源供电）。

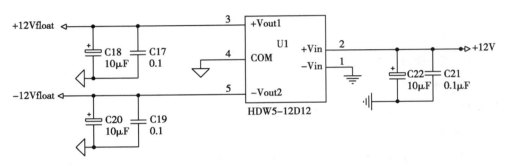

实训图 1-5　电源隔离

（2）信号隔离：在电气绝缘的条件下，生物电放大器电路中前后级信号的传递通常采用光电耦合。为保证信号在传递过程中的不失真，需充分考虑光电耦合器件的线性度、精度及带宽等参数。

1）生物电信号脉宽调制

用于模拟信号的耦合转换，必须要求光电耦合器具有很好的线性特性。而光电耦合的线性度受到一定限制。因此，为提高生物电信号传递的准确性，首先采用了脉宽调制的方式（利用高频载波信号调制低频输入生物电信号），将模拟生物电信号调制为仅有高低两种电平的信号，再进行光电耦合。具体电路如实训图 1-6 所示。

在实训图 1-6 中，由 U4A 比较器电路和 U5A、U5B 组成的三角波发生电路构成了脉冲宽度调制（PWM）电路。三角波发生电路输出 $10V_{P-P}$、周期为 $70\mu s$ 的三角波。该三角波作为调制载波，加至比较器 U4A 的反相输入端，生物电信号加至比较器 U4A 的同相输入端。当不同幅度的生物电信号输入时，U4A 将输出具有相对不同的脉宽调制信号，如实训图 1-7（b）所示。

脉宽调制原理如实训图 1-7 所示，V_{o1} 为三角波加至比较器的反相端，V_{o2} 为调制信号（以正弦波为例）加至比较器的同相端。调制信号与三角波信号在比较器中进行电压比较，当正弦调制信号电压比三角波电压高时，输出高电平 V_{OH}；相反，若正弦电压低于三角波电压时，输出低电平 V_{OL}，这样就形成脉冲宽度调制信号。

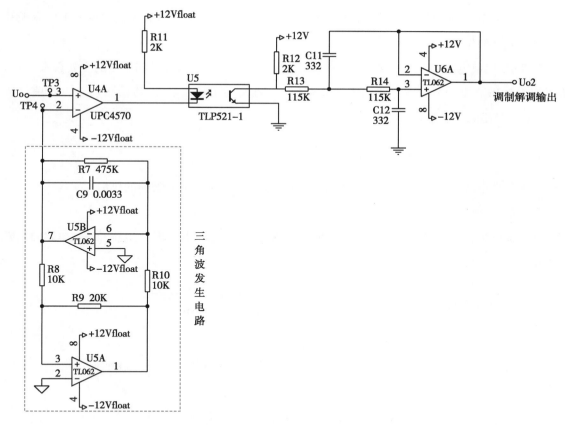

实训图 1-6　脉冲宽度调制（PWM）电路图

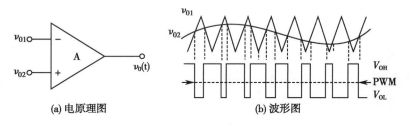

(a) 电原理图　　　　　　(b) 波形图

实训图 1-7　脉冲宽度调制（PWM）电路图

2）光电耦合

光电耦合开关采用 TLP521-1 高速光电耦合器，输入和输出均为脉宽调制信号，但输入部分采用浮置电源供电，输出部分则采用实地电源供电，在电气上完全隔离，有利于保障人体的安全性。

3）解调

脉冲调宽信号的解调是将脉宽信号送入一个低通滤波器，滤波后的输出电压幅度与脉宽成正比（即与调制电压成正比）。由 U6A、R13、R14、C11、C12 组成二阶有源低通滤波器，将生物电信号解调出来。本实训中，低通滤波器放大倍数为 1，滤波器截止频率约为 400Hz。在低频情况下（实训中输入调制信号取 100Hz），经滤波后，得到的解调信号即输入端送入的生物电信号。

在本实训中,将通过测量生物电隔离放大器关键点的波形,进一步理解调制解调的工作原理及光电耦合元件的作用。

2. 50Hz 陷波电路　工频干扰是影响生物电信号,尤其是心电信号检测质量的主要因素之一。为了消除 50Hz 工频干扰,在很多医学仪器中都使用了带阻滤波器。如实训图 1-8 所示为 Q 值可调的 RC 双 T 带阻滤波电路。

在实训图 1-7 中,电路增益为:$A_{uf} = 1 + \dfrac{R_{21}}{R_f}$,中心频率为:$\omega_0 = \dfrac{1}{R_{15}C_{12}}$。

在本实训中,将通过输入不同频率的信号,测量滤波器性能,了解滤波器的作用。

四、实训步骤

本实训以生物电前置放大电路模块为载体,如附图 1-1,来分析隔离放大电路和滤波电路的构成与工作原理,并对其主要性能进行测试与调试。

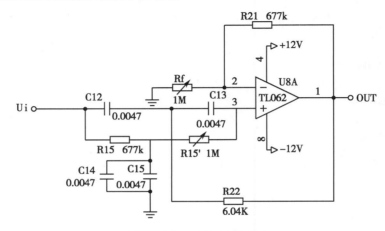

实训图 1-8　50Hz 陷波电路

1. 隔离放大电路关键点的测量

步骤 1　未上电前,利用万用表测量生物电前置放大电路模块的两个接地端(测试点为 TP9 和 TP10)间的电阻,判断是否短路,认识浮地和实地的不同。

步骤 2　调节稳压电源,设置串联模式,输出 ±12V 的直流电压。

步骤 3　如附图 1-1 所示,将稳压电源与生物电前置放大电路模块通过 J1 接口连接。

步骤 4　利用示波器测量 U4A 的 2 号引脚(测试点 TP4)输入波形,记录在实训表 1-4 中。

注:此时测量的波形实际上为三角波发生器的输出波形。

步骤 5　由函数信号发生器输出 100Hz、$0.5V_{\text{p-p}}$ 的正弦波,将信号发生器的正负接线端子分别与实训模块 J2 的"U_i"(红色)、"浮地"(黑色)端子相连。

步骤 6　将生物电前置放大电路模块的开关 K1 切换到"U_{ic}"位置,开关 K2 切换到"4.7K",R_G 选取电阻为 4.7kΩ。

步骤 7　利用示波器测试 U4A 的 3 号引脚输入波形 U_{io}(测试点为 TP3),并记录在实训表 1-3 中。

步骤 8　利用示波器测量经调制输出波形(测试点为 TP5),观察其特点。

步骤 9　利用示波器的双通道,同时测量并对比调制解调前后的波形(即测试点 TP3 和 TP7),

并将解调后的波形(TP7 测试点)记录于实训表 1-4 中。

注：测量 TP3、TP4 和 TP5 时，示波器相应通道的接地端与浮地端(TP9)相连；测量 TP7 时，示波器相应通道的接地端与实地端(TP10)相连。

实训表 1-4　调制解调测试(1)

U4A-2（TP3）			U4A-3（TP4）		
电压	波形	周期	电压	波形	周期

调制解调测试(2)

U4A-1（TP5）			U6A-1（TP7）		
电压	波形	周期	电压	波形	周期

注意：测量时，对于光电耦合前的信号，示波器接地端必须与"浮地"端(即 TP9)相连。对于光电耦合后的信号，示波器接地端必须与"实地"端(即 TP10)相连。

2. 选做：陷波电路性能调试与测量

步骤 1　调节稳压电源，设置串联模式，输出 ±12V 的直流电压。

步骤 2　将稳压电源与生物电前置放大电路模块通过 J1 接口连接。

步骤 3　调节函数信号发生器输出 1kHz、$2V_{p-p}$ 的正弦波，作为输入信号 U_i，将信号发生器的正负接线端子分别与实训模块 J2 的"U_e"（红色）、"实地"（黑色）端子相连；如附图 1-1 所示。

步骤 4　开关 K3 切换到"50Hz 陷波调试"位置。

步骤 5　利用示波器测量输出波形(测试点为 TP8)，调节 R_f，使输出波形尽量达到 $4V_{p-p}$。

步骤 6　保持信号发生器输出电压幅度不变，调节频率为 50Hz，测量输出波形(测试点为 TP8)，调节电位器 R'_{10}，使输出波形在 50Hz 达到最小。

步骤 7　按照实训表 1-5 改变信号发生器频率，用示波器测量并记录输出电压峰峰值(测试点为 TP8)。

实训表 1-5　改变频率测量输出

频率（Hz）	20	40	42	44	46	48	50	52	54	56	58	60	70	100
电压（V）														

五、实训提示

1. 正确选择测试工具并实施检验。

2. 测量时,注意接地点的选择,理解实地与浮地。

3. 测量 50Hz 陷波电路时,由于输入信号频率较低,基本都在 100Hz 以下,为便于观察,可采用示波器的低频存储模式进行观察记录。

4. 调试陷波电路时,注意电位器的选择。增益不宜过大,否则会引起自激。

六、实训思考

1. 光电耦合器的作用是什么?

2. 为什么生物电测量放大器要采用隔离电路?

3. 两个接地端之间电阻为零吗?为什么?

4. 如何提高陷波器的性能?

5. 根据实训表 1-5,绘制 50Hz 陷波电路的频率特性曲线图。

实训项目二:

常用医用电子仪器使用

任务 2-1 数字心电图机的认识与使用

一、实训目的

1. 学习数字心电图机测量前的准备工作。

2. 学习数字心电图机的操作。

二、实训器材

1. 心电图机及配套附件:交流电源线、电池、导联线及 4 只夹式电极。

2. 多功能模拟心电模块、螺丝刀一把。

三、实训内容

1. 熟悉心电图机的面板控制键及功能(实训图 2-1)。

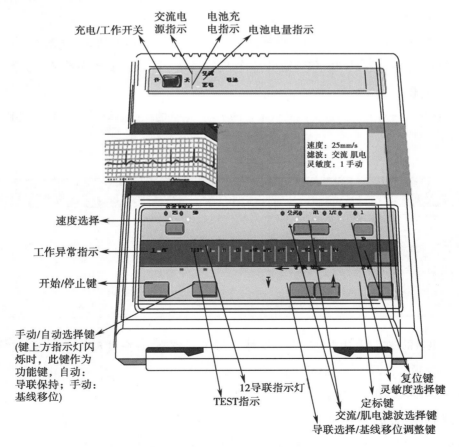

实训图 2-1　操作界面

2. 掌握记录纸的安装,导联线、电源线的连接及电极的放置。

心电图机导联线接口如实训图2-2所示,位于心电图机左侧。

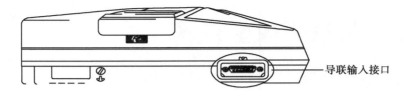

导联输入接口

实训图2-2　导联线连接示意实训图

3. 学会利用多功能模拟仪检测心电图机的功能。

在本实训中,可利用多功能模拟心电模块代替患者,进行心电图机的功能检测。

多功能模拟心电模块可模拟人体产生多种ECG测试波形,用来对心电图机屏幕上的信号实训表示以及信号分析进行功能性测试,其输出如实训图2-3所示。

RA	LA	LL	CH	CH	CH	RL

实训图2-3　ECG多功能模拟心电模块的输出

4. 掌握人体标准导联和加压肢体导联的测量。

四、实训步骤

1. 准备工作。

步骤1　导联线的连接。分别将导联线连接到对应的插孔,如实训表2-1所示(胸导联线除外)。本模拟仪中,有三路胸导联(CH)输出,且输出信号是一样的。在此,我们将三路胸导联输出信号与导联线连接。

注意:为避免断路对心电图机功能测试带来的影响,悬空的三路导联线将并联连接到现有三路胸导联输出中。

实训表2-1　患者导联线插芯颜色编排

位置	颜色	标准导联的符号
右手	红	RA
左手	黄	LA
右脚	黑	RL
左脚	绿	LL

步骤2　电极的放置(利用多功能模拟仪时,此步骤可省略)。在对人体肢体导联进行测量时,按下述步骤将电极夹在四肢的柔软部位:

(1)用水清洁将要和电极接触的部位;

(2)将四个电极分别夹在左右手和左右腿上,如实训表2-1、实训图2-4;

(3)导联线的输出端连接到电极,输入端连接到心电图机导联输入接口处。

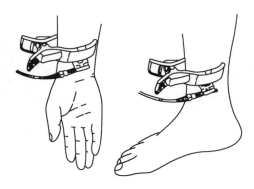

实训图 2-4　电极与四肢的连接

注意：实训中将四肢电极都连接好，心电图机将根据选择的导联自动切换。

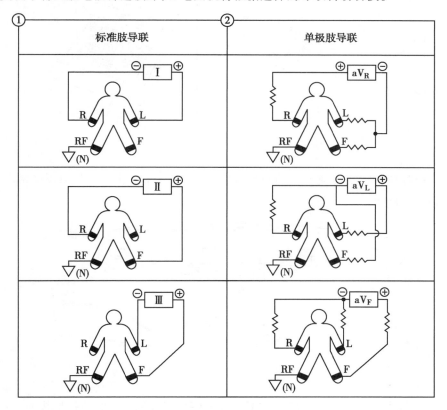

实训图 2-5　标准导联和加压肢体导联的连接方式

　　其中，导联线与电极的连接按照实训表 2-1 中患者导联线插芯颜色编排。标准导联和加压肢体导联的连接方式如实训图 2-5 所示。在自动测量时，六路胸导联接地；在手动测量时，六路胸导联可置空或接地。

　　步骤 3　记录纸的安装（实训图 2-6）。

（1）按下仓盖开启按钮，取下仓盖；

（2）将纸轴穿入卷纸筒里，拉出记录纸约 10cm 后将记录纸装入；

（3）将"记录纸盖"的导轴顺着导沟装入记录纸沿着导向板笔直地装入；

（4）把"记录纸盖"关上。

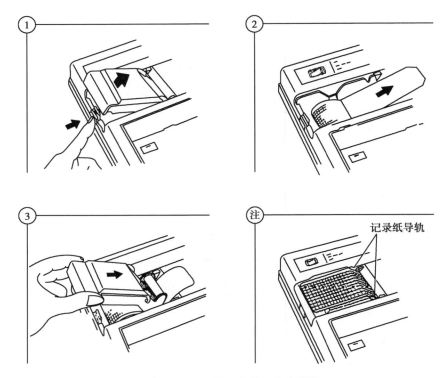

实训图 2-6　记录纸安装示意实训图

步骤 4　连接电源线。用三芯电源将机器右端的电源插座和墙上的交流电源连接起来,该电源必须接地(如实训图 2-7)。

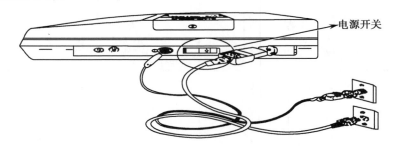

实训图 2-7　电源线连接示意实训图

注意:如果电源不接地,一定要用提供的接地线先将机器接地(方法:将接地线的一端连接本机的接地螺栓,另一端连接大地),再接通电源。

步骤 5　检查。在使用前再做一个简单的检查以确保操作安全以及使机器得以更好地利用。检查内容包括:①电源线是否连接正确;②导联线是否连接正确;③电极是否放置正确;④记录纸是否安装好。

2. 心电图机的功能检测　本实训中,将分别利用多功能模拟仪和人体肢体导联进行心电图机的功能检测实训。

利用多功能模拟仪检测心电图机时,按照准备工作中的步骤,将导联线连接好,将多功能模拟仪开关置于"ON",选择心电信号;在对人体肢体导联测量时,则按照电极安装步骤将电极与导联线连接好。

对于接下来的测试步骤,二者基本相同。

步骤1　打开电源。电源开关置于"ON",这时面板上各键位置为:①充电/工作开关置于"工作";②交流指示器发亮。

注意:当充电/工作开关置于"充电"时,对心电图机的直流电池——可充电式铝酸电池进行充电。充足电后,在没有交流电源的情况下,它可以提供记录2个小时波形的电能。当电池电量不足时,电池电量指示灯一个灯亮。

步骤2　定标测试。选择不同的灵敏度(1/2、1、2),在"Test"模式下,按定标键,分别产生一个1/2、1、2mV的定标波形,为描记心电波作幅度定标。

步骤3　选择记录方式,利用多功能模拟仪进行心电图检测(实训表2-2)。

(1)自动记录模式,按"自动/手动"键选择自动记录,确认指示灯指示"自动"模式;按下"开始/停止"键开始记录。记录过程中,按"手动/自动"键,自动指示灯闪烁,此时将保持当前导联连续记录,直到再次按"手动/自动"键解除此功能为止;当记录完 V_6 导联后,即自动停止记录;或在记录过程中,按"开始/停止"键停止记录。

(2)手动记录模式,按"自动/手动"键选择手动记录,此时"手动"指示灯亮;按"←"或"→"键选择导联;按下"开始/停止"键开始记录;导联转换后,首先自动记录一个定标波形;在记录过程中按定标键,将在记录波形上叠加1mV定标波形,宽度与按键时间成正比,同时液晶屏幕上也显示此定标波形;记录过程中按"手动/自动"键,手动指示灯闪烁,此时按导联选择键即可进行基线的移位,从液晶屏上可以观察基线上下移动的情况;再次按"手动/自动"键解除此功能。

步骤4　选择记录方式,进行人体心电图检测。

实训表2-2　心电图检测步骤

步骤	考核内容
(1)把导联正确接到人体(注意:先对皮肤和电极做处理),记下导联Ⅰ~aVF六导联波形,置心电图机为手动状态。各导联波形前先打定标信号。	(1)正确记录各导联心电波形,并标记各导联。 (2)根据定标信号计算各波幅度。 (3)计算心率。
(2)用导联Ⅰ记录,观察打开50Hz滤波器开关前后,对心电波形的影响。	(4)记录这两种状态下的心电波形,分析干扰的抑制。
(3)用导联Ⅰ记录,记录时让受试者紧张四肢肌肉,然后打开35Hz滤波器开关,再记录。	(5)记录并分析肌肉紧张对心电图的影响,如何抑制。
(4)放松四肢肌肉,用导联Ⅰ记录,协作者轻敲电极。	(6)记录并分析对心电图的影响。
(5)用导联Ⅰ记录,记录时让受试者快速呼吸5s,记下5s内呼吸次数和心电图波形。用同样方法记录正常呼吸和慢呼吸时的心电图波形	(7)记录并分析快慢呼吸对心电图记录的影响

五、实训提示

通过本次实训内容,学生应掌握以下几项技能:

1. 正确连接数字心电图机,使仪器处于正常工作状态。

2. 完整独立地使用心电图机完成心电的测量。

3. 能够排除简单的心电图机故障。

六、实训思考

1. 在脱导状态下,手动选择任意导联模式,做定标测试,观察按"交流滤波"和"肌电滤波"键前后,定标波形有何变化,为什么?

2. 在对人体测量四肢导联时,若选择自动记录,胸导联必须接地吗? 为什么?

3. 在肢体导联检测中,按速度键、滤波键,观察心电信号的变化。

4. 心电图上出现随机的无规律信号,应怎样消除?

附:心电图的分析测量

一、波幅

当 1mV 的标准电压使描笔从基线上移 10mm 时,纵坐标的每一小格(1mm)代表 0.1mV。测量波幅时,向上的波形其幅值应从基线的上缘测量至波峰的顶点,向下的波形其幅值应从基线的下缘测量至波谷的底点。

二、时间

心电图的走纸速度一般为 25mm/s 和 50mm/s,标准纸速是 25mm/s,此时心电图纸上横坐标的每一小格(1mm)代表 0.04s。

三、心率测量

1. 根据 30 个大格子(每大格为 0.2s)中 R 波或 P 波的数目,乘以 10,得心率数。

2. 测 5 个以上 P-P 或 R-R 间隔时间,求其平均数。心率=60/P-P 或 R-R 间隔平均数。

任务 2-2　数字脑电图机的认识与使用

一、实训目的

1. 学习脑电图仪的使用方法。

2. 了解脑电图仪的工作原理。

二、实训器材

1. 仪器:脑电图仪、打印机。

2. 配套附件:电极、导联线、导电膏等。

三、实训内容

1. 脑电图仪的硬件组成和连接(如实训图 2-8)。

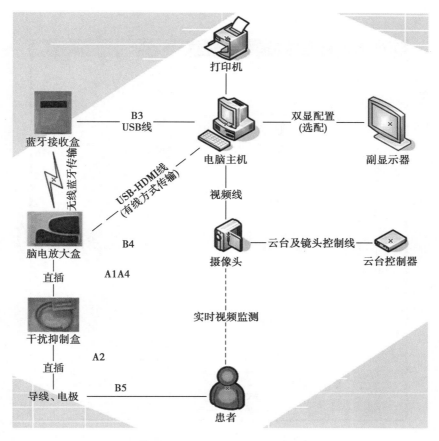

实训图 2-8　常规脑电系统框架图

（1）放大器部分

脑电放大盒（简称 A1）：本产品核心部件。

脑电干扰抑制盒（A2）：一端连接 A1，另一端连接 B5。

无线蓝牙脑电接收盒（A3）：接收从 A1 发出的蓝牙信号，通过连接 B3 将数据传入电脑。

无线蓝牙发射模块（A4）：安装于 A1 内。

（2）电极与支持部分

AA 口 USB 线（B1）：通过蓝牙与计算机相连。

USB 线 HDMI（B2）：脑电放大盒通过有线电缆直接和计算机相连。

单根支架电极连接线（B3）、支架银电极（B4）、银质耳电极（B5）夹于患者耳垂。

通用支架电极帽（B6）戴在患者头上。

2. 脑电图的电极连接方法和脑电的测试。

（1）8 导联脑电电极的安放，如实训图 2-9 所示。

如实训图 2-9：Fp1 对应的是"1"导，Fp2 对应的是"2"导，这个数字导联与脑电干扰抑制盒上的数字标识是一一对应的，软件设置和电极连接需遵循该对应原则来连接。

如发现数字导联编排有误，可进入"系统设置"→"导联编制"中选择相应的"硬件配置"，点击"编辑"后进入"设置"界面来确认导联数据源设置是否正确。如实训图 2-10 所示。

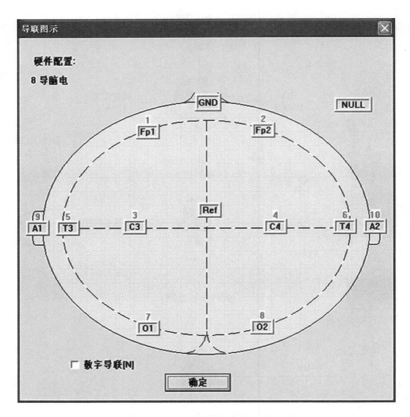

实训图 2-9　8 导联脑电电极的安放

数据源	电极名称	编号	First	Second	编号	First	Second
标准数据源设置	1 Fp1	标准导联编制	1 Fp1	Ref	传统导联编制	1 Fp1	A1
	2 Fp2		2 Fp2	Ref		2 Fp2	A2
	3 C3		3 C3	Ref		3 C3	A1
	4 C4		4 C4	Ref		4 C4	A2
	5 T3		5 T3	Ref		5 T3	A1
	6 T4		6 T4	Ref		6 T4	A2
	7 O1		7 O1	Ref		7 O1	A1
	8 O2		8 O2	Ref		8 O2	A2
	9 A1		9			9	
	10 A2		10			10	

实训图 2-10　8 导联配置编辑界面

（2）其中"标准导联编制"是以 REF 点为参考电位的国际流行导联模式,此时 A1、A2 作为扩展脑电导联使用;"传统导联编制"是以 A1、A2 为参考电位的传统导联配置模式。

（3）16 导联脑电电极的安放,如实训图 2-11 所示。

Sp1,Sp2,A1,A2 为扩展导联,其中 Sp1、Sp2 为蝶骨电极导联。

实训图 2-12 为 16 导脑电导联配置的两种基本方案,第一列为标准脑电导联的电极名称,第二列为 16 导联常用的一种单极导联配置方案,第三列为 16 导联常用的一种双极导联配置方案。

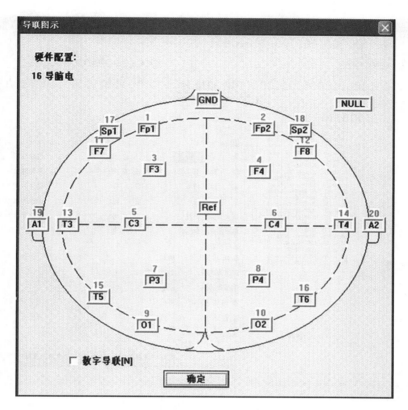

实训图 2-11　16 导联脑电电极的安放

数据源	电极名称	编号	First	Second	编号	First	Second
标准数据源配置	1 Fp1	标准导联编制 1	Fp1	Ref	传统导联编制 1	Fp1	A1
	2 Fp2	2	Fp2	Ref	2	Fp2	A2
	3 F3	3	F3	Ref	3	F3	A1
	4 F4	4	F4	Ref	4	F4	A2
	5 C3	5	C3	Ref	5	C3	A1
	6 C4	6	C4	Ref	6	C4	A2
	7 P3	7	P3	Ref	7	P3	A1
	8 P4	8	P4	Ref	8	P4	A2
	9 O1	9	O1	Ref	9	O1	A1
	10 O2	10	O2	Ref	10	O2	A2
	11 F7	11	F7	Ref	11	F7	A1
	12 F8	12	F8	Ref	12	F8	A2
	13 T3	13	T3	Ref	13	T3	A1
	14 T4	14	T4	Ref	14	T4	A2
	15 T5	15	T5	Ref	15	T5	A1
	16 T6	16	T6	Ref	16	T6	A2
	17 Sp1	17			17		
	18 Sp2	18			18		
	19 A1	19			19		
	20 A2	20			20		

实训图 2-12　16 导联配置编辑界面

3. 脑电图仪的软件界面和操作,如实训图 2-13 所示。

实训图 2-13　脑电图机软件界面

界面大致分为如下:

(1)基本功能按钮区;

(2)模块功能区:共分为 3 大模块,增加病例(采集模块)、系统设置(设置模块)、动态数据(HOLTER 模块);

(3)病例信息区:当选中病例列表区内的某个病例后,在主界面右侧的病例信息区将显示该病例对应的病例信息。

信息的登记是在"增加病例"时完成的,用户也可通过点开界面上"修改病例数据"来修改信息内容。

四、实训步骤

步骤 1　准备工作。

(1)熟悉脑电图的标准导联。

(2)熟悉软件界面。

步骤 2　参数设定。

点击主界面上打开病例登记界面,按实训图 2-9~实训图 2-13 所示选择好检查配置、填写脑电图号后,点脑电图采集,进入常规脑电采集界面。

(1)状态信息栏:显示信息包括该病例的患者姓名、脑电盒工作状态(采集或停止)、描记波形的滤波状态。

（2）功能按钮区：

导联方式——点开后可选择描记波形所使用的导联模式；用户也可通过按键盘"M"键来快捷切换导联方式。

导联图示——打开后可显示患者电极的佩戴位置及每个位置对应的字母和数字导联名称。如实训图 2-11 所示为 16 导联脑电图的电极佩戴位置示意图，实训图 2-12 所示为 16 导联的配置编辑界面。例如 F_p1 在左前额位置，其在脑电盒上对应的是"1"导联。REF 为参考电极位置。

注：勾选"数字导联［N］"后，波形描记区的导联显示将由字母导联模式切换成数字导联模式，用户也可通过快捷键"N"来快捷切换导联模式。

页面设置——可设置将所有导联分若干页显示，每页显示若干导页面索引。通过"页面设置"将所描记的导联分为若干页显示后，可通过页面索引来切换显示页，用户也可通过按键盘"P"键来快捷切换。

显示控制——用户可以设置勾选每页所显示的导联。

勾选"逐点显示"可使描记的波形更接近真实的脑部电位的细微放电活动，但同时会使得波形显示不光滑，一般情况下不勾选；用户可根据自身需求来设置。

走纸速度——点击后展开软件提供的走纸速度设置档位，一般情况下使用 3.0cm/s 为宜。

EEG 灵敏度——点开后可选择波形描记的灵敏度档位，一般情况下使用 $100\mu V/cm$ 为宜。

EEG 低通——用户可通过此功能对描记的波形进行高切滤波设置，由于人体的脑电波范围是 0～30Hz，因此一般设置为 30Hz 为宜，None 表示不滤波。

时间常数——用户可通过此功能对描记的波形上的慢波干扰进行低切滤波设置，由于时间常数可滤除慢波干扰，因此可发挥稳定描记波形基线的作用，使波形更平稳；但同时对于慢波较多或者低波幅的患者，加此滤波可能会使波形趋向于直线，不易做诊断，因此用户需根据实际情况来使用此功能，一般情况下使用 0.3s 为宜。

EEG 陷波——陷波功能主要是用于滤除交流电 50Hz 的工频干扰，用户可选择滤波或不滤波。由于本产品考虑到国外客户的使用，因此增加了 60Hz 工频干扰的滤波（国外交流电标准是 60Hz）。用户在使用无线蓝牙方式传输数据时可以不使用该功能（选择 None），因为此时脑电盒是用直流电供电的；在使用有线方式传输数据时（脑电盒直接连接电脑），则电脑必须连接地线，且需加 50Hz 陷波。

睡眠参数——点开后用户可进入睡眠各参数的分别滤波设置界面，用于测试睡眠脑电。

事件——用户在描记波形时需要做一些事件标记，可通过此功能界面来完成指定事件。通过"系统设置"中的"事件设置"来添加、删除或修改事件标记色。

勾选"自动添加事件"后，当点击实训图 2-13 所示界面的具体事件时，软件将自动在描记中的波形上标记事件标志；如不勾选则需用户手动将标识标记到波形上去。

勾选"添加呼吸声音"后，当用户将深呼吸事件标注到波形上时，系统将发出引导声，引导患者跟着声音节律来呼吸。

刺激设置——打开后,用户可设置深呼吸引导声、闪光刺激的方案。

分别设置每个阶段的刺激频率和时间,还可设置刺激方案的循环次数,每个方案可保存。

设置深呼吸频率和时间,吸气占呼吸时间设置的是呼吸引导声的"吸气引导声"和"呼气引导声"间隔时间。

视频开关——在视频脑电采集时,用户可选择显示或不显示视频窗口,用于视频脑电采集。

校准电压、校准——此功能为公司客服人员在现场装机时用于定标脑电盒放大倍数的测试工具,用户不可随意修改其设置,如需修改需在公司技术人员的指导下才可做修改。

病例信息——用户可在描记波形时通过此功能来补充填写在增加病例时未填写的病例信息。

脑趋开关——用户可选择是否在采集界面内显示"实时脑趋势分析区"。

注:脑趋势的分析详见回放分析帮助文档。

动态管理——当脑电盒连接电脑,在用动态记录功能时可通过此功能来停止动态采集。

(3)波形描记区:波形区左侧为采集时的导联模式显示,一般以字母形式显示,也可切换数字导联显示模式;波形区大部分区域为采集的波形数据,波形区的背景色、网格色、波形色可在"系统设置"的"显示与采样"内设置。

(4)实时脑趋势分析区:在波形描记的同时对一个导联的波形进行频率变化、能量变化等参数统计并绘成图形;在此区域共可显示3种趋势曲线图的变化状况,用户可通过双击该区域任意位置,弹出设置菜单来设置所要显示的不同分析曲线图。

共有7种参数可供分析:能量曲线、峰值频率、相对能量、能量峰频、中频指数、边频指数、昏迷指数。

在频率带范围设置中,用户可自行定义四种频段的范围,修改设置后将会影响到分析曲线图形。

(5)基本功能按钮区:

定标:采集中使用该功能,软件将在波形描记区自动描记100μV大小的方波波形。此功能为延续老式机械脑电图机的定标功能,以适应一些老式设备使用习惯的用户。

监视:描记波形,不记录数据。

记录:描记波形并且记录数据。

停止:在"监视"或"记录"时可通过点击此按钮来结束采集。

退出:退出采集界面。

彩显:用该功能在描记波形时,对波形标注事件标志时波形色将变成事件色显示。

只有在"事件"中使用"自动添加事件"才有彩显功能;其中睁眼、闭眼等短时事件将只转变2s的波形色,而长时事件将转变波形色直至事件结束。

(6)时间信息栏:显示的是电脑的系统时间(北京时间)和所记录的数据时间长度。

步骤3　脑电测试。

(1)先用酒精清洁头皮,以确保电极和头皮之间的接触良好,并反复检查各电极接触电阻的大小。

(2)给受试者戴上弹性绷帽,将三个测量电极放在头皮的任何一侧枕部、中央部和额部。另外两个电极放在额部正中和耳垂部,分别作为接地电极和参考电极。(实训图 2-9 或实训图 2-11 电极安放位置图)

(3)开始脑电采集。

步骤4　根据上述步骤,写出脑电测试步骤。

五、实训提示

通过本次实训内容,学生应掌握以下几项技能:

1. 正确连接脑电图机的信号线、电源线等。

2. 能够完整地测量人体的脑电信号。

3. 能够排除一般的脑电图机故障。

六、实训思考

1. 试解释 EEG 中 α 波、β 波指数改变的原因。

2. 解释内、外刺激对 EEG 影响的原因。

3. 周围电场对 EEG 的记录会发生什么干扰? 如何形成的? 试画图分析它的等效电路。设计几种减小干扰的方法并试验。

4. 输入回路所引起的交流电磁场和哪些因素有关? 试画图分析,并提出消除干扰的方案。

附:几个记录实例

一、清醒、精神放松、闭眼、无任何外界刺激及影响时的 EEG

由记录可见,这种情况下正常成人的 EEG 主要由 α 波和 β 波组成,只有少量慢波,无明确的 δ 和 θ 波。

其中:

α 波:8~13Hz,波幅 20~100μV,主要出现在额部,电极越往后,α 指数越小。

β 波:14~30Hz,波幅 5~20μV,主要出现在额部,电极越往后,β 指数越小。

θ 波:4~7Hz,波幅 20~150μV。

δ 波:0.5~3.5Hz,波幅 20~200μV。

二、内刺激或外刺激时的 EEG

1. 睁眼试验:让受试者在清醒、放松、无外界刺激或药物影响的情况下,睁开双眼,接受外界光线刺激,此时 α 波节律消失,β 波呈现指数升高。

2. 思维或智力活动:让受试者在清醒、放松、无外界刺激或药物影响的情况下,集中注意力思考某一问题(如心算、背诵),加强大脑皮层的兴奋性。检查记录可见,在思考时 EEG 中的 α 波随思维程度的不同而受到不同程度的抑制,α 波指数下降,β 波指数上升。

任务 2-3　肌电图机的认识与使用

一、实训目的

1. 学习肌电图与诱发电位仪的使用方法。

2. 了解肌电图与诱发电位仪的基本结构和工作原理。

二、实训器材

1. 仪器:肌电图与诱发电位仪、打印机。

2. 配套附件:电极、导联线、电源等。

三、实训内容

熟悉肌电图与诱发电位仪的结构及其使用方法,了解其临床诊断方法。

四、实训步骤

1. 准备工作。

步骤 1　熟悉肌电图与诱发电位仪的技术参数。

(1)肌电放大器部分

通道数:4 通道

灵敏度:0.05μV/格~20mV/格

最高上限滤波频率:50kHz

最低下限滤波频率:0.1Hz

接地噪声:≤0.6μV

最大输入阻抗:>1000MΩ

共模抑制比:≥110dB

增益放大:50~5 万倍

50Hz 陷波设置

(2)主系统部分

A/D 转换率:24Bit

采样率:200kHz

刺激频率:0.1~100Hz

分析时间:1~1000ms

叠加次数可达:1~5000 次

(3)刺激器部分

1)声刺激器

刺激强度:0~120dB

刺激频率:0.1~20Hz

声音频率:0.5Hz~8kHz

刺激方式:疏波、密波、交替波或其他任意波形

2）光刺激器

模式翻转刺激器:17 寸液晶显示器

模式图案:棋盘格、竖条格、横条格

图像大小:64×32、32×24、16×12、8×6、4×3

视野:满视野、半视野（左右）、1/4 视野（Ⅰ、Ⅱ、Ⅲ、Ⅳ象限）

刺激频率:1~20 次/秒

可自由编辑:设置图案或彩色图案

3）闪光刺激器

刺激频率:0.1~20Hz

4）电流刺激器:采用双向、双路输出的恒流源

最大电流脉冲输出强度:100mA,0~4mA 时步长为 0.01mA;

脉冲输出频率:0.1~120Hz;

脉冲模式:Single、Double、Trail;

靶脉冲宽度误差:50~1000μs 时;

步骤2 熟悉肌电图与诱发电位仪主要部件功能及连接端口。仪器部件如实训图 2-14、实训图 2-15、实训图 2-16、实训图 2-17 所示。

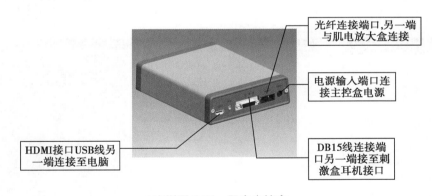

实训图 2-14 肌电主控盒

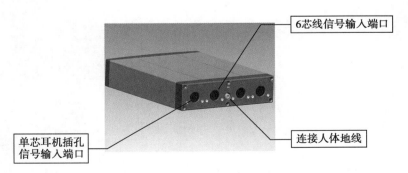

实训图 2-15 肌电放大盒

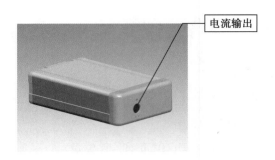

实训图 2-16　肌电电流刺激盒

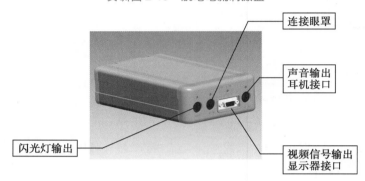

实训图 2-17　肌电音视频刺激盒

步骤 3　开机,熟悉主界面。

主界面主要由病历索引、患者信息输入、检查项目模块、子病历列表、功能按钮组成,如实训图 2-18所示。

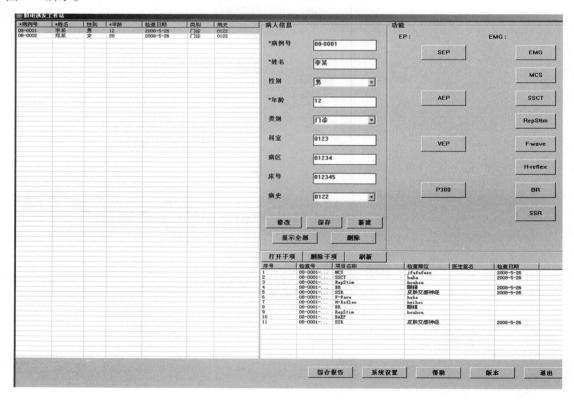

实训图 2-18　主界面示意图

（1）病历索引模块。建立新的患者信息后，该病历索引中自动生成索引栏，"病历号"、"姓名"、"性别"、"年龄"、"类别"、"病史"中的内容从患者信息中提取；"检查日期"为当前日期；如患者信息更改后，为修改后的当前日期。

功能一：单击某病历索引可选中，同时子病历列表中显示该患者已测项目。

功能二：患者索引栏满屏后，右侧自动生成滚动条，拖动滚动条可查看所有患者索引。

功能三：个体查询：在病历索引栏中单击右键，可打开查询选择菜单，选择"病历号"、"姓名"、"检查日期"进行查询。

方法（以"病历号"查询为例）：输入要查找的病历号，单击查询，在病历索引列表中列出该查询结果；若要返回，单击右键，选择"显示全部"，即可恢复到所有病历索引。

功能四：范围检索：单击"病历号"、"姓名"、"性别"、"年龄"、"检查日期"、"类别"、"病史"按钮，左侧出现一个小箭头，再单击该按钮，以下内容可按升序或降序进行排序。如为"△"符号，表示按升序方式进行排序，如为"▽"符号，表示按降序方式进行排序，单击按钮可交替变化。

（2）患者信息模块。"＊病历号"：每个患者建立一个病历号，此号可输入，也可自动生成，一般接上一值依次默认生成新的病历号；"＊姓名""性别""＊年龄""类别""科室""病区"："床号""病史"等输入相关内容。

（3）检查项目模块。EP、EMG 为项目说明；EP 包括 SEP、AEP、VEP、P300 功能模块；EMG 包括 EMG、MCS/SCS、SSCT、RepStim、F-wave、H-reflex、BR、SSR 功能模块；分别单击该项目名称，可直接进入该子菜单。

（4）子病历列表模块。功能介绍：当选中病历索引中某个病历时，在子病历列表中显示该病历所检查过的文件列表，每个子文件显示检查号、项目名称、检查部位、医生签名、检查日期信息。

（5）功能按钮模块。综合报告：单击"综合报告"按钮，弹出综合报告打印内容选择对话框，可选择"数据"（简单数据、详细数据）"波形"。"确定"可打开综合报告界面，"取消"则关闭该对话框；报告中包含受检者信息，数据（详细数据）、波形、结论报告、医生签名等。

系统设置：医院信息设置，如实训图 2-19 所示。

用户可输入医院信息，包括名称、地址、电话、E-Mail 和网址。

添加神经设置：首先，选择所要添加的模块，然后可在下方选择神经名称添加到相应的模块中。

添加肌肉设置：方法同添加神经设置。

添加病史库设置：用户可输入病历类型，输入完单击"添加"按钮，"确定"则添加的内容被保存。

保存路径设置：用户可自行设置病历文件的保存和备份路径。

方法：单击"浏览"，可打开我的电脑，用户可定义文件保存路径和文件备份路径。

步骤4　肌电图检查项目选择（可根据课程需要选择）。

肌电图检查是记录神经肌肉的生物电活动，以判断神经肌肉所处的功能状态，从而有利于神经肌肉疾病的诊断和鉴别诊断的方法。

肌电位是指肌肉纤维在不同状态下的电位活动，按大类可分为自发肌电、诱发肌电。自发肌电位，即平常所称的"肌电图"，一般分为静息状态（自发电位）、轻收缩状态（MUP 运动单元电位）、最

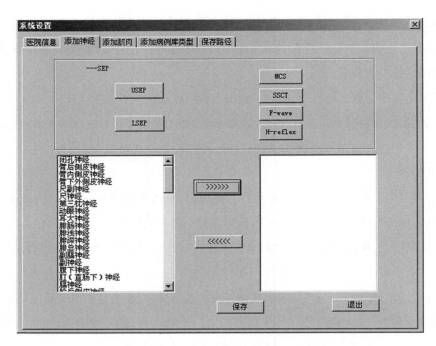

实训图 2-19　添加神经设置界面图

大用力状态(干扰相、同步电位)。

诱发肌电又称神经电图,是在电流刺激状态下的肌电位活动。主要由 MCV(运动传导速度)、SCV(感觉传导速度)、F 波、H 反射、瞬目反射等项目组成。

肌电图检查内容包括:常规肌电图、神经传导速度、反射电图。

国内外常测定的是正中神经、尺神经、桡神经、腓总神经、胫神经以及腓肠神经的运动感觉传导速度。

(1)正中神经。正中神经是较表浅的神经,可以在 Erb 点、腋下、肘、腕部刺激其神经干(实训图 2-20)。

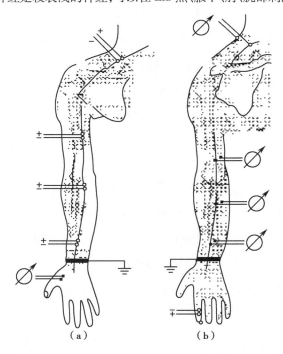

实训图 2-20　检查正中神经传导速度时的刺激点与记录点
(a)运动传导速度　(b)顺向性感觉传导速度

（2）尺神经（实训图 2-21）

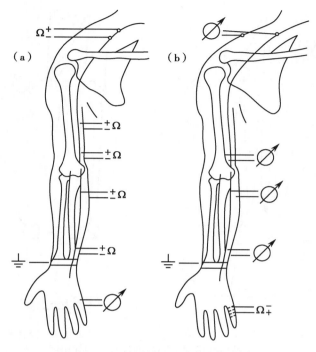

实训图 2-21　检查尺神经传导速度的刺激点与记录点
（a）运动传导速度；（b）顺向性感觉传导速度

（3）桡神经（实训图 2-22）

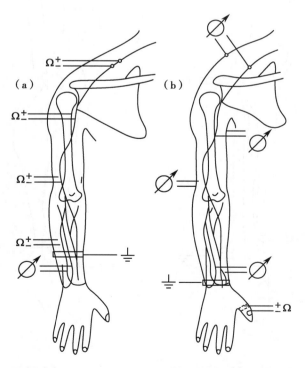

实训图 2-22　检查桡神经传导速度的刺激点与记录点
（a）运动传导速度；（b）顺向性感觉传导速度

（4）胫神经（实训图 2-23）

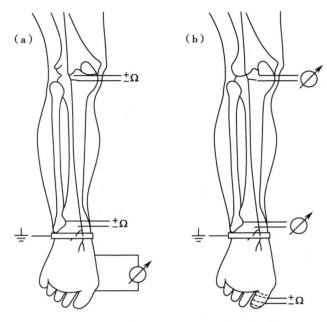

实训图 2-23　检查胫后神经传导速度的刺激点与记录点
（a）运动传导速度；（b）顺向性感觉传导速度

（5）腓神经（实训图 2-24）

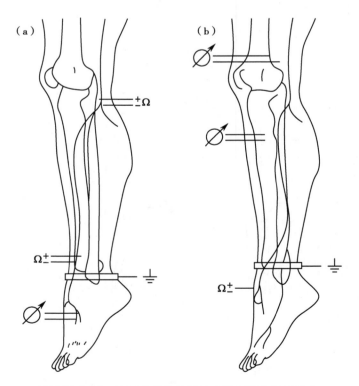

实训图 2-24　检查腓神经传导速度的刺激点与记录点
（a）运动传导速度；（b）顺向性感觉传导速度

（6）MCV（运动传导速度）测定。如检测右手正中神经传导速度，使用单通道（通道一），用表面电极检测，电极位置：记录电极右手拇指展肌肌腹上，参考电极放置于右手拇指展肌肌腱上，患者地电极采用腕电极，缠绕在手腕上（实训图 2-25）。

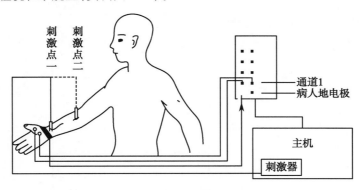

实训图 2-25　运动传导速度测定时的连线示意图

1）参数设置

滤波频率：20Hz～2kHz

扫描时程：3ms/D

刺激频率 1Hz，刺激正中神经，电流强度 7.5mA，脉宽 200μs

2）波形及分析

测量神经段长度：220mm，潜伏期差 5ms

3）计算结果：正中神经运动传导速度为 54.55m/s。

（7）SCV（感觉传导速度）测定。如检测右手正中神经传导速度，使用单通道（通道 1），用表面电极检测，电极位置：记录电极手腕正中神经干上，参考电极放置于记录电极旁边的肌肉上，患者地电极采用腕电极，缠绕在手腕上（实训图 2-26）。

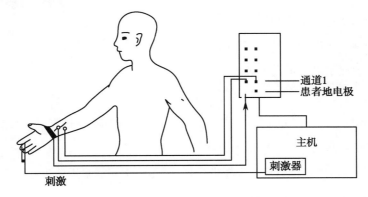

实训图 2-26　感觉传导速度测定时的连线示意图

1）参数设置

滤波频率：20Hz～2kHz

扫描时程：2ms/D

刺激频率 2Hz，刺激右手腕部正中神经，电流强度 7.5mA，脉宽 200μs

2）波形及分析

测量神经段长度：160mm，叠加100次，潜伏期2.93ms

3）计算结果：正中神经感觉传导速度为54.55m/s（如实训图2-27）。

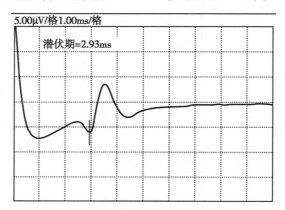

实训图2-27　波形及分析

注：上肢一般传导速度小于48m/s，下肢传导速度小于38m/s判断异常还有明显的第一潜伏期延长。

测试并描记自发肌电波形，用耳机听肌电发出不同频率的声音。

观察自发肌电位，人体在不同状态下的"肌电图"一般分为静息状态（自发电位）、轻收缩状态（MUP运动单元电位）、最大用力状态（干扰相、同步电位）。

（8）EMG异常判断标准

1）EMG上出现两处以上的自发电位，主要为纤颤电位和正锐波；

2）轻收缩时电位时限延长，超过正常值的20%；

3）波幅增高大于1000μV；

4）大力收缩时为单纯相或单纯混合相。

以上四项有一项异常即判断EMG表现异常。

其他反射波参数测定见本项目附录。

2. 测试。

步骤1　按实训图2-14、实训图2-15、实训图2-16、实训图2-17连接好各部分，然后打开设备总电源，打开主控制器电源，进入操作设备系统。

步骤2　按所选测试项目将电极与人体进行连接（尽量选用能采用体表连接方式的项目）。

步骤3　按测试项目调整刺激参数。

步骤4　记录实验数据，表格可按测试项目设计。

五、实训提示

通过本次实训内容，学生应掌握以下几项技能：

1. 熟悉肌电图与诱发电位仪的基本结构及功能。

2. 充分认识肌电图与诱发电位仪。

3. 学会肌电图与诱发电位仪的使用。

六、实训思考

1. 简述自发肌电和诱发肌电的区别以及临床上的应用。

2. 影响肌电图与诱发电位仪测量准确性的因素有哪些？在测试肌电及诱发电位时，外源干扰及防止的措施有哪些？

3. 为什么采集肌电信号的电极呈多样化？

附：其他反射波参数测定

一、F 波测定

同运动传导检测，不同的是刺激电极的阴极置于近端，一般要超强刺激比较稳定。

观察指标：最短潜伏期、最长潜伏期和平均潜伏期；F 波出现率；F 波传导速度。

异常的判断：潜伏期延长或速度减慢、出现率降低或波形消失。

二、H 反射

做法类似于运动传导，刺激强度为低强度，通常出现 F 波后降低刺激强度直至出现稳定的 H 波。

观察指标：H 反射的潜伏期、波幅、波形。

异常判断标准：H 反射潜伏期延长；两侧差值大于均值 3 倍标准差；H 反射未引出。

三、RNS 测定

电极的放置同运动传导检测。

常用的神经为面神经（刺激部位为耳前，记录部位为眼轮匝肌）、腋神经（刺激部位为 Erb 点，记录部位为三角肌）、尺神经（刺激部位为腕部，记录部位为小指展肌）、副神经（刺激部位为胸锁乳突肌后缘，记录部位为斜方肌）。

刺激频率：低频 RNS≤5Hz，持续时间 3s；高频 RNS≥10Hz，持续时间 3~20s。

正常值及异常判断标准：低频 RNS 在纪录的稳定动作电位序列中，计算第 4 或第 5 波比第 1 波波幅下降的百分比，波幅下降 10%~15% 以上为低频 RNS 波幅递减。高频 RNS 在记录稳态的动作电位序列中，计算最末和起始波波幅下降和升高的百分比，波幅下降 30% 以上称为高频 RNS 递减，波幅升高大于 100% 称为高频 RNS 递增。

四、BR 瞬目反射

瞬目反射是眼轮匝肌的反射性收缩活动，有助于面神经、三叉神经、脑干病变的定位。

方法：刺激部位通常为眶上神经，在刺激的同侧下眼轮匝肌记录到两个诱发反应波形 R1、R2，刺激的对侧记录到一个波形 R2。

受试者平卧或坐位，眼微闭，表面记录电极置于下睑中部，参考电极置于眼角外侧，在眶上切迹出刺激一侧眶上神经，阴极置于眶上切迹处，阳极位于阴极上方，采用 0.2ms 方波脉冲进行刺激，电流为 10~18mA，滤波带通为 2~10kHz，分析时间为 100ms，一侧刺激均两侧纪录，测量刺激同侧纪录的 R1、R2 波和对侧纪录的 R2 波的潜伏期和波幅，每次测试重复 5 次，以波形出现清晰且潜伏期出现短的波形来确定 R1、R2、R2波的潜伏期。R1 的潜伏期为(10.0±0.6)ms,R2 的潜伏期为(29.5±1.7)ms,R2的潜伏期为(29.2±1.8)ms。如 R1>13ms,R2>34ms 及一侧波幅低于对侧50%,均提示该侧面神经不同程度受损。

观察指标:R1、R2 及 R2波的潜伏期、双侧潜伏期差值及波幅。

异常判断:各波潜伏期延长,双侧潜伏期差值增加,未引出波形。

无论刺激健侧还是患侧均表现为患侧 BR 的障碍,它反映的是面神经受损情况,表现为传出型障碍,而三叉神经病变时,BR 表现为传入型障碍,即刺激患侧 BR 异常。

任务 2-4　多参数监护仪的认识与使用

一、实训目的

1. 学习多参数监护仪的使用方法。

2. 熟悉多参数监护仪的工作原理。

3. 了解中央监护仪和床边监护仪的使用方法。

4. 了解监护仪的维护保养知识。

二、实训器材

1. 多参数床边监护仪、中央监护仪、发射机。

2. 配套附件:电极、导联线、血氧探头、体温探头、血压袖带。

三、实训内容

1. 认识多参数床边监护仪的硬件结构和操作界面

(1)仪器操作面板和控制键功能如实训图 2-28 所示。

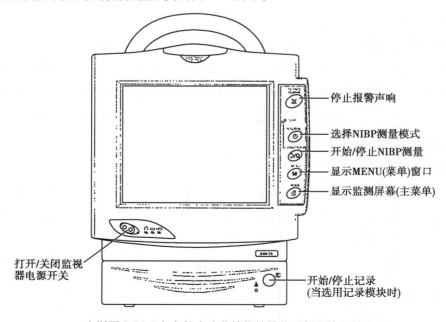

实训图 2-28　多参数床边监护仪的操作面板和控制键

（2）仪器左侧面探头插口如实训图 2-29 所示。

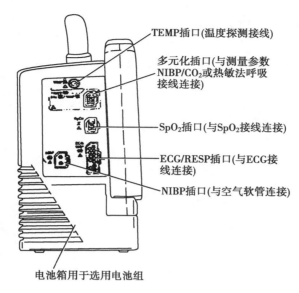

TEMP插口(温度探测接线)

多元化插口(与测量参数 NIBP/CO_2或热敏法呼吸接线连接)

SpO_2插口(与SpO_2接线连接)

ECG/RESP插口(与ECG接线连接)

NIBP插口(与空气软管连接)

电池箱用于选用电池组

实训图 2-29　多参数床边监护仪左侧面探头插口

（3）仪器右侧面接口如实训图 2-30 所示。

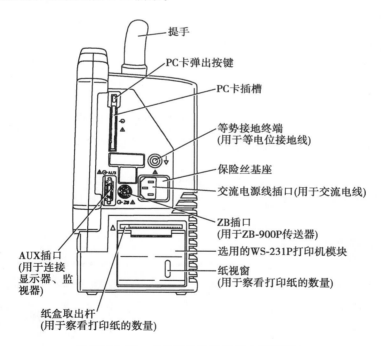

提手

PC卡弹出按键

PC卡插槽

等势接地终端
(用于等电位接地线)

保险丝基座

交流电源线插口(用于交流电线)

ZB插口
(用于ZB-900P传送器)

选用的WS-231P打印机模块

纸视窗
(用于察看打印纸的数量)

AUX插口
(用于连接
显示器、监
视器)

纸盒取出杆
(用于察看打印纸的数量)

实训图 2-30　多参数床边监护仪右侧面接口

（4）多参数监护仪可监护 7 种生理参数,波形和参数值如实训图 2-31 所示。

1）ECG

三电极:记录Ⅱ导联,串接 10 秒钟波形;

六电极:记录Ⅱ+V 导联,各 5 秒钟波形。

2）呼吸（阻抗法、热敏法）

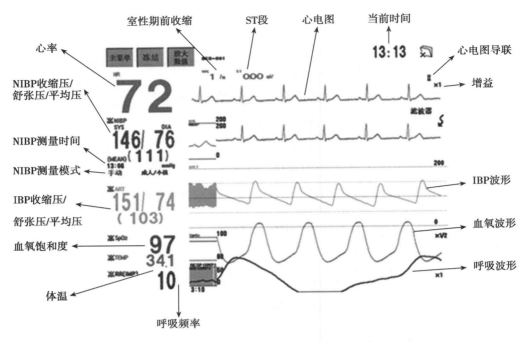

实训图 2-31　多参数床边监护的七种监测参数

3）SpO$_2$、脉搏

4）NIBP 无创法测量血压（收缩压/舒张压/平均压）

5）IBP 有创法测量血压（一路,收缩压/舒张压/平均压）

6）体温（一路,体表/直肠任选）

7）CO$_2$（主流法,插管测量,可测量 ETCO$_2$ 呼气末 CO$_2$ 浓度或分压）

（5）监护仪显示的 10 个生命体征数据（以不同彩色显示各数据,方便观察）,如实训图 2-32 所示。

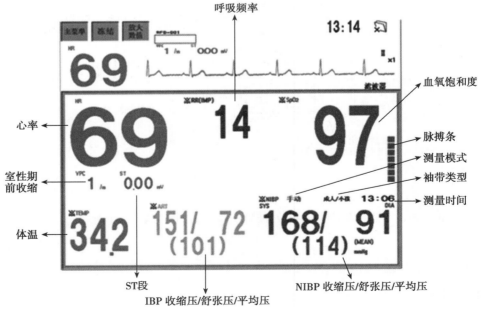

实训图 2-32　多参数床边监护的十个生命体征

1）心率（瞬时值或平均值）

2）脉率（瞬时值或平均值）

3）VPC 次数（次数/分）

4）ST 段电平

5）心律失常提示

6）SpO_2

7）无创血压（收缩/舒张/平均）

8）有创血压（收缩/舒张/平均）

9）体温

10）呼吸率

（6）菜单窗口介绍如实训图 2-33 所示。

（7）发射机与中央机如实训图 2-34 所示。

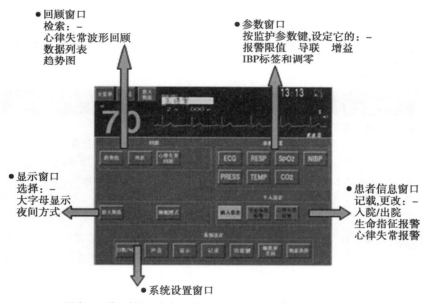

实训图 2-33　多参数床边监护菜单窗口

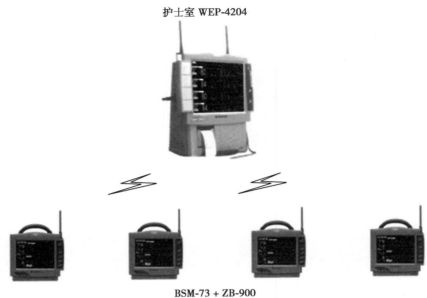

护士室 WEP-4204

BSM-73 + ZB-900

实训图 2-34　与中央监护台的连接

2. 参数设定

（1）触摸数字法

例：[ECG 监护]的设置调整

序号	操作	调出屏幕	可设定项目
1	按屏幕显示[心律]数	报警屏幕 例：ECG 报警屏幕	①ECG ②心律失常报警 ③生命体征报警：灵敏度；HR/PR 报警上下限值；ST 电平 ④其他设定 ⑤片断
2	按屏幕显示[设定项目]键 例：选中[片断]	[设定项目]屏幕 例：[片断]屏幕	进行[异常心跳区]，[正常心跳区]，模块编辑
3	按[主页]键	[监护]屏幕	

（2）连续调整法

上次设定结束时，不按[主页]键，就进行下一项参数设定。

例：[SpO_2 监护]的设置调整

序号	操作	调出屏幕	可设定项目
1	按屏幕显示[监护参数]键 例：选中[SpO_2]	参数报警屏幕 例：SpO_2报警屏幕	①灵敏度 ②生命体征报警：SpO_2报警上下限值 ③其他设定
2	按屏幕显示[设定项目]键， 例：选中[灵敏度]	[设定项目]屏幕 例：[灵敏度]屏幕	x1/8,x1/4,x1/2,x1,x2,x4,x8 例：选中 x1/2
3	按[主页]键	[监护]屏幕	

（3）调用菜单法

例：[NIBP 监护]的设置调整

序号	操作	调出屏幕	可设定项目
1	按面板[菜单]键	[菜单]屏幕	①系统设置窗口 ②回顾窗口 ③参数窗口 ECG（含呼吸）；NIBP，IBP；SpO₂（含脉搏）；CO_2 ④显示窗口体温 ⑤患者信息窗口
2	按屏幕显示[参数窗口]键 例：选中[NIBP]键	参数报警屏幕 例：NIBP 报警屏幕	①间隔袖带 ②生命体征报警：SYS 报警上下限值；DIA 报警上下限值；MEAN 报警上下值 ③PWTT
3	按屏幕显示[设定项目]键 例：选中[PWTT]键	[设定项目]屏幕 例：[PWTT]屏幕	PWTT 功能[开/关] 例：选中[开] △PWTT 设定时间 例：选中 10ms
4	按[主页]键	[监护]屏幕	

3. 监护仪探头的连接及注意事项

（1）ECG、RESP 监护

1）取出心电导联线，将导联线的插头凸面对准主机前面板上的 ECG/RESP 插孔的凹槽，插入即可（实训图 2-35）。

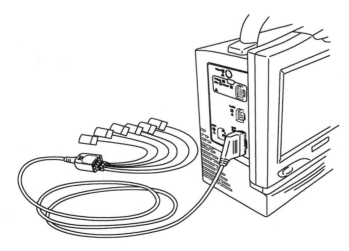

实训图 2-35　心电导联线与监护仪的连接

2）将一次性电极与电极引线相连（实训图 2-36）。

3）心电导联线带有电极头的一端与被测人体进行连接，正确连接的步骤为：①将人体安放电极的位置用电极片上的砂片擦拭，然后用 75% 的乙醇进行测量部位表面清洁，目的是清除人体皮肤上的角质层和汗渍,防止电极片接触不良;②将心电导联线的电极头与电极片上的电极扣扣好;③乙醇挥发干净后,将电极片贴到清洁后的具体位置上使其接触可靠,不致脱落;④将导联线上的衣襟夹夹在病床固定好。并叮嘱患者和医护人员不要扯拉电极线和导联线,如实训图 2-37 所示。

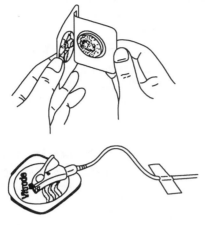

实训图 2-36　一次性电极与电极引线

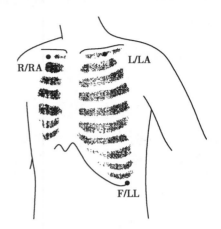

实训图 2-37　电极安放位置

(2)SpO$_2$ 监测

1)SpO$_2$ 探头和监护仪上的 SpO$_2$ 插口相连,插孔一定要插接到位。否则有可能造成无法采集血氧信息,不能显示血氧值及脉搏值。

2)将患者手指插入 SpO$_2$ 探头(实训图 2-38),要求患者指甲不能过长,不能有任何染色物、污垢或是灰指甲。如果血氧监测很长一段时间后患者手指感到不适,应更换另一个手指进行监护。

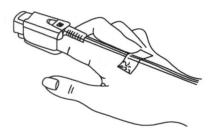

实训图 2-38　SpO$_2$ 探头的连接

3)血氧探头放置位置应与测血压手臂分开,因为在测血压时,阻断血流,此时测不出血氧,且屏幕显示"血氧探头脱落"字样。

4)观察屏幕上 SpO$_2$ 值和脉搏波波形。

(3)NIBP 监护

1)血压袖带与患者的连接,对成人、儿童和新生儿是有区别的,必须使用相对应的袖带。

2)测压手臂不宜同时用来测量体温,会影响体温数值的准确。

3)不应打点滴或有恶性创伤,否则会造成血液回流或伤口出血。

4)连接导气管至 NIBP 监护仪插孔,检查当前袖带的型号是否已显示在监护仪的显示器上。

5)给患者绑缚袖带(实训图 2-39)。

6)选择测量模式及时间间隔

按"NIBP INTERVAL"键来改变 NIBP 测量模式及时间间隔的顺序如下:手动→连→2min→2.5min→5min→10min→15min→30min→1h→2h→4h→8h→手动。

手动测量:在手动模式下,当按正面面板上的"NIBP START/STOP"键时,将进行单次测量。

自动测量:在自动模式下,测量在预设的时间间隔下自动进行。

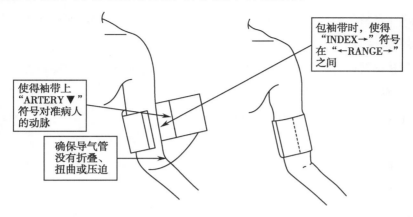

实训图 2-39　血压袖带的连接

(4)IBP 监护

1)有创血压(IBP)测量因为有创伤性(实训图 2-40),所以不做人体实验,只进行压力的标定实验。

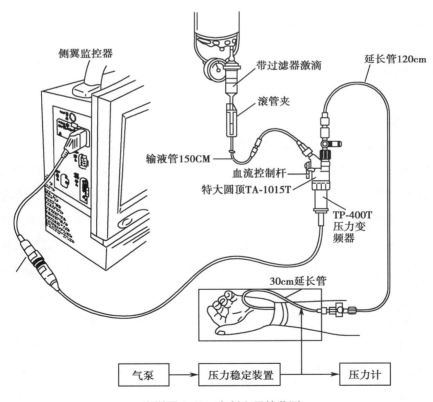

实训图 2-40　有创血压的监测

2)由气泵产生一定的气压,通过压力稳定装置使得气压稳定在 130mmHg 左右,这一压力通过导管输入到压力传感器,由此来代替人体的有创血压。

3)通过调节压力稳定装置的阀门来调节压力的输出值。

4)分别记录压力计的值和监护仪输出的压力值,两者进行对照。

（5）体温监测

1）体温探头正常情况是夹紧于患者腋下，若是昏迷危重者，则可用胶布将探头粘贴牢实。夹的过松，会使测得数值偏低。

2）因为体温传感器通过金属表面的热传导实现体表温度测量，所以一定要使探头的金属面与皮肤接触良好，且在 5min 之后可得到稳定的体表温度。

3）将探头连线连至监护仪上的 TEMP 插孔。

4）连接探头至人体体表。

5）观察监护仪屏幕上的体温数据值的变化。

四、实训步骤

步骤 1　技能知识准备。

（1）熟悉一次性电极的安放方法；

（2）熟悉监护仪导联线、探头的连接方法和注意事项；

（3）熟悉软件操作界面；

步骤 2　开机前的准备工作。

（1）确认交流电源符合本机规格；

（2）检查电源线、地线是否连接可靠；

（3）检查记录仪是否有记录纸。

步骤 3　开启电源开关，大约 15s 后监护仪通过自检，进入监护界面。

步骤 4　输入患者信息。

步骤 5　根据监护需要，设置系统参数和生理参数报警上下限等。

步骤 6　将所需的患者传感器和探头正确连接到监护仪插口和患者的相应监护部位。

步骤 7　熟悉监护界面常用生理参数波形和数值显示，根据需要记录并打印监测参数和波形。

在屏幕上可以及时显示采集到的患者参数、波形及监护仪提供的报警信息、时钟、监护仪状态及其他提示信息等。屏幕分为五个区域：信息/报警区、波形/视窗区、参数区、菜单区、时钟区。

信息区介绍：信息区位于屏幕的最上端，显示的是监护仪和患者当前的状态。从左至右依次显示的是：

（1）监护仪信息提示，固定出现在最左边的区域。监护仪状态信息包括：

1）挂起/静音状态指示：挂起/静音是指所有声音功能已被人为关闭；

2）冻结状态指示：冻结是指人为地操作而致使监护仪屏幕上显示的波形不进行及时刷新，而保留以前的某段波形。

（2）床号

（3）患者姓名

（4）患者类型

（5）当前日期

以上"床号"，"患者姓名"，"患者类型"，"当前日期"四种信息一直显示在屏幕上，而其他信息则是根据需要才显示在屏幕上。

波形/视窗区介绍：波形区最多可以显示五道波形，波形名称显示在各道波形的上边。对于心电波形，可以根据要求选择不同的心电导联，系统提供Ⅰ、Ⅱ、Ⅲ、aVR、aVL、aVF、V以及MCL校准波形，另外还显示了波形增益大小、扫描速度、工作模式等信息。

参数区介绍：参数区中的各参数可根据用户的不同需要显示在相应位置上。

（1）心电 ECG；

（2）心率（单位：次/分钟 BPM）；

（3）ST段分析结果（单位：毫伏 mV）；

（4）无创血压 NIBP：依次是收缩压、舒张压、平均压（单位：毫米汞柱 mmHg 或千帕 kPa）；

（5）血氧饱和度 SpO_2（单位：%）；

（6）脉率 PR（单位：次/分钟 BPM）；

（7）呼吸/体温；

1）呼吸率 RR（单位：次/分钟 BPM）；

2）体温1通道 T1（单位：摄氏度℃或华氏度℉），体温2通道 T2（单位：摄氏度℃或华氏度℉）。

参数区中显示了以上各参数的监护值。如果某个参数处于报警状态，除了声光双重报警外，系统还以该参数不断闪烁的方式来提示使用者注意报警信息。

菜单区介绍：监护仪提供了主菜单区，主菜单依次为：

"心电"：进行心电参数设置（扩展为一体化监护仪时为"胎监"，进行胎监参数设置）；

"呼吸"：进行呼吸参数设置（扩展为一体化监护仪时为"心电"，进行心电呼吸参数设置）；

"血氧"：进行血氧、脉率参数设置；

"血压"：进行血压参数设置；

"体温"：进行体温参数设置；

"菜单"：进入系统菜单，包括趋势、回顾、记录仪、患者、显示、系统设置等。

菜单区的操作都可以通过旋转飞梭完成。

时钟区介绍：监护仪在时钟区提供了一个时钟显示，它位于屏幕的右上角，显示系统的当前时间。

五、实训提示

通过本次实训，学生应该掌握以下几项技能：

1. 正确操作监护仪，掌握监护仪各种功能按键和各种监护界面。

2. 正确连接传感器和探头，掌握常用生理参数的监测方法。

3. 会进行系统参数设置，掌握常用生理参数的测量原理。

4. 熟悉监护仪的维护保养知识，并会对一些常见的非电路故障进行排除。

六、实训思考

1. 监护仪对心电监护时，电极的安放和常规心电图检查时心电电极的安放有什么区别？

2. 监护仪测量无创血压和血氧饱和度时,对血压袖带和血氧探头的连接有什么要求?

3. 通过波形图,对所记录的心电、血压、SpO$_2$、体温、呼吸等信号波形、数值进行分析。

4. 监护仪使用完毕后,要做哪些收尾清场工作?

5. 监护仪的维护保养有哪些要求?

实训项目三：

数字心电图机性能测试及装调

任务 3-1　数字心电图机的性能检测

一、实训目的

1. 学习 ECG-6951D 心电图机的技术要求。

2. 了解 ECG-6951D 心电图机的技术指标的测试方法。

二、实训项目

1. 掌握 ECG-6951D 外接输入输出参数测试。

2. 掌握 ECG-6951D 输入电路参数测试。

3. 掌握 ECG-6951D 灵敏度试验。

4. 掌握 ECG-6951D 噪声与抗干扰能力试验。

5. 掌握 ECG-6951D 频率特性和基线稳定性试验。

6. 掌握 ECG-6951D 传动与打印机试验。

子任务 3-1-1　ECG-6951D 外接输入输出参数测试

一、行业标准

ECG-6951D 应符合"中华人民共和国医药行业标准 YY 1139-2000"的部分规定,见实训表 3-1。

实训表 3-1　心电图机输入输出参数行业指标要求

条目号	项目名称	标准要求
5.2	外接输出	
5.2.1	灵敏度	1V/mV,误差范围 ± 5%（ECG-6951D 灵敏度为 0.5V/mV,误差范围±5%）
5.2.2	外接输出阻抗	≤100Ω
5.2.3	输出短路	必须不损坏心电图机
5.3	外接直流信号输入	
5.3.1	灵敏度	10mm/0.5V,误差范围±5%
5.3.2	外接输入阻抗	≥100kΩ

二、实训器材

1. 通用器材

（1）XJ1641 函数信号发生器；

（2）XJ1731L3A 多路直流稳压稳流电源；

（3）XJ4631A 数字模拟混合示波器。

2. 专用器材

（1）ECG-6951D 热线阵单道心电图机；

（2）阻抗盒。

三、实训内容

按照实训图 3-1 所示，通过测试，检验数字心电图机输入输出参数是否符合国家医药行业标准要求。

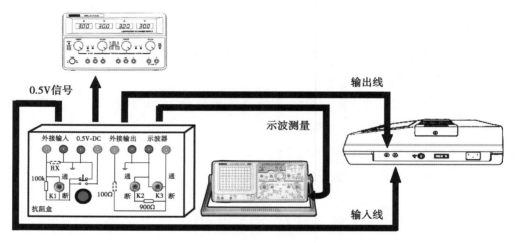

实训图 3-1　检测 ECG-6951D 输入输出参数时的接线示意图

四、实训步骤

（一）5.2 外接输出试验

步骤 1　如实训图 3-1 所示，将 XJ4631A 示波器与阻抗盒的"示波器"端子相连；心电图机"输出"插口与阻抗盒的"外接输出"端子相连。

步骤 2　置 ECG-6951D 为标准灵敏度，选择 1mV 定标电压；将阻抗盒"K2、K3 钮子开关"置于"断开"位置（实训图 3-2），将示波器上的输出值 U_o 记录在实训表 3-2 中，检验其是否符合实训表 3-1 中 5.2.1 规定。

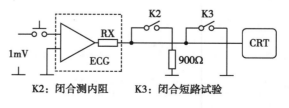

实训图 3-2　外接输出试验线路

步骤 3　将阻抗盒"K_3 钮子开关"置于"通"位置,短路"外接输出"历时 1min 后,将"K3"断开,打印心电波形,检查心电图机是否正常工作,判断心电图机是否符合 5.2.3 规定。

步骤 4　将"K3 钮子开关"断开,"K2 钮子开关"闭合(将 900Ω 电阻并联于心电图机"输出"端),示波器测得输出电压 U_L,将其记录在实训表 3-2 中。

步骤 5　根据下列公式计算输出阻抗 Z_{out},并记录在实训表 3-2 中,检验其是否符合 5.2.2 规定。

$$Z_{out} = 900 \frac{U_O - U_L}{U_L} (\Omega)$$

实训表 3-2　外接输出参数

参数名称	U_O	U_L	Z_{out}	结论(是否符合标准)
测量值				

(二) 5.3 外接直流信号输入试验

步骤 1　如实训图 3-1 所示,将 XJ1731L3A 直流稳压电源与阻抗盒的"0.5V-DC"端子相连;心电图机"输入"插口与阻抗盒的"外接输入"端子相连。

步骤 2　将 XJ1731L3A 直流稳压电源调节到输出 2V 直流信号。

步骤 3　如实训图 3-3 所示,置阻抗盒"K1 钮子开关"闭合,按动"按钮"使"外接输入"输入 2V 直流信号,按心电图机的"开始/停止"键,打印波形,描迹偏转幅度为 H_0,数据记录于实训表 3-3 中,检验其是否符合实训表 3-1 中 5.3.1 规定。

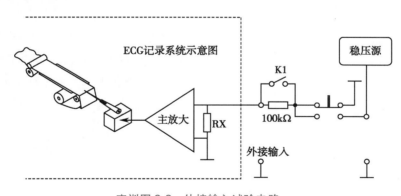

实训图 3-3　外接输入试验电路

步骤 4　置"K1 钮子开关"断开,将 100kΩ 电阻串接于心电图机"输入"端,按动"按钮",按心电图机的"开始/停止"键,打印波形,描记幅度为 H,数据记录于实训表 3-3 中。

步骤 5　计算输入阻抗 Z_{in}

$$Z_{in} = 100 \frac{H}{H_0 - H} (k\Omega)$$

步骤 6　根据上式计算结果,对比实训表 3-1 的行业标准,检验其是否符合实训表 3-1 中 5.3.2 项的规定(外接输入阻抗 ≥ 100kΩ)。

实训表 3-3　外接输入参数

参数名称	H_o	H	Z_{in}	结论（是否符合标准）
测量值				

五、实训提示

每一项测量时,必须注意阻抗盒、心电图机、示波器等仪器设备的连接正确,特别是阻抗盒中有四组接线端子,注意连接正确。

六、实训思考

1. 外接输出阻抗大小对心电图机的影响有哪些?

2. 输出阻抗 Z_{out} 计算公式的依据是什么?

子任务 3-1-2　ECG-6951D 输入回路参数测试

一、行业标准

ECG-6951D 应符合"中华人民共和国医药行业标准 YY 1139-2000"的部分规定,见实训表 3-4。

实训表 3-4　心电图机输入电路参数行业指标要求

条目号	项目名称	标准要求
5.4	输入电路	
5.4.1	输入阻抗	在实训表 3-1 中 5.1.1 规定的频率范围内,按实训图 3-4 所示电路测试输入阻抗,要求各导联电极串连 $1M\Omega$ 电阻与 4700pF 电容并联后,对衰减后的信号必须不小于"通/断开关"开路时描笔偏转峰峰值(mm)达到 19.6mm 后,10Hz 时单端输入阻抗近似为 $50M\Omega$
5.5	输入回路电流	各输入回路电流应不大于 $0.1\mu A$

二、实训器材

1. 通用器材　XJ1641 函数信号发生器。

2. 专用器材

(1)ECG-6951D 热线阵单道心电图机;

(2)"测输入阻抗/输入电流"测试盒;

(3)抗 50Hz 干扰屏蔽盘;

(4)抗 50Hz 干扰屏蔽罩。

三、实训内容

按照实训图 3-4 所示,通过测试,检验数字心电图机输入电路的参数是否符合国家医药行业标准要求。

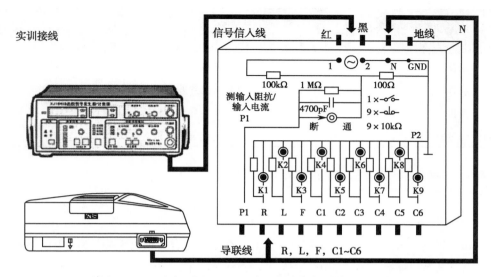

实训图 3-4　测试 ECG-6951D 输入电路参数时的接线示意图

四、实训步骤

（一）5.4 输入电路中输入阻抗试验

步骤 1　如实训图 3-4 所示,将 XJ1641 函数信号发生器和 EGC-6951D 心电图机的输入导联线分别与"测输入阻抗/输入电流"测试盒的相应端子相连。

步骤 2　将 XJ1641 函数信号发生器开机,调节使其输出频率为 10Hz、幅值约 4V 的正弦信号。

步骤 3　置心电图机为"x0.5"灵敏度。

步骤 4　如实训图 3-5 所示,将"测输入阻抗/输入电流"测试盒上的开关"K"置于"通"位置。

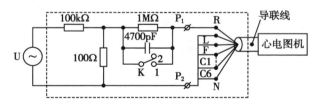

实训图 3-5　测输入阻抗标准推荐电路

步骤 5　根据实训表 3-5,设置导联为"Ⅰ"或"Ⅱ",将 R 导联连接到测试盒的 P1 端口,按下心电图机的"开始/停止键",打印波形。调节 XJ1641 函数信号发生器的输出幅度,使心电图机描记一个峰峰偏转幅度 H_1 为 20mm,数据记录于实训表 3-6 中。

步骤 6　保持 XJ1641 函数信号发生器的输出不变;将"测输入阻抗/输入电流"测试盒上的开关置于"断"位置,再次打印波形,记录描记偏转峰峰值。

步骤 7　根据实训表 3-5,改变导联选择设置,并调整心电图机与"测输入阻抗/输入电流"测试盒间的导联连接方式,重复步骤 5 和步骤 6,并打印波形,记录描迹偏转峰峰值。

步骤 8　取步骤 7 中测得的最小偏转峰峰值为 H_2,将数据记录于实训表 3-6 中,检验其是否不小于实训表 3-5 的规定值。

实训表 3-5　导联选择位置和导联电极连接规定

导联选择器位置	导联连接到 P1	导联连接到 P2	K 开路时描迹峰峰值/mm
I 或 II	R	所有其他导联电极	≥19.6
I 或 III	L	所有其他导联电极	≥19.6
II 或 III	F	所有其他导联电极	≥19.6
Vi(i = 1~6)	Ci	所有其他导联电极	≥19.6

步骤 9　根据步骤 5 和步骤 8 记录的 H_1 和 H_2 的数值,代入下列公式计算输入阻抗 Z_{in}:

$$Z_{in} = 0.62 \frac{H_2}{H_1 - H_2} (M\Omega)$$

步骤 10　根据上式计算结果,检验其输入阻抗 Z_{in} 是否符合实训表 3-4 中 5.4.1 项的规定。

步骤 11　将信号源频率改为 40Hz,重复上述实训步骤 1~步骤 9,检验其是否符合同样要求。

实训表 3-6　输入阻抗测试

参数名称	H_1	H_2	Z_{in}	结论（是否符合标准）
测量值(10Hz)				
测量值(40Hz)				

(二) 5.5 输入回路电流试验

步骤 1　按实训图 3-4 所示,将心电图机的导联线与"测输入阻抗/输入电流"测试盒的相应接线端子连接。

步骤 2　将心电图机开机,灵敏度置于"1"位置。

步骤 3　置"测输入阻抗/输入电流"测试盒的开关于"通"位置。

步骤 4　按"开始/停止"键,打印波形,测量此时输出定标幅度(10mm),记作 H_0。

步骤 5　如实训图 3-6 所示,根据实训表 3-7 所述,依次断开一只开关(即分别接入一只 10kΩ 电阻),记录通过各导联电极的直流电流引起的描迹偏转幅度,取最大值为 H,并记录在实训表 3-8 中。

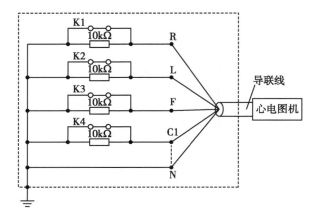

实训图 3-6　测输入电流标准推荐电路

实训表 3-7　开关数及依次断开时的描迹偏转幅度参考

导联选择器位置	断开开关	开关断开时描迹峰值/mm
I	K1	≤10
I	K2	≤10
II	K3	≤10
V1~V6	K4~K9	≤10

步骤 6　将步骤 4 和步骤 5 测得的数据代入下列公式，计算输入回路电流 I_{in}：

$$I_{in} = 0.1 \frac{H}{H_O} (\mu A)$$

步骤 7　将上式计算结果记录在实训表 3-8 中，并与实训表 3-4 中的 5.5 项规定进行比较，检验其是否符合要求（即输入回路电流应不大于 0.1μA）。

实训表 3-8　输入回路电流测试

参数名称	H_O	H	I_{in}	结论
测量值				

五、实训提示

本实训项目中用到两个实训电路，输入阻抗测量电路和输入电流测量电路，注意其区别。

六、实训思考

1. 心电图机的输入阻抗要求是什么？为什么？

2. 心电图机的输入回路电流的要求是什么？

子任务 3-1-3　ECG-6951D 灵敏度实验

一、行业标准

ECG-6951D 应符合"中华人民共和国医药行业标准 YY 1139-2000"的部分规定，见实训表 3-9。

实训表 3-9　心电图机相关参数行业指标要求

条目号	项目名称	标准要求
5.6	定标电压	1mV，误差范围±5%
5.7	灵敏度	
5.7.1	灵敏度控制	至少提供 5、10、20mm/mV 三档，转换误差范围为±5%
5.7.2	耐极化电压	加±300mV 的直流极化电压，灵敏度变化范围±5%
5.7.3	最小检测信号	对 10Hz、20μV（峰峰值）偏转的正弦信号能检测
附加条	灵敏度基线相互作用	各档灵敏度切换时，基线位移变化必须小于 0.5mm

二、实训器材

1. 通用器材

（1）XJ1641 函数信号发生器；

（2）UT803 数字台式万用表。

2. 专用器材

(1) ECG-6951D 热线阵单道心电图机；

(2) 灵敏度测量仪。

三、实训内容

按照实训图 3-7 所示,通过测试,检验数字心电图机灵敏度是否符合国家医药行业标准要求。

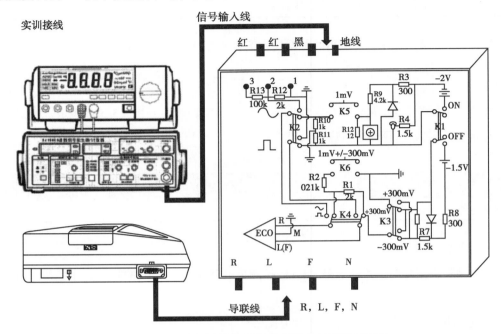

实训图 3-7　测试 ECG-6951D 灵敏度的接线示意图

四、实训步骤

(一) 5.6 定标电压

步骤 1　按实训图 3-7 所示,将 ECG-6951D 心电图机和灵敏度测量仪的相应接线端子连接。

步骤 2　将 ECG-6951D 心电图机开机,置灵敏度开关于"1"位置(1mm/mV),导联选择于"TEST","手动"记录位置。

步骤 3　按下心电图机的"开始/停止"键,并连续按动"定标"键,打印波形,描记幅度为 H_V,数据记录于实训表 3-10 中。

步骤 4　将心电图机的导联选择置于"L",灵敏度测量仪的"K4"键置向"⊓","K2"键置向"⊓。"

步骤 5　连续按动灵敏度测量仪的"K5"外定标键,打印波形,描记幅度为 H_0,数据记录于实训表 3-10 中。

步骤 6　根据下列公式计算误差:

$$\delta_0(\%) = \frac{H_V - H_0}{H_0} \times 100$$

步骤 7　将计算结果记录在实训表 3-10 中,并与实训表 3-9 中 5.6 项的规定(1mV,误差范围 ±5%)进行比较,判断是否符合要求。

实训表 3-10　定标电压测试

参数名称	H_V	H_O	δ_0	结论
测量值				

（二）5.7.1 灵敏度控制

步骤 1　将 ECG-6951D 心电图机开机，置灵敏度开关于"1"位置（1mm/mV），导联选择于"TEST"位置。

步骤 2　按"开始/停止"键，打印波形，连续按动"定标"键，描记幅度为 H_0，结果记录于实训表 3-11 中。

步骤 3　在灵敏度为 10mm/mV 的情况下，切换灵敏度，将灵敏度选择器分别置 x0.5 和 x2 档，分别打印波形，描记定标电压幅度为 H_k，结果记录于实训表 3-11 中。

步骤 4　根据下列公式计算误差：

$$\delta_k(\%) = \frac{H_k - KH_0}{KH_0} \times 100$$

式中 K 为灵敏度转换系数（0.5，2）。

步骤 5　将计算结果记录在实训表 3-11 中，并与实训表 3-9 中 5.7.1 项规定进行比较，检验其是否符合要求。

实训表 3-11　灵敏度测试

参数名称	H_0	$H_{0.5}$	H_2	$\delta_{0.5}$	δ_2
测量值					

（三）5.7.2 耐极化电压

步骤 1　将 ECG-6951D 心电图机开机，置灵敏度开关于"1"位置，导联选择于"TEST"位置。按下"开始/停止"键，并连续按动"定标"键，打印波形，描记幅度为 H_0，数据记录于实训表 3-12 中。

步骤 2　置灵敏度测量仪："K4"投向"±300mV"位置；"K2"投向"∏"。

步骤 3　将灵敏度测量仪电路中的"K3"投向"+300mV"（正极化）时，用 UT803 万用表，测试灵敏度测量仪电路上的"R 与 N"；"F 与 N"间直流电压（应为 + 300mV），如实训图 3-8 所示。

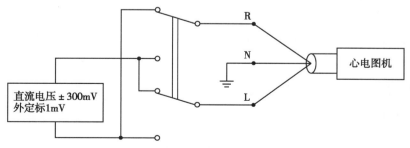

实训图 3-8　测耐极化试验标准推荐电路

步骤 4　连续按动灵敏度测量仪电路的"1mV+/+300mV"外定标键，按下"开始/停止"键，打印波形，描记幅度为 H_{E1}，数据记录于实训表 3-12 中。

步骤 5　将灵敏度测量仪电路中的"K3"投向"−300mV"(负极化)时,用 UT803 万用表,测试灵敏度测量电路上的"R 与 N";"F 与 N"间直流电压;应为−300mV。

步骤 6　连续按动灵敏度测量仪电路的"1mV+/−300mV"外定标键,按下"开始/停止"键,描记幅度为 H_{E2},并记录于实训表 3-12 中。

步骤 7　根据下列公式计算误差,H_E 取 H_{E1} 和 H_{E2} 中较大值。

$$\delta_E(\%) = \frac{H_E - H_0}{H_0} \times 100$$

步骤 8　将计算结果记录在实训表 3-12 中,并与实训表 3-9 中的 5.7.2 项规定进行比较。检验其是否符合要求。

实训表 3-12　耐极化电压测试

参数名称	H_0	H_{E1}	H_{E2}	δ_E	结论
测量值					

(四) 5.7.3 最小检测信号

步骤 1　按实训图 3-7 所示,将 XJ1641 函数信号发生器、ECG-6951D 心电图机和灵敏度测量仪电路的相应接线端子连接。

步骤 2　将灵敏度测量仪电路中的"K4"投向" ⎍ ","K2"投向" ∿ "。

步骤 3　置 ECG-6951D 心电图机灵敏度开关置于"2"位置,导联选择置于"Ⅱ"位置。

步骤 4　分别将 XJ1641 函数信号发生器的"黑"与"红"输出端(夹子)与灵敏度测试仪的"1(黑)端,2(红)端"相连接。

步骤 5　调节 XJ1641 函数信号发生器,使其输出 10Hz,约 1mV 的标准正弦波信号,使心电图机描记的峰-峰幅度为 20mm。

步骤 6　将 XJ1641 函数信号发生器的"红"输出端与灵敏度测量仪的"3(红)端"相连接,按"开始/停止"键打印波形,记录纸上应能见到可以分辨的波形。

注:这时心电图机输入 $20\mu V$。

五、实训提示

1. 在进行试验时,一定要使用制造厂提供的心电图机配套的患者电缆。

2. 注意灵敏度测量电路中各开关键的位置,在各个实验条目中的状态要正确。

六、实训思考

1. 指出外定标和内定标的区别。

2. 观察灵敏度基线相互作用时,基线定位标准是如何确定的?

子任务 3-1-4　ECG-6951D 噪声与抗干扰能力实验

一、行业标准

ECG-6951D 应符合"中华人民共和国医药行业标准 YY 1139-2000"的部分规定,见实训表 3-13。

实训表 3-13   心电图机相关参数行业指标要求

条目号	项目名称	标准要求
5.8	噪声电平	输入端与中性电极之间接入 51kΩ 电阻与 0.047μF 电容并联阻抗,在 5.11 项规定的频率范围内折合到输入端的噪声电平不大于 15μV(峰峰值)
5.9	抗干扰能力	
5.9.1	共模抑制比	心电图机各导联的共模抑制比应大于 60dB
5.9.2	心电图对呈现在患者身上 10V 共模信号的抑制	电路模拟测试,各导联分别接入模拟电极——皮肤不平衡阻抗(51kΩ 电阻与 0.047μF 电容并联)情况下,记录振幅必须不超过 10mm
5.10	50Hz 干扰抑制滤波器	衰减≥20dB

二、实训器材

1. 通用器材   XJ1641 函数信号发生器

2. 专用器材

(1)ECG-6951D 热线阵单道心电图机;

(2)"噪声与共模抑制比测量"电路;

(3)"噪声与抗干扰能力测量"电路;

(4)"50Hz、20V"信号源。

三、实训内容

按实训图 3-9 所示,通过测试,检验数字心电图机噪声与抗干扰能力是否符合国家医药行业标准要求。

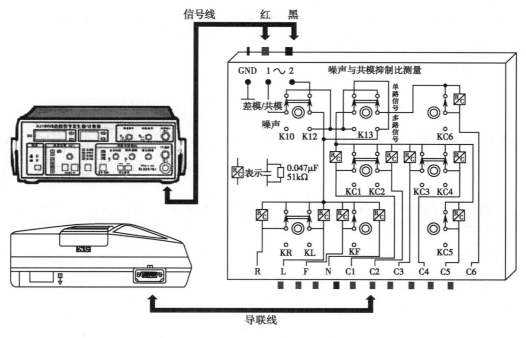

实训图 3-9   测噪声和共模抑制比的接线示意图

四、实训步骤

(一) 5.8 噪声电平试验

步骤 1 按实训图 3-9 所示,EGC-6951D 单道心电图机和"噪声与共模抑制比测量"电路装置相连接。

步骤 2 如实训图 3-10 所示,将"噪声与共模抑制比测量"电路装置的开关 K10、K12 置"噪声"位置,KC1~KC6、KR、KL、KF 全部置于"断"位置。

步骤 3 置心电图机灵敏度为 20mm/mV,并将其记为 S_n。

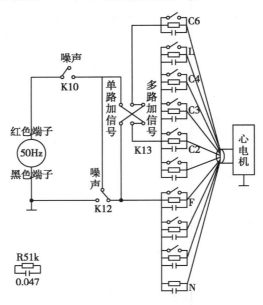

实训图 3-10　标准推荐噪声电平试验接线示意图

步骤 4 切换导联,按下心电图机的"开始/停止"键,打印波形,并取各导联的噪声电压幅度最大者为 H_n,将其记录于实训表 3-14 中。

步骤 5 根据下列公式计算误差:

$$U_n = \frac{H_n}{S_n}(\mathrm{mV})$$

步骤 6 根据计算结果与实训表 3-13 中的 5.8 项规定进行比较,检验其是否符合 5.8 项的规定。

实训表 3-14　噪声电平实验

参数名称	S_n	H_n	U_n	结论
测量值	20mm/mV			

(二) 5.9.1.1 抗干扰能力试验-标准导联差模输入

"Ⅰ"导联差模输入的测量:

步骤 1 按实训图 3-9 所示,将 XJ1641 函数信号发生器、EGC-6951D 单道心电图机和"噪声与共模抑制比测量"装置相连接。

步骤 2　如实训图 3-11 所示,将"噪声与共模抑制比测量"装置的开关 K10、K12 置"差模"位置,KR、KL、KF 置"通"位置,K13 置"多路信号"位置。

步骤 3　导联线 R 与 C1 对调插入试验测量电路。

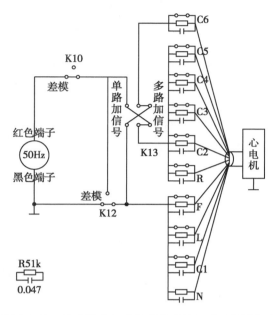

实训图 3-11　标准推荐标准导联差模输入试验接线示意图

步骤 4　心电图机开机,并置心电图机的导联选择于"Ⅰ"联位置。

步骤 5　调节信号发生器,使其输出 50Hz、峰峰值为 1mV 的正弦波(幅度的调整也可通过衰减器实现,如信号设置为 1V,衰减器设 60dB,则输出为 1mV)。

步骤 6　按"开始/停止"键,打印波形,描记幅度为 H_0(约 10mm),数据记录于实训表 3-17 中。

注:其他导联差模输入测量方法按实训表 3-15 中规定。

实训表 3-15　其他导联差模输入测量方法

导联	导联选择	导联线接法		H_0 记录幅度
Ⅰ	置Ⅰ导联	R(−)调 C1	L(+)接 N	10mm
Ⅱ	置Ⅱ导联	R(−)调 C1	F(+)接 N	10mm
Ⅲ	置Ⅲ导联	L(−)调 C1	F(+)接 N	10mm

说明:其他导联的差模输入测量步骤重复步骤 3 到步骤 6。

(三) 5.9.1.2 抗干扰能力试验——标准导联共模输入

"Ⅰ"导联共模输入的测量:

步骤 1　按实训图 3-9 所示,将 XJ1641 函数信号发生器、EGC-6951D 单道心电图机和"噪声与共模抑制比测量"电路装置相连接。

步骤 2　按实训图 3-12 所示,将"噪声与共模抑制比测量"电路中的开关 K10、K12 置于"差模"位置,R、L、F 导联接触模拟电阻开关置于"通"位置,开关 K13 置于"多路信号"位置。

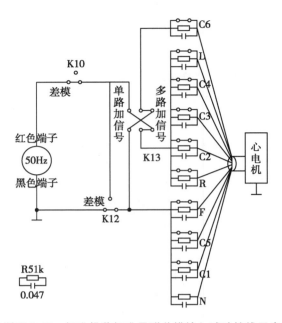

实训图 3-12　标准推荐标准导联共模输入试验接线示意图

步骤 3　将心电图机的导联线 R 与 C5 对调, L 与 C4 对调插入试验测量电路。

步骤 4　心电图机开机, 将其导联选择置于"Ⅰ"导联位置。

步骤 5　调节信号源输出 50Hz、峰峰值为 1V 的正弦波。(如在"差模输入"测量时, 已将信号发生器的幅度值设置为 1V, 则可不改变信号发生器的增益粗调"AMP", 仅需将衰减器置于 0dB 即可)

步骤 6　测量心电图机的描迹的描记幅度为 H, 记录在表 3-17 中。

注: 其他导联共模输入方法参见实训表 3-16。

实训表 3-16　其他导联共模输入方法

导联	导联选择	导联线接法		H 记录幅度
Ⅰ	置Ⅰ导联	R(−)调 C1	L(+)调 C5	≤10mm
Ⅱ	置Ⅱ导联	R(−)调 C1	F(+)调 C5	≤10mm
Ⅲ	置Ⅲ导联	L(−)调 C1	F(+)调 C5	≤10mm

说明: 其他导联的共模输入测量步骤重复步骤 3 到步骤 6。

(四) 5.9.1 各导联共模抑制比计算

步骤 1　将上述实训条目中测得的标准导联差模输入 H_0 和标准导联共模输入 H 代入下列公式计算, 并填入实训表 3-17 中。

$$CMRR = 20\lg 10^3 \frac{H_0}{H}(\mathrm{dB})$$

步骤 2　根据测量结果, 对照检验其是否符合实训表 3-13 中 5.9.1 项的规定。

实训表 3-17　共模抑制比测量实验

参数名称	H_0	H	$CMRR$
测量值			

（五）5.9.2 心电图机对 10V 干扰信号的抑制试验

步骤 1　按照实训图 3-13 所示,连接"50Hz、20V 信号源"、心电图机和"噪声与抗干扰能力测量"电路。

注意:将"噪声与抗干扰能力测量电路"外壳与心电图机的"保护接地"相连接。

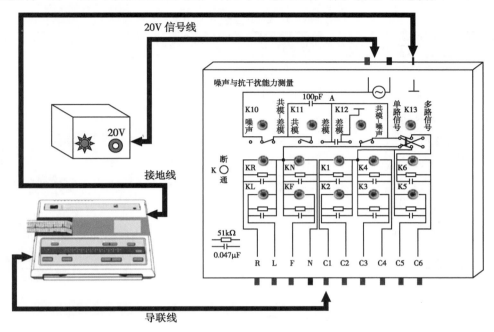

实训图 3-13　10V 共模信号抑制的实训接线图

步骤 2　如实训图 3-13 所示,将"噪声与抗干扰能力测量"电路中的开关 K10 置于"1"（共模位置）,开关 K11 和 K12 置于"2"（共模位置）,其他导联接触模拟电阻开关 K1～K6,KR、KL、KF 全部置于"通"位置。

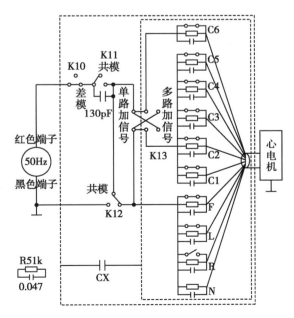

实训图 3-14　标准推荐各导联 10V 共模信号抑制试验接线图

步骤 3　心电图机开机,置心电图机为标准灵敏度"1"(实训图 3-14)。

步骤 4　每次断开"噪声与抗干扰能力测量"电路中 K1~K6、KR、KL、KF 其中一只开关(如实训表 3-18 所示顺序),按下心电图机的"开始/停止"键,打印波形,记录波形偏转幅度于实训表 3-18 中。

注:各导联情况下,心电图机测量的偏转幅度都应≤10mm。

实训表 3-18　测干扰信号试验时的心电图机导联连接

导联	导联选择	断开其中一端时		记录幅度
Ⅰ	置Ⅰ导联	断开 KR(-)	断开 KL(+)	
Ⅱ	置Ⅱ导联	断开 KR(-)	断开 KF(+)	
Ⅲ	置Ⅲ导联	断开 KL(-)	断开 KF(+)	
V1	置 V1 导联	断开 K1	——	
V2	置 V2 导联	断开 K2	——	
V3	置 V3 导联	断开 K3	——	
V4	置 V4 导联	断开 K4	——	
V5	置 V5 导联	断开 K5	——	
V6	置 V6 导联	断开 K6	——	

(六) 5.10 干扰抑制滤波器试验

1. 50Hz 衰减量测量(Ⅰ导联差模输入步骤)

步骤 1　按实训图 3-9 所示,将 XJ1641 函数信号发生器、EGC-6951D 单道心电图机和噪声与抗干扰能力测量实训图相连接。

步骤 2　如实训图 3-13 所示,将"噪声与抗干扰能力测量"电路中的开关 K10、K12 置于"差模"位置,KR、KL、KF 开关置于"通"位置,K13 开关置于"多路信号"位置。

步骤 3　将导联线 R 与 C1 对调插入试验测量电路,置心电图机于"Ⅰ"导联位置,置增益于"x1"。

步骤 4　调节信号发生器,使其输出频率为 50Hz(±0.5Hz),峰峰值为 1mV 的正弦波。

步骤 5　置心电图机"交流滤波"于"断"位置,按"开始/停止"键,打印波形,描记幅度为 H_0,结果记录于实训表 3-19 中。

步骤 6　置心电图机"交流滤波"于"通"位置,按"开始/停止"键,打印波形,再次记录幅度 $H_{滤波1}$(不大于 1mm)。

步骤 7　保持心电图机"交流滤波"于"通"位置,信号源输出频率改为 30Hz±0.5Hz 正弦波,记录波形幅度 $H_{滤波2}$(要求描迹偏转幅度不小于 7mm),结果记录于实训表 3-19 中。

2. 肌电滤波衰减量测量(Ⅰ导联差模输入步骤)

步骤 1　同上述步骤 1、步骤 2、步骤 3。

步骤 2　置心电图机"交流滤波"于"断"位置,"肌电滤波"于"通"位置。

步骤 3　调节信号源输出 10Hz、1mV 正弦信号,记录描迹偏转幅度为 H_1,结果记录于实训表 3-19中。

步骤 4 调节信号源输出 45Hz±5Hz、1mV 正弦信号,记录描迹偏转幅度为 H_2(要求幅度不大于 7mm)。

实训表 3-19 干扰抑制滤波器试验

50Hz 滤波测试			肌电滤波测试	
参数名称	H_0	$H_{滤波1}$	$H_{滤波2}$	H_1	H_2
测量值					

五、实训提示

1. 在进行试验时,一定要使用制造厂提供的心电图机配套的患者电缆或等效物。

2. 实验数据多时,可自行设计记录表,记录测量值和计算值。

六、实训思考

1. 噪声干扰主要是由哪些因素造成的?

2. 在进行干扰抑制滤波器试验时,选择 50Hz 滤波时,信号源送入 30Hz 信号的作用是什么?此时的输出波形偏转幅度应该满足什么条件?

子任务 3-1-5 ECG-6951D 频率特性和基线稳定性实验

一、行业标准

ECG-6951D 应符合"中华人民共和国医药行业标准 YY 1139-2000"的部分规定,见实训表 3-20。

实训表 3-20 心电图机相关参数行业指标要求

条目号	项目名称	标准要求
5.11	频率特性	
5.11.1	幅度频率特性	以 10Hz 为基准,0.05~150Hz(+0.4~-3.0dB)
5.11.3	低频特性	时间常数应不小于 3.2s
5.13	基线稳定性	
5.13.1	电源电压稳定时	基线的漂移不大于 1mm
5.13.2	电源电压瞬态波动时	基线的漂移不大于 1mm
5.13.4	灵敏度变化时	(无信号输入)其位移不超过 2mm

二、实训器材

1. 通用器材

(1)XJ1641 函数信号发生器;

(2)UT803 数字台式万用表。

2. 专用器材

(1)ECG-6951D 热线阵单道心电图机;

(2)灵敏度测量仪;

(3)电源电压瞬态波动仪;

（4）"噪声与共模抑制比测量"电路。

三、实训内容

按照实训图 3-15、实训图 3-16 所示,通过测试,检验数字心电图机频率特性和基线稳定性实验是否符合国家医药行业标准要求。

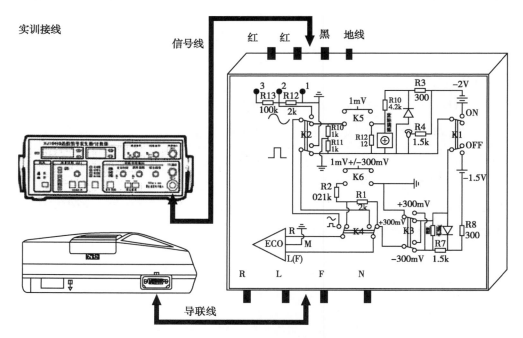

实训图 3-15　测幅频特性与基线稳定性的实训接线示意图

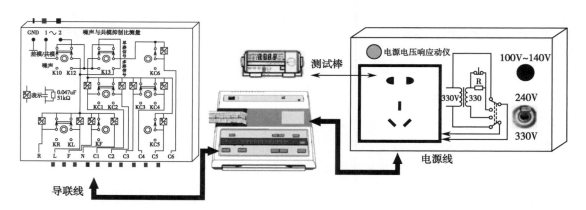

实训图 3-16　测基线稳定性的实训接线示意图

四、实训步骤

（一）5.11 幅度频率特性试验

步骤 1　按照实训图 3-15,连接函数信号发生器、心电图机和灵敏度测量仪。

步骤 2　将 XJ1641 函数信号发生器调至输出 1mV、10Hz 的标准正弦波信号。

步骤 3　将灵敏度测量仪的"K4"键置向"⊓"，"K2"键置向"∿"。

步骤 4　将 ECG-6951D 心电图机开机,灵敏度开关置于"1"位置,导联置于"Ⅱ"位置。

步骤 5 分别将 XJ1641 函数信号发生器的"黑"与"红"输出端与灵敏度测量仪电路的"1（黑）端，2（红）端"相连接，使心电图机描记偏转峰-峰幅度为 10mm，记作 H_0。

步骤 6 保持 XJ1641 函数信号发生器输出 1mV 电压恒定，将频率依次改为 1、20、30、40、50、60、70、80、90、100、110、120、130、140、150Hz，测量并记录以上各种频率输入时，心电图机的描记偏转峰-峰幅度，结果记录于实训表 3-21 中。

步骤 7 将检验结果与实训表 3-20 中的 5.11.1 项规定进行比较，判断是否符合要求。

实训表 3-21 幅度频率特性试验

频率（Hz）	1	10	20	30	40	50	60	70
偏转幅度（mm）								
频率（Hz）	80	90	100	110	120	130	140	150
偏转幅度（mm）								

（二）5.11.3 低频特性试验

步骤 1 按照实训图 3-15，连接函数信号发生器、心电图机和灵敏度测量仪。

步骤 2 将灵敏度测量仪电路中的"K4"键置向"⌒⌐"；"K2"键置向"⌐⌐"。

步骤 3 将 ECG-6951D 心电图机开机，在灵敏度 10mm/mV 条件下，按下灵敏度测量电路中的 1mV 外定标开关，打印波形。直至输出幅度降至 3.7mm 以下，再复原 1mV 外定标开关，如实训图 3-17所示。

步骤 4 测量描迹振幅值从 10mm 下降到 3.7mm 时对应的时间 T 值。

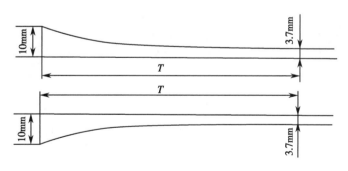

实训图 3-17 时间常数的测定

（三）5.13 基线稳定性试验

准备工作：按实训图 3-16 所示连接电路。进行如下设置：心电图机"导联选择器"置于"Ⅰ"位置、"灵敏度"置于"1"位置；"噪声与共模抑制比测量"电路 K10、K12 置于"噪声"位置；K13 置于"单路加信号"位置；KR、KL、KF 置于"断开"位置，如实训图 3-18 所示。具体包括三个内容。

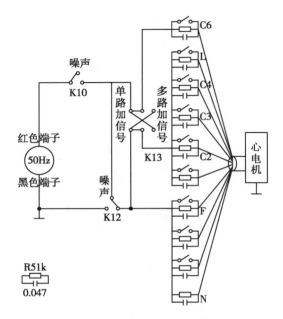

实训图 3-18　基线稳定性试验电路

1. 5.13.1 电源电压稳定时的基线漂移

步骤 1　置电源电压瞬态波动仪的"钮子开关"于"220V"位置。

步骤 2　心电图机开机,按"开始/停止"键,打印波形,测定走纸 1~10s 时间内的基线漂移情况,并记录于实训表 3-22 中。检验基线漂移的最大值是否符合实训表 3-20 中 5.13.1 的规定。

实训表 3-22　电源电压稳定时的基线漂移

时间（s）	1	2	3	4	5	6	7	8	9	10
基线偏移（mm）										

2. 5.13.2 电源电压瞬态波动时的基线漂移

步骤 1　置电源电压瞬态波动仪的"钮子开关"于"242V"位置,接通记录开关走纸。

步骤 2　在走纸 2s 内按动"按钮 K"五次,如实训图 3-19 所示,使电压自 198~242V 反复突变五次,记录基线漂移量于实训表 3-23 中。测定基线漂移的最大值是否符合实训表 3-20 中 5.13.2 的规定。

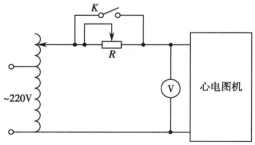

实训图 3-19　测电源波动基线漂移标准推荐电路

实训表 3-23　电源电压瞬态波动时的基线漂移

电压（V）	198	242	198	242	198	242
基线偏移（mm）						

3.5.13.4 灵敏度变化时对基线的影响

步骤 1　置电源电压瞬态波动仪的"钮子开关"于 220V。

步骤 2　按心电图机的"开始/停止"键,打印波形,将心电图机灵敏度从最小变化到最大（0.5→1→2）。连续打印走纸记录,基线偏移量记入实训表 3-24 中,检验基线位移是否符合实训表 3-20 中 5.13.4 的规定。

实训表 3-24　电源电压瞬态波动时的基线漂移

灵敏度	0.5	1	2
基线偏移（mm）			

五、实训提示

1. 该实验步骤较多,实验测量的项目多,千万注意保证每一次测量时心电图机、信号源、电源等仪器设备的连接正确性。

2. 各仪器设备、电路的实验前的状态准备的正确性。

六、实训思考

1. "国家标准"对心电图机的时间常数要求是什么?

2. "国家标准"对心电图机的基线漂移要求是什么?

3. 可造成心电图机基线漂移的原因有哪些?

子任务 3-1-6　ECG-6951D 传动与打印机实验

一、行业标准

心电图机应符合"中华人民共和国医药行业标准 YY 1139-2000"的部分规定,见实训表 3-25。

实训表 3-25　心电图机相关参数行业指标要求

条目号	项目名称	标准要求
4.9	最大描记偏转幅度	单道：≥40mm
5.14	走纸速度	至少具有 25mm/s 和 50mm/s 两挡,误差范围±5%
5.18	打印分辨率	Y 轴：≥8 点/mm X 轴：≥16 点/mm（走纸速度 25mm/s）,≥8 点/mm（走纸速度 50mm/s）
5.19	热线阵打印	应能打印导联、走速、增益、交流抑制工作状态

二、实训器材

1. 通用器材　XJ1641 函数信号发生器。

2. 专用器材

（1）ECG-6951D 热线阵单道心电图机;

（2）灵敏度测量仪。

三、实训内容

按照实训图 3-20，通过测试，检验数字心电图机传动与打印机的参数是否符合国家医药行业标准要求。

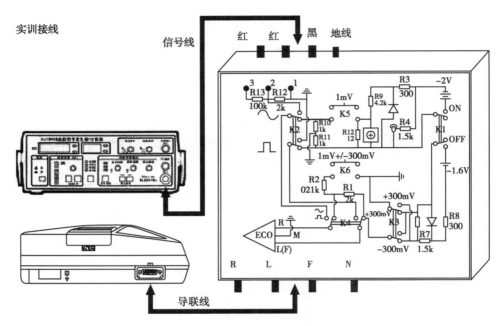

实训图 3-20　测传动与打印机性能时的实训接线示意图

四、实训步骤

（一）4.9 最大描迹偏转幅度试验

步骤 1　按实训图 3-20 连接电路。

步骤 2　将心电图机的走纸速度设为"25mm/s"，灵敏度置于"1"位置，导联选择置于"Ⅰ"位置。

步骤 3　将灵敏度测量电路中的"K4"键置向"⊓"，"K2"键置向"∿"。

步骤 4　信号源输入 5mV 正弦波时，心电图机走纸描记，描记达到饱和削顶（如达不到可适当增加输入信号强度），将最大描记偏移量记录在实训表 3-26。

步骤 5　检验描记峰峰值是否符合实训表 3-25 中 4.9 项的规定（最大偏转幅度≥40mm）。

（二）5.14 走纸速度试验

步骤 1　将心电图机的走纸速度置于"25mm/s"，灵敏度置于"1"位置，导联选择置于"Ⅱ"位置。

步骤 2　将灵敏度测试仪的"K4"键置向"⊓"，"K2"键置向"∿"。

步骤 3　调节信号源使其输出频率为 25Hz、电压为 0.5mV（峰峰值）的三角波形信号。

步骤 4　心电图机开机，按"开始/停止"键，打印波形，走纸 6s 后停止。

步骤 5　用钢、皮尺测量开始记录 1s 后五组连续的序列（每组为 10 个周期），每个序列在记录纸上所占的距离应为 10mm±0.5%，50 个周期在记录纸上所占的距离为 L(mm)，如实训图 3-21 所示。

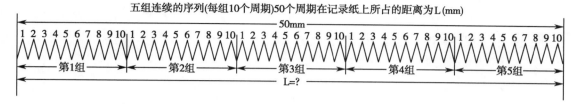

实训图 3-21　五组连续的序列记录示意图

步骤 6　检验 50 个周期在记录纸上所占距离的误差是否符合实训表 3-25 中 5.14 项的规定。

步骤 7　将心电图机的走纸速度置于"50mm/s"，将信号发生器输出频率改为 50Hz±1%，重复上述步骤 4、5、6。

步骤 8　按下式计算两种走纸速度的相对误差 δ_v，检验其是否符合实训表 3-25 中 5.14 项的规定。

$$\delta_v(\%) = \frac{L-50}{50} \times 100$$

实训表 3-26　传动与打印试验

参数名称	最大描记偏移量	δ_{25}	δ_{50}	结论
基线偏移（mm）				

（三）5.18 打印分辨率（热线阵打印）试验

步骤 1　按照实训图 3-20 连接电路。

步骤 2　调节信号发生器，使其输出周期为 3s 的三角波。按"开始/停止"键，打印波形（心电图机走纸速度可设为"25mm/s"或"50mm/s"），调节信号源输出幅度，使心电图机描记峰峰值达到 5mm。

步骤 3　观察描记纸上的波形，在 Y 轴方向上每毫米应有八个阶梯。

步骤 4　按"开始/停止"键，停止打印波形。调节信号源使其输出 10Hz 正弦波，再次按"开始/停止"键，并调节信号源输出幅度，使心电图机描记峰峰值为 20mm，分别在走纸速度为"25mm/s"和"50mm/s"时，打印波形。

步骤 5　观察心电图描记波形，在走纸速度分别为"25mm/s"和"50mm/s"时，描记的波形应无明显阶梯存在。

（四）5.19 热线阵打印试验

步骤 1　在心电图机走纸记录时，分别转换导联、走纸速度、增益、交流抑制开关键。

步骤 2　观察心电图机记录纸上应能分别打印相应的文字或符号。

五、实训提示

在走纸速度试验中，每一走纸速度至少记录 6s，每次记录中第 1 秒前数据不能作测量依据。

六、实训思考

打印分辨率试验中，描记笔画的粗细对观察打印信号阶梯的影响是什么？

任务 3-2　数字心电图机的拆装

一、实训目的

1. 通过对 ECG-6951D 单道热线阵自动心电图机的拆装,熟悉典型医用电子仪器-数字心电图机的工艺和结构。

2. 通过对 ECG-6951D 单道热线阵自动心电图机的拆装,熟悉数字式心电图机内部电路结构框图。

3. 通过内部电路结构的观察,认识数字式心电图机内部电路元器件,以利于学会对心电图机的维修。

二、实验器材

1. ECG-6951D 单道热线阵自动心电图机。

2. 螺丝刀,电工工具一套。

三、实训内容

1. ECG-6951D 单道热线阵自动心电图机外观的了解。

2. 电池的拆除和安装。

3. 记录纸装置、记录器盖板的拆除和安装的基本方法。

4. 整机盖板的打开和安装。

5. 安装完成后的检验。

四、实训步骤

步骤 1　拆装前,对 ECG-6951D 单道热线阵自动心电图机的外观特征进行了解,如实训图 3-22 所示。

步骤 2　注意整机外观各种面板及指示铭牌:主机中文铭牌、电池盒铭牌、导程线铭牌、去颤保护铭牌、保险丝铭牌、电源指示面板、操作面板、警示标贴。

步骤 3　按照实训图 3-23 所示,完成电池的拆除和安装。

(1)在切断电源的情况下,小心打开电池盒盖,移除蓄电池;

(2)放松电池的螺丝;

(3)向下拉出电池盖;

(4)插入电池(第一次使用之前请务必充电);

(5)用电池盖压着电池往上对位,然后旋紧螺丝。

步骤 4　如实训图 3-24 所示,完成记录纸装置、记录器盖板的拆除和安装。

步骤 5　如实训图 3-25 所示,完成整机盖板的打开和安装。

步骤 6　观察整机内部电路结构框图,指出机器内四块电路板分别是什么电路板,指出机器的走纸马达和记录器等。

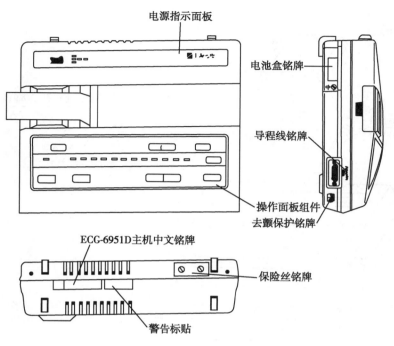

实训图 3-22　整机面板及指示铭牌

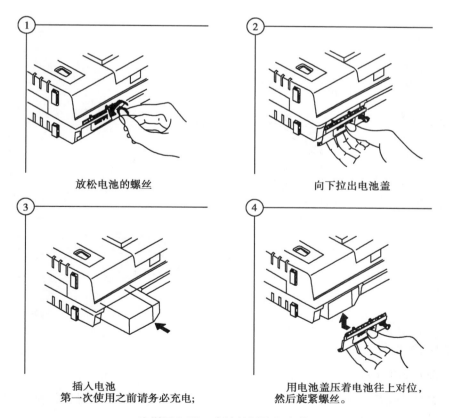

实训图 3-23　电池的拆除和安装

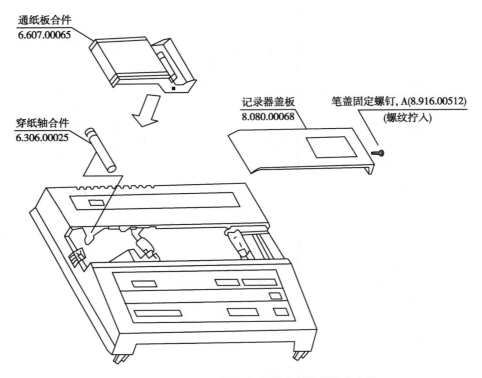

实训图 3-24　记录纸装置、记录器盖板的拆除和安装

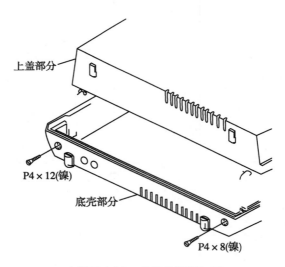

实训图 3-25　整机盖板的打开

五、实训提示

1. 拆装前对 ECG-6951D 单道热线阵自动心电图机的外观特征进行了解。

2. 注意整机外观各种面板及指示铭牌：主机中文铭牌、电池盒铭牌、导程线铭牌、去颤保护铭牌、保险丝铭牌、电源指示面板、操作面板、警示标贴。

六、实训思考

1. ECG-6951D 心电图机的特点有哪些？

2. 试描述 ECG-6951D 心电图机的走纸记录装置结构。

3. ECG-6951D 心电图机的整机供电状况如何？

4. 简述 ECG-6951D 心电图机的热线阵记录器的原理。

实训项目四：

数字心电图机故障维修

任务 4-1　心电图机模拟放大器常见故障分析及排除

子任务 4-1-1　定标误差大

一、实训目的

1. 了解心电放大电路定标的意义。

2. 熟悉数字心电图机放大电路定标电路的工作原理。

3. 通过电路的分析测试,提高判断、处理问题的能力及常用和专用设备的使用能力。

二、实训器材

1. 仪器:心电图机实训箱一台、标准 1mV 信号发生器一台、螺丝刀一把。

2. 图纸:附图 4-1、附图。

三、实训内容

1. 故障现象:在 10mm/mV 条件下,按下"定标"键,定标误差大(实训图 4-1)。

2. 操作内容

(1)分析故障,并排除故障;

(2)写出本次故障原因及排除方法;

(3)完成维修报告。

四、实训任务分析

1. 电路原理

心电波形的幅值是一个诊断的指标,因此,放大器的增

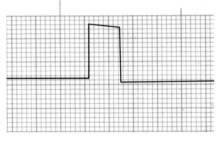

实训图 4-1　故障时的定标波形

益必须标准化。为此,常在前置放大器的输入端加入标准的 1mV 信号,以便对整机增益(灵敏度)进行校准。

如实训图 4-2 所示,当整机 CPU 通过 CAL(定标)管脚输出"1"信号,即光电耦合开关 U12 的"CAL(定标)"置于"1"时,电阻 R103、R104、R149 与+2.5V 电源相接,通过可变电阻 VR1、电阻 R165 加至运算放大器 U27 的参考端,通过调整 VR1 获得 1mV 定标信号。(注意:其中 U27 的放大倍数由 R68 和 R80 决定,为 20 倍;REF 为参考端,在此引脚产生 20mV 的电压等效于输入端输入 1mV 的信号。)

输入的心电信号经前置级处理后,经光电隔离传输到后级电路进一步放大,当确定灵敏度后,增益可由 VR3 进行调整,如实训图 4-3 所示。

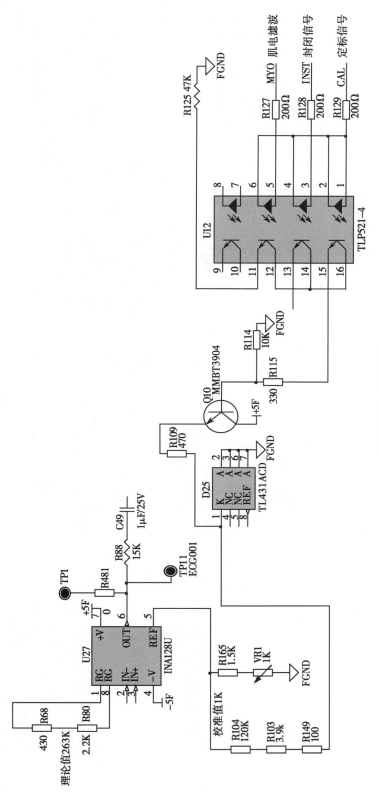

实训图 4-2 定标电路

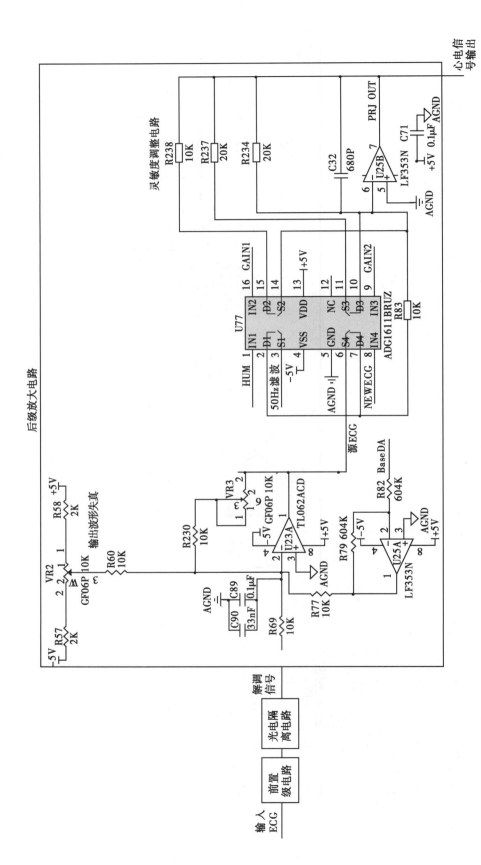

实训图 4-3 心电信号放大电路框图

2. 操作步骤

步骤1 插上实训箱总电源,打开左上角的电源开关,使系统通电,此时电源指示灯亮,液晶屏显示相应内容。

步骤2 将实训箱操作面板上的灵敏度设置为"1"(10mm/mV),导联设置为"测试导联",显示方式设置为"手动方式",走纸速度设置为"25mm/s"。

步骤3 连续按动"定标"按键,并按下"打印"按键,打印机开始走纸并记录波形,记录下波形的偏转幅度 H_0(可用格子数表示)。

步骤4 计算误差:$\delta_1 = \dfrac{H_0 - 10}{10} \times 100\%$,若 δ_1 大于5%,则心电图机定标误差大,需排除故障。

步骤5 根据心电放大原理图分析故障原因,可能存在的故障有:

(1)电位器 VR1 的调整有误差,该电位器用来产生 1mV 的定标信号;

(2)电位器 VR3 的调整有误差,该电位器用来调节心电图机整机增益。

步骤6 根据电路原理图,在实训箱"I 导联"状态下,接入标准 1mV 信号发生器,进行外定标,记录波形偏转幅度为 H_{v1},若偏转幅度不是 10mm,调节 VR3,直到输出波形为 10mm。

步骤7 进一步,在实训箱"测试导联"状态下,进行内定标,看输出是否仍为 10mm,不是的话,调节 VR1,并记录波形偏转幅度为 H_{v2},计算误差:$\delta_2 = \dfrac{H_{v2} - 10}{10} \times 100\%$,若 δ_2 小于 5%,则故障排除。

步骤8 故障排除,将定标波形幅度和误差结果记录于实训表 4-1 中。

实训表 4-1　定标检测

H_0 / H_v	δ_1 / δ_2
故障排除前	
故障排除后	

注:故障排除前,定标波形幅度记作 H_0,误差记作 δ_1;故障排除后,定标波形幅度记作 H_v(可取 H_{v1} 或 H_{v2},以故障排除后的波形记录为准),误差记作 δ_2(取 δ_{21} 或 δ_{22}),δ_2 应小于 5%。

五、实训提示

线路板中安装的电位器是只能单圈 360°旋转,因此,调整操作,用螺丝刀旋转时,不能用力,只能缓慢、轻轻地边旋转边观察走纸打印的定标波形,绝对不能超过 360°单向旋转。

六、实训思考

1. 定标电压的作用是什么?

2. 若 VR3 调整有误,会出现什么故障现象?

3. 思考:试设计一种新的方法进行定标测试与调试。

子任务 4-1-2　心电波显示与描记异常

一、实训目的

1. 了解心电信号的处理流程。

2. 熟悉数字心电图机模拟信号隔离的原理和作用。

3. 熟练掌握常见心电模拟放大电路的故障分析及排除流程，并完成维修报告的书写。

4. 通过电路的分析测试，提高判断、处理问题的能力及常用和专用设备的使用能力。

二、实训器材

1. 仪器：心电图机实训箱一台、螺丝刀一把、万用表一台、模拟心电一台、示波器一台。

2. 图纸：附图 4-1 数字心电图机前置放大器图纸。

三、实训内容

1. 故障现象

（1）将实训箱电路中的 A1～A5、B1～B3、C1～C4 用短接块连接 T，选择 B4 区的 J31、J33 或 J35 其中一路短接；

（2）连接模拟心电，开机，按下导联切换键、定标键都无心电波或定标信号显示或描记，观察到故障现象。若波形正常显示，则关机，在 J31、J33 或 J35 中重新选择一路短接，开机，重新检测，观察到故障现象。

2. 操作内容

（1）分析故障，并排除故障；

（2）写出本次故障原因及排除方法；

（3）故障排除后，画出 Ⅰ 导联时的 ECG 点波形，验证维修的结果。

（4）完成维修报告的撰写。

四、实训任务分析

1. 电路原理

（1）心电信号脉宽调制

心电模拟信号在光电耦合传输前，首先进行了脉宽调制，形成脉冲宽度调制信号（PWM）后再经光电传输、信号解调恢复模拟心电信号，送至主放大器。

本机采用脉冲调宽的方式，由 U34 比较器电路和 U14 三角波发生电路构成脉冲宽度调制（PWM）电路。U14A 与 U14B 组成正反馈电路，通过电容器 C59 和电阻 R26 使输出形成三角振荡波。输出三角波作为调制载波，加至 U34 比较器反相端，心电信号输入 U34 的同相端，如实训图 4-4 所示。

（2）光电耦合

光电耦合开关采用 TLP750 高速光电耦合器。脉宽调制信号为不同宽度的高低电平信号，电平的高低控制 PC1 的输入级二极管截止与导通，使得输出级相应截止与导通，PC1 输出心电脉宽调制信号。

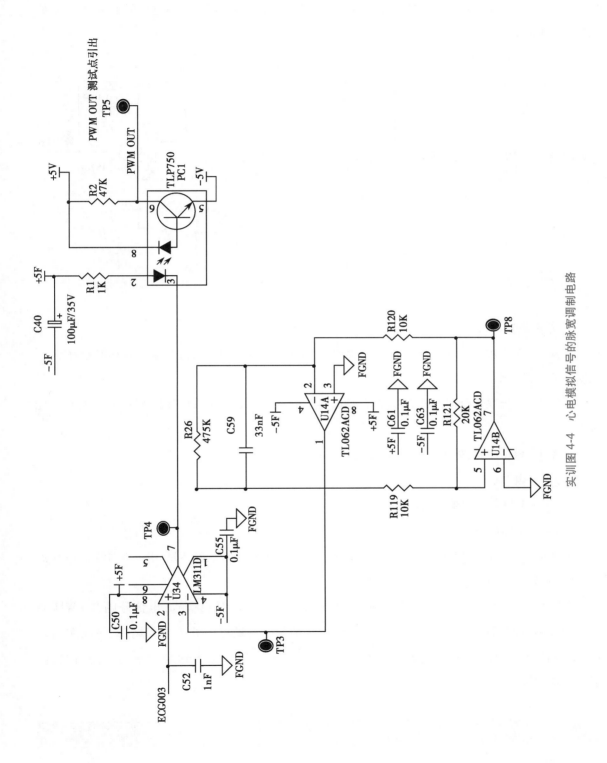

实训图 4-4　心电模拟信号的脉宽调制电路

（3）解调

脉冲调宽信号的解调是将脉宽信号送入一个低通滤波器，滤波后的输出电压幅度与脉宽成正比；由 U24A、R70、R71、C26、C27 等阻容元件组成二阶有源低通滤波器，将心电信号解调出来，如实训图 4-5 所示。

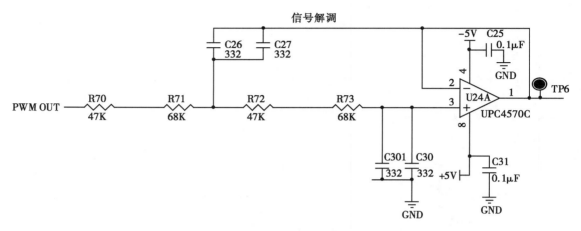

实训图 4-5　心电解调电路

2. 操作步骤

步骤 1　接上实验箱总电源，连接心电模拟仪，开机，电源指示灯亮，液晶显示器有正常的显示，说明微处理器工作正常。

步骤 2　将导联选择按键置于"测试"导联，连续按"定标"键。利用万用表测量 ECG 测试点，无输出。

步骤 3　根据故障，分析原因，判断可能有的故障点：

（1）浮地电源；

（2）U14、U34 等有源器件损坏；

（3）耦合电路故障。

步骤 4　切换导联，依次观察其他导联显示是否正常，波形是否正确，同时用示波器测试 ECG 点（实训图 4-6）。

步骤 5　切换导联至"导联Ⅱ"状态，根据原理图，用示波器测试与心电信号隔离 PWM 调制的相关测试点：TP3、TP4、TP5 和 TP8，观察和测量每个测试点的波形与周期，记录在实训表 4-2 中，判断与原理图中理论波形和周期是否相符。（测试时注意实地与浮地的不同，在实验箱上用虚线隔离）

实训表 4-2　故障情况下各个测试点的波形和频率

测试点	TP3	TP4	TP5	TP8
波形				
频率				——

注：利用示波器测量时，其输入端必须接"浮地"端。

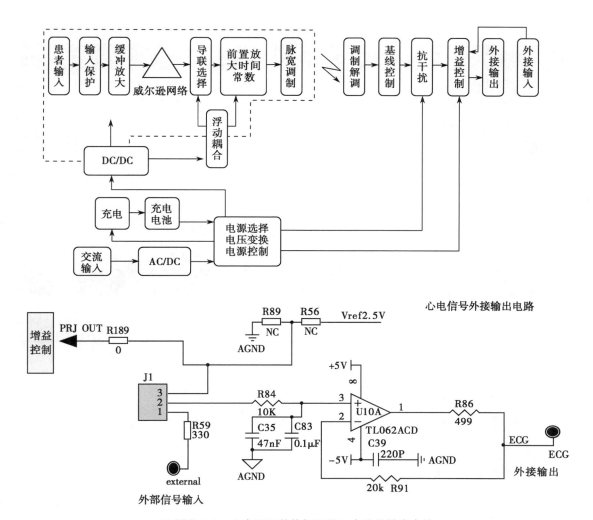

实训图 4-6　心电图机整体框图及心电信号输出电路

步骤 6　如果步骤 4 检查均正常,则脉宽调制器以前均无故障,其后的光耦合器 PC1 及后续电路有故障可能。

步骤 7　关机,找到实训箱的左下角故障区 B4(实训图 4-7 光电隔离故障区),找到当前短路开关支路,打"√",并分别测量 J31、J33 和 J35 三个开关右侧管脚与 U34 输出端的连通情况。

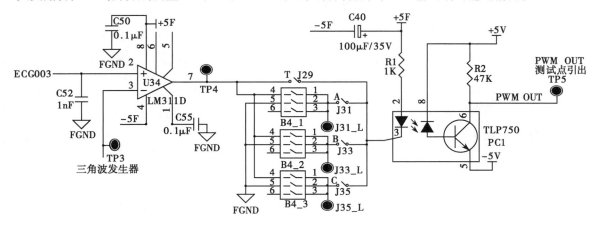

实训图 4-7　光电隔离故障区 B4 区

实训表 4-3　反馈端对地电阻测量结果（关机状态）

	J31	J33	J35
当前选择的短路开关 （请在对应位置打"√"）			
对应该短路块时，与 U34 输出 端的连通情况（通或断）			

步骤 8　根据原理图，心电信号经 U34 输出后，应送入光电隔离模块输入端，根据实训表 4-3 的测试情况，排除故障。

步骤 9　故障排除后，再次用示波器记录相应测试点波形（实训表 4-4）。

实训表 4-4　故障排除后各个测试点的波形和频率

测试点	TP3	TP4	TP5
波形			
频率			

五、实训提示

1. 故障排除时，先关机。

2. 利用示波器和万用表进行测量时，注意参考点的选择。

六、实训思考

1. 心电放大器故障排除的一般流程是什么？

2. 光电耦合器的作用是什么？

3. 利用示波器或万用表测量电压时，参考点选择的依据是什么？

子任务 4-1-3　导联转接显示正常，但部分导联波形异常

一、实训目的

1. 了解心电信号的处理流程。

2. 熟悉数字心电图机模拟信号隔离的原理和作用。

3. 熟练掌握常见心电模拟放大电路的故障分析及排除流程，并完成维修报告的书写。

4. 通过电路的分析测试，提高判断、处理问题的能力及常用和专用设备的使用能力。

二、实训器材

1. 仪器：心电图机实训箱一台、万用表一台、模拟心电一台。

2. 图纸：附图 4-1。

三、实训内容

1. 故障现象

（1）将实训箱电路中的 A1～A5、B2～B4、C1～C4 用短接块连接 T，将 B1 区的 J45、J46 或 J47 短接；

（2）连接模拟心电，开机，切换导联转换键，发现故障现象：导联转换指示正常，但部分导联

（V2～V6）输出波形异常（与标准导联比较）。若无故障现象，则关机，在 J45、J46 或 J47 中重新选择一路短接，再次检查，直到故障出现。

2. 操作内容

（1）分析故障，并排除故障；

（2）书面题：①写出本次故障原因及排除方法；②画出威尔逊网络方框图；

（3）测量 V2 导联时关键点 LD1、LC0、LB0、LA0 电压；验证维修结果；

（4）性能检查，记录存档。

四、实训任务分析

1. 电路原理 如实训图 4-8 所示，U26、U30、U15、U20 芯片 4051 是单通道数字控制模拟开关，有三个二进制控制输入端 A0、A1、A2 和 INH 输入。当 INH 为"1"时，该模拟开关处于"禁止"状态，没有一路通道接通。当 INH 为"0"时，三位二进制信号选通 8 通道中的某一通道，并连接该输入端至输出端。

导联选择器的作用就是在某一时刻只能让某一心电导联被选中。该数字心电图机实训箱共设有 13 个导联（12 导联加上 TEST 导联），用 4 块 4051B 集成电路完成选择。在做某个导联时有 2 片 4051 工作，构成一组。其中 U26、U30 完成 TEST 导联、标准导联、加压导联和 V1 导联的选择，U15、U20 完成 V2～V6 导联的选择。

心电图机实训箱采用浮置电源保证患者安全，防止操作者带电危及患者，所以操作键均经光电耦合开关与相关多路模拟开关连接。系统 CPU 发出 LA、LB、LC、LD 控制信号，经过 U17 光电耦合开关转为 LA0、LB0、LC0 和 LD0 信号，如实训图 4-8 所示。LA0、LB0、LC0 分别送至 4 片 4051 的 A、B、C 端控制通道的选择。LD0 一方面送至 U26、U30 的 INH 控制端，选通该组 4051 芯片，配合 A、B、C 信号的组合实现 TEST 导联、标准导联、加压导联和 V1 导联的选择，如实训表 4-5 所示。同时，LD0 连接于三极管 Q4 的基极。当 LD0 为高电平时，三极管导通，LD1 为低电平，此时，可选中 U15、U20 芯片组，配合 A、B、C 的信号完成 V2～V6 导联的切换。

实训表 4-5 导联选择真值表

真值表一

| 工作导联 | 耦合开关输入信号 | | | | U26、U30 输入 | | | U26（X）接通端子 | U30（X）接通端子 |
	LD	LA	LB	LC	INH	A	B	C		
封闭	0	0	0	0	0	0	0	0	X0（地）	X0（地）
Ⅰ	0	0	0	1	0	0	0	1	X1（L）	X1（R）
Ⅱ	0	0	1	0	0	0	1	0	X2（F）	X2（R）
Ⅲ	0	0	1	1	0	0	1	1	X3（F）	X3（L）
aVR	0	1	0	0	0	1	0	0	X4（R）	X4（aVR）
aVL	0	1	0	1	0	1	0	1	X5（L）	X5（aVL）
aVF	0	1	1	0	0	1	1	0	X6（F）	X6（aVF）
V1	0	1	1	1	0	1	1	1	X7（V1）	X7（N）

真值表二

工作导联	耦合开关输入信号				U15、U20 输入				U15（X）接通端子	U20（X）接通端子
	LD	LA	LB	LC	INH	A	B	C		
V2	1	0	0	0	0	0	0	0	X0（V2）	X0（N）
V3	1	0	0	1	0	0	0	1	X1（V3）	X1（N）
V4	1	0	1	0	0	0	1	0	X2（V4）	X2（N）
V5	1	0	1	1	0	0	1	1	X3（V5）	X3（N）
V6	1	1	0	0	0	1	0	0	X4（V6）	X4（N）

2. 操作步骤

步骤 1　利用示波器测量心电放大器模块的输出测试点 ECG,发现部分导联输出波形异常,排除显示模块的问题,继续向前找故障点。

步骤 2　根据原理,分析故障。液晶显示导联切换指示正常,说明 CPU 正常,但 V2～V6 导联无波形打印及显示,主要可考虑以下几个故障点:

（1）光耦 U17;

（2）U15、U20 及外围电路等。

步骤 3　在导联切换时,利用万用表测电压,发现 LD0、LA0、LB0、LC0 管脚的电压输出跟随输入 LD、LA、LB、LC 控制信号同步变化,可判定光耦正常。

步骤 4　继续向前查找,结合现象分析,发现切换导联时,封闭导联、Ⅰ、Ⅱ、Ⅲ、aVR、aVL、aVF、V1 导联正常,因此 U26、U30 正常,控制信号输入正常。但 V2～V6 显示均为异常,分析原因,可能是导联选择开关的控制端出了问题,U15 和 U20 没有选中,导致模拟开关没有正常工作。

步骤 5　根据原理图,找到实训箱左下角的故障区 B1（实训图 4-9）。

在 Ⅰ 导联和 V2 导联下,依次将短路块放到 J45、J46、J47 上,分别测试模拟开关的 INH 端,即 LD0 和 LD1,并记录。

步骤 6　根据实训表 4-6 的测量结果,选择连接正确的短路块,故障排除。

步骤 7　维修完成后,测量并记录在 Ⅰ 和 V2 导联时关键点 LD1、LA0、LB0、LC0 电压,记录在实训表 4-7 中,验证维修的结果。

五、实训提示

测量 LA、LB、LC、LD 和 LA0、LB0、LC0、LD0、LD1 时,注意实地和浮地的区别,参考点要选对。

六、实训思考

1. 思考 NPN 三极管与 PNP 三极管驱动方法有何不同。

2. 熟悉多路选择器 CD4051 各个管脚的作用及控制方法。

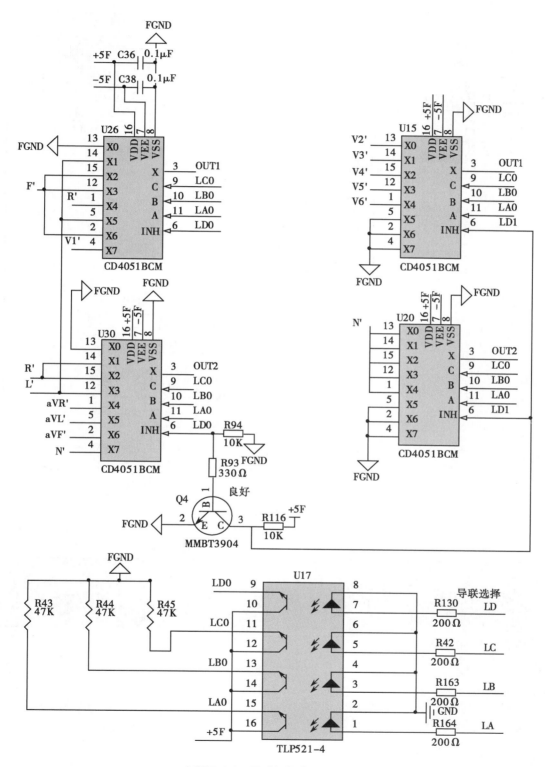

实训图 4-8　导联切换电路示意图

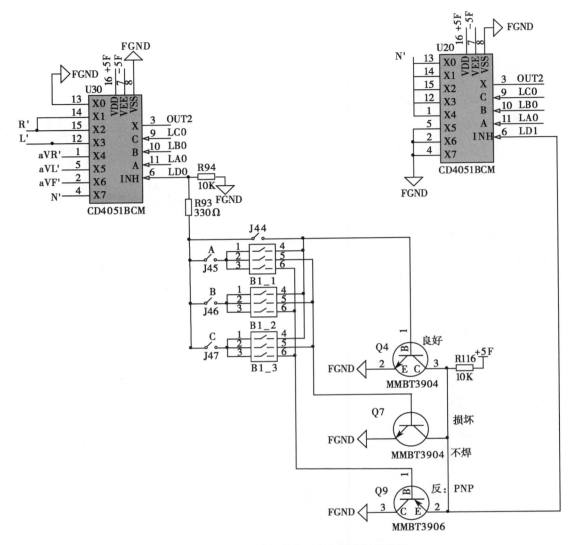

实训图 4-9　导联切换电路 B1 故障区示意图

实训表 4-6　导联切换模拟开关控制端电压检测

导联	J45		J46		J47	
	I	V2	I	V2	I	V2
当前短路开关(请打"√")						
LA0						
LB0						
LC0						
LD0						
LD1						

分析说明:

三极管损坏或接错,致使导联切换不正常。

实训表 4-7 导联切换模拟开关控制端电压检测

工作导联	耦合开关输入信号				U26、U30 输入				U26（X）接通端子	U30（X）接通端子	U15、U2 0 输入				U15（X）接通端子	U20（X）接通端子
	LD	LA	LB	LC	INH	A	B	C			INH	A	B	C		
I	0	0	0	0	1	0	0	0	1	X1（L）	X1（R）					
V2																

任务 4-2　控制器常见故障分析及排除

子任务 4-2-1　按键操作不正常

一、实训目的

1. 了解心电放大器矩阵按键的控制方法。

2. 熟悉心电图机矩阵按键电路。

3. 熟练掌握心电图机按键的故障排除及电路测试方法。

4. 通过电路的测试、报告的撰写，提高常用和专用仪器使用、电路检测及文字表达能力。

二、实训器材

1. 仪器：数字式心电图机实训箱一台、万用表一台、模拟心电一台。

2. 图纸：附图 4-2。

三、实训内容

1. 故障现象

（1）将实训箱电路中的 A1～A5、B1～B4、C2～C4 用短接块连接 T，将 C1 区的 J4 或 J10 短接；

（2）开机后，当按下"导联切换←"键、"滤波"键或"显示方式"键，发现按键不起作用。若无故障出现，重新选择 C1 区的一路短接，发现故障。

2. 操作内容

（1）分析故障，并排除故障；

（2）写出本次故障原因及排除方法；

（3）完成维修报告。

四、实训任务分析

1. 电路原理键盘电路构成　键盘是由一组常开的按键开关组成的"矩阵式键盘"。本机采用的是 3×3 矩阵式键盘接口电路，如实训图 4-10 所示。CPU 通过 P2.6、P2.7 和 P3.0 提供一组列输出端口，通过 P2.3、P2.4、P2.5 提供一组行输入端口，构成含有 9 个按键的键盘。6 条 I/O 口线分成 3 条行线（与按键输出口各位相连接）和 3 条列线（与按键输入口各位相连接），按键设置在行线与列线的交叉点上，即按键开关的两端分别接在行线与列线上。行线再通过一个电阻接地，当没有键被按下时行线处于低电平状态。

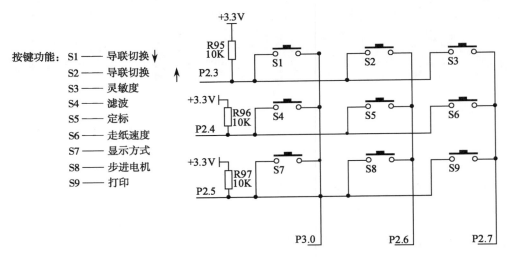

实训图 4-10　矩阵式键盘工作原理图

"矩阵式键盘"的工作过程：①查询是否有键闭合；②求闭合键的键码；③去抖动。

（1）发现有键闭合

开始列线输出低电平，当没有键按下时，行线与列线断开，所有的行线均为高电平。

当有一个按键按下时，则与此键对应的行线与列线接通，因此与该按键按下的相应行线也为低电平。

（2）求闭合键的键码

第一步：决定被按下键所在的"行"

CPU 通过程序向键盘列口输出数据 000（P2.6、P2.7、P3.0 为低电平）；然后，CPU 再通过程序从键盘行口读入数据（P2.3、P2.4、P2.5），并判断被读入的数据是否为"111"。若为"111"，则表示没有键按下；若不是，则表示有键按下。

例：假如，CPU 从键盘输入端口读入的数据 P2.3～P2.5 = 101，其中有一位是"0"，由于与"0"位相对应的是键盘的第一行，就可确认第一行有键被按下。

第二步：决定被按下键所在的"列"

要确定被测列上是否有按键按下，只要通过程序向该列口输出数据"0"，而其余所有的列口输出数据"1"。然后 CPU 再从键盘的行口读入数据，并判断被读入的数据是否全为"1"；若不全为"1"，则表示被按下的键就在该列上。

每一个按键都由其行号和列号来确定其在键盘中的位置，并对每个键定义了数字和命令。由该"矩阵电路"确定被按下的键后，程序就能执行该按键操作任务。

（3）去抖动

一般按键所用开关为机械弹性开关，一个电压信号通过机械触点的断开、闭合过程会有一连串的抖动，抖动的时间长短一般由按键的机械特性决定，一般为 5～10ms。

因为 RC 积分电路具有较好的吸收干扰脉冲的作用，所以只要选择适当的时间常数，让按键抖动信号先通过此滤波电路再输入 CPU，便可消除抖动的影响。

2. 操作步骤

步骤 1　连接实验箱总电源，连接心电模拟仪，设置心电模拟参数（一般选择默认上电参数）。

步骤 2　打开左上角的电源开关，系统通电，电源指示灯亮，液晶屏显示相应内容。

步骤 3　当按下"导联切换↓"键，"滤波"键或"显示方式"键，发现这些按键不起作用（注意在步进电机模式其他按键本来就是失效的，必须退出演示模式才能有效）。

步骤 4　图纸中 S1、S4、S7 三个按键正好处于同一列中，估计是列信号的传输出了问题，导致这三个按键的列信号无法输入，使按键按下前后都无变化。测量相关按键接点电压，并记录。

实训表 4-8　按键前后行列点的电压测量(V)

按键	S1（导联转换↓）		S4（滤波）		S7（显示方式）	
	行线接点	列线接点	行线接点	列线接点	行线接点	列线接点
放开按键						
揿下按键						

步骤 5　在按键按下前后，测 P3.0 的电平；P3.0 电平在按键前后不变化，怀疑可能是 C1 故障区的问题，检查 P3.0 与三个控制按键的连接情况。

步骤 6　找到实训箱左下部的故障区 C（如实训图 4-11 所示），记录当前选择的短路块。

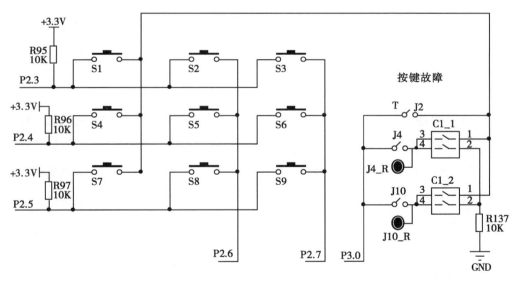

实训图 4-11　矩阵式键盘故障区示意图

测 C1 区 J4 或 J10 右侧管脚分别与 J2 右侧管脚之间是否导通，并记录，关机。

实训表 4-9　线路情况测量结果(关机状态)

	J4	J10
选择当前短路开关（请打"√"）		
与 J2 右侧管脚间连通情况（通或断）		

步骤 7　根据实训表 4-8 和实训表 4-9 记录的数据，分析原理，重新连接短路块，故障排除。

五、实训提示

1. 观察按键情况,必须退出演示模式。

2. 故障排除时,先关机。

六、实训思考

1. 写出本次故障原因及排除方法。

2. 说明故障发生时,为什么"导联切换↓"键、"滤波"键或"显示方式"三个按键同时失效。

3. 写出键盘译码的基本方法。

4. 思考使用矩阵按键和独立按键的优缺点。

子任务 4-2-2　走纸马达异响,不走纸

一、实训目的

1. 了解心电放大器打印机的构成及步进电机的工作原理。

2. 熟悉心电放大器打印电路的工作原理。

3. 熟练掌握打印控制电路故障排除方法及电路测试方法。

4. 通过电路的测试、报告的撰写,提高常用和专用仪器使用、电路检测及文字表达能力。

二、实训器材

1. 仪器:数字式心电图机实训箱一台、万用表一台、示波器一台。

2. 图纸:附图 4-2。

三、实训内容

1. 故障现象

(1)将实训箱电路中的 A1~A5、B1~B4、C1、C3、C4 用短接块连接 T,将 C2 区的 J8 或 J11 短接;

(2)开机后,按下液晶控制面板的"步进电机"按键,使实训箱进入步进电机演示模式,观察发现步进电机不能正常转动。若无此故障,则重新选择 C2 区的一路(J8 或 J11)短接,发现故障。

2. 操作内容

(1)分析故障,并排除故障;

(2)写出本次故障原因及排除方法;

(3)完成维修报告。

四、实训任务分析

1. 电路原理　由"速度选择键"选择 25mm/s 或 50mm/s 决定 CPU(MSP430F169IPM)输出端子:19(P1.7)、20(P2.0)、21(P2.1)、22(P2.2)输出 44Hz 或 88Hz 四相 4V_{P-P}方波脉冲,该脉冲功率可驱动四相同步电机,如实训图 4-12 所示。

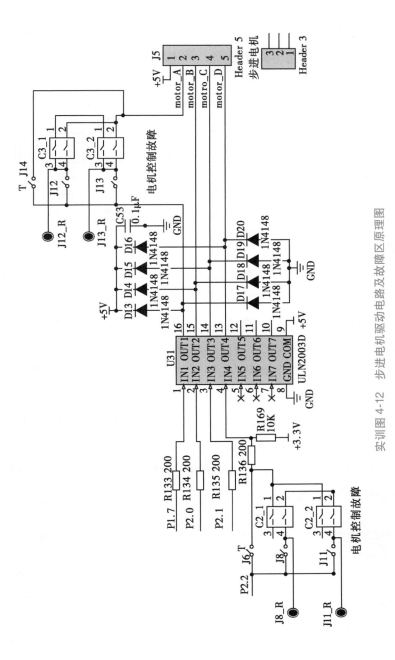

实训图 4-12　步进电机驱动电路及故障区原理图

步进电动机又称为脉冲电机,它能将电脉冲转换为相应的角位直线位移。步进电动机定子绕组的通电状态每改变一次,转子转一个确定的角度,当某一相绕组通电时,对应的磁极产生磁场,并与转子形成磁路。这时,如果定子和转子的小齿没有对齐,在磁场的作用下,由于磁通具有力图走磁阻最小路径的特点,转子将转动一定的角度,使转子与定子的齿相互对齐,由此可见,错齿是促使电机旋转的原因。

实训图4-13所示步进电机为四相步进电机,按A→B→C→D次序通电,步进电机将正常运转。否则,假设缺相或者次序混乱,步进电机将无法正常工作。

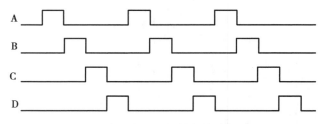

实训图 4-13　步进电机四相单四拍式绕组通电方式

2. 操作步骤

步骤1　插上实验箱总电源,打开电源开关,使系统通电,此时电源指示灯亮,液晶屏显示相应内容。

步骤2　按下液晶控制面板的"步进电机"按键,使实验箱进入步进电机演示模式,观察发现步进电机不能正常转动,关掉步进电机。

步骤3　根据原理,分析可能有的故障点:电机不转,主要可考虑以下几个故障点。

(1)ULN2003D的四个输出通路短路,使脉冲电源没有传送到步进电机,致使电机不转。

(2)微机发送的四路驱动信号P1.7、P2.0、P2.1、P2.2没有传送给ULN2003D的四个输入端,输入通路有故障,电机得不到脉冲电源,转子不转。

步骤4　检测以下关键点波形,利用示波器两两测量微机发送的四路驱动控制信号P1.7、P2.0、P2.1、P2.2,输出信号及传送中的关键点波形,并记录在实训表4-10中。

实训表 4-10　步进电机驱动信号

微机发送的控制信号		ULN2003 的输入		ULN2003 的输出		输出	
P1.7		IN1		OUT1		Motor_A	
P2.0		IN2		OUT 2		Motor_B	
P2.1		IN3		OUT 3		Motor_C	
P2.2		IN4		OUT 4		Motor_D	

步骤5　根据实训表4-10的测量结果,发现故障线路。

步骤6　关机。在故障区,利用万用表依次测量C2区的J8和J11以及C3区的J12和J13的通断情况,填入实训表4-11中。

实训表 4-11　C2、C3 故障区通断情况（关机状态）

	J8	J11	J12	J13
选择当前短路开关（请打"√"）				
	C2-1	C2-2	C3-1	C3-2
对应位置的通断情况（短路或开路）				

步骤 7　根据步骤 6 中的实训表 4-11 的测量结果，并结合步进电机驱动电路及故障区电路原理图，正确连接短路块。

步骤 8　重复步骤 1、步骤 2，再次观察此时步进电机是否正常运转，测量此时步进电机的四相波形（A、B、C、D）（实训表 4-12）。

实训表 4-12　正常状态下步进电机相位波形测量

	波形	频率	Vpp
Motor_B			
Motor_D			

五、实训提示

1. 利用示波器和万用表进行测量时，注意参考点的选择。

2. 测量低频信号时，示波器应设置为低频数字存储模式。

六、实训思考

1. 步进电机四相驱动的原理是什么？

2. 心电图机选择不同的走纸速度时，CPU 输出的波形是否有变化？ 当走纸速度选择"50mm/s"时，CPU 输出波形的频率为多少？

任务 4-3　电源常见故障分析及排除

子任务 4-3-1　交流供电工作异常

一、实训目的

1. 了解心电图机电源构成及整流滤波稳压电路的工作原理。

2. 熟悉心电图机交直流供电的工作原理。

3. 熟悉心电图机的交流供电工作异常故障的排除过程。

4. 通过电路的测试、报告的编写，提高常用和专用仪器使用、电路检测及文字表达能力。

二、实训器材

1. 仪器：数字式心电图机实训箱一台、万用表一台。

2. 图纸：附图 4-3 心电图机电源电路图。

三、实训内容

1. 故障现象

(1)在实训箱故障排除区中,将 A1 区的 J15 或 J17 短接,其余均连接 T;

(2)打开电源后,电量指示正常,但液晶屏不亮或者仅液晶屏微亮且无字符显示。若无故障发生,则重新选择 A1 区的一路(J15 或 J17)短接。

2. 操作内容

(1)分析故障,并排除故障;

(2)测量电源电路各直流点+3. 3V、+5V、−5V、+5F、−5F 电压;

(3)写出本次故障原因及排除方法;

(4)使用万用表测试验证维修的结果,完成维修报告;

(5)全性能检测本机,选择部分记录存档:本次存档用交流供电记录"全导联心电"。

四、实训任务分析

1. 电路原理 ECG-6951D 整机电源包括交直流电源选择,电池电压检测电路,充电电路和直流变换器。在交流电源断电时,可自动投向电池供电,交流电源恢复时又可自动投向交流供电。

(1)整机电源电路原理

本机电源由 220V 交流电经整流滤波或电池电压变换为+12V 直流电,如实训图 4-14a 所示。当电路中拨位开关 S10 置于 1、3 脚短路时,3 引脚获得由 220V 交流电变换得到的电压+12V_in,充电,并为各部分电路提供工作电压;当电路中拨位开关 S10 置于 1、2 引脚短路时,交流不接入,选择电池供电。

+12V 电压经降压型稳压器 MP1583 转换为+5V 电压,如实训图 4-14b 所示。所获得的+5V 电压,一方面作为转换−5V 电压、+3.3V 电压的来源,另一方面作为整机中心电信号后级放大处理电路、液晶显示电路的电压供应。如实训图 4-14c 所示,+5V 电压经负电压转换器 ICL7660 转换为−5V 电压,供心电信号后级放大处理电路使用。+5V 电压经低压差线性稳压器 LM1117MPX-3.3 转化为+3.3V 电压,如实训图 4-14d 所示,供 MPU 电路使用。同时,+12V 电压经隔离 DC-DC 电源模块 G1205D-2W 获得±5V 的浮地电压,分别以+5F 和−5F 表示,供给前置级浮地电路使用,如实训图 4-14e 所示。

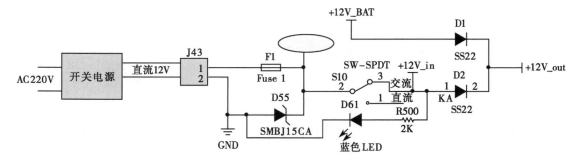

实训图 4-14a　交直流自动切换电路

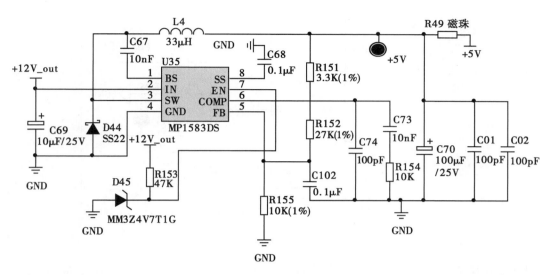

实训图 4-14b　+5V 电源电路

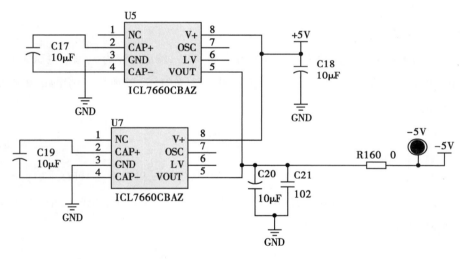

实训图 4-14c　−5V 电源电路

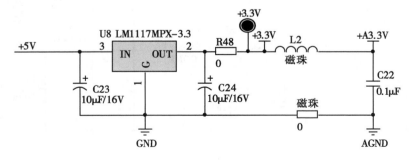

实训图 4-14d　+3.3V 电源电路

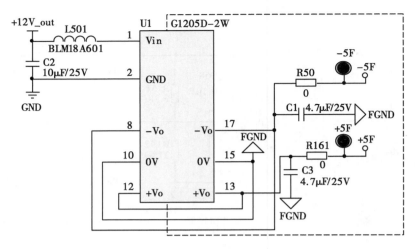

实训图 4-14e　浮地电源电路

当电路中拨位开关 S10 置于 1、2 引脚短路时(参考充电电路或电量指示电路部分原理图),1 号引脚获得+12V_DC2 电压,电量指示电路获得+12V_out 电压和+12V_DC2 电压,正常工作,在电压充足的情况下,三个电量指示灯点亮。

(2)+5V 电源电路原理

MP1583DS 是降压型稳压器,输入电压范围为 4.75~23V,输出电流为 3,输出电压为 1.22~21V,是一种可调的线性、电流型降压稳压器。参考实训图 4-15,MP1583 的典型应用电路,根据输出电压公式可以得到输出电压值:

$$V_{out} = 1.22 \times \frac{R_1 + R_2}{R_2} \qquad \text{实训式(4-1)}$$

R_2 的取值可以高达 100kΩ,典型值取为 10kΩ。图中,$R_1 = 16.9\text{k}\Omega$,$R_2 = 10\text{k}\Omega$,则 $V_{out} \cong 3.3\text{V}$。在本机电路中,为获得+5V 电压,FB 两端的电阻应正确取值。在本实验系统电路中,$R_1 = R_{151} + R_{152} = 30.3\text{K}\Omega$,则 R_2(即 R_{155})应取值为 10kΩ。

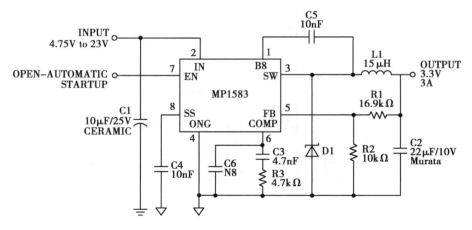

实训图 4-15　MP1583 典型应用电路图

−5V、+3.3V、+5F、−5F 的产生电路都是在+5V 电源电压产生的基础上,为其提供能量来源。所以,若是系统的+5V 电源电压产生问题,那么基于它的其他各路电压亦不能正常产生。

2. 操作步骤

步骤 1 插上实验箱总电源,开机,接 220V 电源,电量指示正常,但液晶屏显示不亮或仅微亮且无内容显示。

步骤 2 根据故障现象,分析电路,交流供电时整机工作不正常,主要可考虑以下几个故障点:

(1)因为电池电量指示电路工作正常,说明交流 220V 整流稳压输出的 12V_out 电压正常;

(2)各路电源电压可能不正常,导致部分电路工作异常。

步骤 3 测量电源电路各直流点(+5V、−5V、+3.3V、+5F、−5F)电压,并将测量结果填入实训表 4-13 中。

实训表 4-13 故障时各电源电压测试点测量值

测试点	+5V	−5V	+3.3V	+5F	−5F
测量值(V)					

步骤 4 若步骤 3 测试发现 +5V 测试点电压偏低,导致由其作为转换源的其他供电电压(+3.3V、−5V)均偏低。由实验分析可知:

当 $R_2 = R_{155} = 10K\Omega$ 时, $V_{out} = 1.22 \times (27 + 3.3 + 10)/10 = 4.92V$;当 $R_2 = R_{51} = 20K\Omega$ 时, $V_{out} = 1.22 \times (27 + 3.3 + 20)/20 = 3.07V$。故此时故障点在系统 +5V 电源电压的产生电路上,应将正确的电阻(R155)接入电路。

步骤 5 由电路可知(实训图 4-16), +5V 电源电路模拟故障区为 A1 区,分别测量 J15、J17、J19三个短路开关右侧管脚的对地电阻,检查结果记录于实训表 4-14 中。可以发现,当前被短路的开关对地电阻不等于 10kΩ,导致输出电压小于 +5V,从而导致整机工作异常的现象。

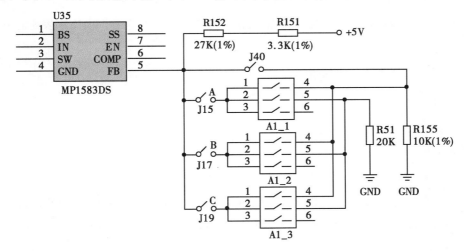

实训图 4-16 +5V 电压输出局部电路图

实训表 4-14 +5V 电源电压故障设置区对地电阻测量

短路开关编号	J15	J17	J19
电阻值(kΩ)			
当前选择的短路开关(请打"√")			

步骤 6　根据测量结果,将短路块安置于正确的开关位置(J15、J17、J19 中选择正确的),液晶显示正常,各功能键指示灯点亮,整机工作正常。用"万用表"测量各路直流电压测试点并记录于实训表 4-15 中,验证维修的结果。

实训表 4-15　正常时各直流电压值

	+5V	−5V	+3.3V	+5F	−5F	开关位置
电压(V)						

五、实训提示

1. 更换元器件时,要先关机。

2. 测量各点电源电压时,注意浮地和实地的区别。

六、实训思考

1. 写出本次故障原因及排除方法。

2. 说明整机电源电路的工作原理。

3. 思考为什么要用实地电源和浮地电源。

子任务 4-3-2　充电指示灯常亮

一、实训目的

1. 了解心电图机电源构成。

2. 熟悉心电图机整流滤波稳压电路的工作原理。

3. 熟练掌握心电图机电源故障分析、电路测试及排除方法。

4. 通过电路的测试、报告的编写,提高常用和专用仪器使用、电路检测及文字表达能力。

二、实训器材

1. 仪器:数字式心电图机实训箱一台、万用表一台。

2. 图纸:附图 4-3。

三、实训内容

1. 故障现象

(1)将实训箱故障区中的 A2 区的 J42、J7 或 J9 短接,其余均连接 T;

(2)开机,将 S10 开关投向"充电"位置,发现当电池电量不足和充足时,充电指示灯 D3 始终点亮。若无此故障现象发生,则重新选择 A2 区的一路短接,直到故障现象出现。

2. 操作内容

(1)分析故障,并排除故障;

(2)写出本次故障原因及排除方法;

(3)完成维修报告。

四、实训任务分析

1. 电路原理

（1）模拟电池

本机采用 LM317 等元器件构成模拟电池电路，如实训图 4-17 所示。LM317 是输出正电压可调的三端稳压块，输出电压范围为 1.2~37V，输出最大电流为 1.5A。其输出电压仅需要通过外部电阻的调节就可获得。

$$U_O = 1.25 \times \left(1 + \frac{R_{16} + R_{P1}}{R_{13}}\right) + I_{ADJ} \times (R_{16} + R_{P1}) = 1.25 \times \left(1 + \frac{R_{16} + R_{P1}}{R_{13}}\right) \qquad 实训式（4-2）$$

实训式 4-2 中，I_{ADJ} 一般小于 100μA，可忽略。由此可得，模拟电池输出电压范围（理论值）为 4.69~15V。由于输入电压为 +12V 电压，故输出最大电压理论值不超过 12V。LM317 输出电压经 D6 降压后范围为 4~10V。

本机可通过调节可调电位器 R_{p1} 的阻值，实现模拟电池的输出电压的变化，观察电池电量变化导致的系统变化。

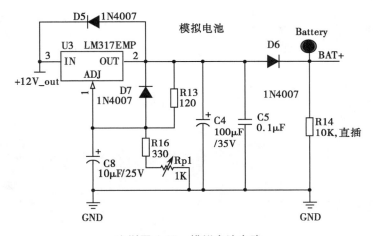

实训图 4-17　模拟电池电路

（2）充电电路

系统采用 UC3906 构成模拟电池充电电路。UC3906 是铅酸蓄电池专用线性充电管理芯片，内部包含独立的电压控制回路和限流放大器，可以控制芯片内的驱动器。驱动器提供的输出电流达 25mA，可直接驱动外部串联调整管，以调整充电器的输出电压和电流。电压和电流检测比较器可用于检测蓄电池的充电状态，同时还可以用来控制充电状态逻辑电路的输入信号。UC3906 的一个非常重要的特性就是其内部的精确基准电压随环境温度的变化规律与铅酸电池电压的温度特性完全一致。

当电池电压或温度过低时，充电使能比较器可控制充电器进入涓流充电状态。当驱动器截止时，该比较器还能输出 25mA 涓流充电电流。其充电过程分为三个阶段，大电流恒流充电、高电压恒压过充电和低电压恒压浮充电 3 个状态。

如实训图 4-18 所示，UC3906 构成的双电平充电电路中，选择 S10 投向充电端子时，外部电源进入，开始充电。首先，由于 +12V 电源电压加入，功率管 Q1 导通，开始大电流恒流充电状态，充电器输出恒定的充电电流 I_{max}，电池电压逐渐升高。同时充电器连续监控电池组的两端电压，电压经 R_8

和 R_{12} 分压后加到芯片内部的电压取样比较器反相输入端,即管脚 13(SENSE)。当电池电压增加至过充转换电压 $0.95V_{oc}$(V_{oc}:过充电压)时,电池电量已恢复至 70%~90%,13 脚(SENSE)的输入导致芯片内部电压取样比较器输出低电平,充电电路转入过充电状态。在此状态下,充电电压维持在过充电电压 V_{oc},13 脚(SENSE)电压等于内部基准电压 V_{REF}。充电电流开始下降。当充电电流下降到过充电终止电流 I_{OCT} 时,电池的容量已经达到额定容量的 100%,芯片内的电流取样比较器(2 脚、3 脚输入)输出中断。UC3906 内部的 $10\mu A$ 提升电流,使过充终止端(8 脚)电位升高,当电位上升到规定的门限值 1V 时,片内充电状态逻辑电路使充电器转入浮充状态。充电器输出电压下降到较低的浮充电压 V_F。充电过程中的输出电压、转换电压由电阻网络决定,参考实训式 4-3 和实训式 4-4。I_{max} 和 I_{OCT} 分别由片内参数和 R_5 决定。

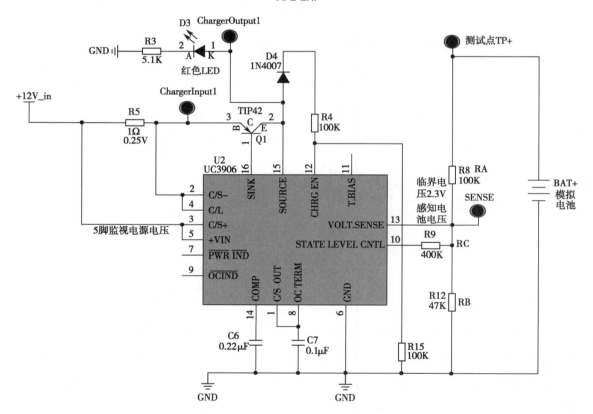

实训图 4-18　模拟电池充电电路原理图

$$V_{OC} = V_{REF} \times \left(1 + \frac{R_8}{R_{12}} + \frac{R_8}{R_9} \right)$$　　　　　实训式(4-3)

$$V_F = V_{REF} \times \left(1 + \frac{R_8}{R_{12}} \right)$$　　　　　实训式(4-4)

在 25℃ 时,系统内部产生参考电压 $V_{REF} = 2.3V$。由式 4-3 和式 4-4 及实训图 4-17 中的电阻值,可得:$V_{OC} = 7.7V$,$V_F = 7.2V$。

2. 操作步骤

步骤 1　S10 投向电量,调节 RP1 旋钮,右旋到底,将模拟电池电量升到最高。开机,测量此时的模拟电池电量 BAT+，记录于实训表 4-16。

实训表 4-16 故障时各关键点电压值

D3	S13 投向电量 BAT+	S13 投向充电 BAT+	充电输入	充电输出	SENSE	*TP 点电压
常亮						

* 说明：TP 点即为 A2 区 J3 短路开关的左侧管脚，亦可为 J42、J7、J9 的左侧管脚。

步骤 2　关机，S10 开关投向充电。开机，调节 RP1 旋钮，观察充电指示灯 D3 的亮灭状态。发现充电指示灯始终处于点亮状态。

步骤 3　重新调节 R_{P1} 旋钮，右旋到底，测量实训表 4-16 中其余参数并记录，找寻故障。

步骤 4　在电量不足和电量充足的情况下，对充电电路施加外部电源，充电指示灯均被点亮，主要可考虑以下几个故障点：

（1）Q1 短路；

（2）UC3906 外部电阻网络局部短路。

步骤 5　正常情况下，SENSE（UC3906 管脚 13）的信号来自电池电压经过电阻网络的分压，可检测电池电压的情况，及时控制充电状态。一旦 SENSE 信号不能真实反映电池电压状态，就会出现充电电路的故障。由实训表 4-16 的测量结果，发现电池电压较高，电量充足。但实测 SENSE（UC3906 管脚 13）的电压被限定于 2.27V，低于 V_REF = 2.3V，导致充电电路始终处于过充电状态，出现电量充足而充电指示灯被点亮的故障现象。

步骤 6　找到模拟故障 A2 区，如实训图 4-19 所示。设定模拟电池电量最高，测量各短路开关被短路后的 TP 点电位和 BAT+电位，并记录于实训表 4-17 中，只有 TP 电位与 BAT+电位相等的短路开关，才是正确的短路开关。

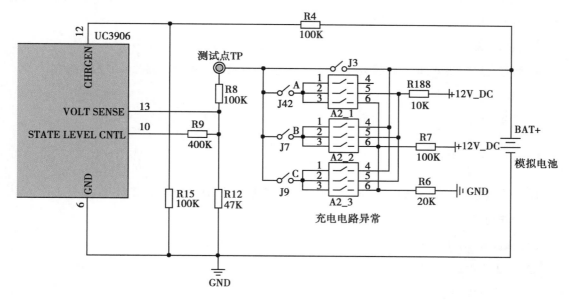

实训图 4-19　A2 模拟故障区电路

实训表 4-17 故障时各关键点电压值

	J42		J7		J9	
	TP	BAT+	TP	BAT+	TP	BAT+
电压值(V)						
当前短路开关选择(请打"√")						

步骤7 关机,根据实训表 4-17 的测量结果,将短路块安置于正确的开关位置(J42、J7、J9 中选择正确的),电量旋钮左旋到底,并将 S10 投向"充电"状态下,开机,充电指示灯点亮;升高模拟电池电量,观察充电指示灯状态。

五、实训提示

1. 正确选择测试工具。

2. 注意 S10 的开关切换状况。

3. 在电池电量不足和充足时,分别观察充电指示灯的亮灭情况。在电池电量最高时,测量各关键点电压。

六、实训思考

1. UC3906 的作用是什么?

2. 如果充电指示灯始终不亮,原因可能是什么?

子任务 4-3-3 电池电量指示异常

一、实训目的

1. 了解心电图机电源构成。

2. 熟悉心电图机电量指示电路的工作原理。

3. 熟练掌握心电图机电源故障分析、电路测试及排除方法。

4. 通过电路的测试、报告的编写,提高常用和专用仪器使用、电路检测及文字表达能力。

二、实训器材

1. 仪器:数字式心电图机实训箱一台、万用表一台。

2. 图纸:附图 4-3。

三、实训内容

1. 故障现象:S10 开关投向"电量"位置,电池电量指示灯(D10、D11、D12)不亮,其他工作正常。

2. 操作内容

(1)分析故障,并排除故障;

(2)写出本次故障原因及排除方法;

(3)完成维修报告。

四、实训任务分析

1. 电路原理 电源电路通过 S10 可实现两种工作状态——交流状态和直流状态的切换。将开关切换至电量指示状态,D10、D11、D12 三个指示灯显示当前电池电量,电量关系如实训表 4-18 所示。电量充足时,3 个指示灯全部点亮,当电量逐渐下降时,三个指示灯依次熄灭,至最低电量指示灯闪烁,提示及时充电。

实训表 4-18　电量与电量指示灯的关系表

电池电量（理论值）	D12	D11	D10
≈8.2V	点亮	点亮	熄灭
≈7.7V	点亮	熄灭	熄灭
≈7.2V	闪烁	熄灭	熄灭

电量指示电路原理如实训图 4-20 所示。TL431 为可调并联型稳压源,参考电压端即 REF 端输出+2.5V 的参考电压,作为 U6B、U6C、U6D 各单端电源电压比较器电路的输入端,作为参考电压,比较器电路的另一个输入端信号来自经电阻网络分压后的电池电压 BAT+。根据电阻网络位置不同、分压值不同,相应得到不同档的电池电压,一旦达到每个比较器电路的比较临界值,比较器翻转,相应的输出端的发光二极管(电量指示灯)状态翻转,提示电量变化。

电量指示灯点亮的前提是 Q3 的状态,当 Q3 导通时,发光二极管才有可能被点亮。

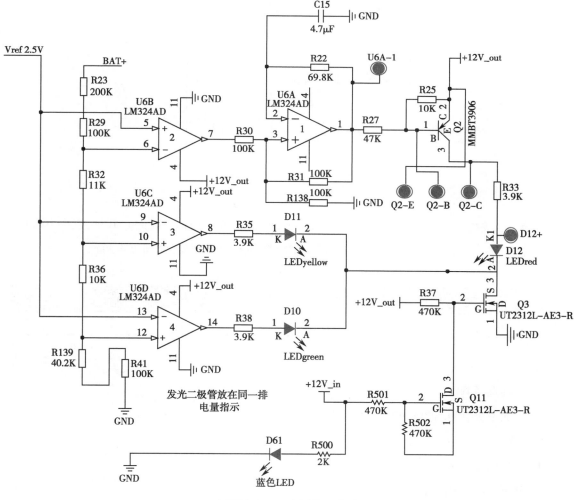

实训图 4-20　电量指示电路

2. 操作步骤

步骤1　S10 投向"电量指示"状态,发现电池电量指示灯不亮,其他工作正常。

步骤2　根据故障现象,分析电路,可能有的故障点:D10、D11、D12 都不亮,只可能是 Q3 断开。

步骤3　在故障未解除的条件下,测量 Q3 各极电压(实训表 4-19),找寻故障,发现下列情况:

实训表 4-19　故障时各关键点电压值

Q3-S	Q3-G	Q3-D

分析,当 Q3 栅极电压为正时,Q3 才导通,D21、D11、D12 阴极电位为零,三个发光二极管才有可能点亮。

步骤4　由实训图 4-21 电路可知,Q3 电路模拟故障区为 A5 区,分别测量 J25、J26 两个短路开关右侧管脚的对地电阻,可以发现,当前被短路的开关对地电阻等于 10kΩ,导致 Q3 栅极电压过低,接近于 0V,所以 Q3 截止,从而导致三个电量指示灯全部不亮的现象。

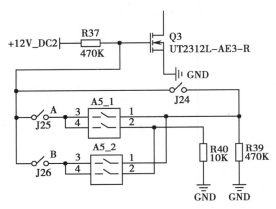

实训图 4-21　A5 故障区电路

步骤5　关机,将短路块安置于正确的开关位置(J25、J26 中选择正确的),开机,三个电量指示灯全部点亮,整机工作正常。用万用表测量原故障点验证维修的结果(实训表 4-20)。

实训表 4-20　正常时各关键点电压值

开关位置 [J25 或 J26]	Q3-S	Q3-G	Q3-D

五、实训提示

1. 正确选择测试工具。

2. 检测三极管 Q3 的电压时,注意区分 S、G、D 极。

六、实训思考

1. 分析电量指示灯的工作原理。

2. 分析:当 Q2 损坏后,将出现什么现象?

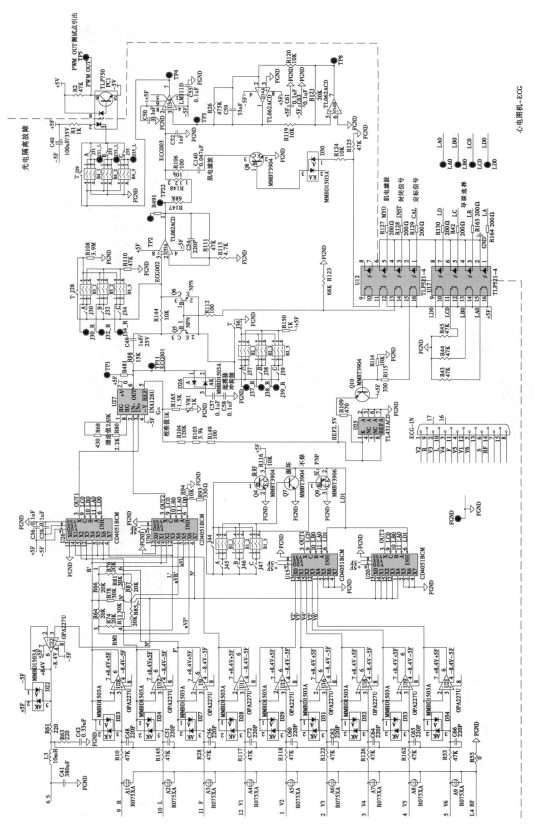

附图 4-1　数字心电图机前置放大器图

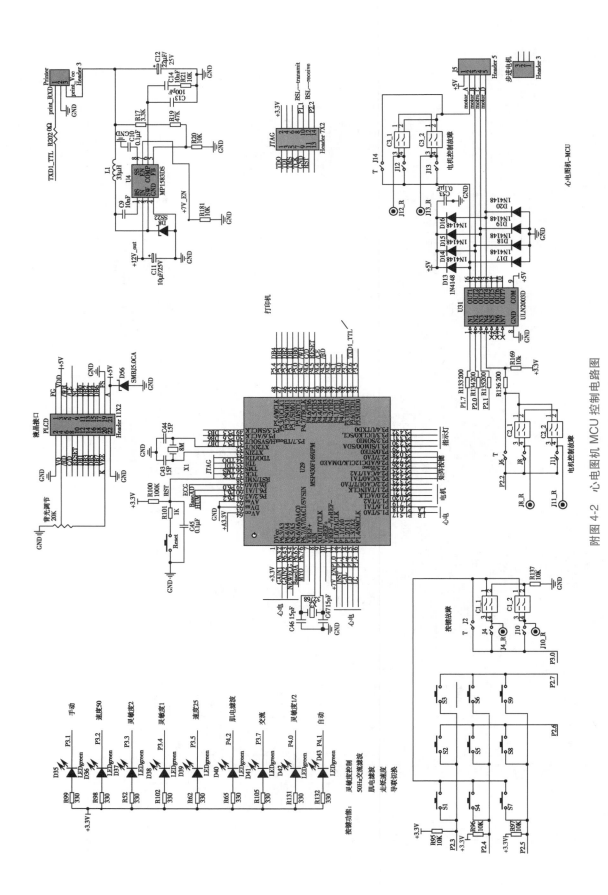

附图 4-2 心电图机 MCU 控制电路图

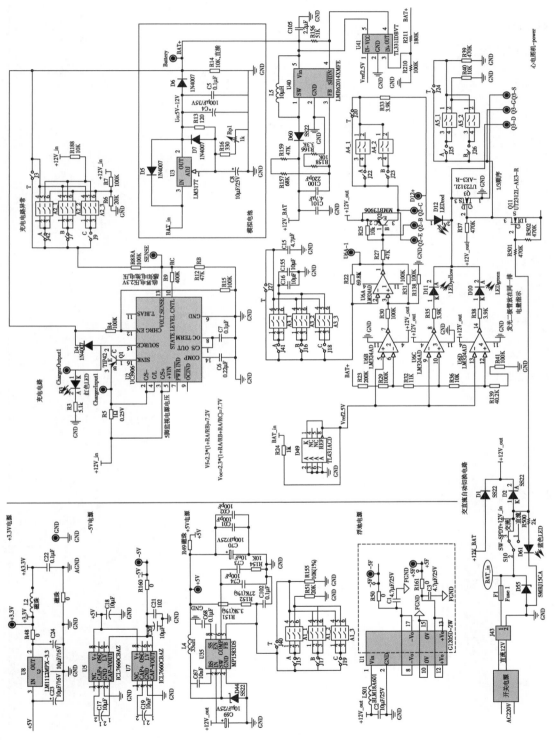

附图 4-3 心电图机电源电路图

附:维修报告样本

维修报告

1. 仪器名称:

2. 故障现象:

3. 故障原因:

4. 更换元器件:

5. 维修流程:

日期:

维修人员:

实训项目五：

医用电气设备安全性能检测

任务 5-1　医用电气设备安全性能检测（漏电流）

子任务 5-1-1　心电图机对地漏电流、外壳漏电流的检测

一、实训目的

1. 熟悉 ECG-6951D 心电图机的安全要求。

2. 掌握医用电气安全性能中漏电流的种类及容许值。

3. 熟练掌握 ECG-6951D 心电图机对地漏电流和外壳漏电流的测试方法。

4. 通过实训过程以及实训报告的撰写，提高常用和专用仪器的使用能力和文字表达能力。

二、实训器材

1. PA93-0.5KVA 医用泄漏电流测试仪。

2. ECG-6951D 热线阵单道自动心电图机。

3. 导联插头连接器。

4. 金属箔和（25mm×25mm×65mm）镀锌铁块若干（产生 0.5N/cm² 压力）。

三、实训内容

1. PA93 型数字医用泄漏电流测试仪及测量说明

（1）结构框图：仪器与供电装置的连接图和仪器与供电装置面板图分别如实训图 5-1、实训图5-2 所示。

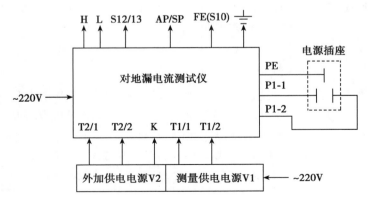

实训图 5-1　仪器与供电装置的连接框图

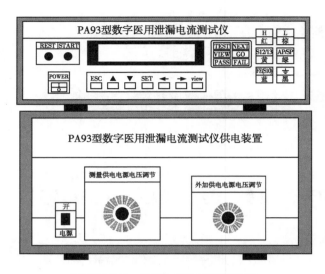

实训图 5-2　仪器与供电装置面板图

（2）测试过程中液晶显示器可能显示的数字或字母。

1）测试前参数设定显示：

```
SWITCH：　1　　S5　S12
TESTING：ELC　NC　NEXT TEST：SFC
LIMIT：　　0500 μA　　RESULT：　　PASS
CURRENT：23.6 μA　　V1：242V　V2：xxx V
```

显示项目	显示说明
SWITCH：S1、S5、S12	当前 S1、S5 和 S12 三个开关闭合
TESTING：ELC、NC	当前正在测试"正常状态"下的"对地漏电流"
显示内容	显示内容表示意义
NEXT TEST：SFC	下一个要测试项目是单一故障状态漏电流
LIMIT：0500μA	设置当前测试项目所对应的漏电流的上限值
RESULT：PASS 根据测试结果，其他可能显示：	测试状态：通过，测试合格 注：当前闭合开关在规定的闭合持续时间后，测试项目的漏电流值小于漏电流的上限值
TEST	正在测试中
FAIL	测试结果不合格
O-C	泄漏电流大于 11 000μA 时，蜂鸣器报警并终止测试，自动切断供电。按下"RESET"按钮，消除报警声，仪器进入"待测试界面"
0-V	测量电压值大于 280V 时，蜂鸣器报警并终止测试，自动切断供电。按下"RESET"按钮，消除报警声，仪器进入"等待测试界面"
NO EXIST	所需测试项目不存在，提示在"TEST LINK"项目中选择有错误

显示项目	显示说明
CURRENT:23.6μA 根据测试程序,其他可能显示: MAX CUR:XXXμA	漏电流:当前开关闭合状态下,所测得的漏电流值
	最大漏电流:当前测试项目结束后测得的漏电流中最大值
V1:242V	测量供电电源电压值。可旋转供电电源电压旋钮获得测量所需电源
V2:xxxV	外加供电电源电压值。可旋转外加供电电源电压旋钮获得外加供电电源电压值

2）内部设定测试项目顺序与内容：

测试顺序	项目内容	缩写	
1	对地漏电流正常状态	ELC	NC
2	对地漏电流单一故障状态	ELC	SFC
3	外壳对地漏电流正常状态	ENCL1	NC
4	外壳对地漏电流单一故障状态	ENCL1	SFC
5	外壳对外壳漏电流正常状态	ENCL2	NC
6	外壳对外壳漏电流单一故障状态	ENCL2	SFC
7	患者漏电流正常状态	PLC	NC
8	患者漏电流单一故障状态	PLC	SFC
9	患者辅助电流正常状态	PAC	NC
10	患者辅助电流单一故障状态	PAC	SFC
11	患者辅助电流(直流)正常状态	PAC-D	NC
12	患者辅助电流(直流)单一故障状态	PAC-C	SFC
13	患者漏电流(应用部分加压)单一故障状态	PLCAP	SFC
14	患者漏电流(信号输入或输出部分加压)单一故障状态	PLCSP	SFC

（3）漏电流测量过程显示。

1）NC 状态测量:待正常状态测试结束,则"PASS"或"FAIL"指示灯亮,"GO"指示灯亮并发出"嘟"声并等待进入"单一故障状态"测试。

2）SFC 状态测量:再按一下"START"按钮,仪器自动进入"单一故障状态"各开关组合下的漏电流测试,待"单一故障状态"测试结束,则"PASS"或"FAIL"指示灯亮。

3）测试结束:直至"TEST LINK"(测试项目顺序)中的最后一个测试项目结束(LCD 液晶屏中的"NEXT TEST"栏显示第一个测试项目内容时),则"PASS"或"FAIL"指示灯亮。然后按下"RESET"按钮,则整个测试过程结束,仪器回到"等待测试界面"。同时"TEST"指示灯熄灭,"NEXT"指示灯亮,且蜂鸣器发出"嘟"声,提示当前测试项目已全部测试完毕,并切断供电电源装置的电源(V1 或V2 等于零)。

（4）设备接线端子说明

1）"H"接线端：测量阻抗电路（MD）测试棒的高电压输入线，通常接至被测品的外壳或应用部分等。

2）"L"接线端：测量阻抗电路（MD）测试棒的低电压输入线，通常接至被测品的外壳或应用部分等。

3）"AP/SP"接线端：应用部分加压或信号输入和输出部分加压时接至应用部分或信号输入和输出部分。

4）"地"接线端：测量供电电源和外加供电电源，供电电源的接地端（不要与其工作电源的接地端混淆）。

5）"S12/13"接线端：开关 S12 或 S13 闭合时，连接 F 至应用部分或未保护接地可触及导体（非应用部分）与供电电源电路接地点的连接开关。

6）"FE（S10）"接线端：S10 开关闭合时，连接被测设备功能接地端（FE）。

（5）注意安全

1）重新接线：当第一个测试项目测试结束后，根据液晶显示器中"NEXT TEST"后面字母和数字告知下一次测试项目，待"TEST"指示灯熄灭，"NEXT"指示灯亮时，断开供电装置电源开关，方可按相对应电路图重新接线。检查无误后，接通供电装置电源开关，按下"START"按钮，则仪器进入下一次测试项目。

2）复位：若在测试过程中需中止测试可按下"RESET"按钮，则仪器回复至开始测试时"等待测试界面"，每次按"TEST LINK"（测试项目顺序）进行测试前，必须应先按下"RESET"按钮使仪器回复至"等待测试界面"。

2. 对地漏电流和外壳漏电流的检测

（1）产品检验标准：本机应符合"中华人民共和国国家标准 GB9706.1-2007"的安全通用要求规定，指标要求见实训表 5-1。

实训表 5-1　GB9706.1-2007 规定的连续漏电流的容许值（mA）

电流（一般设备）	B 型		BF 型		CF 型	
	正常状态	单一故障状态	正常状态	单一故障状态	正常状态	单一故障状态
对地漏电流	0.5	1	0.5	1	0.5	1
外壳漏电流	0.1	0.5	0.1	0.5	0.1	0.5

注：单一故障状态的对地漏电流，就是每次有一根电源线断开时的漏电流。

（2）对地漏电流和外壳漏电流检测的接线图：测量对地和外壳漏电流的电路图和实训接线示意图如实训图 5-3、实训图 5-4 所示。

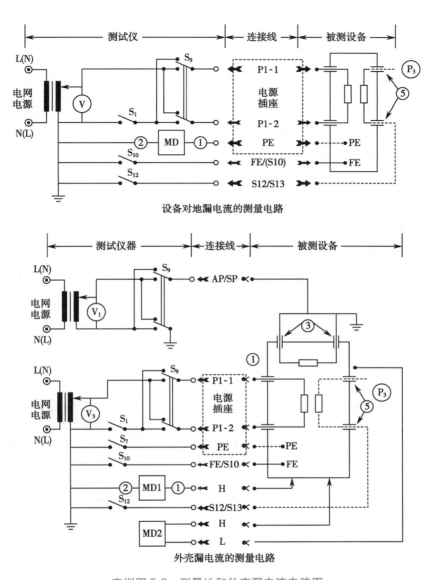

设备对地漏电流的测量电路

外壳漏电流的测量电路

实训图 5-3　测量地和外壳漏电流电路图

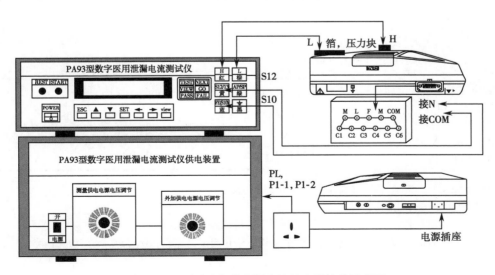

实训图 5-4　测对地和外壳漏电流的实训接线示意图

连接说明：

1）被测仪器的电源插头插入测试设备的"电源插座 P1-1,P1-2,PE"；

2）测试仪器机内用导线与（MD）接线孔 1 相连,接线孔 2 与接地相连；

3）全部导联线（N 除外）连接端 COM 与 S12/S13 接线端连接；

4）导联线 N 连接端与 FE（S10）接线端连接；

5）被测塑壳机须用最大 20cm×10cm 金属箔紧贴被测表面,压力块使金属箔承受 0.5N/cm^2 压力,确保被测塑壳与金属箔紧贴；

6）测量外壳漏电流时,"H"接被测部分上的金属箔；

7）测量外壳对外壳漏电流时,"H"和"L"分别接被测部分上的金属箔；

8）AP/SP 连接端与"短接了的或加上负载的信号输入或信号输出部分"相连：因本被测仪器的外接输入输出端子已接地,故本项目不适用。

四、实训步骤

1. PA93 测试仪的设定

步骤 1	开机"等待测试界面"
操作:打开 PA93 测试仪"电源"开关 显示:"等待测试界面"见右方框	SWITCH: TESTING: NEXT TEST：ELC LIMIT：μA RESULT: CURRENT：000.0 μA V1：000V V2：000V
步骤 2	进入"设置界面"
操作:按一下"SET"键 显示:"设置界面"见右方框 注:显示默认值或上次设置值	EQU CLASS：1 PRINT SET: EQU TYPE： B TIMES（S）：003 LIMIT（μA）： NEXT FAIL STOP： OFF TEST LINK： NEXT STEP TEST： OFF
步骤 3	设定"参数"

操作:当仪器进入上列"设置界面-1"时,用"←"或"→"键,将光标分别移至下列 1~5 各"项目名称"字母后面,按动"△"或"▽"键,可选择所需设备的设置。

1. EQU CLASS: I	
1. EQU CLASS: I 2. EQU TYPE:CF 3. TIME:005 4. FAIL STOP:ON 5. STEP TEST:OFF	EQU CLASS： I PRINT SET: EQU TYPE： CF TIMES（S）： 005 LIMIT（μA）： NEXT FAIL STOP： ON TEST LINK： NEXT STEP TEST： ON

注 1:TIMES 设定——"每一次开关组合后的测试时间"设定；

注 2:FAIL STOP——停止测试

    "ON"——测试过程中,遇到某一项测试结果不合格即停止测试

    "OFF"——测试过程中,不论是否合格,中途均不停止测试,直到测试全部完成后才停止测试

注 3：STEP TEST——测试步骤

"ON"——逐步测试；即项目的当前开关组合方式测试完毕后，必须按"START"按钮，才能继续进行下
　　　一种开关组合方式测试，逐步完成测试

"OFF"——单步测试；按"TEST LINK"项的选择项目顺序依次全部一次完成测试

步骤 4	进入"限值界面"

操作：继续设定"设置界面"，用"←"或
"→"键，将光标移至"LIMIT"的
"NEXT"处，按一下"△"或"▽"
显示："限值界面-1"见右方框
注：显示默认值或上次设置值

	NC	SFC		NC	SFC		SFC
ELC:	0500	1000	ENCL1:	0100	0500	PLCAP:	0000
PLC:	0100	0500	ENCL2:	0100	0500	PLCSP:	5000
PAC:	0100	0500	PAC-D:	0100	0050		

步骤 5	设定"漏电电流的上限值"

操作：LIMIT——设置漏电电流的上限值：按 GB9706.1 对 CF 型设备的 LIMIT 应如下：

设定 1：正常状态的对地漏电流"ELC：NC"——0500（注：0.5mA）；

设定 2：单一故障状态的对地漏电流"ELC：SFC"——1000（注：1mA）；

设定 3：正常状态的外壳对地漏电流"ELCL1：NC"——0100（注：0.1mA）；

设定 4：单一故障状态的外壳对地漏电流"ELCL1：SFC"——0500（注：0.5mA）；

设定 5：正常状态的外壳对外壳漏电流"ELCL2：NC"——0100（注：0.1mA）；

设定 6：单一故障状态的外壳
对外壳漏电流"ELCL2：
SFC"——0500（注：0.5mA）
显示：修改后的"限值界面"见右
方框

	NC	SFC		NC	SFC		SFC
ELC:	0500	1000	ENCL1:	0100	0500	PLCAP:	0000
PLC:	0100	0500	ENCL2:	0100	0500	PLCSP:	5000
PAC:	0100	0500	PAC-D:	0100	0050		

操作：设置完毕后，按"SET"键。回到
"设置界面"见右方框

EQU CLASS： Ⅰ	PRINT SET：
EQU TYPE： CF	TIMES（S）： 005
LIMIT （μA）： NEXT	FAIL STOP： ON
TEST LINK： 　NEXT	STEP TEST： OFF

步骤 6	进入"测试项目界面"

操作：在"设置界面"用"←"或"→"键，
将光标移至"TEST LINK"的"NEXT"
处，然后按"△"或"▽"键，仪器进入
"测试项目界面"
显示："测试项目界面"见右方框
注：显示默认值或上次设置值

	NC	SFC		NC	SFC		SFC
ELC:	ON	ON	ENCL1:	ON	ON	PLCAP:	OFF
PLC:	ON	ON	ENCL2:	ON	ON	PLCSP:	ON
PAC:	ON	ON	PAC-D:	ON	ON		

步骤 7	"测试项目"设定

操作：在"测试项目界面"，用"←"或"→"键，将光标移至每一个所需项目的对应位置，然后用"△"或"▽"
键，按需要测试项目
注：按"ON"——需要测试项目；按"OFF"——不需要测试该项目
显示：本次实训选择

ELC-NC(ON);		NC	SFC		NC	SFC		SFC
ELC-SFC(ON);	ELC:	ON	ON	ENCL1:	ON	ON	PLCAP:	OFF
ENCL1-NC(ON);	PLC:	OFF	OFF	ENCL2:	ON	ON	PLCSP:	OFF
ENCL1-SFC(ON);	PAC:	OFF	OFF	PAC-D:	OFF			
ENCL2-NC(ON);								
ENCL2-SFC(ON);								
其他全部(OFF)								

步骤8	退出参数设定

操作:当参数设定完毕,做如下操作:

1. 按"SET",回到"设置界面",再按一次"SET"键,回到"等待测试界面",并保存此次设置内容。
2. 按"ESC"键,则放弃设置内容,回到"等待测试界面"

2. 对地漏电流、外壳漏电流的测试要求:

(1)正常状态:S1闭合;

(2)单一故障:S1断开;

(3)开关状态:测量时,将各开关的开、闭位置进行所有可能的组合。

操作步骤:

(1)接通PA93与ECG-6951D电源开关;

(2)按下"START"按钮,"TEST"指示灯亮,旋转"V1"电压调节旋钮至所需电压值(242V)。液晶显示器(LCD)不断显示当前测试项目的开关组合中的对应开关闭合状态,漏电流值和设置的漏电流上限值,测量供电电源"V1"。

测试一:正常状态(ELC　NC-S1闭合),对地漏电流测试如下:

参数设定完毕,回到"等待测试界面",按下"START"键,测得(ELC NC)漏电流:

```
SWITCH: 1
TESTING: ELC  NC    NEXT TEST: ELC
LIMIT: 0500 μA        RESULT: PASS
CURRENT: 23.6 μA    V1: 242V    V2: xxxV
```

测量记录:测试电流为(标准上限电流值<0500μA)

注:仪器判定-GO PASS指示灯点亮,并发出"嘟"声(表示合格通过)

测试二:单一故障状态(ELC　SFC-S1断开)对地漏电流测试如下:

正常状态测试结束,再按一下"START"键,测得(ELC SFC)漏电流:

```
SWITCH: 12
TESTING: ELC  SFC    NEXT TEST: ELC
LIMIT: 1000 μA         RESULT: PASS
CURRENT: 55.5 μA      V1: 242V    V2: xxxV
```

测量记录:测试电流为(标准上限电流值<1000μA)

注:仪器判定-PASS指示灯点亮,并发出"嘟"声(表示合格通过),NEXT:点亮

测试三：正常状态(ENCL1　NC-S1 闭合)，外壳对地漏电流(H 闭合)测试如下：
以上测试结束后，再按一下"START"键，测得(ELCL1 NC)漏电流：

```
SWITCH：  1  5  7  9  10  12/13  H

TESTING：ELCL1  NC    NEXT TEST：

LIMIT：0100 μA        RESULT：PASS

CURRENT：5.5 μA    V1：242V   V2：xxxV
```

测量记录：测试电流为(标准上限电流值<0100μA)
注：仪器判定-GO PASS 指示灯点亮，并发出"嘟"声(表示合格通过)

测试四：单一故障状态(ENCL1　SFC-S1 断开)，外壳对地漏电流(H 闭合)测试如下：
以上测试结束后，再按一下"START"键，测得(ELCL1　SFC)漏电流：

```
SWITCH：  1  5  9  10  12/13   H

TESTING：ELCL1  SFC   NEXT TEST：

LIMIT：0500μA         RESULT：PASS

CURRENT：7.4 μA     V1：242V   V2：xxxV
```

测量记录：测试电流为(标准上限电流值<0500μA)
注：仪器判定-PASS 指示灯点亮，并发出"嘟"声(表示合格通过)，NEXT：点亮

测试五：正常状态(ENCL2　NC-S1 闭合)，外壳对外壳漏电流(H、L 闭合)测试如下：
以上测试结束后，再按一下"START"键，测得(ELCL2　NC)漏电流：

```
SWITCH：  1  5  7  9  10  12/13  H  L

TESTING：ELCL2  NC    NEXT TEST：ENCL2

LIMIT：0100 μA        RESULT：PASS

CURRENT：1.5 μA     V1：242V   V2：xxxV
```

测量记录：测试电流为(标准上限电流值<0100μA)
注：仪器判定-GO PASS 指示灯点亮，并发出"嘟"声(表示合格通过)

测试六：单一故障状态(ENCL2　SFC-S1 断开)，外壳对地漏电流(H、L 闭合)测试如下：
以上测试结束后，再按一下"START"键，测得(ELCL2　SFC)漏电流：

```
SWITCH：  1  5  9  10  12/13  H  L

TESTING：ELCL2  SFC    NEXT TEST：ELCL2

LIMIT：0500 μA         RESULT：PASS

CURRENT：1.6 μA     V1：242V   V2：xxxV
```

测量记录：测试电流为(标准上限电流值<0500μA)
注：仪器判定-PASS 指示灯点亮，表示测试完全结束
退出测试：按"RESET"退出测试，回到"等待测试界面"

五、实训提示

通过本次实训内容，学生应掌握以下几项技能：

1. 熟练掌握对地漏电流和外壳漏电流的检测方式和操作步骤。

2. 熟练掌握心电图机的安全要求。

3. 通过实训,进一步熟悉医学仪器的各种安全标准。

六、实训思考

1. 设置医用电气设备安全标准的意义是什么?

2. 医学仪器电气设备安全评估中,我国全面贯彻执行的标准是什么名称?

3. 新产品在提交检测中心检测前,必须制定产品标准,该标准不能和国家已有的标准相冲突,首先应遵循国家医用电气设备安全标准,此外要满足环境要求和试验方法的国家标准。

子任务 5-1-2　心电图机患者漏电流的检测

一、实训目的

1. 进一步理解医用电气安全性能中漏电流的意义。

2. 熟练掌握 ECG-6951D 心电图机患者漏电流的测试方法。

3. 通过实训过程以及实训报告的撰写,提高常用和专用仪器的使用能力和文字表达能力。

二、实训器材

1. PA93-0.5KVA 医用泄漏电流测试仪。

2. ECG-6951D 热线阵单道自动心电图机。

3. 导联插头连接器。

三、实训内容

依据医用电气设备的安全要求,进行心电图机患者漏电流的检测。

1. 产品检验标准本机应符合"中华人民共和国国家标准 GB9706.1-2007"的安全通用要求规定,指标要求见实训表 5-2。

实训表 5-2　GB9706.1-2007 规定的连续漏电流的容许值(mA)

电流	B 型		BF 型		CF 型	
	正常状态	单一故障状态	正常状态	单一故障状态	正常状态	单一故障状态
患者漏电流	—	—	—	—	0.01	0.05

2. 患者漏电流检测的接线图　患者漏电流检测的实训接线示意图如实训图 5-5 所示。

连接说明:

1)被测仪器的电源插头插入测试设备的"电源插座 P1-1,P1-2,PE";

2)全部导联线(N 除外)连接端 COM 经"H"连接线与(MD)接线孔 1 相连,接线孔 2 与接地相连;

3)FE(S10)连接线与"功能接地端 N"相连;

4)S12/S13 连接线与"非应用部分且未保护接地的可触及金属部件"相连;本机不适用。

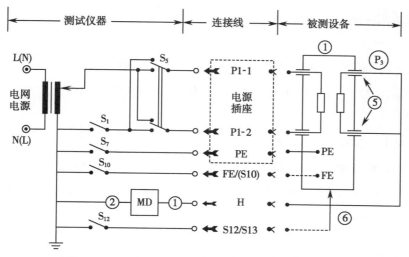

参照GB-9706.1图20从应用部分至地的患者漏电流的测量电路

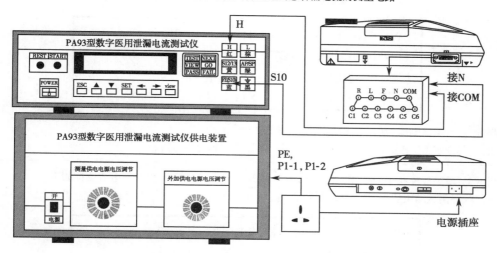

实训图5-5　测患者漏电流的实训接线示意图

四、实训步骤

1. PA93测试仪设定步骤参照"对地漏电流测量"。

步骤	目的	操作方法和结果
1	开机	打开PA93测试仪"电源"开关,显示"等待测试界面"
2	进入"设置界面"	按一下"SET"键
3	设定"参数"	EQU CLASS：Ⅰ;EQU TYPE:CF;TIMES(s):005;FAIL STOP:ON;STEP TEST:OFF
4	进入"限值界面"	用"←/→"键;在"LIMIT"的"NEXT"处,按"△/▽"进入"限值界面"
5	设定"漏电流的上限值"	PLC(NC):0010;PLC(SFC):0050 按"SET"键,回到"设置界面"
6	进入"测试项目界面"	用"←/→"键;在"TEST LINK"的"NEXT"处,按"△/▽"进入"测试项目界面"
7	设定"测试项目"	PLC(NC):ON;PLC(SFC):ON;其他均为OFF
8	退出参数设定	按两次"SET"键,回到"等待测试界面",保存设置内容;如要放弃设置内容,按"ESC"键

2. 患者漏电流测试要求：

1）正常状态：S1、S7 闭合。

2）单一故障：S7 断开、S1 闭合或 S1 断开、S7 闭合，二者取较大的数值。

3）开关状态：测量时，将 S5、S10 和 S13 的开闭位置进行所有可能的组合。

操作步骤：

1）接通 PA93 与 ECG-6951D 电源开关；

2）按下"START"按钮，"TEST"指示灯亮。旋转"V1"电压调节旋钮至所需电压值（242V）。液晶显示器（LCD）不断显示当前测试项目的开关组合中的对应开关闭合状态漏电流值和设置的漏电流上限值，测量供电电源"V1"。

测试一：正常状态（NC-S1、S7 闭合），患者漏电流测试如下：

参数设定完毕，回到"等待测试界面"，按下"START"键，测得（NC）漏电流：

```
SWITCH：1  5  7  10   H
TESTING：PLC   NC     NEXT TEST：PLC
LIMIT：0010 μA        RESULT：PASS
CURRENT：5.5 μA       V1：242V  V2：xxxV
```

测量记录：测试电流为（标准上限电流值<0010μA）

注：仪器判定-GO PASS 指示灯点亮，并发出"嘟"声（表示合格通过）

测试二：单一故障状态（SFC-S7 断开、S1 闭合或 S1 断开、S7 闭合），患者漏电流测试如下：

正常状态测试结束后，再按一下"START"键，测得（SFC）漏电流：

```
SWITCH：1  5   10   12/13  H
TESTING：PLC   SFC    NEXT TEST：ELC
LIMIT：0050 μA        RESULT：PASS
CURRENT：8.6 μA       V1：242V  V2：xxxV
```

测量记录：测试电流为（标准上限电流值<0050μA）

注：仪器判定-PASS 指示灯点亮，测试完全结束

退出测试：按"RESET"退出测试，回到"等待测试界面"

五、实训提示

通过本次实训内容，学生应掌握以下几项技能：

1. 熟练掌握患者漏电流的检测方式和操作步骤。

2. 进一步熟悉心电图机的安全要求。

六、实训思考

1. 患者漏电流检测的意义是什么？

2. 其他仪器设备是否也要进行患者漏电流的检测？

子任务 5-1-3　心电图机患者辅助电流的检测

一、实训目的

1. 熟练掌握 ECG-6951D 心电图机患者辅助电流的测试方法。

2. 通过实训过程，提高常用和专用仪器的使用能力和文字表达能力。

二、实训器材

1. PA93-0.5KVA 医用泄漏电流测试仪。

2. ECG-6951D 热线阵单道自动心电图机。

3. 导联插头连接器。

三、实训内容

依据医用电气设备的安全要求，进行心电图机患者辅助电流的检测。

1. 产品检验标准本机应符合"中华人民共和国国家标准 GB9706.1-2007"的安全通用要求规定，指标要求见实训表 5-3。

实训表 5-3　GB9706.1-2007 规定的连续漏电流的容许值（mA）

电流	B 型		BF 型		CF 型	
	正常状态	单一故障状态	正常状态	单一故障状态	正常状态	单一故障状态
患者辅助电流（ac）	—	—	—	—	0.01	0.05
患者辅助电流（dc）	—	—	—	—	0.01	0.05

2. 患者辅助电流测试的接线图　患者辅助电流的实训接线示意图如实训图 5-6 所示。

连接说明：

1) 被测仪器的电源插插入测试设备的"电源插座 P1-1, P1-2, PE"；

2) 导联线 N 连接端经"H"连接线与（MD）接线孔 1 相连；

3) 任一导联线（N 除外）连接端经"L"连接线与（MD）接线孔 2 相连；

4) FE（S10）连接线与"功能接地端"相连：因本机 N 端已应用，该项不适用。

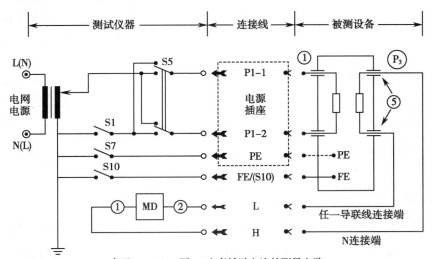

参照GB-9706.1 图 26 患者辅助电流的测量电路

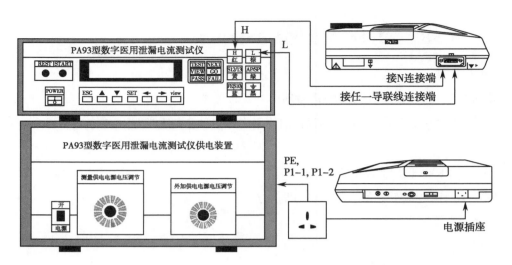

实训图 5-6　患者辅助电流（ac 和 dc）的实训接线示意图

四、实训步骤

1. PA93 测试仪设定　设定步骤参照"对地漏电流测量"：

步骤	目的	操作方法和结果
1	开机	打开 PA93 测试仪"电源"开关,显示"等待测试界面"
2	进入"设置界面"	按一下"SET"键
3	设定"参数"	EQU CLASS：Ⅰ；EQU TYPE：CF；TIMES(s)：005；FAIL STOP：ON；STEP TEST：OFF
4	进入"限值界面"	用"←/→"键；在"LIMIT"的"NEXT"处,按"△/▽"进入"限值界面"
5	设定"漏电电流的上限值"	PAC(NC)：0010；PAC(SFC)：0050 PAC-D(NC)：0010；PAC-D(SFC)：0050 按"SET"键,回到"设置界面"
6	进入"测试项目界面"	用"←/→"键；在"TEST LINK"的"NEXT"处,按"△/▽"进入"测试项目界面"
7	设定"测试项目"	PAC(NC)ON；PAC(SFC)：ON； PAC-D(NC)ON；PAC-D(SFC)：ON；其他均为 OFF
8	退出参数设定	按两次"SET"键,回到"等待测试界面",保存设置内容；如要放弃设置内容,按"ESC"键

2. 患者辅助电流的测试要求：

1）正常状态：S1、S7 闭合；

2）单一故障：S7 断开、S1 闭合或 S1 断开、S7 闭合,二者取较大的数值；

3）开关状态：测量时,将 S5、S10 的开闭位置进行所有可能的组合。

操作步骤：

1）接通 PA93 与 ECG-6951D 电源开关；

2）按下"START"按钮,"TEST"指示灯亮。旋转"V1"电压调节旋钮至所需电压值（242V）。液晶显示器（LCD）不断显示当前测试项目的开关组合中的对应开关闭合状态,漏电流值和设置的漏电流上限值,测量供电电源"V1"。

测试一：正常状态（NC-S1、S7 闭合），患者辅助电流（ac）测试如下：

参数设定完毕，回到"等待测试界面"，按下"START"键，测得（NC）漏电流：

```
SWITCH：1  5  7  10  H L
TESTING：PAC  NC      NEXT TEST：PAC
LIMIT：0010 μA         RESULT：PASS
CURRENT：0.9 μA        V1：242V  V2：xxxV
```

测量记录：测试电流为（标准上限电流值<0010μA）

注：仪器判定-GO PASS 指示灯点亮，并发出"嘟"声（表示合格通过）。

测试二：单一故障状态（SFC-S7 断开、S1 闭合或 S1 断开、S7 闭合），患者辅助电流（ac）测试如下：

以上测试结束后，再按一下"START"键，测得（SFC）漏电流：

```
SWITCH：1  5  10  H L
TESTING：PAC  SFC    NEXT TEST：
LIMIT：0050 μA        RESULT：PASS
CURRENT：2.6 μA       V1：242V  V2：xxxV
```

测量记录：测试电流为（标准上限电流值<0050μA）

注：仪器判定-PASS 指示灯点亮，并发出"嘟"声（表示合格通过），NEXT：点亮。

测试三：正常状态（NC-S1、S7 闭合），患者辅助电流（dc）测试如下：

以上测试结束，再按一下"START"键，测得（NC）漏电流：

```
SWITCH：1  5  7  10  H L
TESTING：PAC-D  NC  NEXT TESTPAC-D
LIMIT：0010 μA       RESULT：PASS
CURRENT：0.3 μA      V1：242V  V2：xxxV
```

测量记录：测试电流为（标准上限电流值<0010μA）

注：仪器判定-GO PASS 指示灯点亮，并发出"嘟"声（表示合格通过）。

测试四：单一故障状态（SFC-S7 断开、S1 闭合或 S1 断开、S7 闭合），患者辅助电流（dc）测试如下：

以上测试结束，再按一下"START"键，测得（SFC）漏电流：

```
SWITCH：1  5  10  H L
TESTING：PAC-D  SFC   NEXT TEST：
LIMIT：0050 μA         RESULT：PASS
CURRENT：0.3μA/DC      V1：242V  V2：xxxV
```

测量记录：测试电流为（标准上限电流值<0050μA）

注：仪器判定-PASS 指示灯点亮，表示测试完全结束。

退出测试：按"RESET"退出测试，回到"等待测试界面"。

五、实训提示

通过本次实训内容，学生应掌握以下几项技能：

1. 熟练掌握患者辅助电流的检测方式和操作步骤。

2. 通过实训，进一步熟悉专用仪器设备。

六、实训思考

1. 患者辅助电流与患者漏电流的区别是什么？

2. 测量患者辅助电流的意义何在？

子任务 5-1-4　心电图机加网电压患者漏电流的检测

一、实训目的

1. 熟练掌握 ECG-6951D 心电图机加网电压患者漏电流的测试方法。

2. 通过实训过程，提高常用和专用仪器的使用能力和文字表达能力。

二、实训器材

1. PA93-0.5KVA 医用泄漏电流测试仪。

2. ECG-6951D 热线阵单道自动心电图机。

3. 导联插头连接器。

三、实训内容

依据医用电气设备的安全要求，进行心电图机加网电压患者漏电流的检测。

1. 产品检验标准本机应符合"中华人民共和国国家标准 GB9706.1-2007"的安全通用要求规定，指标要求见实训表 5-4。

实训表 5-4　GB9706.1-2007 规定的连续漏电流的容许值（mA）

电流	B 型		BF 型		CF 型	
	正常状态	单一故障状态	正常状态	单一故障状态	正常状态	单一故障状态
患者漏电流（应用部分加网电压）	—	—	—	—	无	0.05

2. 患者加网电压患者漏电流的接线图　患者加网电压漏电流实训接线示意图见实训图 5-7 所示。

连接说明：

1）被测仪器的电源插头插入测试设备的"电源插座 P1-1，P1-2，PE"；

2）全部导联线（含 N 端）连接端经"H"与（MD）接线孔 1 相连；

3）外来电压（加压）口经"AP/SP"串联"L"与（MD）接线孔 2 相连；

4）FE/S10 与功能接线端相连：本被测仪器的"N 端"已与（MD）接线孔 1 相连，所以该项不适用；

5）短路后的"外接输入/输出"端口接 ⏚；

6）因被测试品没有"未保护接地的可触及金属部件"，所有可触及的金属部件均已接地，所以"S13"接线端省略。

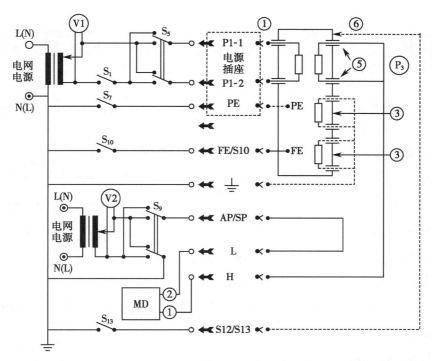

参照GB-9706.1图21 由应用部分外来电压引起的至地的患者漏电流测量电路

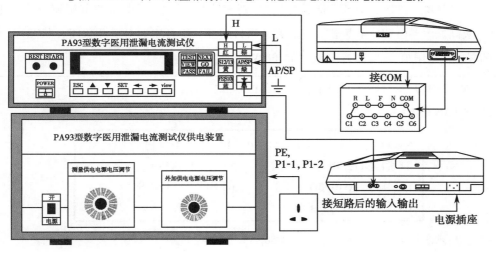

实训图5-7　患者加网电压漏电流实训接线示意图

四、实训步骤

1. PA93测试仪设定　设定步骤参照"对地漏电流测量"。

步骤	目的	操作方法和结果
1	开机	打开PA93测试仪"电源"开关,显示"等待测试界面"
2	进入"设置界面"	按一下"SET"键
3	设定"参数"	EQU CLASS: I ; EQU TYPE: CF; TIMES(s): 005; FAIL STOP: ON; STEP TEST: OFF
4	进入"限值界面"	用"←/→"键;在"LIMIT"的"NEXT"处,按"△/▽"进入"限值界面"

步骤	目的	操作方法和结果
5	设定"漏电电流的上限值"	PLCAP（SFC）：0050 按"SET"键，回到"设置界面"
6	进入"测试项目界面"	用"←/→"键；在"TEST LINK"的"NEXT"处，按"△/▽"进入"测试项目界面"
7	设定"测试项目"	PLCAP（SFC）：ON；其他均为 OFF
8	退出参数设定	按两次"SET"键，回到"等待测试界面"，保存设置内容；如要放弃设置内容，按"ESC"键

2. 患者加网电压漏电流的测试要求：

1）开启 PA93 电源台的 V2 外加供电压调到 242V，应用部分加压；

2）单一故障：闭合 S1（Ⅰ类设备，还要闭合 S7）；

3）开关状态：测量时，将 S5、S9、S10 和 S13（本题省略）的开闭位置进行所有可能的组合。

操作步骤：

1）接通 PA93 与 ECG-6951D 电源开关；

2）按下"START"按钮，"TEST"指示灯亮，分别旋转"V1"、"V2"电压调节旋钮至所需电压值（242V）。液晶显示器（LCD）不断显示当前测试项目的开关组合中的对应开关闭合状态，漏电流值和设置的漏电流上限值，测量供电电源"V1"和"V2"。

测试：单一故障状态（SFC-S1、S7 闭合），患者漏电流测试如下：

测得（SFC）漏电流：

```
SWITCH：  1   5   7   9   10   12/13    H    L
TESTING： PLCAP    SFC      NEXT TEST：
LIMIT：  0050 μA           RESULT： PASS
CURRENT： 25.1  μA         V1： 242 V   V2： 242 V
```

测量记录：测试电流为（标准上限电流值<0050μA）

注：仪器判定-PASS 指示灯点亮，表示测试完全结束。

退出测试：按"RESET"退出测试，回到"等待测试界面"

五、实训提示

通过本次实训内容，学生应掌握以下几项技能：

1. 检测加网电压患者漏电流的意义是什么？

2. 熟练掌握加网电压患者漏电流的检测方式和操作步骤。

六、实训思考

分析加网电压患者漏电流与患者辅助电流、患者漏电流的区别。

任务 5-2 医用电气设备安全性能检测（接地电阻）

一、实训目的

1. 学习 ECG-6951D 心电图机的安全要求。

2. 熟练掌握 ECG-6951D 心电图机的安全性指标中保护接地电阻的测试方法。

3. 通过测试过程和报告的撰写，提高常用和专用仪器的使用能力和文字表达能力。

二、实训器材

1. PC93 型数字接地电阻测试仪。

2. ECG-6951D 热线阵单道自动心电图机。

三、实训内容

依据医用电气设备的安全要求，进行心电图机保护接地电阻的检测。

1. 产品检验标准本机应符合"中华人民共和国医药行业标准 YY 1139-2000"的部分规定。

指标要求：

条目号：A2.31.1

要求：

（1）电源输入插口中的"保护接地端子"与机器的"保护接地"之间用"接地电阻测试仪"通以 20A 恒流源，历时 5s 其阻抗不超过 0.1Ω；

（2）机器的"保护接地端子"与机器的所有可触及金属部件（螺钉）之间用"接地电阻测试仪"通以 20A 恒流源，历时 5s 其阻抗不超过 0.1Ω。

2. 保护接地电阻的测试方法及接线图如实训图 5-8 所示，电源输入插口中的"保护接地端子"与机器的"保护接地"之间。

机器的"保护接地端子"与机器的所有可触及金属部件（螺钉）之间的连接如实训图 5-9。

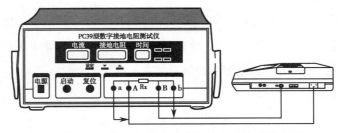

实训图 5-8 检测保护接地电阻的实训接线示意图

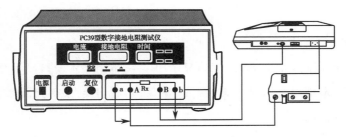

实训图 5-9 机器的保护接地端子与其他部件间的接线示意图

为了测量正确,将一副(两组)测试线:

(1)"红线组"中的"粗、细"测量棒一端分别插入 PA-93 中的"A、a"测量端上(粗线对"A",细线对"a");

(2)"黑线组"中的"粗、细"测量棒一端分别插入 PA-93 中的"B、b"测量端上(粗线对"B",细线对"b");

(3)测量线另一端的夹子分别接被测设备保护可触及的金属壳体的接地端。

四、实训步骤

1. PC39 测试仪设定:

步骤 1　开机　接通电源,此时仪器的电流,接地电阻,时间显示窗口显示都为"0",此时仪器处于初始状态,预热 5min。

步骤 2　测试电阻补偿值－测量线电阻和夹具的接触电阻。

将专用测试线的夹子对接;然后按动"启动"键,仪器自动进入设定测试电流值(恒流),读出接地电阻,显示的窗口显示值,即为测试电阻补偿值;然后按一下"复位"键,回到初始状态,等待下列"设定"。

步骤 3　报警接地电阻值设定。

按一下"设定"键,电流显示窗口显示"A---",接地电阻显示窗口显示上一次设定值,按"▲"键(增加)或"▼"键(减少)来得到所需要的报警接地电阻值(100mΩ,本次指标规定),再按一下"设定"键,即保存接地电阻报警值同时进入时间设定。

步骤 4　时间设定。

当接地电阻报警值被保存同时,电流显示窗口显示"T---",时间显示窗口显示上一次设定的测试时间,此时可按"▲"键(增加)或"▼"键(减少)所需测试时间(5s,本次指标规定),再按一下"设定"键,即保存时间设定值同时进入电阻补偿设定。

步骤 5　电阻补偿设定。

当时间设定值被保存同时,电流显示窗口显示"P---",显示窗口显示上一次设定的测试电阻补偿值,此时可按"▲"键(增加)或"▼"键(减少)来得到所需补偿值(步骤 2 所获得的测试电阻补偿值),再按一下"设定"键,即保存测试电阻补偿值同时进入测试电流设定。

步骤 6　测试电流设定。

此时电流显示窗口显示"10.0"或"25.0",然后可按"▲"键(增加)或"▼"键(减少)来得到所需测试电流值(25.0A,本次标准规定),再按一下"设定"键,即保存测试电流值同时进入开路报警功能设定。

步骤 7　开路报警功能设定。

当测试电流值被保存同时,电流显示窗口显示"H---",电阻显示窗口显示开路报警功能"ON"(采用报警)或"OFF"(取消报警)。按"▲"键或"▼"键轮流切换,来得到所需状态,再按一下"设定"键,仪器回到测量初始状态。

2. 保护接地电阻的测试　按一下"启动"按钮,"测量"指示灯点亮,仪器自动进入设定测试电流值。此时"时间窗口"显示剩余测试时间。如被测物合格,测试时间一到,仪器会发出"嘟"一声后,并且"合格"指示灯点亮,"电阻窗口"显示接地电阻值;当测量电阻值大于报警设定值时,"报警"指示灯点亮,待测试时间一到,仪器停止工作,并发出报警声,则判被测物为不合格;然后按一下"复位"键,仪器退出测量状态,回到初始状态,"测量"指示灯灭。

测量记录:(标准接地电阻<0.1Ω)

五、实训提示

通过本次实训内容,学生应掌握以下几项技能:

1. 熟练掌握保护接地电阻的检测方式和操作步骤。

2. 熟练掌握医用电子仪器保护接地电阻的检测。

3. 通过实训进一步熟悉医用电气设备的安全标准。

六、实训思考

1. 医学电子仪器接地线的意义是什么?

2. 医用电子仪器在使用时,为什么一定要接地线?对接地线有什么具体要求?

3. 如果使用医学电子仪器时没有接好地线,可能会出现什么现象?是否会有危险?

任务 5-3　医用电气设备安全性能检测（电介质强度）

一、实训目的

1. 学习 ECG-6951D 心电图机的安全要求。

2. 熟练掌握 ECG-6951D 心电图机的安全性指标中电介质强度的测试方法。

3. 通过测试过程和报告的撰写,提高常用和专用仪器的使用能力和文字表达能力。

二、实训器材

1. ZHZ8D 交/直流耐电压测试仪。

2. ECG-6951D 热线阵单道自动心电图机。

3. 导联插头连接器。

三、实训内容

依据医用电气设备的安全要求,进行心电图机电介质强度的检测。

1. 产品检验标准　本机应符合"中华人民共和国医药行业标准 YY 1139-2000"的部分规定。

指标要求(承受 50Hz、正弦波试验电压,历时 1min 无击穿或闪络现象):

条目号:A2.36.1

要求:对所有各类设备的通用要求

(1)A-a1:网电源部分和已保护接地的可触及金属部件之间应能承受 1500V;

(2)A-a2:网电源部分和未保护接地的外壳部件之间应能承受 4000V。

条目号:A2.36.1.2

要求:对有应用部分的设备的要求

（1）B-a:在应用部分（患者电路）和网电源部分之间应能承受 4000V；

（2）B-d:F 型应用部分（患者电路）和包括信号输入部分及信号输出部分在内的外壳之间应能承受 1500V。

2. 测试方法及接线图：

（1）电源耐压（如实训图 5-10）。

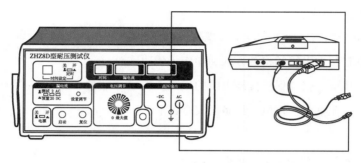

实训图 5-10   电源耐压测试的接线示意图

（2）应用部分耐压（如实训图 5-11）

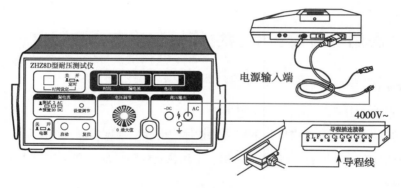

实训图 5-11   应用部分耐压测试的接线示意图

四、实训步骤

1. ZHZ8D 测试仪设定：

谨防高压:仪器在设定过程中，"AC/-DC"插孔将出现高压,切勿将"高压测试线（红色）测试棒"插入"AC/-DC"插孔（实训图 5-12）。

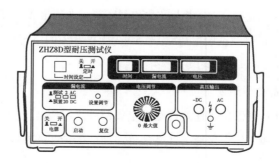

实训图 5-12   ZHZ8D 必须的"设定"状态

步骤1　开机

接通电源,使"电源"开关置于"开"位置;此时,显示输出电压、漏电流和时间的数码管及各"测试单位"指示符号应点亮。

步骤2　电压调零

逆时针旋转"电压调节"旋钮到底,各示值均为零,则仪器处于初始状态。

步骤3　报警电流设定

按住"漏电流测试/预置"键,调节漏电流预置电位器,同时观察漏电流显示窗口中显示值达到10mA(ZHZ8D推荐值)时,停止调节,再放开"漏电流测试/预置"键,设置完毕。

步骤4　定时设定

置"定时"键于"开"位置,拨动"定时"拨盘上数值,同时观察测试时间窗口中显示值达到60s(指标规定)时,停止拨动,设置完毕。

步骤5　输出电压种类选择

将"AC/DC"转换键置于"AC"位置。

注:"交流/直流"转换键置于所要"AC"或"DC",与交、直流高压输出端对应。

步骤6　输出电压量程设定(有高压出现!)

按一下"启动"按钮,根据所需试验电压(1500或4000V),顺时针转动"电压调节"旋钮,同时观察输出窗口中显示值达到所需电压时,停止转动电压调节旋钮,并保持"电压调节"旋钮位置不变,按下"复位"按钮,则试验电压设定完毕。

注:在以后测试过程中,如不改变试验电压,每次测试只需按一下"启动"按钮即可。

2. 耐电压测试:

步骤1　连接高压线

谨防高压:在确定仪器输出电压示值为"0",测试灯"熄灭"状态下:

1)将高压测试线(红色)一端插入仪器的(AC)高压输出端,另一端与被测物的电源输入线或其他带电部件相连接;

2)再将另一根测试接地线(黑色)一端插入仪器的接地端并锁紧,另一端与被测物的外壳(金属)或电源输入端的地线端相连。

步骤2　耐压试验

按下"启动"按钮,"测试"指示灯点亮,电压显示值为当前试验电压值,漏电流显示值为被测物上当前漏电流值。

1)被测物为合格品:试验时间一到,无声光报警声,同时仪器自动切断输出电压;

2)被测物为不合格:在试验时间内,则"报警"灯点亮,蜂鸣器发出报警声,仪器自动切断输出电压。可按下"复位"按钮,消除报警。

测量记录:(合格或不合格)

五、实训提示

通过本次实训内容,学生应掌握以下几项技能:

1. 熟练掌握电解质强度的检测方式和操作步骤。

2. 通过实训,熟悉医用电子仪器电解质强度的检测。

3. 通过实训进一步熟悉医用电气设备的安全标准。

六、实训思考

1. 绝缘材料的性质是什么? 有什么作用?

2. 医用电子仪器为什么一定要用绝缘材料? 对电解质强度有什么具体要求?

3. 利用医学电子仪器对患者进行检查或治疗时,治疗床是否一定要加绝缘材料? 意义何在?

任务 5-4　医用电气设备安全性能检测(电源变压器过热试验)

一、实训目的

1. 学习电源变压器的安全要求。

2. 熟练掌握电源变压器过热测试方法。

3. 通过测试过程和报告的撰写,提高常用和专用仪器的使用能力和文字表达能力。

二、实训器材

1. 大功率可调节负载电阻。

2. FLUKE45/CH 数字万用表。

3. FLUKE2180 数字温度巡检测仪。

4. 在线绕组温升测试仪。

三、实训内容

依据医用电气设备的安全要求,进行电源变压器过热试验。

产品检验标准——国家标准 GB 9706.1-2007《医用电气设备第一部分:安全通用要求》中 57.9 条对网电源变压器明确要求:应防止其基本绝缘、辅助绝缘和加强绝缘在任何输出绕组短路或过载时过热,并规定通过短路和过载两项试验来检验是否满足标准要求。

要求:

(1)用符合 GB9364 和 IEC60241 的熔断器做保护装置的电源变压器,分别加载 30min 和 1h,流过熔断器电路的试验电流按实训表 5-5。

(2)用不同于 GB9364 和 IEC60241 的熔断器做保护装置的电源变压器,加载 30min,流过熔断器的试验电流尽可能采用熔断器制造商提供的特性中最大值,但不能造成熔断器动作。熔断器应采用可忽略阻抗的连线代替。

实训表 5-5　电源变压器试验电流

保护熔断丝（片）额定电流的标示值/A	试验电流与熔断丝（片）额定电流之比
I≤4	2.1
4<I≤10	1.9
10<I≤25	1.75
I>25	1.6

四、实训步骤

1. 短路试验：

步骤1　仔细阅读待测变压器的相关资料,结合整机设备的电气原理图,了解变压器在整机电路中的连接方式及正常的加载条件,明确测试条件是否满足测试要求——测试电源电压范围及容量,模拟正常加载条件的可调负载,及适当的可测量绕组温升的装置;了解变压器在整机中的安装位置,便于选择适当的测试试验角。

步骤2　初级绕组施加额定供电范围内最不利的电压,各输出绕组按正常工作状态加载。（供电电压保持在 90%～110% 额定供电电压,或保持在 110% 额定供电电压范围的最高值,取最不利的电压值）

步骤3　按 GB9706.1-2008 中的 57.9.1a)的要求,轮流对各输出绕组模拟短路故障,监测绕组温升。

2. 过载试验：

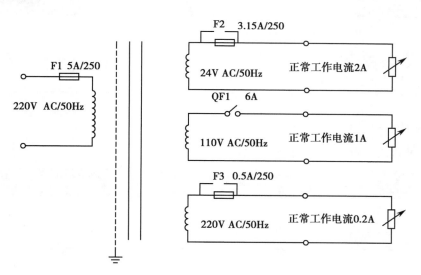

实训图 5-13　变压器过载试验

以用熔断器作为保护装置的变压器进行试验,电路图如实训图 5-13 所示。

步骤1　查看有关变压器电气原理图和变压器的有关资料,将受试变压器置于温升试验角。

步骤2　试验电压选取

供电电压保持在 110% 额定供电电压范围的最高值,即将变压器初级绕组接入 242V 的电压。

步骤 3　试验电流选取

首先将次级绕组 24、110、220V 的输出电流分别调节为 2、1、0.2A,直至变压器的各绕组达到热平衡为止,试验过程中保持监测绕组温升。

步骤 4　过载试验

(1)对 24V 次级绕组进行过载试验,将熔断器 F2 短接,由于熔断器 F2 的额定值为 3.15A,符合 GB9364,过载试验电流按规定选取,为 3.15×2.1＝6.615A,过载加载时间 30min。其他次级绕组按正常工作条件加载。试验结束时,记录各绕组的温升。将 24V 次级绕组的电流重新调整为 2A 的正常工作电流,恢复到热平衡状态。

(2)对 110V 次级绕组进行过载试验,将过电流释放器短接,从该器件的使用手册中查到跳闸电流为 6×1.2＝7.2A,调节 110V 次级绕组的模拟负载,使绕组的电流接近 7.2A,在此电流值附近反复调节几次,使过电流释放器达到将要跳闸的临界状态。其他次级绕组按正常工作条件加载,一直试验到变压器各绕组达到热平衡。记录各绕组温升,将 110V 次级绕组的电流重新调整为 1A 的正常工作电流,恢复到热平衡状态。

(3)对 220V 次级绕组进行过载试验,将熔断器 F3 短接,由于 F3 不同于 GB9364 和 IEC60241,查阅该熔断器的时间电流曲线,加载时间 30min,获得该时间段内 F3 不熔断的最大电流,假设为 0.5×1.4＝0.7A,按此电流加载 30min,其余绕组正常加载。试验结束时,记录各绕组的温升。

测量记录:

1. 短路试验数据记录

输出绕组	温升值℃
次级绕组 1	
次级绕组 2	
次级绕组 3	

2. 过载实验数据

(1)对 24V 次级绕组进行过载试验数据记录:

测量绕组	温升值℃
110V 次级绕组	
220V 次级绕组	

(2)对 110V 次级绕组进行过载试验数据记录:

测量绕组	温升值℃
24V 次级绕组	
220V 次级绕组	

（3）对 220V 次级绕组进行过载试验数据记录：

测量绕组	温升值℃
24V 次级绕组	
110V 次级绕组	

五、实训提示

通过本次实训内容,学生应掌握以下几项技能：

1. 熟练掌握电压变压器过热试验的测试方式和操作步骤。

2. 通过实训,正确理解依据过热保护装置的特性确定加载条件这一原则。

3. 通过实训进一步熟悉医用电气设备的安全标准。

六、实训思考

1. 过热实验从哪几个方面进行测试？测试依据是什么？

2. 过载试验电流如何选择？

参考文献

［1］邓亲恺.现代医学仪器设计原理.北京:科学出版社,2004.

［2］董秀珍.医学电子仪器维修手册.北京:人民军医出版社,1998.

［3］余学飞.现代医学电子仪器原理与设计.第 2 版.广州:华南理工大学出版社,2007.

［4］杨素行.模拟电子技术基础简明教程.第 3 版.北京:高等教育出版社,2006.

［5］张学龙,莫国民,程云章,等.医用电生理仪器(医疗器械部分).北京:中国医药科技出版社,2010.

［6］王保华,关晓光,霍纪文,等.生物医学测量与仪器.上海:复旦大学出版社,2002.

［7］黄嘉华,孙皎,莫国民,等.医疗器械注册与管理.北京:科学出版社,2007.

［8］吴建刚,孙喜文,孙志辉,等.现代医用电子仪器原理与维修.北京:电子工业出版社,2004.

［9］刘凤军.医用电子仪器原理、构造与维修.北京:中国医药科技出版社,1997.

［10］李宁.现代医疗仪器设备与维护管理.北京:高等教育出版社,2009.

［11］杨玉星.生物医学传器与检测技术.北京:化学工业出版社,2005.

［12］陈安宇.医用传感器.北京:科学出版社,2008.

［13］曹磊.MSP430 单片机 C 程序设计与实践.北京:北京航空航天大学出版社,2007.

［14］谢楷,赵建.MSP430 系列单片机系统工程设计与实践.北京:机械工业出版社,2016.

［15］树振,单威,宋玲玲.AD620 仪用放大器原理与应用.微处理器,2008,29(4):38-40.

［16］李宝良,万兴贵.医用电气设备电源变压器过热防护及测试方法.中国医疗器械信息,2012,18(4):70-72.

［17］李澍,李佳戈,苏宗文.医疗器械电磁兼容标准解析.中国医疗设备,2014,29(2):16-17.

［18］焦纯,杨国胜,卢虹冰,等.便携式医疗监护系统中信号调理模块的设计.自动化与仪表,2008,23(4):20-24.

［19］刘晓华,许锋,李林茂,等.多参数监护仪维修及维护探讨.中国医疗设备,2010,25(12):92-93.

［20］ECG-6511 使用手册.上海光电医用电子仪器有限公司.

［21］ECG-6951D 使用手册.上海光电医用电子仪器有限公司.

［22］ECG-9620P 使用手册.上海光电医用电子仪器有限公司.

［23］Nation9128W 使用说明书.上海诺诚电气有限公司.

［24］迈瑞 PM9000 便携式多参数监护仪维修手册(V2.0).深圳迈瑞生物医疗电子股份有限公司.

目标检测参考答案

第一章

1. 填空题

(1) 诊断、治疗、监护

(2) 医学临床和医学研究为目的的仪器

(3) 测量、理论

(4) 强

(5) 敏感元件、转换元件、基本转换、非电量、电量、敏感元件、转换元件

(6) 外光电、光电管（或光电倍增管，都可）、内光电、光敏电阻

(7) 热电、0

(8) 光敏电阻、光、电、热敏电阻、温度、电

(9) 感受器（识别部分）、变换器（变换部分）

(10) 微型化、智能化、个性化、网络化

2. 判断题

(1) √

(2) √

(3) ×

(4) ×

(5) √

(6) ×

(7) √

(8) ×

3. 简答题（略）

4. 实例分析（略）

第二章

1. 填空题

(1) 同相并联差分放大器

(2) CMRR

（3）高输入阻抗

（4）*CMRR*

（5）高输入阻抗、高共模抑制比、抗干扰能力强

（6）输入偏置电流

（7）隔离放大器

（8）光电耦合

2. 判断题

（1）√

（2）√

（3）×

（4）×

（5）×

（6）√

（7）√

（8）×

（9）×

（10）×

3. 简答题（略）

4. 实例分析（略）

第三章

1. 判断题

（1）√　（2）√　（3）×　（4）×　（5）×

2. 单项选择题

（1）A　（2）C　（3）D　（4）C　（5）A　（6）B　（7）D　（8）C　（9）B　（10）A

（11）C　（12）B　（13）A　（14）D　（15）B　（16）　B　（17）A

3. 简答题（略）

第四章

1. 单项选择题

（1）B　（2）B　（3）A　（4）C　（5）D　（6）C　（7）A　（8）B　（9）C　（10）B

（11）D　（12）D　（13）A　（14）D　（15）A

2. 简答题（略）

3. 实例分析（略）

第五章

1. 判断题

(1)√ (2)√ (3)× (4)× (5)√

2. 单项选择题

(1)C (2)B (3)D (4)C (5)A (6)B (7)A (8)C (9)C (10)D

3. 简答题(略)

第六章

1. 简答题(略)

2. 实例分析(略)

第七章

1. 多项选择题

(1)ABCD

(2)ACD

(3)ABD

(4)BCD

(5)ABCD

(6)ABCD

2. 填空题

(1)过热、电介质强度、结构

(2)对地漏电流、外壳漏电流、患者漏电流、患者辅助漏电流

(3)宏电击、微电击

(4)保护接地、等电位接地、双重绝缘、低电压供电、应用部分浮置绝缘

(5)保护接地端子

(6)0.1

3. 简答题(略)

医用电子仪器分析与维护课程标准

（供医疗器械类专业用）